MAKING

A
Historical
Survey

·修订版·

现代

[英] 彼得·J.鲍勒
[英] 伊万·R.莫鲁斯
——著

朱玉 曹月
——译

科学史

MODERN
SCIENCE

Peter J. Bowler   Iwan R. Morus

上海远东出版社

图书在版编目（CIP）数据

现代科学史 ／（英）彼得·J. 鲍勒，（英）伊万·R.
莫鲁斯著；朱玉，曹月译 . -- 上海 ：上海远东出版社，
2025. -- ISBN 978-7-5476-2120-2
　　Ⅰ . G3
中国国家版本馆 CIP 数据核字第 20253K6C98 号

上海市版权局著作权合同登记 图字：09-2024-0645 号

现代科学史
[英] 彼得·J. 鲍勒　[英] 伊万·R. 莫鲁斯　著
朱玉　曹月　译

出 品 人　曹　建
图书策划　纸间悦动
策 划 人　刘　科
特约编辑　薛　瑶
责任编辑　李　敏　王智丽
装帧设计　人马艺术设计·储平

出　　版　上海远东出版社
　　　　　（201101　上海市闵行区号景路 159 弄 C 座）
发　　行　上海人民出版社发行中心
印　　刷　上海颛辉印刷厂有限公司
开　　本　890×1240　1/32
印　　张　22.625
字　　数　506,000
版　　次　2025 年 4 月第 1 版
印　　次　2025 年 4 月第 1 次印刷
ISBN 978-7-5476-2120-2/G·1226
定　　价　108.00 元

目 录

CONTENTS

序　言

　　写这本书的契机源于我们急需给科学史专业大学一年级学生开设的新研究课程找到一本合适的教材。我们很快就发现并没有符合我们要求的教材。我们猜想一定还有其他授课者也有这样的需求。同时，我们也意识到没有合适的授课教材也就意味着没有可供普通读者阅读的、可靠的科学史介绍性书籍。本书旨在填补这一空白。我们认为我们非常适合写这样一本研究性书籍以供其他授课者使用，也供希望了解现如今科学史研究方法的普通读者（也包括科学家）阅读。作为历史学家，我们二人经验丰富、兴趣互补，这使得我们能够对物质世界、生命及地球科学进行深入研究。此外，我们也是极富经验的教师及作家。本书中许多章节的初稿都经过了实践的检验，我们用这些初稿进行了为期两个学年的实践教学。学生们的反馈证明，我们所写的内容是适合科学史专业学生的，我们也希望这些内容是适合普通读者的。

　　虽然写这本书的契机源于我们需要一本合适的教材，但我们并不想将其写成一本传统的教科书式的教材。我们希望书中的调查研究同样可以吸引普通读者。科学史专业学生和普通读者的兴趣点可能截然不同。授课者在教授科学史课程时很少会使用全书，他们会根据自己的授课内容选取需要的章节。这就意味着每个章节都必须相对独立，因为学生并不需要阅读全部章节。普通读者可能想看传统的历史叙事，而本书则可能会使他们产生一些困惑。同时，一些读者也会挑选自己感兴趣的部分阅读，而不是通读全书。想看连贯的历史叙事的读者需要知道，科学史是非常复杂而又充满争议的，因此任何对科学史全景的公正介绍都必须涉及众多主题。

在写这本用作教材的研究性书籍时，如何从众多用于教授科学史的教学方法中做出选择是我们面临的主要问题。教学方法的选择取决于授课者的兴趣及学生对相关知识的了解情况，一些学生可能是科学类专业的学生，而另一些学生则可能对科学知之甚少。在自身教学过程中，我们主要采取了两种教学方法，这两种教学方法在本书中也有所体现。我们的课程一部分关注科学发展历程中的具体片段；另一部分讨论的则是更为宏大的主题，每个主题中都包含不同的科学学科及不同的历史时期。通过这两种不同的形式，我们为授课者提供了广阔的发挥空间。毫无疑问，没有任何一本书能够囊括从哥白尼日心说至今的现代科学史发展过程中的方方面面，但我们希望授课者及普通读者能够喜欢我们所选择的这些主题。书中所探讨的主题有的是前一代甚至前几代科学史学家就已经在探讨的，有的则反映了科学史学家最新的研究趋势及兴趣点。

本书共分为两个部分，一部分关注科学发展历程中的片段，另一部分则就不同主题进行探讨。书中提供了交叉引用，以便学生清楚地了解所阅读的内容。即使涉及的内容位于两个不同的部分，也可通过交叉引用轻松地找到对应内容。因此，一些讲述科学发展片段的章节中会探讨科学与宗教的关系，此时学生可以阅读对应的主题章节进行深入了解。如果授课者倾向于教授科学史主题，那么主题章节就是阅读的重点。针对主题章节中举出的例子，读者可以借助交叉引用找到对应的科学发展片段章节，了解更多信息。交叉引用还可以帮助普通读者将所有材料组织在一起，从而对科学史有一个更为全面的了解。

第二版序言

我们欣喜地发现，从销售情况来看，本书自首次出版以来，十多年来仍被世界各地的教师所使用。而在第一版出版后的十多年里，该领域发表了大量新的研究成果。同事们表示，如果能在新版中引用一些新材料，并在必要时对其进行讨论，将会很有帮助。所有原版章节都以这种方式进行了更新，其中一些章节（如关于达尔文革命和通俗科学的章节）增加了大量内容。本书还新增了两章，分别涉及计算革命和科学与帝国。

第 1 章

引言：科学、社会与历史

　　如果你和别人说你在看科学史，他们的第一反应可能是问："什么是科学史？"我们下意识地将科学与现代世界而非过去联系在一起。然而，只需稍微想一下，我们就能解开这一困惑——和任何人类活动一样，科学是有历史的，大多数人都能想起那么几个用重大发现塑造现代思维模式的"伟大人物"。科学家回顾过去的方式是类似的，不过他们了解更多在他们所研究的领域只有内行知道的、有重要发现的人。对科学家来说，回顾那些我们所了解的重大进步的历程，就会发现现代科学是消除无知和迷信这一进步斗争的延续。但一些我们所熟知的伟大人物却提醒着我们，科学的进步并不是收集事实这样一个顺利的过程。几乎所有人都听过伽利略因为教授日心说而被宗教法庭审判的故事，而由达尔文的进化论所引发的争议至今依然存在。科学在我们的生活中起着日益重要的作用，与科学相关的潜在争议也增多了，现如今，我们也能够涉足人类生理和心理，甚至是地球生物圈（biosphere）这些领域最基本的问题。如果这些科学领域在发展过程中没有出现争议，那才是令人吃惊的。

　　让科学家比较欣慰的是，一些重大发现会迫使每个人都重新思考自己的宗教、道德或哲学价值观。科学课本常常将重大发现描述成人类增进对自然界的了解这一逐渐积累的过程的一个阶段。如果新的知识与现有的信仰发生冲突，那么人们要做的就是学着去适应它。科学史确实通过探索科学在更广阔领域的影响而获得了一些认可，但科学史也会评价科学家所讲述的有关过去的传统故事，有时候这些评价并不是那么受科学家欢迎。科学史证实，那些传统故事往往被过度简化了——它们是被"整理"过的神话，伴随任何新发明而出现的纷纷扰扰的争论都被"整理"过了（Waller，2002）。在这些神话中，英雄（提出或提倡新理论的人）和反派（反对新理论的人，他们之所以反对通常是因为他们现有的信仰阻碍了他们的客观判断）的形象鲜明。历史学家通常将这种描绘重大发现的故事称为一种"辉格史"（Whig history）。"辉格史"一词来源于那些为了鼓吹自己的政治价值观而重述国家历史的英国辉格党或自由党历史学家。如今，任何将过去视为一块块通往现在的垫脚石并认为现在胜于过去的历史都被视为辉格史。科学课本引言部分讲述的有关过去的传统故事毫无疑问是一种辉格主义。历史学家热衷于揭开人为修饰成分，探寻故事的本来面貌，而探寻的结果却让一些科学家难以接受。

然而，一般来说，科学家是最不应惧怕他人审视自己观点的人，即使他们所提出的观点依据的是旧的书本和论文，而不是实验。如果经过探寻，发现科学发展是一个更为复杂而现实的过程，那么任何从事现代科学研究的人都应该承认，描摹科学过去的发展历程与刻画科学现今的发展历程具有同样的价值。抛开剪纸画般模式化的人物形象，科学在发展过程中也可以有真正的英雄、恶人以及其他角色。

在对科学在过去或现在存在的争议进行的深入研究中，当声称增进了人们对世界的了解的科学发展过程遭受人们的质疑时，科学家自然会感到不愉快。在现代"科学大战"中，社会批评家对科学本身客观性的质疑让科学家苦于应对。现代"科学大战"表明，现在更为紧要的事情远不止科学事实和主观价值之间的冲突这么简单。那些不认同科学结果的人越来越倾向于认为，会带来具有潜在威胁的技术的发展过程不能仅仅被视为获取事实性知识的过程。自从那些攻击科学的人将对曾经引起争议的重要科学领域的重新评估作为抨击科学的武器开始，科学史就不可避免地被卷入到了科学大战之中。批评家认为，科学"知识"的根基受到了价值观的干扰。科学构筑了一个戴着有色眼镜的世界观，这也难怪为什么在军工复合体（military-industrial complex）支持下产生的知识会反过来强化军工复合体的价值体系。一旦涉及这方面的争论，科学家的回应就表现得非常愤怒。如果科学只是一种并不优于其他价值体系的价值体系，那么为什么我们能够借助技术和医学有效地改造世界？提供资金的人目的是研究的结果而不是创造神话。"科学大战"的真正矛盾就在这里，在讨论科学究竟是如何发挥作用时，科学史提供了最主要的信息，因此深陷争论之中。

因此任何致力于研究现代科学史并希望找到一些毫无争议的伟大发现的人都会大吃一惊。因为科学史学家对现代科学或特定理论及其应用持有的态度不同进而造成了观点上的不同，几乎我们讨论的所有话题通常都饱受争议。正如我们在北爱尔兰历史中所看到的那样，我们已经习惯了历史可以成为意见对立的人们力求验证其信念的战场这一观点。爱尔兰历史可以从两个截然不同的视角来讲述，这取决于讲述者是民族主义者还是统一党。奥利弗·克伦威尔（Oliver Cromwell）究竟是在爱尔兰保卫英国文明的英雄还是残杀德罗赫达居民的暴君呢？这取决于观者的立场——每个立场都是对其过去神话的建构，当学术史学家用铁证来调查这些神话时，可能每个神话都会破灭。科学史当然是对将科学视作虚无缥缈地追求真相的人所创造的许多神话的挑战，但是它是否一定会支持那些主张科学仅仅是特定价值体系表达的人？或许将科学观视为人类活动这样一条中间道路是可行的，当然这种活动取得的具体成就比其他活动更多。在某种意义上，科学可被用来改变我们居住的世界，而批评家发出的危险警告就起因于此。

我们希望你能从这本书中学到的是，历史不仅仅是一份人名和日期的列表，还是一种人们争论的东西，因为证据可以用不同的方式解释，而且人们热切地关心他们所支持的解释。在本书中，读者会看到科学史学家如何用证据来挑战神话，但在评估这些历史学家（包括我们）提供的不同于神话的其他版本的故事时也应严谨。这可能是一项繁重的工作，但是这会迫使读者正视重要的问题，而且这要比学习名字和日期有趣得多。

本章接下来将描绘上述冲突的发展脉络。首先，我们会概述科学史如何发展为现如今的专业研究领域。这一分析十分重要，因为在本章提到的许多古老书籍在写作时，科学史学科的发展状况与今天截然不同。这些古老书籍堪称经典，至今仍在使用。接着，我们将会介绍科学史的最新发展，这些最新发展创造了研究科学史的现代方法，其中就包括引发上述争议的社会学研究手段。了解科学史的历史有助于理解为什么本书后文中讨论的问题常常如此具有争议。

科学史的起源

与现代意义上的科学史类似的学科起源于 18 世纪。18 世纪正值启蒙运动时期，当时激进的思想家们宣扬人类理性的力量，倡导摆脱古老的迷信，为社会打下更好的基础。许多启蒙思想家对教廷怀有敌意——他们将教廷看作源自封建时代的旧社会等级制度的代理人。中世纪时期被刻画成一个教廷严格执行传统世界观的停滞期。激进分子将 17 世纪的新科学视为理性思维再次开花的初步表现，并视伽利略、牛顿等现代世界观的主要贡献者为英雄。伽利略因提倡哥白尼日心说而遭受教廷迫害这一事实使他们对教廷更加怀疑。他们小心翼翼地隐瞒牛顿曾涉足魔法和炼金术的事实。我们继承了启蒙运动时期的观点，认为 17 世纪科学革命是西方思想发展的转折点，奠定了现代天文学及物理学的基础，它就如同英雄的万神殿一样。

1837 年，英国科学家和哲学家惠威尔（William Whewell）发表了巨著《归纳科学史》（*History of the Inductive Science*）。正是惠威尔提出了 "科学家" 一词。他在如何修正启蒙运动方面有着特别的计划。他非常赞同科学是进步的力量这一观点，但他对如何建构对自然的理解有着新的看法——这一看法源自德国哲学家伊曼努尔·康德（Immanuel Kant）。对康德和惠威尔来说，知识不仅仅是被动地来源于对自然的观察——它是人类思想的结晶，并通过我们描述世界的理论表达。科学通过观察和实验来验证新的假设。后来，惠威尔发表了《归纳科学哲学》（*Philosophy of the Inductive Sciences*）一书。在该书中，他的目的很明显，即把历史作为一种手段，说明他关于科学方法论是如何应用于实践的。在这方面，他为推动现代科学史学科的创建做出了贡献。

　　惠威尔比启蒙思想家更加保守，他坚称科学家有可能会发现只能用神的干预来解释的现象。他拒绝达尔文的《物种起源》（*Origin of Species*）进入剑桥大学三一学院（Trinity College）图书馆，因为它用自然进化代替了神的奇迹。但是对 19 世纪后期新一代的激进思想家来说，达尔文学说印证了科学对古老迷信的攻击，复兴了由伽利略发起的运动。新的历史故事涌现，这些历史故事强调了科学和宗教之间不可避免的"战争"——一场科学必将取得胜利的战争。J. W. 德雷珀（J. W. Draper）著于 1875 年的《科学与宗教的斗争史》（*History of the Conflict between Science and Religion*）是复兴启蒙计划的开创性尝试。这种斗争模式继续主导着大众对于这段关系的讨论，尽管它备受后来的史学家质疑。

　　对惠威尔等对科学可以和宗教和谐共处仍抱希望的人来说，启蒙运动的唯物主义观是对科学的正面威胁。它鼓励科学家放弃他们的客观性，转而偏向自然规律可以解释一切这一自大主张。艾尔弗雷德·诺思·怀特海（Alfred North Whitehead）在其所著的《科学与现代世界》（*Science and the Modern World*，1926）一书中主张科学界要摒弃这一唯物主义观，回归到对自然的研究是建立在自然是对神的意志的揭示这一假设上来。这种科学史模式认为伽利略实验等事件是失常的，并将科学革命描绘为建立在自然可以被视作理性和仁慈的造物者的杰作这一期待之上的过程。对怀特海及其同代人而言，进化本身可以被视为神意的展开。这两种关于科学及其历史的对立观点之间的争论现在仍然十分活跃。

　　20 世纪早期，J. D. 贝尔纳（J. D. Bernal）等马克思主义者的著作继承了理性主义思想。贝尔纳是杰出的晶体学家，他痛斥科学界把自己出卖给实业家。在他的《科学的社会功能》(*Social Function of Science*, 1939)一书中，他呼吁为了造福全人类而利用科学。他于 1954 年所著的《历史上的科学》(*Science in History*)一书是一次里程碑式的尝试，试图将科学描绘成一种潜在的善的力量（就像启蒙运动时期那样），但由于科学被吸收进军工复合体，这种力量被扭曲了。马克思主义者挑战了科学的兴起代表着人类理性的进步这一假说。对他们来说，科学是作为追求在技术上掌控自然的副产物出现的，而非对知识的无私追求，它积累的知识趋向于反映科学家活动范围内的社会利益。马克思主义者的目标不是创造纯客观的科学，而是改造社会从而使科学能造福每个人，不仅仅是资本家。他们认为怀特海提倡的观点是要掩盖科学在资本主义兴起中起到的作用。同样，许多思想史家对一些作品中暗含的对科学的诋毁反应激烈，这些作品中包括苏联史学家鲍里斯·赫森(Boris Hessen)于 1931 年所著的《牛顿原理的社会和经济根源》(*The Social and Economic Roots of Newton's Principia*)。"二战"的爆发突出了科学史中两个相互冲突的观点，这两个观点都与纳粹德国暴露的危险相关。在西方世界经历灾难时，启蒙时期的乐观看法与必然进步的观点一同消失无踪。科学必须摒弃唯物主义论，重建与宗教的关系；或者摒弃资本主义，开始为大众谋福祉。

　　正是在这个时候，科学史开始作为独立的学术专业获得认可。之前，人们也为此付出了努力，但是收效甚微。比利时学者乔治·萨顿(George Sarton)于 1912 年创办了《Isis》杂志（现在仍作为科学史学会的组成部分存在）。在搬到美国后，萨顿发现在当时说服哈佛大学创办科学史学部是不可能的。第一批专业学术部门在"二战"后才开始涌现。这反映了一个问题——科学的技术影响如此强大，以至于需要对其历史进行更广泛的研究以理解它如何在社会中发挥这种主导作用。但是随着冷战爆发，贝尔纳马克思主义的观点不可避免地被边缘化。尽管科学与技术有着明显的联系，但是将科学作为社会和经济力量的副产物是不被接受的。另一个选择是回归这样的观点，即科学是西方文化中重要的知识力量，它不是通过屈从于工业而是通过其独立性和创新性为进步铺平了道路，并且在理论层面为我们提供了对自然更好的理解。这种对新知识的实践应用才是副产物。这些应用可以与纯科学的发展分开研究。实际上，纯科学的发展现如今成了西方文化的一部分，并利用思想史或观念史方法来研究。概念上的理论创新，以及用证据来验证理论的过程在其中极为重要。

　　历史编撰学重视科学方法的涌现及现代世界观创建中的主要环节，将它们视为对人类进步的重大贡献，从这个角度说，它的方法遵循了启蒙运动的观点。因此很多注意力被放在了17世纪科学革命，以及天文学和物理学的相关发展上。之后的活动也被突出且被定义为科学思想发展的主线。达尔文主义的出现被认为是重大的一步，相关科学如地质学的发展则根据它们是否推动了自然变化过程而被定义为好或坏。因此，在一定程度上来说，历史编撰学领域延续、延伸了科学家本身支持的辉格党方法，因为进步与否是依据它是否被视为我们现代世界观的主要组成部分而决定的。但是，另一方面，新科学历史编纂学确实超越了辉格主义：它愿意承认科学家深切关注哲学和宗教问题，常常根据他们对这些更宏大的问题的看法塑造他们的理论。这方面影响重大的人是在法国和美国工作的俄罗斯移民亚历山大·柯瓦雷（Alexandre

Koyré），他通过对科学的经典作品进行细致的文本分析来呈现这一更广泛的层面。柯瓦雷（1978）认为伽利略深受古希腊哲学家柏拉图的影响——柏拉图认为表象世界隐藏了沿着数学规则建构的真相。牛顿最后也被证明是比旧启蒙运动英雄复杂得多的人物，他深入思考着宗教和哲学问题（Koyré，1965）。

而科学对社会与经济的影响并未被考虑。人们根本没有考虑马克思所说的达尔文有关自然选择的理论反映了资本主义制度中的竞争观念，也没有想过科学与技术和工业之间的联系。人们都承认科学确实对整个社会有着非常重要的影响，它影响了政治及宗教辩论，也提供了可运用于技术及医学的实用知识。但现实的应用发生在科学研究之后，并不能影响研究的实际进行方式。"内部"科学史与"外部"科学史之间有着明显的区别，"内部"科学史研究的是理论发展过程中所涉及的智力因素，而"外部"科学史研究的则是科学发现的影响。"二战"后的一代历史学家明显倾向于"内部"科学史研究，他们认为科学史应该在观念史的范畴之中，至于科学的具体应用则属于技术史及医学史的范畴。这一代历史学家的代表及其著作是查尔斯·C. 吉利斯皮（Charles C. Gillispie）的《客观性的边缘》（*Edge of Objectivity*，1960），他的《科学家传记大辞典》（*Dictionary of Scientific Biography*，1970—1980）更是其中不朽的丰碑。

"内部"科学史关注的是新思想的发展过程，它于是复苏了由惠威尔提出的计划。历史被当作展示科学方法正确应用的范例。人们认为科学史与对科学方法的分析密切相关。一些大学成立了科学史及科学哲学系。不管怎样，这一时期对科学哲学的研究异常活跃。将科学视为事实收集过程的旧观点被"假说－演绎法"所取代。在假说－演绎法中，科学家提出假设，推测出可供测试的结果，并用实验验证假设是否成立。假说－演绎法强调了科学家希望进行测试的意愿，如果需要的话甚至可以推翻假设（Hempel，1996）。这一观点被卡尔·波普尔（Karl Popper）在《科学发现的逻辑》（*Logic of Scientific Discovery*，1959）中进一步发展。波普尔的出发点是找到区分科学与神学、哲学等其他智力活动的分界线。科学的决定性特征是其对"可证伪性"（falsifiability）的依赖：科学假设的建立总是通过最大限度地将它暴露在实验检测及潜在的证伪之中。波普尔认为，信奉宗教的人、哲学家及社会分析家都避开了这一要求。他们提出的观点非常模糊，因此他们几乎可以解释任何问题并且从不能被证伪。因此，科学是有关世界的知识的独特形式，所有科学理论都要经过严格的检测。

然而，对科学家来说，假说－演绎法也有让人难以接受的地方。正如波普尔所强调的那样，没有一种假设能够被证明是成立的，因为不管有多少次测试证明该假设是正确的，它都有可能在下一次测试时被推翻。在科学史上，一种理论成功存在了几十上百年之后又被推翻的例子数不胜数，例如爱因斯坦推翻了牛顿物理学的理论基础。这就意味着我们现如今的理论最终也会被推翻。这些理论只能被暂时接受，因为它们是我们目前所能得到的最好的答案。科学家们不情愿地接受了新科学哲学的这一结论，不再坚称他们提供的关于真实世界的知识是绝对正确的。他们愿意这样做是因为波普尔的标准为捍卫科学的客观性提供了不同的方法，以区分科学与其他形式的知识。科学的客观性在于科学以尽可能快的速度将自身的弱点暴露出来，并继续提出更好的方案。

　　然而，波普尔方法论的核心之中还存在另一个问题，这一问题使科学史学家对其产生了本能的怀疑。在波普尔看来，称职的科学家会积极地尝试推翻当前的假设，检测假设的目的是将其自身的缺点尽可能快地暴露出来。然而，无论过去还是现在，这种对好科学的定义并没有在科学家的身上体现出来。相反，科学家都执着于业已成功的理论，尤其是当他们的事业就构筑在这一理论之上时。即使不敌视，他们通常也不太愿意去思考任何取代先前理论的建议。科学史与科学哲学在此分道扬镳。在很多历史学家看来，越是对科学家的实际行动进行深入研究，越是发现它们与哲学家设计的科学方法的理想模式相差甚远。科学哲学成了不切实际的准则，它极力详尽地阐述科学家应该做什么，却越来越脱离科学研究实际的样子。科学哲学因此遭受挑战，这一挑战将科学史带到了新的发展方向，令其创造了社会学模型，以研究科学界的实际运作方式。

科学与社会

　　托马斯·S. 库恩（Thomas S. Kuhn）的《科学革命的结构》（*The Structure of Scientific Revolution*，1962）一书发起了挑战，该书引发了巨大争论，也成为这一领域的经典著作。库恩认为，理论的更替比正统或波普尔式的科学哲学的设想要复杂得多（关于随之而来的讨论，参考：Lakatos and Musgrave，1970）。库恩用历史证明，成功的理论是其所在领域科学活动的"范式"——这些理论不仅提供了可接受的解决问题的方法，而且指明了哪些问题值得去深入研究。科学实践倾向于支持的理论，这毫不令人感到意外，因为在"安全"领域进行研究使得理论被证伪的概率变得非常小。库恩把在主导范式影响下进行的科学研究称为"常规科学"。常规科学是真正的科学研究，但其研究的主要目的是填补主导范式的细节，而不是验证其理论基础。科学教育会给学生洗脑，使他们不加批判地接受范式。即使异常现象（指实验或观察中出现的预料之外的结果）出现时，科学界也十分忠于范式。老一辈科学家拒绝承认范式已被证伪，并且依然以其为标准继续科学研究，仿佛这依旧正常运转。只有当异常现象出现的次数多到让人难以忍受时，"危机声明"才会出现，年轻一辈或者较为激进的科学家开始寻找新的理论。当新理论能够解决问题时，它就成了新的范式，另一段毫无争议的常规科学时期就此开始。

库恩的理论强调，每个范式都代表了一个理论框架，它与其他范式是不相容的。库恩的理论也将科学视为一种社会活动——科学家都十分忠于他们所学习的范式，这限制了他们挑战现状的能力。如果库恩的理解正确，那么科学有时就根本不是客观的。相反，科学家会在书本中使用一些诡计为已被广泛应用的理论辩护。客观性似乎在变革时期被重建，但也很快就会消失。虽然新范式通过解决旧理论难以解释的事实拓宽了我们的知识范围，但是库恩指出，新范式有时也会抛弃旧范式中的成功研究。毫无意外，科学家对库恩的研究非常反感，而历史学家则认为这是一个全新的观察角度。虽然对其科学革命的实际模型持批评态度，但历史学家认为库恩的研究似乎为科学研究究竟是如何进行的这一问题提供了一个更为真实的模型。

罗伯特·K. 默顿（Robert K. Merton）及其追随者等科学社会

学家也开始研究科学形成的社会学基础。虽然默顿认为科学知识是运用科学方法论的直接产物，但他也强调必须建立特定的社会条件或"规范"，以使科学界得以繁荣，并能够正确运用科学方法。如果没有这些规范或普遍理解的行为准则，科学可能会因为意识形态上的问题而出现各种扭曲。默顿提出了 4 个规范：普遍性（对科学主张的评价要公平，不论提出主张的科学家是谁）、公有性（科学知识属于整个科学界而不是某个科学家）、无偏见性（科学家的工作应不带有任何情绪或情感色彩）以及合理的怀疑性（科学家应系统性地对其科学主张进行严格检测）。默顿的规范旨在提供区分科学与其他活动的方法，并明确能够使科学繁荣的社会环境。与库恩的观点不同，默顿认为，一旦这些规范被执行起来，社会环境不可能对科学知识的发展产生影响。只有在诸如纳粹德国等规范不能被执行的社会中，科学才会被意识形态因素干扰。

后来的论著或明或暗地扩充了库恩的理论，虽然有些思考的方向是库恩所反对的。现在的一些人将库恩的著作看成所谓后现代主义研究方法的先驱之作，虽然米歇尔·福柯（Michel Foucault）和雅克·德里达（Jacques Derrida）等法国哲学家才是后现代主义运动的主要动力。至少对一些人——至少是对后现代主义者来说，科学并不优于其他知识来源，因为科学知识与其他试图控制我们思想和行为的知识是一样的。科学的成功不在于其主张的正确价值，而在于其倡导者强行将他们的理解和他们对文本的"解读"加于他人。根据福柯的思想史模型，库恩的理论完全是正确的，即相继出现的范式代表了不同的研究模式，而它们之间是不能进行客观对比的。这就像是心理学中的格式塔转换理论——从一个角度看到的东西不能从其他角度被看到或被理解。科学为人们了解世界提供了逐步积累的事实性知识这一观点因而被抛弃。这引发了一些科学家的愤怒，他们认为支持知识相对主义观点的"学术左派"是对他们地位的主要威胁。由此引发的争论就是"科学大战"。在科学大战中，科学家坚称他们是提供有关世界真实信息的专家，而社会学家却坚持认为没有任何一种知识可以拥有如此特殊的地位。只有极少数历史学家会像一些后现代主义者一样将科学刻画成与物质世界无关的随意的文本堆积。但库恩及福柯的观点却迫使我们更加仔细地考察过去的文字。他们的观点让我们深刻认识到避免用现代观点解读过去事物的必要性，同时也让我们意识到，我们现在认为理所当然的那些观念及特性，对之前的科学家来说可能是难以想象的。

　　针对学术左派的抗议活动的另一个目标是影响科学史的另一项重大发展——对科学界运作方式日益浓厚的兴趣。库恩注意到，杰出的科学家有权力塑造其学生和同事对新假设的反应方法。只有最具原创力的科学家愿意"从中作梗"，提出全新的方法。该方案只有在几乎人人都不得不承认当前范式正面临困难时才能成功。历史学家和科学社会学家认为好的想法或者证据远远不足以支持他们。成功的科学家不仅必须说服他或她的同事认真对待新的想法，而且经常要与很多对手竞争提案。当然，可以想象一下，胜者是拥有最佳证据那一个。不过事情远不是如此简单。的确，新的证据非常清晰明了且一下子就能获得同意的情况，事实上也是不太常见。成功或失败有时也取决于"非科学性"因素，比如说获得研究基金、新工作、学术期刊编委会支持的渠道。科学界现代模式的出现，以及相关社团、会议和期刊，已成为科学创造中的关键因素，正如我们对它的了解。研究一场"革命"不仅需要研究观念的变化和实践中的创新，还需要展示新理论如何左右政治谋略，以决定谁对社会产生影响。

现如今，对这些因素的调查研究已经远远超过库恩模型。然而，显而易见的是，科学界的规模也越来越大，变得更专业，分类更细化。理论往往只在少数专家团体中占据主导作用。最具有创新性的工作需要创立"小团体"，它们依据独立研究的传统存在。职业化和学科专业化也被视为科学进步的关键因素。在某种程度上，只有少数历史学家关注宏大的理论视角，如生物进化论。若某个理论不能用于建立独特的研究传统，那么它将在新历史学中被边缘化。这使得有些历史学家开始疑惑，这种社会学方法会不会将好的、坏的一起忽略掉。在某些情况下，理论得到认可正是因为其充当了各专业间的桥梁。

这一新方法的成果之一是承认科学是一项实践活动，其中新技术的发明和观念创新同样关键。新的专门研究往往涉及新理论及新形式的装备，这些装备需要熟练的操作以获得有意义的结果。史蒂文·夏平（Steven Shapin）和西蒙·谢弗（Simon Schaffer）的经典研究展示了 17 世纪关于空气性质的讨论取决于谁拥有非常稀有的空气泵，以及正确操控这些原始机器的实践技能。然而，这种强调不仅将科学视为理论，而且视为实践活动的研究远不局限于研究实验室设备。博物学发展取决于可以进行样本比较的博物馆的建立。地质学家必须研发技术以绘制地层和展示它们的演替顺序。正如马丁·路德维克（Martin Rudwick）所言，曾经有一段非常紧张的协商时期，专家们讨论确定使用何种技术。现代基因学的创立很大程度上取决于找寻和学习怎样控制合适的研究生物，其中果蝇是最常用的。老旧的内外科学史面临着非常严重的威胁——越来越多的证据表明科学家对于研究领域的选择及研究所需的技术往往取决于他们与期望利用新知识的实业家的关系。威廉·汤姆森（William Thomson，开尔文勋爵）等 19 世纪的物理学家都是杰出的理论家，他们与蒸汽机的制造商及铺设电缆的公司也有密切合作。他们的工作表明他们的确参与了实际问题的解决。

　　现代科学家已经习惯于要求大量的财政资助。很少有人会否认，实际问题往往决定了研究人员的工作重点，决定了哪些问题需要研究，哪些问题不需要。然而，科学受实际问题推动的观点引出了更具争议的话题，即所谓科学"知识"自身可能只是反映了研究者的利益。在这里我们就进入了"知识社会学"的领域。知识社会学坚持科学应该像其他任何知识一样被大家研究，研究它如何表达和维护构建它的人的利益和价值观。科学理论所谓的"客观真理"在解释科学起源或为什么其拥护者会捍卫它时起不了任何作用。其与后现代主义思潮的相似之处显而易见：若每个科学理论都必须被视为概念系统，且不能用任何其他的标准来评判，那么没有理论可以声称自己更接近真相。科学社会学运动将关于真实的不同观点的存在与宣扬这些观点的群体的利益联系起来。该社会学视角的原始倡导者被认为是爱丁堡学派——因为绝大多数都在爱丁堡大学科学研究部门任教。他们认为，科学是社会活动，它同其他任何事物一样，必须使用社会学方法来进行分析。对待科学家的知识主张应该像对待宗教思想家或政治领袖的主张一样。如同宗教和政治系统是特定社会团体（经常指统治者）利益的表达，科学知识也表达了其创造者的价值观念。科学理论并不是事实的合集。它们是世界的模型，在某种程度上能被现实所验证。然而，这些事实不能完全证实理论结构。因此，这些理论可能是被由社会价值观念所支配的世界形象所塑造的。正如夏平和谢弗所言，利益可能是哲学、政治或经济方面的，或者它们可能反映出职业竞争。重点是为了理解任何科学研究的发展，我们不能简单假设整个科学都是由"真实世界"的结构所决定，而任何成功的模型都可以准确地描述这个结构。

批评爱丁堡学派的人认为他们的科学形象不切实际。科学必须提供真实世界的知识，否则它便不能帮助我们通过技术控制世界。若仅凭社会价值观念就能决定哪些可以算是科学知识，那么科学家就可以任意编造理论，或篡改实验数据使其看上去就如同理论在运作。这些理论可以被拥有同样社会价值观的人不加批判地接受。同样，它们也会遭到社会价值观不同的人的反对。科学界从来不能就哪个理论是最好的达成共识。然而，科学界总是能达成或接近达成共识，这一事实也不能排除社会因素塑造了成功理论的起点的可能性（达尔文的自然选择理论就是一个非常恰当的例子）。社会学家在回应中坚持他们并不认为科学家们"在合作中达成和解"。相反，他们好奇科学家如何使用实验结论、设备及测量说服他人其研究项目最具优越性。他们指出，在任何情况下都不可能只有一种推进研究的方式，也不可能只有一种创造可行模型的方式。研究领域或模型的选择其实取决于特定科学家团队的利益。一个模型的拥护者可能最终能够说服整个科学界他们能够提供最佳方案，然而甚至物理学都经历过观念革命的事实说明，成功的理论并不能绝对"正确"地表现真实世界。

在一个复杂及重视价值观念的领域里，如人类本性的生物学，有可能构建相互竞争的模型，每个模型似乎都能作为科学研究的基础，而让每个人相信某一特定理论是正确的可能性则更加有限。部分原因是不止一个科学领域可以声称有权提供与主要问题相关的理论。生物学家会自然地倾向于人性模型，强调生物因素的决定性作用，因为这让他们得以坚持他们的专业知识必须被认真对待。社会科学家想要排挤生物学，这样的话，他们似乎就能成为仅有的相关专家。更为重要的是，政治价值观将决定哪些可以算是可接受理论——然而人人都假定：与他们价值观一致的观念更有可能催生出善的、纯粹的科学（见第 18 章）。政治保守派可能认为，某种人类行为或人类能力的有限性是由我们的生理构造决定的——它们是自然的，不可避免的，并限制了我们的社会结构，如果我们忽略将承担风险。自由党可能会否认某些因素的作用，于是他们就可以声称，改进了的环境的确能够促进一个更好的社会的形成。

每一方都会以有利于自己的方式利用科学所谓的客观性。他们会试着攻击对手的理论，认为那是"坏的"或"被歪曲的"科学。公正的人总是努力从事客观的科学研究，不公正的人则被他们的政治、宗教或哲学偏好引入歧途。然而，一些争论似乎难以解决的事实表明，双方都声称完全客观的说法是站不住脚的。每一方都允许由它的先入之见来决定什么是"好的"科学。科学社会学家认为，双方的观点都是错误的——是政治迫使人们处于两极分化的状态，在这种状态下，一方或另一方由于被认为无足轻重或与现实目的无关而被忽视。由于竞争对手的立场反映了各自根深蒂固的社会和政治价值观，尽管双方都声称自己在科学方面做得很好，但毫不奇怪，双方似乎都无法在这场辩论中取得永久的胜利。

某些生物领域的激烈争论（正在持续中）表明我们不能忽视社会学家对科学客观性的挑战。物理学家可能会说他们的知识更"硬"，因为它们容易获得实验测试的支持，但是社会学家并不区分硬科学和软科学。历史确实提供了一些例子，其中物理知识的探索反映出科学家的广泛信仰和价值观。最终，虽然我们不想以强迫我们在科学战争中站队的方式呈现科学历史，但科学史和科学社会学能提供足够的证据证明科学是人类活动，而不是如同巨型电脑那样自行运转。哲学信念、宗教信仰、政治观念和专业兴趣都会影响科学家构建和改进其世界模型的方式。充其量只有少数激进后现代主义者声称科学纯属虚构。研究科学知识的社会学家（如爱丁堡学派）和采纳了他们观点的科学史学家都知道，要让一个研究项目站得住脚，它的支持者必须提供可测量的结果，在这种情况下，"知识"——在我们描述和控制自然的能力方面——就会扩大。在这方面，某些科学辩护人似乎就瞄准了错误的目标。这种与实践的联系是否符合哲学家的客观性标准并不是真正的问题：如果科学家们乐于接受波普尔的警告，即他们只能提供暂时有效的信息，那么他们应该能够接受有社会学倾向的历史学家提供的更现实的科学模型。最终，科学家也会从科学发展模型得到某些收获，承认科学的确能够提供更复杂的关于世界是如何运作的知识，但拒绝将其视为自然完全客观的、永恒的真实模型。我们生活在这样一个时代，公众经常发现科学家必须在关乎公众健康或环境的争议性问题上站队。人们需要知道，科学研究是一个复杂的过程，在这个过程中，两个完全正当的项目在一些有争议的问题上提出对立的观点并非不可能。对那些试图捍卫科学的完整性和权威性的人来说，任何能帮助人们理解为什么新研究不能为每一个复杂问题提供即时答案的东西，都是一种奖励，而不是一种威胁。

为什么是现代科学？

这本书展示了现代科学的历史，我们用了一些篇幅解释为什么我们会如此着重关注过去的几个世纪。在研究 16 和 17 世纪的科学革命前，科学史研究必须从探讨古希腊自然哲学开始，承认伊斯兰世界的重要贡献，而后阐释中世纪西方智识复兴。这于前几代学者来说，这样的模式是理所当然的。我们将革命作为起点，这并不是说早先的发展不重要，我们强烈推荐那些想要知道更多有关现代科学基础的人拜读戴维·林德伯格（David Lindberg）的《西方科学的起源》（*The Beginnings of Western Science*，1992）。更重要的是，我们认识到现代科学不仅受益于古典时代的文明，也受益于伊斯兰文明。伊斯兰世界滋养和发展了古代自然哲学的传统，为欧洲后来的发展奠定了重要基础。我们也应该注意到，中国文化贡献了很多重要发明，包括火药和罗盘，以及与最终在西方出现的自然哲学截然不同的对应物自然哲学。李约瑟（Joseph Needham）的不朽著作《中国科学技术史》（*Science and Civilisation in China*）赞扬了中国的发明。李约瑟曾经尝试回答一个棘手的问题：为什么中国没有在此基础上发生与欧洲类似的科学革命？

通过承认其他文明的贡献，我们避免了这样一种观点：我们以之为起点的科学革命是一场真正的革命，它在毫无根基的情况下提出了对待自然的全新方法，并在研究自然方面，将欧洲推上了具有世界性优势的轨道。以新的社会学路径研究历史学的一个产物是西蒙·谢弗对"革命"（1996）的解读，他公开宣称"革命"是不存在的，因为现代科学兴起于人类观点和活动多变的复杂时代，这些变化影响了当时生活和信仰的方方面面。但最终，一种我们称为科学的新活动的确出现了，一系列新方法、理论、组织和实际应用不断涌现。以上有关科学史新发展的描述倾向于专注现代，因为正是在过去几个世纪，出现了被人们称为科学的活动。当我们进入现代由工业和军事利益主导的"大科学"时期，这些变化更为惊人。比较《Isis》杂志1975年和最近的《分析书目》，你会发现研究重点变化是如此惊人。有关古代科学、伊斯兰科学、中世纪科学和文艺复兴科学的出版物数量基本维持不变（不过占总数的比重却下降了）。有关17世纪到19世纪的出版物数量稍有增长，但是研究20世纪科学的出版物数量急剧上涨，成为目前占比最大的出版物。20世纪的大部分研究专注于美国科学，因为这里是绝大多数历史和科学的发源地。

关注点的改变切实反映了现代的趋势，科学史较少的是关于观念（理论）创新的学科，更多是关于研究学派、实际发展，以及政府和工业对科学与日俱增的影响的学科。在研究关注科学思想史的时候（包括科学方法自身的思想），古希腊的自然哲学似乎显然应当作为起点——从科学革命开始将使整个项目失去根基。然而，当科学更多地研究现代科学界是如何运作时，在不同社会环境下形成的自然知识的形式似乎就变得不那么重要了（而出于比较的目的，关于科学如何在其他社会中运作的研究应该更有吸引力）。历史学家现在对由科学社会团体、杂志期刊、大学和政府部门组成的专业网络，以及科学家与工业、政府和公众之间的互动更感兴趣。而所有这些机构及各方之间的联系几乎都是在 17 世纪至 19 世纪间建立起来的。在现代，真正的科学研究的数量大幅度增长，而且速度一直在加快（1975 年的新科学现在已然成为历史）。与此同时，科学史在科学研究部门已经获得了新的角色。科学史的研究不可避免地专注于导致现代世界陷入困境的科学发展。

在承认研究重点发生变化的基础上，本书选择将重点放在 17 世纪以来的科学上，同时在一本书可实现的范围内，囊括尽可能广泛的相关主题。第一部分将按照惯例研究科学自身的发展。这部分从科学革命开始，而后关注各个科学领域的重大主题。我们尝试把传统研究中对新理论出现的兴趣与从各学科及研究项目中产生的现代方法结合起来，展示利用新研究方法进行重新评定的例子。第二部分呈现了一系列更具专题性的科学史典型话题，其中既有传统关注的主题，如科学与科技、医学、宗教的关系，也有新的研究内容，如通俗科学。不管你从哪个部分开始，请记住你可以通过查阅前后参照的部分看到更广阔的视角，它们将展示这些话题和主题是如何相互交织的。我们不会谎称建立一个概观是件容易的事，但我们希望你在阅读的过程中可以学会尊重科学，更好地理解它对我们生活的重要影响。

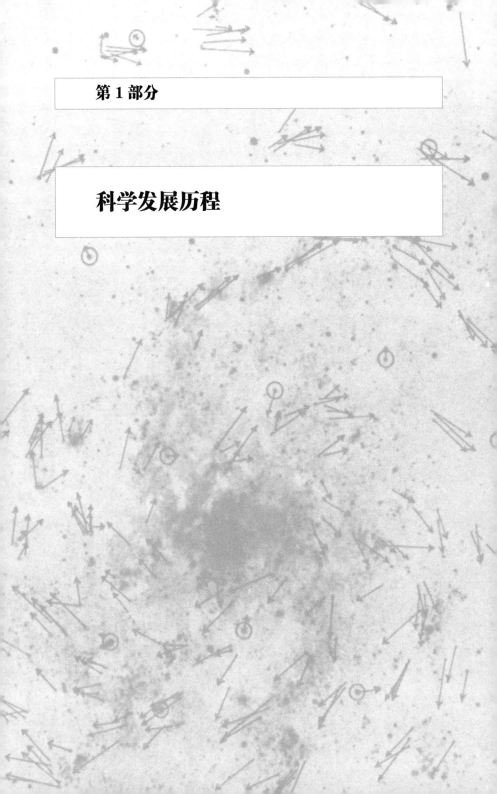

第 1 部分

科学发展历程

第 2 章

科学革命

　　17世纪真的存在"科学革命"吗？传统历史的答案毫无疑问是肯定的。传统历史认为，17世纪西方文化认识和探索宇宙的方式发生了翻天覆地的变化，这些变化足以被称为革命性的。不仅如此，这些变化还极大地影响了我们对宇宙以及我们在宇宙中所处位置的认识，因而这些变化是独特的。换句话说，发生在17世纪的并不是一场普通的科学的革命，而是真正的科学革命。从这一角度来说，那些发生在科学革命中的事情完全代表了现代科学的诞生。因此，如果这一历史观是正确的，那么像哥白尼、笛卡儿、伽利略、开普勒和牛顿这些与科学革命相关的伟大人物就真的可以称得上是现代科学之父了。这些伟大人物不仅做出了重大发现，提出了新的理论，而且开创了新的方法——科学方法。科学方法能够为我们提供确实可信的有关周围世界的知识。

　　这种看待科学史的方式也有一定的历史了。在塑造了科学革命的哲学辩论和发现中，许多16、17世纪的积极参与者都认为自己是思想革命运动的先锋。英国大臣、哲学家弗朗西斯·培根（Francis Bacon）非常不认同古希腊哲学。例如他认为，与他所处时代的科学成就相比，古希腊哲学是"最不利于探求真理的一种智慧"。培根的观点的核心是注重实验，以及承认知识"必须来源于自然之光，而非古代的黑暗之中"。同样，启蒙运动作家伏尔泰也抨击亚里士多德、柏拉图和毕达哥拉斯并赞扬培根、罗伯特·波义耳（Robert Boyle）和艾萨克·牛顿（Isaac Newton）的成就。至少，在 19、20 世纪的人看来，发生在 17 世纪的事件是人类智识的复苏，是经历过中世纪的长期停滞之后迎来的契机。20 世纪历史学家亚历山大·柯瓦雷认为，现代科学奠基者的成就在于"推翻了一个世界并用另一个世界取而代之"。和他同时代的赫伯特·巴特菲尔德（Herbert Butterfield）在其经典著作《近代科学的起源》（*The Origins of Modern Science*）一书中评价科学革命时写道："它的光芒胜过了基督教兴起以来的一切事物，与它相比文艺复兴和宗教改革也仅仅是历史的片段。"

近年来，历史学家对科学革命的看法，尤其是对其独特地位的看法，发生了很大变化。历史学家的看法发生变化的原因很多。历史学家现在认为，在 17 世纪的环境下谈及"科学"没有任何意义。人们都认为，实际上，17 世纪的科学家和自然哲学家（这是他们的自称）所从事的活动既有与现代科学观相契合的地方，也有与其不相契合的地方。我们现在也对中世纪的知识创造活动有了更多的了解，因此许多历史学家可以认为，中世纪的思想和实践与后来的思想和实践之间存在着显著的连续性。因此，要肯定 17 世纪发生的事与之前的时代截然不同是极为困难的。普遍来说，大部分科学史学家越来越不认同只存在唯一的、独特的科学方法的观点。丧失了对科学方法的确信，人们对科学革命的认识就愈加模糊。保留科学革命这一概念的一个很好的理由，我们之前已经提到，那就是很多 17 世纪的评论家都确信他们参与到了革命性的进程之中。如果想要认真理解我们的主题和生活在 17 世纪的人

的观点，我们就要去看他们做了什么，并去思考为什么他们认为
这些事是重要的。

　　本章简要介绍科学革命的概况。首先介绍天文学方面的巨大
变革。至少根据传统的论述，当时的天文学在地球运行的问题上
发生了巨大变革。人们对宇宙的认识从地心说转向了日心说。根
据日心说，地球不过是一颗围绕太阳运转的行星。提到科学革命，
大部分人想到的都是天文学的这一重大变革。接下来，本章将介绍
17 世纪发展的机械论哲学（mechanical philosophy）。在很多 17 世
纪的评论家看来，机械论哲学是新自然观的核心。本章还会涉及
17 世纪出现的新认知方法和新观点。哲学家认为实验和数学提供
了认识自然的新工具甚至新语言。本章的最后将介绍负有盛名的
艾萨克·牛顿。很多与他同时代的人都认为是他凭一己之力促成了
新科学的诞生，因而十分崇敬他。研究牛顿的成就能够帮助我们更
好地回答本章开篇所提出的问题——真的存在科学革命吗？

重置天空

　　如人们通常理解的那样，天文学绝对是科学革命中的热门话
题之一。只要提到那场伟大的思想变革，我们就会自然而然地联
想起第谷·布拉厄（Tycho Brahe）、哥白尼、伽利略、开普勒，甚
至是牛顿这些天文学家。然而，严格来说，17 世纪以前的天文学
并不属于自然哲学的范畴。当时的天文学和数学一样，研究的是
事物的表面现象和偶然现象；而自然哲学探讨的则是事物的起因。
这不仅仅是一种技术上的差异，它还意味着天文学和自然哲学在

大学课程中分属不同的学科。此外，这种差异还导致天文学家像数学家一样不如自然哲学家的学术地位和社会地位高。本书后文中就写道，当时的伽利略就为说服科西莫·德·美第奇（Cosimo de'Medici）任命自己为宫廷哲学家而非宫廷数学家而感到十分高兴，这其中不无学术地位和社会地位因素的影响。当时，人们认为天文学研究的是事物的表象而非真实内在。因此，没有人觉得天文学家能建立能够真正反映宇宙本质的模型。当时，天文学家的工作是建立能够准确描述和预测天体运动的模型，而不是研究宇宙结构。研究宇宙结构是自然哲学家的工作。

　　一般而言，16 世纪的自然哲学家沿袭了亚里士多德的宇宙观。这种宇宙观认为，地球位于宇宙的中心，太阳、月亮和各行星沿轨道绕地球运行。月球轨道是划分易腐、变化的地月系与不朽、恒定的恒星天的界限。当时，大部分天文学家都认同亚历山大城天文学家克劳狄·托勒密（Claudius Ptolemy）在公元 2 世纪形成的托勒密地心说（如图 2.1 所示）。托勒密对亚里士多德的地心说进行了改良，使其能更准确地描述和预测天体运动。托勒密引入了本轮（epicycles，行星沿本轮做圆周运动，而本轮的中心又绕地球做圆周运动，如图 2.2 所示）和"对点"（equants，天体绕地球做圆周运动时，相对于"对点"而不是圆心做匀速运动）等概念。根据这些理论，认同托勒密地心说的人绘制出了高度准确的天体运行图表。然而，没有人认为"本轮"和"对点"这些概念揭示了真相。它们只是用来"阐释现象"的几何工具。亚里士多德自然哲学坚持认为，不朽的恒星天中只可能存在完美的圆周运动。

图 2.1　阿皮亚努斯（Petrus Apianus）所著《宇宙志》（*Cosmographia*，1539）中所绘的托勒密地心说。地球位于宇宙中心，太阳、月亮和五颗行星绕地球运行。恒星轨道是宇宙的外边界

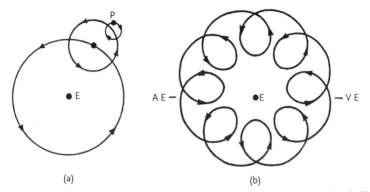

图 2.2　托勒密利用本轮等几何模型更为准确地描述了行星运动。左图为本轮几何模型，右图为根据本轮几何模型绘制的行星运行轨迹

　　1543 年，波兰神父尼古拉·哥白尼（Nicolaus Copernicus）出版了《天体运行论》（De revolutionibus）。当时，人们依然抱着对天文学的传统看法来阅读这本书。事实上，当时的人们认为只有这种看法才是正常的。哥白尼认为，宇宙的中心是太阳而不是地球。他认为，日心说摒弃了托勒密地心说中诸如偏心圆这类更偏美学范畴且含混不清的概念，日心说能更准确地预测天体运行。对当时的大部分读者来说，哥白尼的日心说只是另一种独辟蹊径的 "阐释现象" 的方法，能提供的是更为准确的星图而已。而《天体运行论》序言中的言论则更为大胆。序言认为，日心说应当被用来反映物理现实（如图 2.3 所示）。哥白尼似乎在为天文学发声，认为天文学应当是自然哲学的固有学术领域。如果哥白尼是正确的，那么书中的内容无疑是革命性的。这本书不仅表明天文学家在学术权威和地位上可以和自然哲学家相抗衡，还表明地球和人类根本不是宇宙的中心。然而事情却并非如此。哥白尼的朋

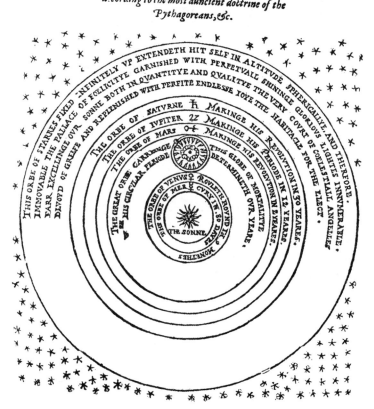

图 2.3 托马斯·迪格斯（Tomas Digges）所著《天体运行的完整描述》（*A Perfit Description of the Coelestiall Orbes*，1576）中所绘的哥白尼日心说。太阳位于宇宙中心，地球以及其他行星绕太阳运行，月亮绕地球运行。然而，哥白尼的日心说依然认为恒星天是宇宙的边界

友、路德宗牧师安德烈亚斯·奥西安德尔（Andreas Osiander）为该书撰写了一篇并未署名的前言。他在前言中表示，日心说中所阐释的物理现实不过是一种异想天开。没有迹象表明，这并非哥白尼的想法。而由于哥白尼在该书出版不久后就去世了，这一问题也无从查证。

哥白尼生前并未传播他有关地球运行的理论。可能是哥白尼最为知名的支持者，意大利天文学家、数学家、自然哲学家伽利略，让这一理论广为人知。1609 年夏，当时的伽利略还只是帕多瓦大学的一位毫不起眼的数学教授。伽利略用自己新改进的望远镜观察天空，得到了许多惊人的发现，并提出了许多大胆的论断。在其于一年后出版的著作《星际使者》（Sidereus nuncius）中，伽利略称通过望远镜发现了新事物。他发现了无数未被观测或记录的新恒星，还发现据说是不腐的月球表面有凹凸不平的地方。更重要的是，他发现了 4 颗新的行星，他称这 4 颗行星是围绕木星运行的，而非像人们设想的那样围绕地球运行。伽利略将这 4 颗行星命名为美第奇之星，并将该书献给了托斯卡纳大公科西莫·德·美第奇，希望借此获得这位权贵的赞助。伽利略的这一举动最终是成功的，他的地位得到了很大提升。他成了比萨大学哲学教授，并被科西莫任命为宫廷哲学家和数学家。天文学的地位也同样发生了改变。事实上，为了保住自己刚刚得到的地位，伽利略不得不宣称自己在天文学上的发现也同样具有深远的哲学影响。

到 1632 年伽利略出版著名的《关于托勒密和哥白尼两大世界体系的对话》（Dialogue Concerning the Two Chief World Systems，以下简称《对话》）一书时，伽利略早已成为有名的辩论家。从很多方面来说，这也是他工作的一部分。在佛罗伦萨法庭上以机智的辩论来取悦赞助人也是他的职责所在。而在《对话》一书中，伽利略的辩论更是有过之而无不及。他在书中充分利用他通过望远镜观测到的现象及其他论据，几乎毫不掩饰地为哥白尼的理论进行辩护。他认为，他通过望远镜发现的证据不仅支持哥白尼的理论，而且为地球自转的观点提供了一系列依据。伽利略的这一举动给他自己招致了祸患。他被传唤至罗马宗教裁判所，被迫放弃支持哥白尼的理论，并遭到流放。他的书也成了禁书。这里一定要弄清楚伽利略和天主教廷的分歧到底是什么（详见本书第15章）。过去，只要对哥白尼观点的讨论是以假设的形式出现的，并且在关于真理的问题上承认《圣经》的至高权威，那么教廷就不会反对这些讨论。因此，伽利略之所以被审判不在于他所表述的内容，而在于他的表述方式。伽利略的行为不仅挑战了教廷的权威，而且挑战了教廷作为思想仲裁者的合法性，还挑战了亚里士多德宇宙理论的正确性。

伽利略的例子表明，在16至17世纪，赞助人对天文学工作的开展具有日益重要的作用。为了扬名，伽利略需要科西莫·德·美第奇的资金和文化支持。对丹麦天文学家第谷·布拉厄的事业来说，赞助人的作用同样重要。第谷出身贵族之家，其父亲是丹麦法庭的重要成员。第谷无疑是令人羡慕的，因为他有资金进行天文学研究，而且得到了丹麦国王前所未有的支持。丹麦国王甚至将一整座岛赠送给他，让他建立自己的私人天文台天堡（如图2.4所示）。然而第谷的事业并不是一帆风顺的。对贵族来说，研究天文学并不是什么正经职业。第谷暂停了他的工作去说服他的家人和同辈贵族同意他投身天文学工作。此外，他还要

图 2.4　第谷所著《新天文学仪器》（1587）中关于其私人天文台天堡的插图。注意背景中的仪器及正在工作的助手

去说服天文学界的学者接纳他。第谷因对一颗于 1572 年出现的新星（现在称超新星）的一系列详细观测而名声大振。第谷的观测相当有趣，因为他发现这颗新星并没有出现恒星视差。也就是说，第谷的观测表明，这颗新星所处的位置远远地超出了亚里士多德物理学所说的地月系的范围。这颗新星可以被当成证据，证明亚里士多德物理学所设想的不朽、恒定的恒星天其实也是易腐、变化的。

在天堡，第谷·布拉厄的天文观测达到了前所未有的精确度，他也因此名声大振。他没有使用望远镜进行观测。他设计并制作了他手中可观的资金所允许的最好的天文仪器。他用这些天文仪器来精确定位天体的位置。这种天文观测工作对于制作用于制定历法和确定教会节日（如复活节）准确时间的天文表来说至关重要。制作天文表也是哥白尼日心说的主要作用之一，而第谷的观测可以使天文表更为精确。然而，第谷本人并不支持哥白尼的学说。虽然同情哥白尼的支持者，但第谷并不认同哥白尼日心说中有关地球运动的解释。第谷提出了自己的理论，他认为，地球仍然是宇宙的中心，太阳、月亮围绕地球旋转，其他天体围绕太阳旋转。第谷的理论似乎吸收了地心说和日心说两种理论的优点，既保留了亚里士多德地心说的完整性和合理性，又引入了哥白尼日心说的准确性和简单性。

围绕第谷体系原创问题的争论让第谷注意到了德国人约翰内斯·开普勒。当时，第谷正与另一名德国人尼古拉·赖迈斯·乌尔苏斯（Nicolai Reymers Ursus）就新的宇宙模型展开激烈交锋。第谷声称，乌尔苏斯的宇宙模型大量抄袭自己的宇宙模型。第谷成了开普勒的赞助人，并让开普勒和他一起声讨乌尔苏斯。此时，第谷已移居布拉格，为神圣罗马帝国皇帝鲁道夫二世工作。第谷雇用开普勒为自己宇宙模型的原创性辩护，并让开普勒分析他所积累的大量观测数据，形成一份能够证明第谷体系优势的星表。开普勒是德国天文学家米夏埃尔·马埃斯特林（Michael Maestlin）的学生，当时已经具备了在天文学界大放异彩的能力。1601 年，第谷去世。不久，开普勒继任为鲁道夫二世的皇家数学家，并继承了第谷宝贵的天文学仪器及更为宝贵的观测记录。开普勒的事例再次证明，皇室和贵族赞助人的支持对天文学工作非常重要。同时也再次证明，获取资源至关重要。

开普勒并不急于用第谷积累的大量观测数据为第谷体系辩护。同很多 17 世纪早期的人一样，开普勒信仰柏拉图主义，相信宇宙是按和谐法则运行的，并严肃对待天体音乐的问题。同当时大部分人不一样的是，开普勒也是哥白尼日心说的坚定支持者。开普勒在其 1596 年所著的《宇宙的奥秘》（*Mysterium cosmographicum*）一书中就已经系统地阐述了自己的宇宙模型。开普勒认为，行星轨道间的距离是由正多面体的序列决定的（见图 15.2，421 页）。开普勒花费了数年时间分析第谷的观测数据，找到了让深信柏拉图主义的他所接受的行星运行的简单规律。1607 年，开普勒发表了自己的研究结果，证明哥白尼和第谷的理论都不正确。行星围绕太阳运行的轨道并不是圆形的，而是椭圆形的。完成第谷的遗愿后，开普勒又回到了对宇宙和谐问题的研究上。1619 年，开普勒出版《世界的和谐》（*Harmonice mundi*）一书，提出宇宙是按调和定律运行的观点。开普勒的事例证明了天文学取得的新地位，那就是区区天文学家和数学家（虽然是神圣罗马帝国皇帝的前皇家数学家）可以为自然哲学领域的讨论做出重大贡献。

　　17 世纪的发展进程中，或者说随着哥白尼的《天体运行论》的出版，天文学界逐渐接受日心说。只要天文学依旧从属于自然哲学，天文学研究的目的依旧局限于"阐释现象"，对日心说的逐渐接受就不会受到什么阻碍。哥白尼的日心说只不过提供了一种更好的计算天体运行的方法。至少可以说，真正决定性的变化不是从地心说向日心说的转变，而是地月系与恒星天之间的界限被打破，人们对可变天体的认识进一步扩展，进而去探索恒星的运动。这些变化是天文学家和自然哲学家社会地位和文化地位变化的重要部分。随着地球和宇宙的物理界限被打破，天文学家和自然哲学家的社会界限也被打破。天文学家就哲学问题发表看法也日趋合法化。天文学的社会地位也发生了变化。上述天文学家在大学之外也广为人所知。我们将看到，越来越多的公众加入对天文学和自然哲学的探讨中。

自然魔法与机械论

　　这一时期出现的新自然哲学体系描绘了怎样的世界呢？16 至 17 世纪出现的各种新自然哲学体系的一个共同特征就是它们都自觉地提出了新奇的想法。作者给书取的书名都是像《新工具》（*Novum organum*，弗朗西斯·培根）、《关于两门新科学的对话》（*Due nuove scienze*，伽利略）和《声学发明》（*Phonurgia nove*，阿塔纳修斯·基歇尔）这样的名字。毫无疑问，这些作者有着宏伟的目标。他们想要将对自然界的研究构筑在全新的基础之上。

历史学家还不能轻松地归纳出这些新自然哲学体系的特征。我们现在知道，至少就细节而言，这些体系在创造新科学方面有着很大的不同。这些体系在新科学是什么样的、什么是最稳妥的推进方式、调查研究结果会带来什么等问题上存在很大分歧。至少，那些科学革命的倡导者在探索知识的过程中所使用的一些方法在现在看来是明显没有任何用处的。而另外一些方法则相对更符合我们对科学的理解。然而，我们必须谨记，这些现代早期自然哲学家的世界观与我们有着很大的不同，他们对科学能够带来什么的看法也与我们有着很大的差异。

　　至少对一些自然哲学家来说，魔法似乎是一种研究自然的有效方式。16 和 17 世纪的魔法师认为魔法起源于神话人物赫尔墨斯·特里斯墨吉斯忒斯（Hermes Trismegistus）。魔法被视为探索自然物和自然现象隐藏的神秘特质的方法。理解这些神秘的特质将会帮助人们理解隐秘的自然运作法则，以及不同自然物之间的关系。特殊的物体——比如磁铁——可以在不接触其他物体的情况下，对它们产生影响。对很多人来说，占星术似乎也是一种探寻神秘世界的有效方式。理解天体运行对人间事物的影响是一种理解隐秘的宇宙法则的方式。同样，占星术似乎也是一种理解不同物质相互影响的方式以及这些物质可能的本质特征的方式。16、17 世纪，自然魔法也十分盛行。像伊丽莎白女王的朝臣兼数学家约翰·迪伊（John Dee），以及耶稣会学者和通才阿塔纳修斯·基歇尔这样的自然魔法师能够随意制造奇观。例如，基歇尔就因发明了魔术幻灯和用一颗葵花籽驱动的钟而闻名。基歇尔发明的这个钟可以像向日葵一样随太阳转动，展示出太阳对自然物的神秘影响。

至少现在看来，比起魔法，机械论哲学更像是一种理解自然的工具。机械论哲学认为理解宇宙的最佳方式就是将宇宙看作一台巨大的机器，而自然哲学家的任务就是理解这台机器的工作原理。从某种程度上来说，机械论哲学是魔法的对立面，因为机械论哲学否认魔法试图探寻的神秘本质的存在。钟表是机械论哲学所推崇的事物。钟表的各个部分相互协调，最终使钟表转动。一些自然哲学家认为，宇宙也是这样工作的——宇宙的各个部分相互协调，最终使地球和其他行星得以运行。用钟表比喻宇宙也有力地暗示了宇宙创造者的存在：如果宇宙是一台像钟表一样复杂的机器，那么就像钟表是由钟表匠制造的一样，宇宙一定也有其创造者。不仅机械论哲学被应用于解释像行星运行这样宏观的自然现象，机械论哲学家还致力于揭示所有自然现象的运行机制。他们希望通过证明即便是最为神秘的力量也能够用简单的机械原理来解释，将神秘性彻底从自然哲学中剔除出去。

法国自然哲学家、数学家勒内·笛卡儿（René Descartes）无疑是 17 世纪早期机械论哲学领域造诣最深的人。笛卡儿就读于耶稣会学校，曾于欧洲三十年战争期间当过雇佣兵。笛卡儿广为人知的事就是将所有人类知识归结为第一原则，它最终被总结为可能是现代历史上最为知名的哲学名言——我思故我在。在其所著的《谈谈方法》（*Discourse on Method*，1637）一书中，笛卡儿阐释了他有关新的、宏伟的自然哲学的计划。笛卡儿所描绘的宇宙是一个机械的宇宙。笛卡儿认为，宇宙不是真空的，其中充满了物质。由于宇宙中充满了物质，如果其中一部分移动，那么其他的部分也会移动。满足这一说法最简单的运动就是圆周运动，因此行星围绕太阳做圆周运动。笛卡儿认为，宇宙是由无限的旋涡构成的，每个旋涡围绕太阳或其他恒星运动，并带动恒星周围的行星一同运动。不断从恒星中心向外做旋涡运动的微小物质给行星带来恒定压力，使其在固定轨道运行。笛卡儿甚至用他的旋涡理论解释了 17 世纪应用数学的一大难题——潮汐运动。

同其他机械论哲学家一样，笛卡儿的理论不止用于解释行星运动和潮汐运动这样宏观的自然现象。笛卡儿认为，宇宙中的一切事物都是由物质微粒构成的。例如，光是由从太阳向外运动的物质微粒流构成的。他还试图用机械微粒原理解释磁现象（如图 2.5 所示）。磁力是自然魔法在证明神秘性的存在时常举的例子之一。1600 年出版的《论磁》（De magnete）是第一部系统阐述磁学的著作。就连这本书的作者威廉·吉尔伯特（William Gilbert）都用灵魂的活动来比喻磁体的现象。笛卡儿认为，磁力是由磁体发出的微粒流产生的。这些微粒的形状与左旋或右旋的螺丝类似，微粒螺纹的旋转方向决定了当它们经过其他物体时这些物体是朝向还是背离磁体移动。笛卡儿甚至用机械论哲学来解释动物和人。笛卡儿的一个著名观点就是，所有动物都不过是复杂的机器。笛卡儿认为，人体也是一台复杂的机器，但人是有灵魂的，人的灵魂通过松果体这一媒介来控制人体。笛卡儿相信，用合理的饮食来调节人体机制能够使人的寿命无限延长（见本书第 19 章）。

同笛卡儿一样，爱尔兰裔英国自然哲学家罗伯特·波义耳也认为一切自然现象都能够用物质微粒的机械运动来解释。波义耳认为，在创世之初，原初构成宇宙的同一的、同质的要素分裂成了形态、质地各异的运动微粒。正是因为这些物质微粒的大小、形状、质地和运动方式不同，所以物质的视觉和触觉特性也不同。与笛卡儿不同，在具体描述这些看不见的微粒可能的形状和大小

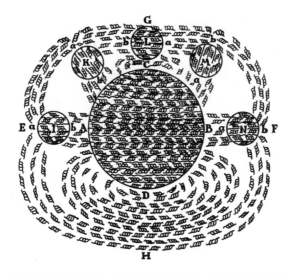

图 2.5　笛卡儿的磁力机械模型。磁体发出磁性微粒流。当这些形状像螺丝一样的微粒经过其他物体时，就会使这些物体朝向或背离磁体移动。物体的移动方向取决于微粒螺纹的旋转方向

时，波义耳表现得更为谨慎。例如，笛卡儿致力于描述导致磁性的微粒的具体形状，而波义耳却并不关注这一问题。用物质微粒的形态和运动这一机械论来解释自然现象是人们能找到的最为可信的解释方法，这才是波义耳在意的地方。例如，波义耳同意，一般而言，组成物体的微粒的种类最能有效地解释物体其颜色或质地；同时，波义耳也认为，有关这些微粒到底是什么样子的问题还有待思考。

　　本章后面将讲到波义耳著名的空气泵实验，在关于这些实验的描述中，我们可以看到他在用具体而非笼统的机械论来解释现象方面的谨慎。17 世纪 50 年代末至 60 年代初，波义耳用空气泵这一新哲学实验仪器进行了一系列实验，以研究空气的特性。基

于这些实验，波义耳提出，空气是由像弹簧一样的微粒构成的。因为构成空气的微粒像弹簧一样，所以空气能够承受任何压力，并且在压力消失时体积膨胀。在其著作《关于空气弹性及其物理力学的新实验》（*New Experiments Physico-Mechanical Touching the Spring of the Air*，1660）中，波义耳表示，虽然他能够确认空气泵中发生的现象的真实性，换句话说，空气确实如他所描述的那样，但是他并不能详细解释这些现象。作为机械论哲学家，他确认导致现象发生的原因在本质上是机械的，但任何对其详细机制的解释充其量都只是一种可能。空气微粒可能就像钢簧一样，但也可能并非如此。

除却这种谨慎，在很多支持者看来，机械论哲学无疑是解释自然现象的最佳方式。曾经给波义耳当过实验助手的英国自然哲学家罗伯特·胡克（Robert Hooke）甚至认为，在适当条件下，或许能够通过刚刚发明的显微镜看到物质的基本微粒。即便缺乏直接的感官证据证明这些"小小的自然机械"的存在，大部分自然哲学家依然愿意相信，假设这些微粒的存在是用哲学解释自然的最佳方式。与之前那样猜测不同物质的神秘本质相比，这确实是一个更好的选择。1644 年，埃万杰利斯塔·托里拆利（Evangelista Torricelli）用泵和液体进行实验，以证明可以用机械论来解释现象，而不必再回到"自然界憎恶真空"的论调中去。带着类似的目的，1648 年，布莱兹·帕斯卡（Blaise Pascal）在法国多姆山的山坡上反复进行实验。很多人指出，机械论的优点之一是消除了人们赋予物质灵魂的想法。法国神父马林·梅森（Marin Mersenne）认为，赋予物质生命可能会打破上帝与自然间的界限，这是十分危险的，还是相信机械论哲学家，接受物质本质上是被动的，只是所含微粒的形状大小不同的观点更好。

从笛卡儿的例子中，我们已经看到，机械论被运用到解释动物和人体上，正如它们传统上被用于解释非生命世界一样。英国医生威廉·哈维（William Harvey）对血液循环的描述被时人誉为生命体机械论哲学的典范，虽然哈维自己对机械论哲学的优点心存疑虑。在其所著《心血运动论》（De mote cordis et sanguinis，1628）一书中，哈维提出，血液在体内循环，经过心脏和肺部流入动脉，经由动脉流向四肢，最后再由静脉流回心脏。以哈维的例子为先导，诸如乔凡尼·博雷利（Giovanni Borelli）等自称机械医学家的人提出，将人体当作复杂的机器去理解是改进医学的关键。赫尔曼·布尔哈夫（Hermann Boerhaave）认为，组成人体的各部分都可以被看作各种不同的机械装置："我们发现，它们有的像柱子、横梁、围墙、顶棚，有的像斧子、楔形跟、滑轮，有的像绳索、压力机、风箱，有的像筛子、管子、容器。这些装置能进行的运动就是它们的功能。它们的运作都遵循机械法则，且只能通过机械法则理解。"在布尔哈夫看来，人体就如同一台复杂的液压机（见第 19 章）。

机械论哲学的支持者往往态度鲜明地反对自然魔法和那些认为自然界存在神秘本质的人。而对那个时代的许多人来说，在物质内在本质这个问题上，仅仅解释部分自然特征根本就不算是解释。剧作家让－巴蒂斯特·莫里哀（Jean-Baptiste Molière）讽刺自然哲学家用鸦片具有催眠促睡力来解释为什么鸦片能使人睡觉。在否定魔法这一问题上，近代的历史学家表现得比他们支持机械论的同辈人更为谨慎。研究科学革命的大部分历史学家都认为，在那个时代的思想讨论中，自然魔法师扮演了重要角色。自然魔法师和机械论哲学家都通过调查物质的隐藏性质来解释其特殊意识，不管他们认为这些性质是事物本身固有的还是被赋予的。他们还同样具有自觉的创新意识。当时，大部分自然哲学家都认为他们参与了一项全新的事业，不论此后他们将赋予这项事业的细节怎样的特征。

新的认知方法

在庆祝新科学的创新性时，参与者所想的远不止其所发现的宇宙本质。在他们看来，如何获取新知识这一问题同样重要。几乎所有参与者都同意，与之前的各种知识相比，新知识最大的不同之处在于其是基于经验而不是权威的。被摒弃的前代"烦琐哲学家"的理论只能构建在以亚里士多德哲学及其中世纪阐述者的理论为主的权威古代典籍之上。相反，新科学的推动者则声称，他们的知识是构建在对世界的真实经验之上的。前文提到，17 世纪的自然哲学家极力强调他们的科学的创新性。这是他们考虑的主要问题。他们的科学之所以新，是因为这种科学在我们最初如何获取知识这一问题上有一套完全不同的假设。之前几代学者从亚里士多德的著作中寻找知识，而新一代学者则自豪地认为获取知识的最好方式是理解"自然之书"。

同样，越来越多的自然哲学家认为，自然之书是用数学的语言写就的。这代表着数学在认识论中，乃至在社会地位上的重大转变。我们知道，传统上认为，从认识论的角度来看，数学的地位不及自然哲学。自然哲学探讨的是事物的本质，而数学研究的是数字之类的偶然事物。数学确实提供了特定事物的可靠信息，但自然哲学家认为，数学提供的可靠信息是非常有限的。数学推理得出的结论只有在其前提是真实的情况下才是真实的，而证明前提的真实性则不在数学推理的研究范围之内。与在认识论中的地位差异相伴随的是二者社会地位的差异。在大学课程中，数学的地位也没有自然哲学高。像伽利略这样的数学教授很清楚，他们的工资比哲学教授低。人们普遍认为，与自然哲学相比，数学是一门更具实用性的学科。

数学不仅包含一些像几何学这样在今天看来可能是"纯粹"推理的内容，而且包含像算术这样更为实际的活动。一些评论家认为，严格来说，数学根本不是学术活动，而是技工的活计，"是小贩、商人、海员、木匠、土地测量师之类的人琢磨的事情"。虽然这是一个极端的例子，但这也表明，至少在一些人看来，数学是一种社会地位较低的认识实践。应用数学的活动需要用到各种不同的数学工具，例如六分仪、四分仪，或者计算尺之类的计算工具（图 2.6）。然而，在那个航海探险活动迅速发展，圈地运动兴起，人们对地图精度要求越来越高的时代，应用数学的作用是无可争辩的。有身份的地主（和冒险家）越来越发现他们对应用数学技能的需求，他们自己甚至也开始掌握一定程度的数学知识（见第 17 章）。所有这一切无疑导致了数学家文化知名度的提高，特别是在王室和贵族家庭周围，知识的重心正在决定性地从亚里士多德主导的大学转移到这些地方。

前文提到，伽利略正是借助这一转变从帕多瓦的数学教授变成了统治佛罗伦萨的美第奇的宫廷哲学家。同样，伽利略也借这一转变来助力其天文学事业。伽利略的策略之一就是强调数学的

图 2.6　乔纳斯·穆尔（Jonas Moore）所著《新数学体系》（*A New System of Mathematicks*）扉页插图。图中众多数学工具体现出 17 世纪时应用数学的重要地位

哲学地位。正如他和其他人越来越多地强调的那样，自然之书是用数学语言写成的。伽利略认为自然哲学应该用数学来表达，因为自然的结构是数学的。因此，自然哲学的主要目的应该是用数学语言阐述自然法则，比如伽利略有关自由落体的数学法则表明，不同重量的物体下落速度相同。为了与笃信亚里士多德理论的经院哲学家相抗衡，他们甚至找来古代学说作为凭据。数学家以柏拉图和毕达哥拉斯的学说为依据，以确立自然世界的数学本质。例如，开普勒早期曾认为，行星轨道间的距离是由正六面体、正四面体、正十二面体、正八面体和正二十面体这 5 个柏拉图的正多面体决定的。

　　然而，自然世界的数学阐释应当具有怎样的地位仍是具有争议性的问题。例如，批评家们注意到，伽利略的自由落体法则不适用于真实世界，只适用于数学化的理想世界。为了应对这一挑战，伽利略不得不辩称，比起混乱的真实世界，他的无摩擦的理想化数学模型才真正体现了现象的本质。自然哲学家担心的是，有关自然界运行的数学理论结果应该被赋予什么样的认识论地位，具有何种程度的确定性。由运动中的粒子组成的机械宇宙与数学描述之间的契合究竟是什么性质的呢？如何保证这一契合的真实性？像罗伯特·波义耳这样的机械论哲学家在原则上是乐于承认自然之书"是由数学语言写就的"。但即便是他，在真正用数学来阐述自己的自然哲学时也是非常谨慎的。像很多同时代的人一样，波义耳深信，为了维护自然哲学的权威性，也就是为了尽可能迎合大众对世界的认知，自然哲学必须是易理解的。而数学的问题就在于，它难以被理解。

　　同很多人一样，波义耳强调，新科学是经验科学。波义耳及其同时代哲学家的目标是将科学构筑在自身感觉而非古代经典之上。经验是构建有关自然界的新理论的关键。从现代角度来看，这似乎并没有什么问题。这本身也证明，早期现代自然哲学家将这一观点确立为探索自然运行机制的基础是成功的。然而，17 世纪的评论家敏锐地意识到在将日常经验转化为切实的知识的过程中遇到的哲学问题。他们知道，从个体经验推导出普遍规律的过程充满困难。他们需要一些方法，以判断哪些经验是可靠的，哪些不是。这一时期，西方旅行者和探险家带回有关遥远地域的奇闻逸事，以及那些地域的动植物标本，这使西方人的经验范围得到极大扩展。一方面，这些新奇的信息似乎证明对古代权威可靠性的怀疑是有道理的。另一方面，当时的人们也不愉快地意识到，他们不得不面对新的问题，到底哪些经验可以被视为合理的知识之源？哪些证据是可信的？

英格兰大臣、律师弗朗西斯·培根是最早提倡经验知识的哲学家之一。在培根看来，毋庸置疑，经过充分证实的经验而非古代权威才是真正知识的唯一可靠基础。但培根认为，经验需要恰当的管理才具有有用性。法律经验和检察官经历让培根坚信，被组织过的经验才是有用的。培根嘲笑道："一些国家制定决策、指导事务时依靠的不是使节、可靠信使的信件和报告，而是小道消息，而引入哲学的经验管理体系也正是如此。"培根的解决方法是将经验性的事实探究过程纳入集体性、高度管理化的系统之中。在其著作《新大西岛》（*New Atlantis*）中，培根描绘了致力于通过合作及训练有素的方法来获取经验知识的所罗门宫。在培根的设想中，所罗门宫中的研究人员是分等级的，既有最低级的事实收集人员，也有最高级的哲学家，所有这些研究人员都参与到经验知识的系统生产过程中。所罗门宫从未真正存在过，但培根的这一构想对 17 世纪成立诸如伦敦皇家学会和巴黎科学院这样的合作型研究机构起到了一定作用（见第 14 章）。而其认为要用严谨的方法从经验中提炼知识，以及并不是任何（或任何人的）经验都是可靠的知识来源的观点也广为人所认同。

严谨且经过精心管控的经验在罗伯特·波义耳的实验项目中占据核心地位，空气泵实验就是其中一例。至少在大部分英国人看来，波义耳的实验是正确实验的典范。通过实验，波义耳得出许多有关空气组成成分及其本质的结论（见第 3 章）。然而，波义耳深知，实验过程并不是简单明了的。例如，所有发生在空气泵中的现象都是人工的。空气泵中空气的物理性质准确反映了空气的本性，这一点并不是自证而明的。即使大多数人都认同空气泵中发生的现象与其本质上的现象类似，波义耳依然要努力去说服那些怀疑他的人，让他们相信他的观点是正确的。他撰写报告，详细描述自己在实验过程中观察到的现象。他在其他人的见证下进行公开实验。如果他要说服其他人，让他们相信他有关空气泵实验的结论是可靠的，那么上述这些做法都是必不可少的。这就是波义耳等人认为建立像皇家学会这样的科学团体非常重要的原因之一。即便如此，对于能从实验中推导出什么结论，波义耳依然态度谨慎。正如我们之前看到的那样，虽然波义耳认为其关于空气物理性质的报告是真实的，但他仍将从空气物理性质推测出的空气组成成分视作假设。

上文提到，科学团体兴起的因素之一是 17 世纪的哲学家敏锐地意识到他们需要证明经验的有效性。大部分哲学评论家都认为，可靠经验信息的关键在于见证者的可信度。这就是波义耳等人进行公开实验的原因。见证者越多，社会地位越高，实验结果的可信度越高。如果没有见证者，实验者就会倾尽全力撰写一份详细且专业的实验报告，以使他人相信实验的真实性。当时，展示新奇事物也成了一种新风尚。自然哲学家和他们的赞助人收集并展示各种自然的（或人工的）新奇事物，以此展现自然的多样性，当然也借此展现他们自己的声望（见第 16 章）。很多经验主义自然哲学家赞同弗朗西斯·培根的观点，认为创造新知识在本质上是一项合作性事业。这正是信任彼此的观察结果如此重要的原因之一。这一点反过来也解释了为何实验者应该是绅士，而不是工匠、商人、妇女或外国人。一般认为，绅士更值得信任，他们在经济上是独立的，因而不会受到外界影响。培根的另一个观点也得到很多经验主义自然哲学家的认同，那就是自然哲学应该是公民的事，因为它十分有益于共同体的福祉。这是另一个实验者最好是绅士的原因。此外，这还表明新实验自然哲学的作用之一是生产有用的知识。

正如之前所说，考虑到自然哲学知识的开放性，罗伯特·波义耳等人质疑数学在新机械论哲学中的地位。在他们看来，让新科学可信的关键就是要让其尽可能地简单易懂。新知识可以被传播、被检验、被证实，从而逐渐成为新的共识，成为普遍经验。从这个角度来说，认为自然之书是用数学语言写就的这一观点就制造了障碍。在 17 世纪，数学远不是一种通俗易懂的语言。相反，数学是一项非常专业的实践活动，只有极少数专家才能熟练掌握。然而，除了这样的忧虑，也极少有推崇新科学的人否认数学是自然的语言。越来越多的人认为，数学是清晰推理的典范。毕竟，好的推理方式是 17 世纪自然哲学家寻找的东西。他们想要确认他们的认知方式以及知识本身是构建在稳固的基础上的。

让牛顿出世!

很多和牛顿同时代的人以及牛顿的直系弟子都认为,是艾萨克·牛顿爵士最终完成了科学革命。诗人亚历山大·蒲柏(Alexander Pope)狂热地称颂牛顿:

> 自然与自然的法则在黑暗中隐藏,
> 上帝说,让牛顿出世! 世界一片光。*

牛顿成功地将新科学中毫不相干且碎片化的部分整合在一起,使之成为一个整体。从很多方面来看,牛顿都是典型的自然哲学家,他性情刻薄、不善交际、难以相处。他是历代科学天才的典型。1642年圣诞节(即格里高利历1643年1月4日,当时欧洲其他地方已采用新历法),牛顿出生于林肯郡的一个富裕的自由民家庭。在进入剑桥大学三一学院之前,牛顿就读于当地的一所文法学校。在三一学院任教期间,牛顿写成了奠定其学术地位的两本书。一本是出版于1687年的《原理》;另一本是最终出版于1704年的《光学》(Opticks),此时牛顿已当选皇家学会主席,此事发生在他的主要对手胡克去世之后,这并非巧合。到1727年去世时,牛顿已从一名离群索居的学者变成了一名颇有权力和影响力的公众人物。他的身边聚集着一群追随者,他们致力于践行牛顿有关自然哲学是什么、应该怎样去实践的观点。

你可以看一下牛顿的数学巨著《原理》的扉页。《原理》全

名《自然哲学的数学原理》(*Philosophiae naturalis principia mathematica*，或 *Mathematical Principles of Natural Philosophy*)。书名揭示出作者的雄心壮志。牛顿必定同意数学是自然的语言，而自然哲学家的任务就是揭示隐藏的支配宇宙运行的数学法则。在书中，牛顿明确表示，他知道那些数学法则是什么。事实上，该书扉页就已向世界宣告，牛顿已经发现了宇宙的秘密。虽然这是一本雄心勃勃的书，但人们却并不清楚这本书的创作缘由究竟是什么。据传，这本书起初是为了回应天文学家埃德蒙·哈雷 (Edmund Halley，哈雷彗星的发现者) 提的一个问题。1684 年的一天，二人相见，哈雷问牛顿，若作用力与距离的平方成反比，他能否计算出受力物体 (比如行星) 的运行轨迹。牛顿告诉哈雷，他计算过了，受力物体的运行轨迹是椭圆形，就像行星绕太阳运行的轨道一样，但他把计算过程弄丢了。哈雷了然地耸了耸肩，回到了伦敦。牛顿重新进行计算，几年后写成《原理》一书。

在书的一开始，牛顿定义了一系列诸如质量、动量、惯性和力等该书后文涉及的有关物体物理性质的概念。接着，牛顿介绍了他的运动三大定律，即：物体总保持匀速直线运动或静止状态，直到外力迫使其改变运动状态为止；物体加速度的大小跟作用力成正比；作用力和反作用力大小相等，方向相反。在接下来的三篇中，牛顿运用了这些定律。在第一篇中，牛顿研究了物体在不同力的作用下的运动状态，指出如果物体运行轨迹为椭圆形，那么其作用力一定与距离成反比。第二篇研究了物体在各种阻尼介质中的运动。在第三篇"宇宙体系"中，牛顿将其从第一篇中得出的理论运用于研究天体运动，提出万有引力定律。在确定使月球在轨道上运行的力与使地球上物体下落的力是同一种力后，牛顿提出："自然的经济性让我们将所有让行星在轨道上运行的原因都归结到引力上。"这是一个被广泛认可且名副其实的伟大成果。

从很多方面来说，牛顿的《光学》都是一本与众不同的书。虽然（或许正是因为）《光学》的专业性不及《原理》强，相对容易理解，却更具争议性。牛顿最初写《光学》一书是为了阐述他的颜色理论。1672 年，牛顿在皇家学会《哲学学报》（*Philosophical Transactions*）上发表论文《光和颜色的新理论》（"New Theory about Light and Colours"），首次提出他的颜色理论。在论文中，牛顿抨击了有色光是白光变化形成的这一主流观点，并提出白光本身是由不同颜色的光构成的。牛顿进行了著名的三棱镜实验。在实验中，他先用玻璃三棱镜将白光分解成多种有色光，又将这些有色光合成白光。这里有必要提一下牛顿对这一实验的定位。在牛顿看来，实验证明了他的颜色理论。这是建立其理论的决定性实验，不容任何置疑。因此，当罗伯特·胡克提出该实验存在其他解释方法时，牛顿反应激烈。牛顿认为，胡克的行为不仅是对他的实验解释的攻击，更是对他的人格的攻击。

《光学》一书不仅阐述了牛顿的颜色理论，在该书第一版及之后的几版中，牛顿还阐述了他对自然哲学未来发展的看法。在书中，牛顿提出了很多疑问，其中包括很多有关自然哲学的疑问，例如：光的本质、新发现的电磁现象的成因，以及以太的存在。第一版《光学》中有 16 个疑问，到最后一版时，增加到了 31 个。在 1713 年版的《原理》一书中，牛顿加入了一句话——"我不做假设"，这句话成了他的经典名言。而《光学》中的 31 个疑问确实只是牛顿的推测。例如，他问道："光线是不是发光物质发射的微粒？"而第 31 个疑问则最具推测性。牛顿问道："无限的空间难道不是一个无形的、有生命的、有智慧的存在的意识吗？他密切地注视事物本身，通透地观察它们，并完全通过它们在自己面前的直接呈现来理解它们。"这些都是十分危险的问题。由此，我们可以看出，牛顿在多大程度上是从神学的角度去构筑他的机械论哲学观的。

在创作《原理》的同时，牛顿也在进行其他方面的研究。在牛顿看来，这一研究的重要性不亚于《原理》。他查阅古代的《圣经》文本，希望能够重视那段未受侵蚀、原始而又神圣的创世史。事实上，牛顿是一位阿里乌派信徒。阿里乌派被视为异端，其信徒反对天主教及新教的核心教义三位一体论。牛顿认为，早期教会刻意篡改、模糊了原始《圣经》文本的内容，以达到增强神秘性、迷惑信徒的目的。在他看来，古人已经知道宇宙数学结构的真相，但早期的教父却刻意模糊了这些真相。牛顿的《圣经》研究试图还原《圣经》文本的原意，进而找寻失落的古代智慧。牛顿认为，他研究自然哲学的出发点也在于此。他的研究是一个重新发现而非发现过程。牛顿确信，不仅是柏拉图和毕达哥拉斯，就连摩西和神话中的赫尔墨斯·特里斯墨吉斯忒斯也是了解日心说和万有引力定律的。而他所做的就是将这些被早期教会刻意模糊的知识拯救出来。

炼金术是牛顿为找回失落的智慧所做的另一番努力。牛顿极富热情地研读炼金术典籍，写下了大量笔记和评注。他还在自己位于三一学院的实验室中进行炼金术研究。有关炼金术作品和实验为牛顿重新发现古代哲学家了解的关于世界本质及结构的知识提供了另一种方法。牛顿认为，炼金术典籍中晦涩难懂的语言和符号是炼金术士为对大众隐藏这一秘密知识而刻意采用的。同研究《圣经》文本一样，牛顿阅读炼金术典籍、还原炼金术实验也是为了找回失落的智慧。而这些工作同样是在写作《原理》时进行的。与许多机械论哲学的狂热支持者不同，牛顿更认同自然的神秘本质。与其他机械论者不同，牛顿倾向于不去找寻引力的自然成因。他认为，物质可能被赋予了"主动的力"。德国数学家及哲学家戈特弗里德·威廉·莱布尼茨（Gottfried Wilhelm Leibniz）明确指责牛顿根据这些理论重新将神秘原则引入自然哲学中。

为了给自己辩护，牛顿召集了一批追随者。他与莱布尼茨的辩论，以及对莱布尼茨窃取他微积分理论的指控，都是由年轻的英国国教牧师（与牛顿一样秘密的阿里乌派信徒）塞缪尔·克拉克（Samuel Clarke）进行的。尽管莱布尼茨等人对牛顿提出了指责，牛顿的声名在 18 世纪早期仍然达到了如日中天的地步。在英国，人们将牛顿视为英国自然哲学领域最为杰出的人物。在欧洲大陆，尤其是在法国，牛顿被视为启蒙理性的先驱。法国作家伏尔泰就是牛顿的崇拜者之一。在伏尔泰看来，像牛顿这样的天才一千年才会出现一位。但即使是伏尔泰也不得不承认，牛顿的追随者几乎都没有读过牛顿的著作，尤其是其高深的《原理》。伏尔泰回到法国后介绍道，在伦敦几乎没有人读过牛顿的著作，"因为只有学问极其高深的人才能理解牛顿的思想"。伏尔泰的朋友和情人夏特莱侯爵夫人阅读了《原理》，并首次将其翻译成法文。她帮助伏尔泰完成了其著作《牛顿哲学原理》（1738）的数学部分。虽然对《原理》在数学方面的大胆尝试赞不绝口，18 世纪时，那些自称是牛顿追随者的人更多是从《光学》及牛顿提出的疑问中得到了启发。弗朗西斯·霍克斯比（Francis Hauksbee）和约翰·德萨居利耶（John Desaguliers）等实验者及仪器制作家认为，他们制作的实验仪器、创造的实验技术可以通过公开展示电力或磁力证明牛顿对"主动的力"的猜想。

牛顿在 18 世纪的遗产说对全人类的方方面面都具有启发性。历史学家试图定义一个自称牛顿追随者的人所共享的连贯的自然哲学体系。一种策略是将牛顿的追随者分为两个阵营：一是从《光学》中获知牛顿学说的人；二是从《原理》中汲取牛顿学说的人。《光学》一书的追随者遵循着牛顿的实验体系研究的思路，研究牛顿认为是活跃力量的电、热、磁、光等现象。而《原理》一书的读者致力于扩大和完善牛顿的数学思想并将之应用于新问题的解决。这个不尽如人意的情形暗示，《光学》和《原理》的作者考虑的问题完全不同，甚至毫不相关。简单承认不存在连贯的"牛顿学说"，可能更恰当。18 世纪不同的实践家借用部分牛顿法，并且摒弃了其他部分。他们当然希望把自己与他的名字联系在一起，重要的原因在于这个名字意味着权威。像伏尔泰那些知道他未发表的对《圣经》所做研究的人则陷入了尴尬的境地。牛顿已经成为 18 世纪启蒙运动和理性崇拜的标志。

结论

回归到本章一开始提出的问题，真的存在科学革命吗？在 17 世纪左右，人们看待宇宙的方式发生了彻底变化，这种变化不啻一场科学革命。值得我们注意的是，这一主张究竟意味着什么。首先，历史学家通常认为这是一个独特的事件，科学的革命有很多，但科学革命只有一个。换言之，最初的含义是，发生在 17 世纪左右的事件都足够重大且前所未有，可以被视为革命性的事件，这时发生的系列事件是独一无二的，历史上没有哪个时刻可以与之相提并论，革命的结果是现代科学的出现。一直以来极少人质疑这一论断，直至最近。毕竟，它的所有组成元素，似乎都是不证自明的。从 18 世纪直到现如今，科学历史学家在不同程度上认同这一观点。然而，经过本文的概述，我们应当自问，这个传统说法是否真的经得起严格的审查？

从很多方面来看，很明显，传统的科学革命理论根本站不住脚。事实上，它在三个基本假设上都有问题。历史学家现在普遍认为，尽管科学革命引发了剧烈的思想变革，但它们在历史上并不独特。因为其他世界观的变化同样重要。"革命"这个词本身就有问题。历史学家已证实，现代早期理解自然世界的方法与更早之前的视角之间存在明显的连续性。历史上似乎不存在一个特定的点或事件，我们可以指着它说科学革命从这里开始。如果这是一场革命，那么它没有一个明确定义的开始，也没有决定性的结尾。最后，可以清楚地知道，无论科学革命产生了什么，它都不是现代科学。当然牛顿学说的一些方面看起来很有现代感。但这不足为奇。与此同时，牛顿学说的其他方面，如他对神圣历史的沉迷，似乎与现代性格格不入。我们不能简单地删掉牛顿作品的这部分内容，宣称经过筛选的部分是现代科学的起源，这显然有悖于牛顿对他自己所参与的事业的理解。

同时，尽管存在上述这些疑问，正如我们在本章一开始提到的，许多参加了科学革命的人无疑深信，重大的事情正在发生。他们展示了一种罕见的一致性（在我们讨论的时代更显罕见），这种一致性不仅体现在他们对宇宙的理解发生的某种重大变化上，还体现在他们对这一变化的认识上。总的来说，这些人同意，他们获取知识的方法的特别之处在于向经验而不是向权威寻求。他们会问自己的感官，而非咨询亚里士多德。这种看法是否准确是有争议的。研究中世纪哲学的现代历史学家对中世纪哲学实践的偏见，要比那些明确反对中世纪哲学的科学革命参与者少得多。无论如何，这是历史参与者对其活动的表述。有鉴于此，如果我们想严肃地以历史参与者自己的观点评价其作为，那么我们必须赋予科学革命这个概念一定程度的正确性。他们从这一角度对其活动的表述确实与现代科学观念产生了共鸣。我们宁可认为现代科学是基于经验而非基于权威之上的。

最后，我们问题的最佳答案可能是它仅仅是一个不该问的错误问题。科学革命是否是一个有用的历史范畴，在很大程度上是一个角度问题。至少，这样的范畴要以一个健康公正的角度来看待。当然也不应该让其蒙蔽历史判断。像科学革命这样的范畴是有用的，毕竟在此范围内它帮助我们理解过去的科学和科学在文化中的地位。当捍卫这个范畴成了目标本身时，就是放手的时候了。我们研究这一时期历史时，重要的是我们竭力了解当时发生了什么，当时的参与者都努力想实现什么。将那段历史置于合适的位置，以便将过去的他们与现在的我们联系在一起，是一个重要的但位居其次的问题。如果我们从另一个方向来看——积极寻找现代科学的先驱而不是理解全貌——我们最终几乎肯定会得到错误的结论。

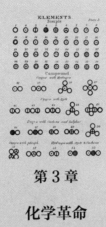

第3章

化学革命

在科学史上，化学常常不受青睐。传统的科学史中，科学革命以来物理学的重要发展是科学史家讨论的主要内容之一。同样，生命科学，尤其是达尔文主义语境下对其起源及结果的研究，也是科学史的主要内容之一。化学的发展不如上述学科发展的意义重大。化学被忽视的可能原因有很多。从历史的角度来看，许多我们现在可能认为属于化学范畴的思想和实践实际上有着各种各样的产生背景和发源地。在我们看来，炼金术士、药剂师、医生、染工和铁匠所从事的活动可能都与化学的起源有关。由于化学有着各种各样的起源，化学史家有时会发现，提出一个关于化学发展的公认观点很难。化学被忽视的另一个原因是人们将化学视为一门应用科学而非理论科学。好比直到不久之前，科学史学家一直都将自己视为思想史学家。从这个角度来看，像化学这样的应用科学往往缺乏关注价值。物理学和生物学中蕴含着重要的哲学思想，但在化学史中似乎找不到这样的思想。

传统观点认为，在16、17世纪所谓的科学革命中，化学并未起到重要作用。相反，不止一位历史学家认为，化学晚了大约一个世纪。根据这一观点，直到18世纪末，"延迟的化学科学革命"才最终发生。在18世纪最后的几十年中，法国化学家安托万－洛朗·拉瓦锡（Antoine-Laurent Lavoisier）对化学思想和语言进行了系统性改革，并推翻了燃素说（phlogiston theory）。在这之前，化学仍旧处于黑暗时代。当物理学（或者更恰当地说是自然哲学）已经采用牛顿理想的严谨的定量和实验的研究法时，化学仍然在使用模糊的定性研究方法。最近，历史学家认为，这种关于前拉瓦锡时代的化学观念存在几个问题。正如我们之前看到的那样，现在很少有历史学家认为 16、17 世纪存在独一无二的科学革命，更少有历史学家认为这场科学革命带来了唯一定义的科学方法。同样，现如今也极少有化学史家认为拉瓦锡的贡献决定性地开启了一个新时代。

从这个角度来说，我们就要仔细思考 18 世纪末存在化学革命这一命题了。正如我们在探讨更普遍的科学革命时一样，弄清争论的内容很重要。要接受 18 世纪末出现的化学理论与实践方面的变化创造了具有唯一定义的化学革命这一观点，我们就要承认另一个观点，即从某些方面来说，18 世纪末出现的化学是现代的而之前的化学不是。我们还要认同这种转变独一无二。与之前相比，历史学家现在更了解前拉瓦锡时代的化学理论与实践的广泛性和复杂性，也明白前拉瓦锡时代的化学家所做的重要贡献。显然，18 世纪末围绕化学的争论，也不能再被看作思想开明的拉瓦锡化学改革支持者与思想狭隘的反对者之间的简单斗争。事实要复杂得多。拉瓦锡的改革也不像人们曾经认为的那样具有决定性作用。对现代化学家来说，拉瓦锡理论的很多方面同其前辈及其对手的某些理论一样独特。

本章将首先概述 17 世纪到 18 世纪初"未经改革"的化学。应该明确的一点是：不管后来的化学家和化学史家怎么看，在罗伯特·波义耳、帕拉塞尔苏斯（Paracelsus）和格奥尔格·施塔尔（Georg Stahl）这些从事化学研究的人自己看来，他们正全心全意地投入到新科学之中。接下来，本章将关注 18 世纪空气化学的发展，其中尤其关注英国化学家、自然哲学家约瑟夫·普里斯特利（Joseph Priestley）的工作。了解普里斯特利的贡献将帮助我们弄清化学在 18 世纪的科学和文化中所扮演的角色，以及燃素说的众多分支。在这一背景下，本章将探讨拉瓦锡对化学的贡献，尤其是其对燃素说的驳斥，对自己的氧化说的主张，以及他为建立一种全新的、被改革的化学语言所做的努力。我们将了解，拉瓦锡的化学创新将如何被纳入 18 世纪末法国化学和自然哲学发展的语境中。最后，我们将看一看在 19 世纪最初的几十年中，在拉瓦锡的创新的直接影响下化学的发展。我们尤其要看一看约翰·道尔顿（John Dalton）对原子论（atomic theory）的贡献。这将帮助我们弄清当时那些受拉瓦锡影响的化学家在多大程度上将拉瓦锡的创新视为决定性的，在多大程度上将其看作众多改革化学的可能方法中的一种。

化学未经改革？

在我们看来，很多 16、17 世纪的人就是在研究化学，而这些人自己则认为自己是新科学的先锋。迈克尔·森迪沃奇（Michael Sendivogus）等炼金术士，甚至艾萨克·牛顿爵士，都认为自己是古老传统的继承者。他们的科学旨在理解自然物质间的隐秘关系，并找到元素转变的关键。药剂师和医生喜欢研究物质的药用价值。帕拉塞尔苏斯和扬·巴普蒂斯塔·范·海尔蒙特（Joan-Baptista van Helmont）等医学改革家希望建立新的物质理论，以帮助人们重新理解自然物质的医学应用。万诺乔·比林古乔（Vannoccio Biringuccio）等冶金学家研究出提高金属、染料、火药等工业产品产量的新方法，并将之结集成书。格奥尔格·恩斯特·施塔尔等 18 世纪初坚持燃素说的人也学习过冶金术。机械论哲学家罗伯特·波义耳通过化学实验来研究物质的基本机械性质。正如之前提到的那样，在很多当时人眼中，波义耳是典型的新自然哲学家，而他所做的工作也远不是在坚持未被改革的、过时的传统。其他化学研究者也确信他们所做的事情是新颖且重要的。

　　文艺复兴时期和现代早期的炼金术士延续了古希腊的传统。古希腊炼金术士试图用物质基本元素的思想来理解金属制造、颜料制作等工业生产过程中涉及的方法。（可能为虚构人物的）贾比尔·伊本·哈扬（Jabir ibn Hayyan）和拉齐（Al-Razi）等中世纪伊斯兰炼金术士继承发展了这种思想，并创造了大量术语。这些术语后来被引入西方。包括神圣罗马帝国皇帝鲁道夫二世的炼金术士迈克尔·森迪沃奇在内的现代早期炼金术士声称能够改变元素，以神秘的方式洞悉自然运行。炼金术的圣杯是能将一种金属转化为另一种金属的魔法石。魔法石不仅能够带来无尽的财富（因为它能将贱金属变成黄金），而且能揭开物质的神秘本质。艾萨克·牛顿爵士等人都曾研究过森迪沃奇的文本。研究炼金术是牛顿系统重现遗失的古代知识这一宏伟计划的一部分。炼金术士发明了一系列技术和设备，以研究不同物质的性质。他们还创造了神秘的语言和符号，使外行人无法探得其中奥妙（见图 3.1）。

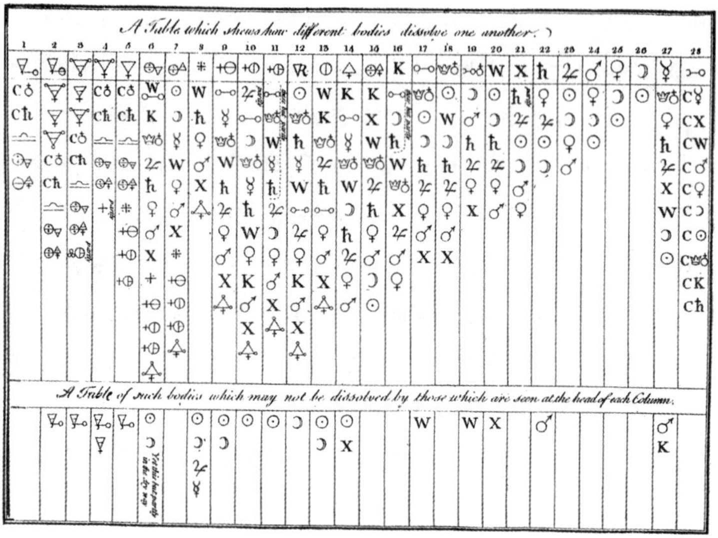

图 3.1　一张炼金术符号表，来自 G.E. 盖勒特的《冶金化学》(*Metallurgic Chemistry*，1776)

　　某些炼金术著作强调物质的药用价值，例如（虚构人物）巴西尔·瓦伦丁（Basil Valentine）所著《锑之凯旋车》(*Triumphant Chariot of Antimony*，1604)。物质的药用价值是药剂师和医生在研究物质性质时关心的主要问题。医学改革家帕拉塞尔苏斯（全名泰奥弗拉斯托斯·菲利普斯·奥里欧勒斯·博姆巴斯茨·冯·霍恩海姆，从他的名字中，你可以看出他为什么要改名*）坚信，对物质根本性质的全新理解是医学改革的前提。同其他很多支持新科学的人一样，帕拉塞尔苏斯对亚历山大城医学权威盖伦等前辈嗤之以鼻。他给自己取了一个新名字"帕拉塞尔苏斯"，

---

*　"帕拉"有超越之意，帕拉塞尔苏斯自认为比古罗马极负盛名的医生塞尔苏斯更加伟大，因而给自己取名帕拉塞尔苏斯。——译者注

以表明他比古罗马医学家塞尔苏斯更加伟大。医学的目的是准备灵丹妙药，即以自然物质的性质为基础的药物。帕拉塞尔苏斯将这种新的实践称为医药化学。医药化学家的任务是利用药效形象说——关于尘世的肉体与精神实质间关系的知识来判断治疗特定疾病应该使用何种物质。物质由四元素（气、土、火、水）或三要素（盐、硫、汞，分别对应人的肉体、灵魂、精神）构成。同炼金术士一样，帕拉塞尔苏斯认为，这些知识只能告诉内行人。

　　在称赞其化学是真正的医学的基础这一主张的同时，一些医药化学家也抛弃了帕拉塞尔苏斯的一些关于世界的理论，其中包括药效形象说和三要素理论。弗拉芒贵族、帕拉塞尔苏斯的追随者范·海尔蒙特否认四元素和三要素的存在。他认为，只存在一种元素——水。他还提出了发酵原理。海尔蒙特用一项著名实验证明了自己的观点。在实验中，他将一棵柳树种入 200 磅烘干过的土壤中并定期浇入蒸馏过的雨水。5 年后，柳树的重量从原来的5 磅增长到 169 磅，而土壤的重量则没有发生改变。由此，海尔蒙特得出结论：柳树重量的增加都来自浇入的水。同很多医药化学家一样，海尔蒙特喜欢研究消化等生理过程中涉及的化学。他认为消化是一个发酵过程。弗朗西斯·西尔维厄斯等海尔蒙特的追随者发展了他的这一理论，他们以盐和酸的相对作用解释消化。作为泛神论者，海尔蒙特否认物质和精神间的区别。同帕拉塞尔苏斯一样，海尔蒙特也认为化学知识只能为少数内行人所掌握。

　　海尔蒙特的理论流行于 17 世纪上半叶的英国。但英国内战和英格兰共和国建立之后，这一理论中的神秘主义内容和其中暗含的个人启示开始遭到质疑。波义耳等新一代化学家不再像海尔蒙特或帕拉塞尔苏斯一样用泛神论这一具有政治危险性的理论来作为化学解释的依据，而是转向机械论哲学。在《怀疑的化学家》（1661）一书中，波义耳摒弃了亚里士多德、帕拉塞尔苏斯和海尔蒙特的物质理论，支持从物质微粒的角度来探讨这一问题。在波义耳看来，一切事物都是由运动物质构成的。波义耳没有从各种元素的固有性质的角度来解释物质的具体物理化学性质。他认为，物质的具体物理化学性质是组成它的微粒的形状和排列方式决定的。波义耳用机械论哲学解释化学现象的目的之一就是将化学纳入自然哲学的范畴。波义耳想要剔除帕拉塞尔苏斯理论中的神秘主义色彩和海尔蒙特在化学研究过程中所透露出来的欺骗行径。他想要使化学成为一种上流人士能够参与且不心存怀疑的实践。他赞扬医学的益处，称颂用正确的哲学方式来解释化学的艺术。

在冶金和其他工业的发展过程中，人们越来越将化学视为新知识的有效来源。在《火法技艺》（1540）一书中，16世纪意大利化学家万诺乔·比林古乔详细记录了冶金过程及火药等工业、军事用品的生产过程。化学知识可以用于提高金属提炼纯度和生产合金。在制衣业中，提高染料产量同样也要用到化学知识和技术。约翰·贝歇尔对土壤中矿物的起源进行化学研究，以寻找新的开采方式，获得经济利益。在其著作《地下物理学》（1667）中，贝歇尔提出，矿物由流质土、油状土和玻璃状土三种土构成，这三者决定了矿物的性质。18世纪初，哈雷大学医学教授格奥尔格·恩斯特·施塔尔继承了贝歇尔的事业。施塔尔将燃素说用于解释冶金过程。他将贝歇尔的油状土重新命名为燃素，并将燃素视为提炼金属的燃烧过程中的关键要素。根据施塔尔的理论，纯金属是金属矿石（或金属灰）与燃素在加热过程中化合而成的。

毫无疑问，大部分（或者全部）16、17世纪的化学研究者都认为自己完全参与到了新科学的创造之中。即使是那些遵循古老传统的炼金术士也认为自己的工作对当时的知识有重要贡献。例如，牛顿对炼金术很感兴趣，因为他认为，与万有引力理论类似，炼金术提供了找回遗失知识的方法。在 17 世纪的人看来，研究古代知识体系与发现新的知识体系之间不存在矛盾。在深深沉浸在炼金术知识中的同时，帕拉塞尔苏斯和海尔蒙特也认为他们的做法与前人的做法截然不同。与伽利略、波义耳等其他支持新科学的人一样，化学家也增强了化学研究的功利性。化学可以被用于改进生产工艺，增加国家财富。例如，贝歇尔就是一名经济学家，他提倡政府进行系统干预，以支持商业和制造业。他在神圣罗马帝国皇帝利奥波德一世的赞助下研究矿物生产理论。这是他为国家改进采矿工艺所做的努力之一。如果科学革命的基本特征被定义为参与者本能地对知识进行改革和重组，那么化学家至少是科学革命的积极参与者。

气体化学

德比郡的约瑟夫·赖特于 1768 年所绘名画《气泵里的鸟实验》（图 3.2）很好地体现出，在 18 世纪的科学和文化中，化学研究的地位日益重要。正如它的名字所示，它尤其凸显了气体化学研究的中心地位。18 世纪以前，人们通常认为空气是一种单一物质，是亚里士多德四元素说中的一种元素。而 18 世纪的化学家却开始发现存在不同化学性质和作用的各种气体。在赖特的画中，一位化学家让人们观察空气泵中的鸟能否存活，以说明空气泵中这种新气体的性质。围在这位化学家周围的是一群衣着讲究的中产阶级。在 18 世纪,新兴的中产阶级是科学重要的新受众。科学的实用性和自然法则中蕴含的知识吸引着他们去了解科学。在约瑟夫·普里斯特利等激进的自然哲学家和化学家那里,即便是气体化学也能传递重要的政治信息。气体化学也是新技术的来源,并在 18 世纪末期的化学语言改革中发挥了关键性作用。

研究空气的化学性质是 18 世纪出现的新鲜事。17 世纪的化学家通常认为,空气的化学性质不活泼,因而在化学反应中不起任何作用。因研究植物(《植物静力学》)的自然哲学和动物(《血液动力学》)而闻名的英国教士、自然哲学家斯蒂芬·黑尔

图 3.2 约瑟夫·赖特的《气泵里的鸟实验》(由伦敦国家美术馆提供)。一位化学家向一群时髦的旁观者展示他的实验。这幅画说明了 18 世纪化学和自然哲学在文化上日益重要

斯（Stephen Hales）是首批提出空气的化学性质活泼的人之一。在用实验研究植物的过程中，黑尔斯发现，大量空气被"固定"在固体中，加热固体可以使这些空气被释放出来。黑尔斯由此开始了对空气的研究。他发明的集气装置（后由英国医生威廉·布朗里格改进为集气槽）在 18 世纪余下的时间里一直都是化学研究的重要工具。加热固体产生的气体先被通入水中除去杂质，再被收集入倒置的罐子中。黑尔斯关于空气可以和其他形式的物质化合的研究引起了化学家的注意。包括苏格兰的约瑟夫·布莱克（Joseph Black）等化学家继续深入研究这一现象。布莱克发现，加热白镁氧（一种碳酸镁）会产生一种具有独特性质的气体，他将之称为"固定空气"，实际上就是二氧化碳。布莱克创造了检测空气的新方法，他通过研究空气与酸和碱的反应来测定空气的化学性质。

　　18 世纪气体化学领域的重要人物是英国化学家、非国教徒牧师、自然哲学家和政治激进主义者约瑟夫·普里斯特利。普里斯特利的活动范围很好地反映出当时化学研究活动的大背景。普里斯特利生于英格兰中部的一个非国教徒家庭。他曾在一所不从国教者学校学习神学知识，还曾当过多个教会的牧师。1761 年，普里斯特利成为沃灵顿学院教师。在沃灵顿学院任职期间，他与诸如威尔士人理查德·普莱斯等宗教激进派领导人交往，还与之后参与美国独立战争的本杰明·富兰克林成为好友。普里斯特利于 1767 年出版的《电学的历史与现状》一书确立了其自然哲学家的地位，而 1774 年出版的《几种气体的实验和观察》一书则确立了其化学家的地位。普里斯特利继承黑尔斯和布莱克的事业，继续对气体进行观察，他发现了许多具有特殊性质的气体，其中最为著名的两种气体为亚硝气（一氧化二氮或笑气）和脱燃素气（氧气）。

　　普里斯特利将他的化学发现作为一种新自然哲学的基础。为解释不同气体不同的化学性质，他借用了施塔尔的燃素说。不同气体的化学性质因其燃素含量而异。一些气体的燃素含量相对较高，如布莱克发现的"固定空气"，而另一些空气的燃素含量则相对较少。普里斯特利一度认为普通空气的燃素含量最低，但在1774年，他有了一个惊人的发现。他发现加热红色的氧化汞会产生一种气体，这种气体似乎只含有少量燃素，甚至根本不含燃素。根据普里斯特利的"空气体系"观——关于不同气体在自然秩序中发挥的作用的理论——这种新的脱燃素气是最好的气体。普里斯特利认为，燃素说，或燃烧（腐败）原则，是自然秩序的核心。燃烧、呼吸及动物尸体的腐烂等过程释放燃素，而植物的生命活动和水的流动等过程吸收燃素，从而维持了燃素的自然平衡。对人体最好的气体就是那些燃素含量最低的气体。因此，新发现的脱燃素气就是对人体最有益的气体。

　　普里斯特利认为这种空气法则是上帝仁慈的证明。它表明，上帝通过这种自然机制，让宇宙处于平衡状态。自然界中的万事万物，包括植物、动物、风、水、雷雨、地震，甚至火山爆发，都参与到了燃素的循环之中，它们吸收或释放燃素，从而维持了自然秩序的平衡。在像普里斯特利这样的政治和宗教激进主义者看来，这种自然秩序观有着很重要的政治和社会意义。他曾说："如果英国的等级制度中有任何不健全的地方，那么就连空气泵和电机都可以使其震动。"普里斯特利这句话的意思是：这些科学工具有助于揭示真正的自然秩序。鉴于社会秩序应该构筑在自然秩序之上，如果当前盛行的社会秩序存在问题（普里斯特利认为其中确实存在问题），那么科学工具同样也可以成为政治工具，它将展现社会的不公如何与自然秩序不符。作为公开的政治激进派，普里斯特利积极支持美国革命和法国大革命，导致其位于伯明翰的住所和实验室在 1791 年被一群支持教会和国王的暴徒烧毁，他本人则于 1794 年移居美国宾夕法尼亚州。

　　普里斯特利的气体化学研究还有其他意义。一些支持者认为，他的发现为新医学体系提供了依据。这些支持者中就包括苏格兰化学家约瑟夫·布莱克的学生、牛津大学化学教授托马斯·贝多斯（Thomas Beddoes）。贝多斯不仅支持普里斯特利的观点，同时也支持约翰·布朗的医学理论。布朗认为，可以通过保持体内兴奋剂与镇静剂的平衡来使身体健康。贝多斯相信，新发现的这些气体有助于实现上述平衡。因政治观点激进而从牛津大学离职后，贝多斯在布里斯托尔创建了气体研究所，以实践其气体医疗思想。他雇用了年轻有为的药剂师和外科医师学徒汉弗莱·戴维帮他做实验，研究不同气体的化学和医学性质。戴维不认同普里斯特利的燃素理论，他支持拉瓦锡的新化学体系，并制订了系统研究空气的化学性质的方案。他对吸入各种气体（尤其是一氧化二氮）的生理作用所做的实验，使他在 18 世纪末的英国声名远扬而又臭名昭著（图 3.3），并帮助他在 1803 年获得了新成立的英国皇家研究所的化学教授的美差。

　　贝多斯和戴维将气体化学应用于医学的努力提醒我们，燃素说不仅仅是一个理论。它也是应用化学技术的基础。普里斯特利自己就是第一个尝试开发气体化学医学潜力的人，当时他发明了将“固定空气”溶解在水中的方法，并申请了专利，从而生产出世界上第一种人工调制的碳酸饮料。普里斯特利认为，他的人造

图 3.3 《科学研究！》詹姆斯·吉尔雷作（图片由伦敦国家肖像画廊提供）。吉尔雷讽刺了英国皇家研究所的气体实验。英国皇家研究所的化学教授托马斯·加尼特（Thomas Garnett）正在给一位听众放屁。站在他身后挥舞着风箱、面带邪恶的笑容的男子是汉弗莱·戴维。最右边那个仁慈地注视着他们的大鼻子绅士是这个机构的创始人，拉姆福德伯爵

苏打水的药用价值将与在温泉胜地巴斯或莫尔文饮用的桶装矿泉水相当。他还设计了一种仪器，可以测量不同空气中燃素的含量，从而评估其维持动物和人类生命的能力。该量气管的工作原理是将待测空气与一定量的一氧化二氮混合在玻璃管中，当试样中的燃素与一氧化二氮气体结合时，试样体积的变化程度指示了空气质量。空气纯度测定在工业化的英国特别受欢迎，在那里它被用来评估制造区的空气质量。在意大利，米兰的实验物理学教授马尔西利奥·兰德里亚尼（Marsilio Landriani）设计了一个类似的量

气管，用来证明疟疾对其同胞的健康造成的影响。

　　普里斯特利的例子说明了化学在 18 世纪启蒙运动中处于核心位置。化学绝不落后于其他科学学科，许多当时的人普遍承认化学展示了科学对 18 世纪社会的重要性。化学家不仅证明了他们在科学进步的最前沿——发展强大的新理论和实用技术——而且证明他们的科学对社会进步也做出了重大贡献。这也提醒我们，科学史家在对待过去时应该谨慎，一些历史学家指出燃素理论，特别是法国化学家居顿·德莫沃提出的燃素可能具有负重量的观点（因为物质在燃烧过程中失去燃素，重量却似乎随之增加），是先期观念如何阻碍科学发展的一个主要例子。这种"辉格史"的做法是有问题的，因为它没有以过去的科学及其参与者自身的视角严肃地对待过去的学说。对于像普里斯特利这样的燃素说支持者来说，这个理论似乎一点也不傻，不过他们中也很少有人认真对待德莫沃的建议。大多数人认为燃素说是一种非物质的理论，因此对物质的重量没有任何影响。

燃素和氧气

　　化学史上的经久不歇的争论之一是，谁是氧气的发现者。历史学家和科学哲学家托马斯·库恩将这一事件作为经典案例，展现重建"科学发现的历史结构"的困难。在氧气的发现这一案例中，我们有三个候选人在竞争发现者的身份。第一人是瑞典化学家卡尔·舍勒（Carl Scheele），他在 18 世纪 70 年代早期通过各种方法成功地分离出了所谓的"火空气"。然而，直到很久以后，他才公开自己的成果。第二位候选人是约瑟夫·普里斯特利。1774
年，他分离出了氧气；1775 年，他将之命名为脱燃素气。最后的
候选人是安托万－洛朗·拉瓦锡，在 1776 年，他重做了普里斯
特利的实验并把这种气体重新命名为氧气，并把它用作其新化学
体系的基石。库恩想用这个例子提出两个关于发明的观点。首先，
他指出，发明并不是简单线性的事件。它们有一个历史结构。例
如，他指出，在人们意识到这种气体是氧气之前，需要花一些时
间和精力来识别它。其次，他指出，只有在理论体系的语境中，
发现才有可能实现。脱燃素气或氧气是否被发现取决于拉瓦锡或
普里斯特利的化学系统是否被接受。

库恩把拉瓦锡的新化学体系看作科学革命的案例。正是意识
到这种新物质的异常，不符合业已建立的体系，拉瓦锡的观念才
取得了突破性进展，并发展了一种理解化学过程的新方法。18 世
纪 70 年代，拉瓦锡是一位非常受人尊敬的法国化学家，也是科学
院成员。他来自一个富裕的中产阶级家庭，他的家人最初希望他
从事法律工作，然而他到马萨林学院学习了化学。在那里，他的
老师纪尧姆－弗朗索瓦·鲁埃勒是施塔尔燃素理论的倡导者。到
18 世纪 60 年代中期，作为一个雄心勃勃的年轻化学家，拉瓦锡已
经在法国哲学圈子里成名。1768 年，他被任命为最低级别的科学
院院士，并开始了"科学公务员"的生涯，将他的化学专业知识用
在了服务法国上。拉瓦锡继承了其父亲的一大笔遗产后，就独立
而又富有了。他用自己的财富购买了包税公司的股票，那是一家
获得了代表国家征税权的公司。也正是因为这个股东身份，导致
他在 1794 年法国大革命中被送上断头台。

在 18 世纪 60 年代末，拉瓦锡对气体化学，以及空气在燃烧

及从矿石（金属灰）中分离出金属物质中所扮演的角色特别感兴
趣。燃素理论认为金属是金属灰和燃素的结合。在燃烧过程中，
火中的燃素与金属灰结合在一起，产生金属。大约在 1770 年，拉
瓦锡深信空气在反应中也起了一定作用。1772 年，他用法国科学
院大燃烧镜做了实验，提出气态空气实际上是空气物质和燃素的
结合（图 3.4）。加热空气中的金属可以产生金属灰（金属与空气
物质的化合），并以热的形式释放燃素。在这些和其他实验的基础
上，他在科学院留下了一个密封的便条，提出燃烧中发生的基本
过程是物质（如金属）和空气物质的结合，这也解释了为何物质
在燃烧后质量会增加。到 1775 年，了解了普里斯特利的脱燃素气
理论后，他进一步完善了自己的理论。他认为正是这种脱燃素气
（他称为氧气）在燃烧中起着关键作用。

　　在引入氧气的概念时，拉瓦锡放弃了燃素理论。他提出了一
套基于新气体的综合性的新理论，以取代燃素理论。"氧"这个词
来自希腊语，意思是"成酸物质"，因为拉瓦锡已经注意到，金属
或碳根据这一原理化合形成的物质都是酸性的。他认为，氧气是
由氧（酸性成分）和热质（热量）组成的。燃烧过程中，酸性成

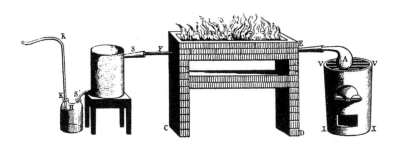

图 3.4　一种 18 世纪的化学实验，展示蒸汽被铁分解

分与金属结合，产生了酸性金属灰，而气体的热质则以热量的形式释放出来。然而，拉瓦锡希望他的理论不只能解释金属燃烧的原理。他希望他的理论成为一个全新的、统一的化学系统的基础。这方面存在一个问题，即用酸处理金属时，会产生易燃气体。燃素理论能够轻易解释这个现象。这种酸与金属中的金属灰结合在一起产生了一种盐，同时释放出易燃气体燃素。拉瓦锡在 18 世纪 80 年代才解决了这个问题，当时英国化学家亨利·卡文迪许进行的一项实验表明，水是脱燃素气与易燃气体的化合物。拉瓦锡此时可能会说，当金属与酸化合时，溶有酸液的水会产生易燃气体。他称这个气体为氢气，意为"成水物质"。

拉瓦锡试图改革化学的一个特别重要的特征是，他用他的新理论发展了一套全新的化学语言。1782 年，拉瓦锡和法国化学家居顿·德莫沃、克劳德－路易·贝托莱和安托万·富克鲁瓦一起出版了《化学命名法》（*Méthode de nomenclature chimique*），在书中他们描述了一种基于氧理论命名化学物质的新方法。所有不能进一步分解的物质（如碳、铁或硫）都被视为元素，并以它们作为新命名系统的基础。所谓的金属灰现在被称为氧化物，因为它们是简单元素和氧化合的结果，例如碳、铁或锌的氧化物。酸现在根据其产物中的元素和含氧量来命名，如亚硫酸或硫酸。除了金属和氢、氧这些组成各种盐的元素，拉瓦锡的元素表还包含了另一种气体——硝（今天称氮）。它还包含了其他元素——热量和光。新系统体现了拉瓦锡的"化学理论"。只要使用它，就表明化学家接受了作为其理论基础的氧理论。

拉瓦锡的化学改革被广泛认为是激进和有争议的。一些支持燃素理论的人，尤其是约瑟夫·普里斯特利，从未接受这个理论。

另一位仍然相信燃素理论优越性的英国化学家是亨利·卡文迪许，尽管他对易燃气体的观察研究是拉瓦锡改革的关键因素之一。然而，许多英国化学家在相对较短的时间内转变为氧理论的支持者。尽管我们会看到，18世纪晚期英国化学的新星汉弗莱·戴维是拉瓦锡新化学系统最坚定的反对者之一，但一开始他也是该理论的支持者。到18世纪90年代，化学家约瑟夫·布莱克也在苏格兰教授新化学，他和他在爱丁堡的继任者为新一代的医科学生引进了氧气理论。在德国，一直到19世纪早期，对氧理论的反对依然很普遍。然而，即使是在那里，在18世纪90年代早期拉瓦锡的主要著作也出版了。法国接受新理论的速度特别快。即使是像居顿·德莫沃这样"燃素理论"的杰出支持者，也很快就改变了立场，甚至像我们看到的那样，与拉瓦锡合作，传播新学说。

　　拉瓦锡的化学体系如此迅速地取得成功的一个原因是它符合法国当时科学与哲学的发展潮流。对于新一代的法国自然哲学家来说，科学进步的关键是量化和精确测量。自然哲学家，如新星皮埃尔－西蒙·拉普拉斯（Pierre-Simon Laplace）相信，这是确保牛顿在天文学和力学上的成功可以在物理学的其他领域复制的唯一方法。拉瓦锡强调要仔细称量化学反应的成分和产品质量，他坚信质量的变化是解释反应中发生了什么的重要证据，这些都非常符合量化理论。同样地，他对化学语言的改革，以及他对需要建立一个全面的化学体系的坚持，与更广泛的法国哲学问题很契合。狄德罗和达朗贝尔等哲学家认为，整个哲学体系都需要系统的改革。哲学家艾蒂安·博诺·德孔狄亚克认为，改革语言是改革人们思维方式的必要前提。因此，在许多方面，当时的法国人似乎认为拉瓦锡的化学改革是更大的变革的一部分，是法国知识界大范围重组的一部分。

　　过去的化学历史学家认为，拉瓦锡对燃素的否定和他对化学语言的改革，是化学革命的决定性时刻。在拉瓦锡之前，化学界处于黑暗时代。在拉瓦锡之后，这是一种公认的现代科学。这里有必要暂停一下，考虑这种观点的准确性。无论我们对它的许多核心特征——如氧在燃烧中发挥怎样的作用以及新的化学命名法遵循何种规则——拉瓦锡化学的许多特征对我们而言仍然相当陌生。虽然他将燃素排除在他的系统之外，但热量的非物质性仍然存在于他对热质的表述中。热质也不是拉瓦锡的元素表中唯一的非物质元素。拉瓦锡认定氧是酸性的，这构成了他的系统的关键，这一观点也被现代的化学家舍弃了。与此同时，毫无疑问，拉瓦锡放弃的燃素理论本身是一种强大而又通用的理论工具。从现代的观点来看，这听起来可能很奇怪，但是在约瑟夫·普里斯特利或亨利·卡文迪许等经验丰富的实践者的手中，它为已知化学现象及最近的发现，例如新的气体，提供了高度复杂的解释。至少在这方面，拉瓦锡的理论的成功，以及它在化学革命中的关键的地位，并非必然或不证自明的。

化学被改革了？

　　一种评估拉瓦锡化学革命意义的方法是观察革命后几十年内化学知识的状态。拉瓦锡的新化学很快就被广泛接受了吗？拉瓦锡的改革本身经过了多久又被改革？库恩将科学革命描述为知识剧烈变革时期，此后是一段"正常科学"时期，在此时期，人们探索和阐述新概念框架和理论的内涵。化学革命之后是否存在这样的一段"正常科学"时期？ 正如我们看到的那样，拉瓦锡的改革被较为迅速和全面地采纳了，这一点似乎是相对清晰的。到19 世纪初，很少有化学家仍然完全致力于燃素理论研究。而与此同时，完全相信拉瓦锡理论的化学家也相对较少。至少从这个角度说，我们很难将化学革命后的科学描述为"正常科学"。到19 世纪初，拉瓦锡理论的早期支持者就对其中一些关键主张提出了质疑。其他的化学家，比如英国人约翰·道尔顿或瑞典人约恩斯·雅各布·贝尔塞柳斯（Jöns Jacob Berzelius），都提出了他们自己的新理论框架。

英国康沃尔郡的化学家汉弗莱·戴维从威廉·尼克尔森那里学到了化学的基础知识，后者向英国听众介绍了拉瓦锡的理论。然而到了 19 世纪，戴维被任命为伦敦皇家研究所的化学教授后，他开始严重怀疑对拉瓦锡一些基本理论的解释。首先，戴维的实验推翻了酸性是由于氧而存在的观点。戴维指出，一些酸，如海酸（muriatic acid，即盐酸，今天的氢氯酸）不含氧。类似地，他证明了过氧海酸不仅不含氧，实际上，它本身就是一种元素的单质，戴维将它命名为氯。到 1813 年，他成功地分离了另一种类似的元素，叫作碘。戴维声名大噪得益于其惊人的电解实验方式。他不仅用皇家研究所强大而又昂贵的电解池分离出了氯和碘，还用来分离出了钠和钾。戴维还反对存在热质的说法，这个概念在拉瓦锡的化学系统中扮演了重要角色。根据戴维的说法，热不是非物质的流体。相反，他认为热是一种运动形式。如果戴维的观点是可信的，那么不仅拉瓦锡发现的氧气被错误命名了——它不是酸物质——而且，更重要的是，它和热质都没有在拉瓦锡认为它们应该发挥关键作用的化学反应中起作用。

　　拉瓦锡对元素的定义在很大程度上是务实的。化学元素只是化学家无法分解成更简单的组成部分的物质。然而，在英国化学家约翰·道尔顿的手中，元素的概念发展出了不同的含义。物质可能由不可分割的粒子或原子组成的观点可以上溯到古希腊时代。17世纪的化学家罗伯特·波义耳将原子的概念作为新机械论哲学的核心。拉瓦锡认为，对元素终极性质的讨论是形而上学的，超出了化学的范围；道尔顿则着手确定元素是真实的、物理的存在。道尔顿出生在英格兰西北部的一个贵格会教徒的家庭。在15岁时，他和哥哥在湖区的肯达尔办了一所学校，后来搬到了曼彻斯特。在湖区的时候，他自学了牛顿自然哲学的基本原理，对气象学（对天气的研究）也很感兴趣，并有记录当地天气状况的习惯，1793年，他以《气象观测论文集》为名发表了这份日记。论文集确立了道尔顿哲学家的声誉，他也采用了同样的方法，在大量数据中寻找规律以构建他的化学元素原子理论。

　　道尔顿的原子理论与波义耳等之前的化学工作者所支持的微粒论的关键区别在于，道尔顿假设每个元素都有一个与之相关的独特原子。波义耳和其他18世纪的原子论支持者认为所有原子都是一样的。在这个假设基础上，道尔顿着手尝试去确定不同元素原子的相对质量。为了做到这一点，他必须对原子结合在一起组成不同物质的方式做许多假设。简而言之，他认为元素总是以最简单的方式组合在一起。例如，因为只有一个已知的氢氧化合物，道尔顿认为，它必定是一个由一个氢原子和一个氧原子简单结合在一起的二元化合物。在已知有多种化合物的情况下，更复杂的组合（如2对1）是可能的。在他的《化学哲学的新体系》（*New System of Chemical Philosophy*，1808）的第1章中，道尔顿利用他的假设，根据已知的化合物中不同元素的相对数量，计算出拉瓦锡不同元素的相对原子量。例如，在水中氧与氢的相对质量大约是 7 比 1，道尔顿认为单个的氧原子的重量是氢原子的 7 倍，氢原子是已知的最轻的元素（图 3.5）。

　　汉弗莱·戴维根据他自己令人惊叹的电解实验得出结论说，将化学元素结合成化合物的力——被称为化学亲和力——在本质上是电。瑞典化学家贝尔塞柳斯根据戴维的结论，再结合他对道尔顿原子理论的理解，提出了一种将元素结合在一起的电化学法。贝尔塞柳斯把元素分为两类——电正性的和电负性的——这取决于它们在分解时是由原电池的正极还是负极释放的。后来，这两个术语的拼法被倒了过来（如 electropositive 改为 positive electrical），以符合汉弗莱·戴维建立的传统。氧的电负性最强，钾的电正性最强，元素在贝尔塞柳斯列表上的位置决定了它与其他元素结合的方式。从原子的角度来说，这意味着不同元素的单个原子具有与它们相关的正或负电荷，电荷决定了它们与其他元素的原子结合形成化合物的方式。1818 年，贝尔塞柳斯发表了《试论关于化合量和电的化学作用的学说》对电化学原子理论进行了全面论述。

　　贝尔塞柳斯最初在乌普萨拉大学学习医学，并在斯德哥尔摩担任化学教授，负责向医学院的学生讲授药剂学。因此，他特别清楚根据新化学理论的标准，19 世纪早期的大部分药物文献都已逐渐过时了。在此情况下，为了让药剂学与时俱进，他基于自己的电化学理论，将一个新的命名法引入化学领域。各种元素都用不同的字母和缩写表示（比如 O 代表氧或 Fe 代表铁），它们的化合物由这些符号按照序列排列表示，其中正电量最大的元素被

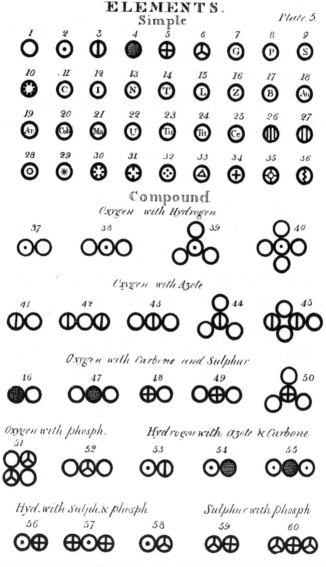

图 3.5 道尔顿新化学符号的示例，来自《化学哲学的新体系》。这些符号用于强调化学原子的真实性

列为第一位。原子的数量用数字上标（后来用下标）表示，如二氧化碳用 CO^2 表示。贝尔塞柳斯的新观点只是 19 世纪早期出现的许多观点之一，它经历了许多的修正。约翰·道尔顿尤其反对它，他担心使用传统符号来表示各种元素不利于人们接受化学原子是真实的物理存在。道尔顿使用的是他自己的强调原子物理真实性的符号。

　　道尔顿对贝尔塞柳斯符号的反对，凸显了围绕原子理论的关键问题之一。化学原子应当被视为具有物理真实性的存在，还是仅仅是讨论化学反应和元素组合比例的一种方便的方式？道尔顿认为化学原子是真实存在的。在这个问题上，他可能是少数派。显然，到了 19 世纪中叶，很少有化学家严肃地对待原子的物理真实存在性。化学家认为原子理论——和其他的归纳，如法国化学家约瑟夫·路易·盖－吕萨克的气体反应体积简单比定律——仅仅是有用的经验性工具。目前还不清楚，贝尔塞柳斯是否真的认可原子的真实性。然而，很明显的是，19 世纪早期很少（如果有的话）有化学家认为拉瓦锡的化学革命决定性地建立起了新的化学世界观。相反，19 世纪最初几十年之后，除了对燃素理论的反对，拉瓦锡的理论有多少仍以其最初的形式存在，这个问题倒有待论证。到该世纪中叶，随着热力学的巩固和对热非物质性的否定，甚至热质在化学反应中的关键作用也被否定了。19 世纪早期的化学家似乎并不认为他们的研究活动经历了彻底的改革。他们仍然处于变革过程中。

结论

那么我们要如何对待推迟到 18 世纪的化学革命呢？正像我们否定了 16 世纪和 17 世纪的科学革命的传统说法一样，我们似乎别无选择，出于同样的原因，我们只能否定化学革命。正如我们看到的，16、17 世纪时化学被排除在科学革命之外的观点站不住脚。在我们看来，贝歇尔、波义耳、帕拉塞尔苏斯的理论和实践似乎很奇怪，但没有证据表明它们在当时的人眼中也是怪异的。相反，当时的人普遍认为这些从业者是新科学的重要贡献者。18 世纪的自然哲学家也不认为化学家落后于时代。像约瑟夫·普里斯特利或约瑟夫·布莱克这样的化学家被认为对自然哲学和化学都做出了重要贡献。更普遍的情况是，同时代的人认为化学是启蒙科学的一个重要且进步的组成部分。正如 18 世纪的实践者看到的，许多化学家远非未曾进入牛顿综合法的领域，他们都被认为是先锋。历史学家逐渐意识到，拉瓦锡之前的化学家做出了决定性的贡献，要充分理解他们的化学就必须将他们置于他们关注的特殊问题的语境中。

拉瓦锡的化学改革具有重大影响，这一点也毋庸置疑。他拒绝接受燃素理论，这一点最终是具有决定性作用的，他引入的定量法和仔细测量要求都为化学分析的准确性设定了新标准。然而，同样也很明显的是，不能认定拉瓦锡的化学决定性地开启了现代化学。至少在这个意义上，他的贡献并不是革命性的。正如我们看到的，拉瓦锡的化学体系中的内容极少能完好地度过 19 世纪最初的几十年。像贝尔塞柳斯或道尔顿这样的化学家并不认为自己在一个已建成的系统中工作。他们试图建立自己的化学体系。将 18 世纪晚期的选择和将拉瓦锡的工作视作一场独一无二的化学革命中心，这种做法似乎有些武断。具有更普遍的意义的是，拉瓦锡的"化学革命"或许提醒我们，从革命的角度来研究科学史时会碰到一大堆问题。仔细观察就会发现，科学上的革命很少能像它们最初看起来那样前后连贯或具有决定性。至少从这个角度看，化学革命并没有什么特别之处。

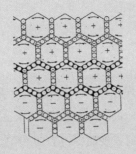

第 4 章

能量守恒

　　哲学家托马斯·库恩在一篇著名论文中谈到了 19 世纪中期左右发现能量守恒定律时的一个有趣现象（Kuhn，1977）。他发现，能量守恒定律是被同时发现的——在 19 世纪 20 年代中期到 50 年代中期这 30 年间，很多科学家都提出了自己的能量守恒观点。他认为，有三个因素对同时发现起了决定性作用，这三个因素分别是：对发动机的重视，能量转换过程的可得性，以及他所谓的自然哲学。库恩将这三个因素视为那段时期欧洲科学思想的核心，它们"能够引导善于接受新鲜事物的科学家以一种全新的观念去认识自然"。毫无疑问，能量守恒定律是科学史上，至少是物理学史上，最为重要的普遍性原理之一。它在 19 世纪后半期物理学的发展中处于核心位置。而稍加改良后的能量守恒定律至今仍是现代物理学的核心。所以弄清能量守恒定律产生的具体文化背景非常有助于我们了解现代科学的起源。

　　我们提出的第一个问题是像能量守恒定律这样的理论概括真的能算是一种发现吗？提到发现，我们通常想到的都是发现什么地方或物体。例如我们总是会想到西欧人发现了美洲大陆，威廉·赫舍尔发现了天王星等。把这个概念加以延伸，它还可以表示对电子等理论上存在的实体的发现。但能量守恒定律既不是地方，也不是物体，它只是一个定律概括。因此，我们应当去思考将能量守恒定律当作一种发现这件事情究竟意味着什么。这似乎意味着能量守恒定律真的存在于自然界之中，并非一个关于自然的假设。上述这一思考并不只是哲学思辨，因为即使是一些能量守恒定律的"发现者"也不能肯定能量或者能量守恒是否真的存在。我们提出的第二个问题针对的是发现的内容和同时性。同时性意味着所有发现者在同一时间发现相同的事物。但我们会发现，发现者们对各自研究的描述有很大不同。"能量"一词被用于描述一种守恒的量是非常晚近的事。

首先，我们来研究一下库恩提出的前两个因素，虽然这两个因素其实是同一事物的两个方面。我们先来看一下法国工程师、自然哲学家萨迪·卡诺和他的热机理论。卡诺希望用他的热机理论来解释热与机械功之间的关系。当时，人们热衷于研究从一种力到另一种力的转化，也就是库恩所说的能量转换过程，卡诺的研究就是此类研究的一种。接着，我们会研究一下这些力间的"转换"、"相关"和"守恒"等关系。其中，我们主要研究的是詹姆斯·普雷斯科特·焦耳和尤利乌斯·罗伯特·迈尔（Julius Robert Mayer）对这些关系的解释。最后，我们会探讨一下英国和德国自然哲学家是如何研究能量守恒定律的，并探讨 19 世纪后半期他们是如何在能量守恒定律的基础上探索物理学研究的全新方式的。在研究过程中我们会发现，对发现者来说，能量及能量守恒这两个概念有很多用处。例如，这两个概念为人们确定经济和物理学意义上的机械效率提供了方法。它们强调了物理学高于其他自然科学的权威性，并证明了物理学与工业发展之间的联系。

水车、蒸汽机和哲学玩具

在 19 世纪最初的几十年间，越来越多的欧洲自然哲学家开始对自然界中不同力间的关系产生兴趣。他们特别热衷于研究如何用一种力生成另一种力。从某种意义上来说，他们的这一兴趣并不新奇。自 18 世纪初以来，自然哲学家，特别是自称牛顿追随者的人，一直都热衷于探索各种力的性质。他们的研究范围涵盖化学亲和力、电、热、光、磁和他们通常说的动力等。例如，苏格兰人威廉·卡伦（William Cullen）和约瑟夫·布莱克热质（热的物质实体）的性质。他们二人的研究在一些学术圈子中很受推崇，因为人们都认为工程师詹姆斯·瓦特对蒸汽机的改良是受到了这二人的启发（见本书第 17 章）。瓦特对发动机的改良正值工业革命迅速发展之时。当时，很多人都在关注机械功及如何利用自然之力推动机械运转这类问题。在一些人看来，瓦特利用布莱克和卡伦的研究改良发动机正是这些活动之一。学习不同机械运作之中蕴含的哲学原理，并探索如何将不同的自然之力转化为生产动力（或功），似乎成了一条非常有利可图的研究之道（Cardwell, 1971）。

一些研究旨在探索创造永动机的可能性（图 4.1）。德国自然哲学家赫尔曼·冯·亥姆霍兹（Hermann von Helmholtz，本章后文将会涉及）认为对这一问题的兴趣促进了能量守恒定律的发现。很多自然哲学家（以及众多很有前途的发明家和投机者）对从有限的投入中获得做无限的功的前景十分感兴趣。我们可以设想一下，能不能建造这样一台水车，水从水车高处向下流，带动水车转动，而转动的水车又能将水带到更高的地方？如果可以建造出这样的水车，那么就可以不借助任何外力使水车一直转动。这台水车就是一台不需要任何外部能量就能做功（以及挣钱）的机器。到 18 世纪末时，大部分自然哲学家都相信这是不可能的。但正如亥姆霍兹所言，在探索创造永动机的过程中，自然哲学家确实将关注点放在了在这样的系统中功从何而来这一问题上。例如，法国革命家、工程师拉扎尔·卡诺将军对水车进行了研究，得出结论，水车转动产生的功的大小与水为推动水车转动而下落的距离相关。

　　萨迪·卡诺是拉扎尔·卡诺的儿子，也对生产动力的来源很

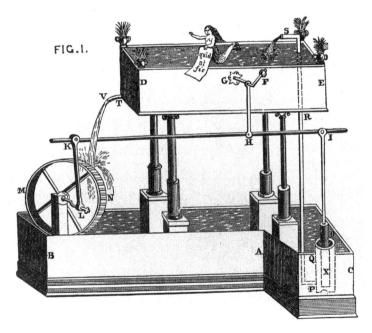

图 4.1　设想中的永动机的图例。在这种情况下，来自上部蓄水池的水向下倾倒在水轮上，水轮又为泵提供动力，该水泵将足够的水运回上部蓄水池中，以保障运动无限期地进行。到了 18 世纪末，人们普遍认为像这样的发动机是不可能的

感兴趣。与他的父亲一样，萨迪是一名坚定的共和党人，希望寻找方法，将他的工程知识运用到服务人类中。他将目光投向了蒸汽机。当时，法国劲敌英国的工业迅速发展，这其中蒸汽机的作用日益突出。在其所著的《关于火的动力的思考》（*Reflexions sur la puissance motrice du feu*，1824）一书中，卡诺对理想的热机进行了认真分析。在书中，他将热视为自然界的"巨型储存器"，并认为是热的力量造成了天气变化、地震和火山爆发。他的假设是，通过了解实际蒸汽机的操作，他可以洞察抽象热机的基本特性。反过来，这将帮助他研究出如何制造更高效的发动机。他的策略是通过跟踪热质（非物质热流体）在发动机内的运动，来查明系统的动力（或功）是如何以及在哪里产生的。如果他能够使理想热机变得足够简单而通用，那么他就可以用它来"预测热在决定物体运作上的作用"。

卡诺将蒸汽机的工作原理解释为热质从发动机的一部分转移到另一部分。在他看来，这就是蒸汽在发动机中发挥的作用。炉中产生的热质与蒸汽结合在一起，然后被送入气缸，再进入冷凝器。在那里，热量从蒸汽转移到冷水中，冷水在蒸汽的作用下被加热，就像被直接放在炉子上一样。整个过程中的蒸汽只是传递热质的工具。这对卡诺来说是至关重要的。在蒸汽机和其他任何热机中，重要的是热质从热的物体到冷的物体的运动，而不是它的消耗。这就是功的来源："动力的产生不是由于蒸汽机实际上消耗的热质，而是由于热质从热的物体转移到了冷的物体之中。"至关重要的是，热质在这个过程中没有任何损失。在卡诺看来，热质是守恒的，正如在他父亲对水磨的分析中做功的水是守恒的一样。在水磨里，水是通过从一层下降到另一层而做功。在热机中，热质通过从一个温度下降到一个较低的温度而产生功。

长期以来，人们都猜测电和磁之间有关系。1820 年，丹麦自然哲学家汉斯·克里斯蒂安·奥斯特令人激动地发现了它们之间的联系。他发现，当一根磁化的针被放在一根通电铜线附近时，磁针就会颤动。奥斯特是自然哲学（naturphilosophie）*的支持者。这是一种浪漫主义的自然哲学，在 19 世纪初的德语地区尤为盛行。自然哲学的倡导者，如德国诗人歌德，相信自然的基本统一。他们通常认为，世界作为一个整体应该被视为一个有机的宇宙实体。我们观察和研究宇宙，要像对待有生命的事物一样，把它当作一个相互联系、生机勃勃的整体。自然的各种现象和力量不是各自独立的研究对象，而是被理解为一个同一的、根本的、包罗万象的因的不同表现形式。约翰·威廉·里特（Johann Wilhelm Ritter）或 F. W. J. 谢林（F. W. J. Schelling）等思想家经常使用"宇宙灵魂"或"全体动物"等术语来描述世界。他们强调直觉作为一种发现手段的重要性，通常强烈反对在他们看来枯燥乏味的分析式牛顿自然哲学。从这个角度出发，奥斯特相信电和磁之间本质上一定存在联系，问题仅仅在于如何找到它。

奥斯特发现电流的磁效应的第二年，当时还是英国皇家研究所实验室助手的英国实验者迈克尔·法拉第找到了一种方法，让载流导线绕着磁铁旋转。电和磁的结合似乎可以用来产生动力。在法国，安德烈-马里·安培（André-Marie Ampère）证明，一根螺旋状的载流导线能起到普通磁铁的作用。他认为，磁性实际

---

* 特指19世纪初德国地区一种与机械唯物主义相对立的思辨自然观，与前文出现的"自然哲学"一词含义有所不同。——编者注

上是电运动的结果，而磁体是由一系列电流围绕其组成粒子而构成的。法拉第被擢升为富勒化学教授和皇家研究所实验室主任，他花了十多年的时间才发现了相反的磁生电的效应。1832 年，他证明当磁棒在线圈中移动时，会产生电流。类似地，法拉第在一个铁环上绕了两段线圈，一段与电池相连，一段与电流计相连，当第一根导线的电流被接通和断开时，另一导线中将产生瞬时电流。与此同时，实验人员正在利用英国仪器制造者威廉·斯特金（William Sturgeon）在 1824 年发明的电磁体来制造电磁发动机。通过各种巧妙的设计以连续开关电磁体，它们可以推动旋转。热质不再是唯一可以用来产生有用功的自然能量。

在 19 世纪的头几十年里，实验者忙于寻找用一种力产生另一种力的新方法。亚历山德罗·伏打（Alessandro Volta）于 1800 年发明的电堆就是一个例子——前提是我们接受汉弗莱·戴维的解释，即其工作原理是将化学亲和力转化为电能，而不是发明者声称的电仅仅是由不同金属接触产生的（见第 3 章）。在德意志邦国普鲁士，托马斯·约翰·塞贝克（Thomas Johann Seebeck）受奥斯特的突破启发，着手研究电、磁和热之间的联系。他的目的是研究热产生的磁现象。但事实上，他发现了热生电的方法。他发现，如果建造一个电路，一部分用铜，一部分用铋，然后加热两种金属的其中一个连接点，那么悬挂在附近的磁针将会摆动。在许多观察者看来，19 世纪 30 年代摄影的发展也是用一种自然力量生产另一种力量的例子。摄影产生的图像是光（一种力）催生化学反应（另一种力，当时通常被称为化学亲和力）的结果。到了19 世纪 40 年代，这样的例子越来越多。

威尔士自然哲学家威廉·罗伯特·格罗夫（William Robert

Grove）在伦敦学院的演讲中给出了一个实验例子。在这个实验中，一块感光板被放置在一个正面是玻璃的盒子里，盒子里装满了水，感光板通过银线网格与一个电流计和一个布鲁吉螺旋相连，形成一个电路。当移除覆盖在玻璃上的挡板后，光线落在感光板上，电流计指针偏移，布鲁吉螺旋膨胀。光在感光板上产生化学力，化学力产生了电路中的电流，电流产生磁力，使电流计的指针移动，同时在布鲁吉螺旋中产生热，使其膨胀（更多的动力）。运动（动力）是许多实验者希望从这类实验中获得的东西。从 19 世纪 20 年代起，他们发明了巴洛轮和各种电磁发动机等。巴洛轮是这样一种装置：当接通电流时，马蹄形磁铁两极之间的铜盘将因磁力而旋转。在某种意义上，这些只是哲学玩具，旨在向观众展示大自然的力量。然而，与此同时，许多自然哲学家认识到，这样的玩具或许能提供产生动力——让自然发挥作用——的新方法（Morus，1998）。

对发动机和转换过程的关注都是尽可能高效地从自然中获取动力这一当务之急的体现。正如亥姆霍兹所言，正是这样的关切鼓动着对永动机的热情。这也是卡诺在分析热机工作原理时所关心的。他想找出潜在的原理是什么，以便提高发动机的效率。同样地，许多研究者在探究从其他自然力中产生动力的方法时，也很关心效率问题。在某种程度上，这一切有着神学上的动机。造物主将自然界的运转设计得尽可能高效，对许多研究者而言这一观点是有道理的。然而，至少同样重要的是，这一时期，动力问题，以及如何尽可能廉价地获得尽可能多的动力，越来越受到人们关注。提高机器的效率在经济和道德上都是当务之急。卡诺认为，努力增进对自然界的了解，可能也是改善社会经济的有效方式。在这一点上，许多人赞同他的观点。

转换，守恒，还是相关？

到 19 世纪 30 年代和 40 年代，许多自然哲学家开始思考这样的观点，即用一种力来生产另一种力的各种例子，实际上应该被视为转换的例子。也就是说，一种力（比如电）实际上在生产另一种力（比如热或光）的过程中被消耗了。请记住，这不是一个不证自明的命题——萨迪·卡诺在他出版的著作中提出，在做功的过程中，热质没有损耗（尽管他未出版的手稿表明，他后来对这个问题的看法发生了改变）。即使实验者同意这些过程最好被理解为从一种力到另一种力的某种形式转换，但对于究竟发生了什么样的转换，研究者之间仍存在很大的分歧。自然哲学家可能会笼统地谈论自然的统一性——就像他们自上个世纪以来所做的那样——但对于如何理解这种统一性的细节，却几乎没有共识。对这个问题的讨论是 19 世纪早期自然哲学家跨越研究领域之间的界限的一个很好的例子，而我们通常认为这些领域已经被普遍地划分了。他们的争论涉及工程、形而上学、神学和自然哲学。（见第 15 章）

在这个问题上，詹姆斯·焦耳（James Joule）提供了一个很好的例子。焦耳是工业城市曼彻斯特一个酿酒商的儿子，他早年对自然哲学的热情主要集中在电磁学领域。19 世纪 30 年代末，他以设计和制造电磁发动机而闻名，并成为以伦敦为中心的威廉·斯特金电气工程师圈子的一员。（见图 4.2）然而，焦耳关心的是计算出他的电磁发动机到底有多好。他应用他的工程技术知识和原理来解决这个问题。他想知道他的发动机的功率——这是一个工程术语，用来描述蒸汽机的效率，其标准是发动机以每秒

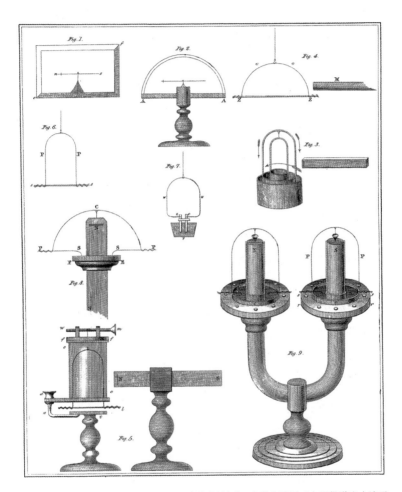

图 4.2　威廉·斯特金的电磁学仪器,《科学研究》。这类仪器用于在通俗讲座中演示电和磁之间的关系

一英尺的速度提起的货物的磅重。焦耳特别想知道的是，这个过程中锌的消耗量。就像一个蒸汽机工程师，他想知道做给定量的功需要消耗多少燃料。焦耳关于电磁发动机的经济效率的实验促使他思考有关热与功关系的更普遍的问题。到 19 世纪 40 年代中期，他参与了一系列实验，旨在弄清楚这种关系究竟是什么。

焦耳特别关注的是寻找方法量化热和功——他称为热的机械当量——之间的关系。1845 年，他得出了实验的成果，现在它被称为"明轮实验"。（见图 4.3）在这个实验中，重物通过滑轮连接，明轮被置于装有水的容器中，当重物下落时会带动明轮旋转。随着明轮的转动，容器里的水被加热了。凭借酿酒业的背景，焦耳能够获得精密的测温仪器，以及进行这些精密测量所需的知识（Sibum，1995）。焦耳认为，他的结果表明，重物的运动在水中转化为热量。这种转换也可以准确地测量。根据焦耳的说法，当 1 磅水（约 0.45 千克）的温度升高 1 华氏度（约 17.22 摄氏度）时，它所获得的活力（vis-viva，焦耳对动力的称呼）等于从 890 磅（约 403.70 千克）的重物从一英尺的高度下落获得的活力。焦耳称这个数字为热的机械当量，并认为他的实验最终证明，在做功的过程中，热确实转变成了动力。

就焦耳而言，他的实验既有神学意义，也有工程意义。它们证明了上帝组织造物的方式。焦耳确信他的实验不仅证明了一种力可以转化为另一种力，而且证明了力的守恒。1847 年，在曼彻斯特圣安妮教会学校的一次公开演讲中，他为力的守恒做了最全面的辩护。焦耳论证了自然界中守恒和转化过程的真实性，他认为"自然界的现象，无论是机械的、化学的还是生命的，全都存在于引力持续不断的转化的过程中，它通过空间、生命力和热量

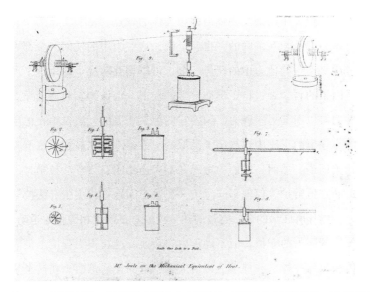

图 4.3　这是詹姆斯·焦耳著名的明轮实验的图解，测量了热的机械当量。当重量下降时，它们会使圆筒内的桨叶旋转，加热圆筒内的水。焦耳认为，重量下降的距离与水在圆筒内升高的温度之间的对应关系展示了功和热的关系

转变为其他形式"。这明显是一种神学的主张。焦耳的观点本质上是上帝创造了力和物质，既然上帝创造了它们，它们就既不能被创造也不能被毁灭。正如他在翻译 18 世纪的拉丁语数学术语"活力"时所说，任何表面的活力的丧失，都只是一种力转化为另一种力的结果，就像在明轮实验中机械功转化为热那样。这是一个极具争议的观点，不是所有支持焦耳和力的守恒的人都相信它。例如，法拉第坚持要求焦耳修改他发表在英国皇家学会《哲学学报》上的论文的结论，这反映了法拉第本人对这个问题的怀疑。

　　焦耳并不是第一个从力的转换实验结果中得出宏大的形而上学原理的人。在伦敦学院的一系列讲座中，威廉·罗伯特·格罗

夫阐述了他关于所谓的物理力的相关性的观点。格罗夫认为所有的物理力都是相互关联的，也就是说，这些力中的任何一个都可以被用来产生其他力中的任何一个，可以相互转换。他用这个理论对因果的哲学观进行了形而上学的攻击，他认为实验表明没有一种力可以引起另一种力，因为它们都是相关的。法拉第在他所谓的力守恒的讲座中也提出了类似的主张，并偶尔借用了格罗夫的相关词语。然而，它们的意思并不完全相同。尽管法拉第自己为力的守恒辩护，但他不同意焦耳在这个问题上的主张。法拉第认为，焦耳所展示的是一定量的热量损失总是产生相等量的运动。法拉第赞同力的守恒，但不确信力的转换。这在很大程度上是因为他和焦耳一样，在神学上相信上帝创造的任何东西（在这里是力）都不会在自然过程中被毁灭。在他看来，把一种力变成另一种力等于摧毁它。

1840 年，当英国的自然哲学家还在争论这些问题时，德国医生尤利乌斯·罗伯特·迈尔在前往荷属东印度群岛的"爪哇号"上进行着自己的观察。在船上担任医生时，迈尔注意到船员的静脉血液颜色异常。它是异常的红色，看起来更像动脉血而不是静脉血，这意味着热带地区的高温影响了血液的氧化。由于这一观察，迈尔开始对热、功和身体的问题产生兴趣。回到陆地上，迈尔继续思考这个问题，并于 1842 年在《化学与药学年鉴》上发表了《关于无机界各种力的意见》。他论证了他所谓的"下降力"、运动和热之间的关系。他认为，任何物体向地球表面坠落时必然会产生热，因为这种坠落相当于地球体积的轻微压缩，而众所周知，压缩会生热。他认为，这种下落产生的热量一定与下落物体的重量和高度成正比。

据迈尔说，他在"爪哇号"上的观察使他确信"运动和热只是同一种力的不同表现形式"。他由此得出结论，机械功和热量一定能够相互转化。像焦耳一样，他也算出了一个具体的数字。他计算出给定重量的物体从 365 米的高度下落产生的功等于同样重量的水从 0° 加热到 1° 所增加的热量。迈尔的工作在当时几乎没有什么影响，尽管他后来被誉为德国发现能量守恒定律的先锋。在许多同时代的德国人看来，迈尔的作品晦涩难懂、脱离实际。迈尔的工作遭到了冷遇，与此类似，甚至是友好的批评家也对焦耳的实验表示怀疑，这展现了围绕着力及其转化问题的重重困境。对于实验证明了什么和它们暗含的观点是什么这些问题，实验者们的意见不一。"守恒"、"转换"和"相关性"这些不同术语的使用，表现的不仅仅是语义上的纷争，也是他们在现象的本质问题上的真正分歧。哲学的因果性观点，神学中上帝创世的理论，以及建造更高效的发动机这种较平淡无奇的期待，都受到了威胁。

英国能量

焦耳并不是唯一一个将经济、工程和神学问题结合在一起的人。其他英国自然哲学家也认为探讨如何使机器更加高效也是理解自然的一种方法。追求效率，即尽一切努力将浪费和损耗最小化，这既是经济问题也是道德责任。对威廉·汤姆森（William Thomson）这样的年轻自然哲学家来说，自然哲学的任务就是把自然当作一个巨大的蒸汽机来研究。汤姆森出生在长老会教派占主导地位的贝尔法斯特，成长在工业城市格拉斯哥。汤姆森曾在格拉斯哥大学学习自然哲学，他的父亲在这座大学担任数学教授。而后他前往剑桥大学，并通过了数学荣誉学士学位考试。在 19 世纪的大部分时间里，剑桥大学可能提供了当时可获得的最好的数学教育，而汤姆森则是明星学生（Harman，1985）。与他的工程师兄长詹姆斯一样，汤姆森对自然哲学的兴趣集中在功、效率和消除浪费上。他想了解自然是如何高效运作的，并把这些经验应用到人类的活动中去。汤姆森已经熟悉了卡诺的热机理论。在离开剑桥大学后，他前往实验者维克托·勒尼奥（Victor Regnault）在巴黎的实验室研究蒸汽机，其间阅读了埃米尔·克拉珀龙（Emile Clapeyron）发表的数学著作。1847 年，汤姆森获得格拉斯哥大学自然哲学教授职位两年后，出席了英国科学促进会的一场会议，并听到了焦耳的研究报告。

　　汤姆森被焦耳的实验打动，但是作为卡诺理论的追随者，焦耳的实验也给他带来了一个问题。根据焦耳的实验，在功的产生中有热量损失。按照卡诺的说法，热量是守恒的。这正是汤姆森在接下来的几年中一直努力解决的难题。为了建构自己的理论，他要么必须证明卡诺和焦耳其中一人是错的，要么必须找到协调两个明显不可调和的理论的方法。（汤姆森并不知道卡诺后期未发表的对热的物质性的疑问）。汤姆森与焦耳有着相同的神学信念：上帝创造的一切都不会被摧毁。他相信"在自然界的运作中，不会有任何损失——没有能量可以被毁灭"。然而，这正是问题的所在。如果按照卡诺的观点，热从一个温度水平下降到另一个温度水平的过程产生功，假如没有可供功作用的发动机，那么这些功会去哪里呢？同时，根据焦耳的理论，功的产生意味着绝对热损失，那么像直接热传导这种情况，这些热量在未做有用功的情况下去了哪里？

　　汤姆森直到 1851 年才给出答案。1851—1855 年，他发表了题为《论热的动力学理论》的一系列论文，为新的热科学——热力学搭好了基本框架。该理论以两个中心命题为基础。第一个命题是直接肯定了焦耳关于热和功互相转换的主张。这是热力学第一定律——能量守恒原理。第二个命题则基于他对卡诺的解读。这一命题大体上承认完全可逆热机——它做的功与损失的热量完全相同，或可以做等量的功来恢复损失的热量——可能是最理想的发动机。他放弃早先认同的某些卡诺的主张，如热在此过程中是守恒的，但汤姆森仍然坚持功只有在热从高温降为低温时才会产生。在热的转换不能全然满足卡诺完全可逆的标准的过程中，换言之在任何现实的发动机中，汤姆森得出结论："可供人类利用的机械能有绝对损失。"这是热力学第二定律。

　　在接下来的数年中，汤姆森与观念相似的盟友如彼得·格思里·泰特（Peter Guthrie Tait）和 W. J. 麦奎恩·兰金（W. J. Macquorn Rankine）合作将其新热动力学理论转变为研究自然哲学的全新方法，这种方法的核心概念是能量而非力。汤姆森与泰特（他们开玩笑地把自己称作 T&T'）一起，撰写了影响深远的著作《自然哲学论》，以展示新能量科学的可能性。这是一个雄心勃勃的项目，这两个人意识到自己正在接替牛顿的位置，撰写新的《原理》。汤姆森是第一个在新的、精确的数学意义上使用"能量"这个术语的人。"能量"此前一直作为力或力量的同义词使用，定义并不严格。现在它仅仅意味着在力转换中在量上守恒的数学概念。汤姆森的许多批评者不满他对能量概念的强调。资深英国自然哲学家约翰·赫舍尔（威廉·赫舍尔——天王星的发现者——的儿子）认为能量并不真实存在，它只是数学虚构。他认为应当保留力作为自然哲学的核心概念的地位，因为力至少有着实在的、直观明显的含义。在赫舍尔看来，能量概念的引入剥夺了自然哲学的物理价值。

汤姆森及其同伴相信能量及其衍生学科会比热力学走得更远。能量及其组成部分将为自然哲学的统一服务。电、光和磁都可理解为能量。能量守恒在化学中也有作用，它解释了化学反应是如何发生的。它甚至对地理学与生物学也有意义。举个例子，汤姆森激烈反对达尔文关于物种起源的新理论（见第 5 章）。他利用新能量科学来说明这些理论如何错误，演示了热力学是如何证明不管地球还是太阳存在的时间都不够久，不能提供最新理论主张的缓慢而长久的地质演变和生物进化所需的时间。汤姆森在这些辩论中，以及在他与泰特合著的《自然哲学论》中，做的主要事情就是展示他们这种自然哲学的优越性。他们展示了可以如何运用能量理论来解决其他学科的问题。能量理论也是自然哲学实用性的例证。它为建造更好的蒸汽机提供了方法。它还捕捉、反映了英国维多利亚时代工业文化的特点，为想尽可能提高效率且尽可能减少浪费的社会提供了自然界的模板（Wise，1989—90）。

另一个热衷于新能量科学的是詹姆斯·克拉克·麦克斯韦（James Clerk Maxwell）。他将能量置于他自 19 世纪 50 年代起开始发展的新电磁学理论的核心位置。麦克斯韦采纳了威廉·汤姆森的建议，仔细阅读了迈克尔·法拉第的《电学与磁学的实验研究》，并于 1855 年撰写了他的第一篇论文《论法拉第的力线》。法拉第曾用假设的空间中的力线分布来解释电磁现象。麦克斯韦在这篇文章和之后的作品中，对力线模型进行了数学升华。麦克斯

韦意识到评论家对能量无形性的不满，提出了分子涡旋和惰轮
的复杂机械模型来表达其理论。他的数学理论描述了真实存在的
介质以太，在这里能量被储存，并从一种形式转化为另一种形式
（图 4.4）。1873 年，受聘为剑桥大学第一位卡文迪许物理学教授
两年后，麦克斯韦在《电磁通论》中将他对电磁现象的理论化发
展到了极致。就像汤姆森和泰特一样，麦克斯韦试图为基于能量
概念的新兴综合性科学打下基础。他坚持电磁能和以太不是假设
概念，它们与宇宙中的其他事物一样真实。

　　对 19 世纪的英国物理学家来说，以太迅速成为能量的化
身。对他们中的许多人而言，能量物理学实际上是以太物理学的

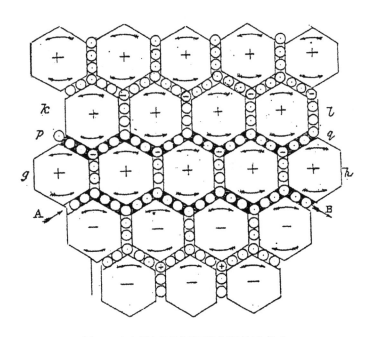

图 4.4　麦克斯韦的以太的可能的机械结构模型

同义词。物理学家，包括奥利弗·亥维赛（Oliver Heaviside）、奥利弗·洛奇（Oliver Lodge）和乔治·菲兹杰拉德（George FitzGerald），将物理学的主要工作变为研究以太的物理和数学性质。举个例子，1885 年，菲兹杰拉德提出了他称为"旋涡海绵"的以太模型，将以太可视化为一个三维的海绵网，这种可压缩的旋涡填满了整个空间。其目的是能够描绘真正的力学体系，用纯力学的方式改写麦克斯韦的电磁方程式。例如电磁波完全可以被视为物理介质中的机械震荡。如果汤姆森的热力学是蒸汽机的物理学，那么麦克斯韦的电动力学就是维多利亚时代电报系统的物理学。电报是维多利亚时期工程技术的主要成就之一，麦克斯韦派的物理学家热衷于解释电报的运作，以展示其科学的能力。他们认为海因里希·赫兹（Heinrich Hertz，赫尔曼·冯·亥姆霍兹的学生之一）在 1888 年发现的电磁波，有力地证实了麦克斯韦理论，并将它视为麦克斯韦物理学对应用型电气工程师的胜利。后者，如邮局电报部门的主管威廉·普利斯曾否认麦克斯韦物理学能应用到实际工程问题中。

焦耳、汤姆森和麦克斯韦等人尤其热衷于将能量科学变成实用的、切实的。不是所有人都同意这种对物理的看法。法国物理学家皮埃尔·迪昂（Pierre Duhem）也痛斥了能量物理学似乎想把自己弄成工厂物理学的做法。他不明白为什么英国人如此执迷于（在他看来如此）确保能量概念牢牢地扎根于现实。他将物理学视作抽象得多的科学，理论概念缺少实体对应物的情况并不让他感到窘迫。英国物理学家可能意识到反对者（如约翰·赫舍尔）对他们的批评，但是他们仍希望能量被公认为真实实体。物理学家奥利弗·洛奇竟然说以太的存在与物质的存在一样不容置

疑。这也体现了他们关注物理科学实用性的特点。迪昂侮辱英国
的物理学，说它被工厂的污水污染了。但大多数英国物理学家并
未因为迪昂的评论而感到受辱，他们为他们的物理学首先是实用
的而自豪。

德国科学

1825—1850 年，在德国的土地上，新一代自然哲学家也展
开了一些改革其科学实践和核心概念的活动。新一代的自然哲学
家特别热切地与前一代的自然哲学撇清关系，他们认为前一代自
然哲学形而上学的色彩过于浓重。他们谴责前辈的科学推测性太
强，执着于自然的统一性，几乎将宇宙当作生物来对待。埃米
尔·杜·博伊斯·雷蒙德（Emile du Bois Raymond）、卡尔·路德
维希（Carl Ludwig）和赫尔曼·冯·亥姆霍兹这些成长中的研究
者转而支持唯物主义和理性主义。亥姆霍兹于 19 世纪 40 年代早
期在柏林大学学医。在接下来的几年中，他在普鲁士军队中担任
外科医生，同时开展实验研究热在肌肉生理学中能起的作用，且
在生理学圈子里为自己博得了声名。1849 年，在他以前的老师生
理学家约翰内斯·弥勒的帮助下，亥姆霍兹获得了哥尼斯堡大学
生理学教授的职位。他们的前辈想证明可将宇宙像生命有机体一
样对待，而亥姆霍兹等新一代生理学家则想证明可将生命有机体
像机器一样来对待（图 4.5）。

1847 年，在担任教授职务前两年，亥姆霍兹发表了一本名为
《论力的守恒》的小册子。亥姆霍兹守恒理论的基础是否认永动机

图 4.5 德国物理学家、能量守恒理论的先驱赫尔曼·冯·亥姆霍兹（图片来自伦敦威康信托基金）。1894 年亥姆霍兹去世时，人们普遍认为他是德国科学界的领军人物

的存在。如果系统从一个状态转变为另一个状态时所做的功的量与恢复状态所需的功的量不同，那么永动机就是可能的。接着他展示了他的理论是如何应用于机械系统的，包括重力作用下的运动、弹性体的运动、波动等。此前，人们认为某些机械系统中存在力的绝对损失，如存在摩擦力或非弹性体碰撞的系统。亥姆霍兹在分析这些机械系统时，引用了焦耳早期的一些实验作为证据，提出热的机械等效性的可能性。他认为，热不可能如热质说所言是一种物质，因为实验证据表明，系统中有产生无限量的热的方法（如机械摩擦或磁场生电）。根据亥姆霍兹的说法，如果热是一种物质，那么它不能从任何东西之中产生。

亥姆霍兹将这种机械原理应用到电磁现象中。他对电力和磁力作用下的运动进行了全面的分析。他注意到焦耳关于电和力之间关系的实验，详细思考了不同电池——如丹聂耳电池和格罗夫电池——的作用。亥姆霍兹在他论文的结尾处研究了有机体中的力的守恒。毕竟，他是生理学家，并致力于展现如何用唯物主义原则来研究生理学。亥姆霍兹早期的生理学研究旨在证明动物身体的热及其肌肉运动的根源是食物——它们的燃料——的氧化。他的研究跟随着德国化学家尤斯图斯·冯·李比希（Justus von Liebig）的脚步，后者率先研究了营养化学和活力之间的关系。他指出生理学家的比较实验显示，作为营养成分吸收的物质经过燃烧和转化所产生的热量，与生物体释放的热量相等。换言之，并没有需要计算的活力的缺失。有机体与其他自然体系一样遵循力的守恒原则。

亥姆霍兹以小册子的形式发表了他的成果，因为著名的《物理年鉴》拒绝刊登该文。该刊的主编物理学家约翰·克里斯蒂安·波根多夫（Johann Christian Poggendorff）的理由是，它推测性太强，缺乏充分的新实验材料。而且，亥姆霍兹无论从接受的训练还是职业上来说，都是生理学家而非物理学家。但是，他在哥尼斯堡大学的工作使他接触到受过数学训练的物理学家，如卡尔·诺伊曼，渐渐地，物理学家开始注意亥姆霍兹关于力的守恒的观点，亥姆霍兹获得了实验物理学和数学的专业知识。纵观 19 世纪 50 年代，他的研究渐渐在生理学和物理学之间搭起了桥梁。许多研究，如他与诺伊曼进行的关于神经中的电传播的实验，都旨在研究生理系统的物理特性。到 19 世纪 60 年代，人们逐渐认可了他物理学家的身份，最后他以著名的帝国物理技术研究所负责人的身份结束了他的职业生涯。他培养了新一代的德国物理学家，其中包括海因里希·赫兹。赫兹之后在新的领域应用和发展亥姆霍兹关于能量守恒的理论。不过，最早重视亥姆霍兹研究的其中一位物理学家是鲁道夫·克劳修斯（Rudouf Clausius）。当时，克劳修斯是一位刚毕业的年轻教师，与亥姆霍兹一样，他也来自柏林大学。

克劳修斯在物理学家古斯塔夫·马格努斯（Gustav Magnus）的指导下撰写了关于大气中光的色散和发光效应的博士论文，特别研究了大气中的微粒反射光的方法。此后，他接着研究了气体和弹性体的运动。在研究这一问题的过程中，克劳修斯阅读了法国实验者勒尼奥的著作和克拉珀龙对卡诺理论的解读，他将关注的焦点放到了热和功的问题上。1850 年，他在波根多夫著名的《物理年鉴》上发表了《论热的动力和可由此得出的热学理论的普遍规律》。他论证的基础是他对威廉·汤姆森 1849 年撰写的关于卡诺理论的论文的解读。他认为调和卡诺的主张与焦耳的观点是可能的。在卡诺看来，功是热从一个温度水平下降到另一个温度水平的结果；焦耳则认为功是热转化的结果。这种调和需要的只是否定卡诺的一个假设，即在功产生的过程中热质守恒。克劳修斯的观点是热产生功既需要热从一个温度水平下降到另一个温度水平，也需要将一定比例的热能转化成功。因此卡诺和焦耳都是对的，不过卡诺热质守恒的主张则要落到多余、次要的地位了。这也是汤姆森在 1851 年的《论热的动力学理论》中得出的结论。

在 19 世纪 50 年代和之后的岁月里，克劳修斯继续研究他的热能理论。1853 年他分析了亥姆霍兹的论文，赞扬了它的"许多很好的观点"，但是批评了它在数学上的不精确。克劳修斯关注的是热的动力学理论与对运动气体做功之间的关系。起初，正是因为研究对气体做功的问题，他才关注到热力学的问题。克劳修斯对气体动力学理论感兴趣，这一理论认为宏观的气体的性质可以被理解为微观的组成气体的颗粒或分子的运动的结果。在他看来，热仅仅是这些微粒运动的结果。热气体是由快速运动的微粒构成的，而较冷的气体是由运动较慢的微粒构成的。由于热气体中的分子微粒运动较快，它们间的距离往往较远，克劳修斯因此主张热可以用这种距离来表示。1865 年，克劳修斯为热的动力学理论引入了一个新概念——熵，这样他就可以将热力学第二定律写成，宇宙的熵趋向某一个极大值。之后奥地利物理学家路德维希·玻尔兹曼（Ludwig Boltzmann）认为热力学第二定律本质上是统计学的，熵应被理解为定义系统相对有序或无序的统计学术语。这是一个巨大的进步，它意味着在分子水平上因果律只有统计意义上的而非绝对的有效性，事实也是如此。

德国的热力学和能量学研究与英国的截然不同，这特别体现在克劳修斯的例子中。克劳修斯发展的科学是自觉地抽象和理性主义的。它公然、刻意地站到了上一代普遍的形而上学自然哲学的对立面上。像亥姆霍兹一样，克劳修斯在 19 世纪五六十年代撰写的论文中，将他对热的研究扩展到了电现象的领域。然而，他比较电和热的依据明显是数学而非实验。在许多方面，克劳修斯及其学生从事的这种研究是 20 世纪理论物理学的直接先驱。自此，将自然的数学理论化视作独立自主的活动成了惯例。到 19 世纪 60 年代，尽管对漫不经心的旁观者来说，德国科学与英国科学似乎有许多共同之处，但这种德国科学与威廉·汤姆森及其他想法相近的英国物理学家践行的实用自然哲学之间的对立已经日益清晰。19 世纪 60 年代，当克劳修斯的研究在进一步发展时，詹姆斯·克拉克·麦克斯韦抱怨道，克劳修斯一派涉及的物质和物理真实性越来越少。麦克斯韦认为，即便对最抽象的数学概念而言，如果它要成为物理理论的一部分，就必须有一个可测量的组成部分。克劳修斯这样的理论物理学家并没有上述顾虑。与英国物理学家不同，德国物理学家对弄清楚以太的机械结构没什么兴趣。对于他们来说，重要的是数学运算。

结论

在很多方面，托马斯·库恩显然是对的。1825—1850 年，一些人同时发现了能量守恒。本文提到的名人以及其他几位都提出了在现在看来类似于能量守恒定律的理论。库恩指出了其中 12 位（但是不知何故少了汤姆森和克劳修斯），我们还能列出更长的名单。不管从什么意义上说，这些人发现的都是同一件事（或者说，他们的确发现了某种事物），这样的观点事实上是事后诸葛亮。只是在事后看来，本章讨论的各种实验结论和理论概括才都归于我们如今认可的能量守恒定律。最初提出这些观点时，人们似乎倾向于认为它们归属于截然不同的问题领域。我们现在认为明显属于经验科学的部分在焦耳或汤姆森（就这个问题，还包括法拉第）眼里是根本性的神学问题。这些同时性发现不仅在细节问题上有分歧；研究者对发现的根本意义，以及如何将它们纳入自然哲学的总体框架也有不同的理解。

19 世纪后期，人们确定已经出现了根本性发现时，这些基本分歧导致了激烈的关于优先权的纷争。19 世纪后半叶，很多人声称是自己发现了能量守恒。例如，威廉·罗伯特·格罗夫声称其

1846 出版的《论物理力的相互关系》为关键性著作，泰特认为这是"谎话"，不予考虑。至少到 19 世纪 80 年代，许多英国自然哲学家仍然将"力的相关性"这一术语作为"能量守恒"的同义词使用。在英国，大多数评论家认为詹姆斯·普雷斯科特·焦耳的热功当量实验是一个关键发现。同样地，在德国，新能量学说史学家将罗伯特·迈尔作为原创者。也有持异议者，如盎格鲁－爱尔兰自然哲学家约翰·廷德耳（John Tyndall）。他强烈反对汤姆森和泰特的物理学形式，支持德国人的观点，即迈尔而非焦耳是真正的发现者。美国物理学家乔赛亚·威拉德·吉布斯（Josiah Willard Gibbs）将荣誉归于克劳修斯，泰特则认为克劳修斯过度的数学抽象化把他自己排除在了发现者的范围之外。英国和德国人的主张和反对意见尤其激烈。对 19 世纪物理学核心理论原创性的主张是事关民族自豪的事情。

　　无论如何，能量守恒定律确实在 19 世纪发挥着重要作用，这既体现在制度上，也体现在知识上。一方面，它为理解自然提供了新的、有力的理论工具。另一方面，它也同样推动了自然哲学的制度重组。如果我们要寻找源点，将能量守恒作为自然哲学的终结和我们今天所熟知的物理学的开始可能是合理的。能量守恒定律是物理学作为学科出现的中心点。它为物理学家提供了一套普遍的包括实验和理论手段的研究方法——虽然我们看到这种普遍观点的出现花费了一段时间。历史学家认为科学正是在 19 世纪成了现代意义上的职业。在这种情况下，能量守恒确实为物理学家职业身份的塑造提供了共同基础。它提供了证明新学科知识和实践力量的方法。由于与蒸汽机和电报的联系，它展示了物理学在工业社会中发挥的重要作用。

第 5 章

地球历史

　　地球有着漫长的历史，这是现代科学带来的概念革命之一。《圣经》的时间尺度是根据对《创世记》中创世故事的逐字解读而来的，它把地球（实际上是整个宇宙）的起源定在几千年前。根据《创世记》，地球上是不存在史前时期的，因为人类在地球诞生之初就已经存在了，我们可以从《圣经》中找到早期人类活动的记录。与此形成对比的是现代地球科学所建构的图景，在这幅图景中，地球已经存在了数十亿年，而人类物种只是在一系列重大事件的最后才出现。如果没有这个扩展的时间尺度，进化论是不可想象的。而现代"年轻地球创造论者"试图否定地球科学所建立的世界观的合理性，这并非偶然。《圣经》提供的时间尺度在 17 世纪晚期被广泛接受，当时博物学家们正开始努力研究地质和化石记录。经过一个多世纪的时间，在这一领域的持续工作使人们发现，如果不将长期的一系列地质变化考虑在内，他们很难形成合理的理论。到 20 世纪早期时，地球的历史到底有多漫长依然存在争议。对年轻地球创造论者来说，这个问题至今还存在争议。

　　地球科学史往往将注意力集中在突出科学与宗教之间假想的"战争"问题上。这扭曲了我们对理论辩论的理解，不过近来的历史研究已慢慢消除了这种影响。这种陈旧的关于科学发展的模型，仍然可以在 C. G. 吉利思俾（Charles Coulston Gillispie）的《〈创世记〉与地质学》中看到。该书采用了一种"英雄与恶棍"的叙事方法，将一些关键科学家定义为现代时间尺度的奠基人。反对这些先驱的人被斥为糟糕的科学家，他们的工作被自己的宗教信仰所扭曲。两位最重要的英雄是詹姆斯·赫顿（James Hutton）和查尔斯·莱尔（Charles Lyell），他们提出了被称为"均变论"的地质学理论。这种理论拒绝诉诸未知原因，并将地球的历史视为一个缓慢的、渐进变化的近乎永恒的循环。重要的是，查尔斯·达尔文是莱尔最伟大的门徒之一。与均变论相对的是一种叫作"灾变论"的地质学理论，它声称是极端事件让大陆在瞬间被创造或毁灭，并以此减小大范围扩大时间尺度的必要性。这一理论不仅减小了挑战《创世记》时间尺度的必要，也让挪亚的洪水被视为真实存在的地质事件。莱尔和赫顿被描绘成现代地球科学的奠基者，而灾变论者则被嘲笑为宗教上的偏执狂，他们操纵科学来捍卫狭隘的宗教信仰。

　　现代历史学家几乎完全推翻了这种简单的非黑即白的地质学发展模式。灾变论者绝不是拙劣的地质学家，他们为我们理解构成地球历史的地质时期的序列做出了重大贡献。他们没兴趣把地球的年龄减少到几千岁，而且他们中的大多数人也不打算将最后的灾难描绘成《创世记》中记载的洪水。在天平的另一端，赫顿和莱尔也有他们自己的宗教和文化价值观，这极大地影响着他们的科学思维。他们建立的地球历史模型表面上看起来很现代，但其中也包含了现代地质学家无法接受的元素。在英语世界之外，他们基本上被忽视了。19 世纪后期的地质学家继续研究时，使用的时间尺度仍然比我们今天所接受的要短得多，尽管以人类的标准来衡量它还是十分漫长的。莱尔更多的是对公众的想象产生影响——他的书被广泛阅读——而不是对科学。直到 20 世纪初，物理学提供的新证据才迫使地质学家开始在数十亿年的时间尺度之下展开研究。

由此，对关于地球年龄争论的研究很好地为我们展示了科学史是如何发展的。通过挑战科学家自己（有时是他们的对手）塑造的神话，人们才获得了新的见解。早期的历史编纂倾向于从表面上判断从前的地质学理论与今天科学家所接受的理论的相似程度，并以此为基础塑造英雄和恶棍。当某些理论被定义为显然"糟糕"的科学时，这类历史叙事就会引入诸如宗教信仰之类的外部因素，以解释为什么那些参与者会偏离科学客观性的正确道路。英雄的影响被大大夸大了，在人们的印象中，他们突如其来地发动了一场革命，建立了现代的理论范式。我们现在明白，整个过程历时更为持久，现代地球历史观的出现需要综合各种理论和方法论观点，而这些观点曾一度被认为是相互敌对的。

古生物学家斯蒂芬·杰伊·古尔德（Stephen Jay Gould）清楚地意识到重新思考均变论者和灾变论者之间观念差异的必要性。他的《时间之箭，时间之环》（1987）展示了莱尔的现代观点是如何建立在从前的"稳定状态"的观念之上的，这种观点认为地球无始无终。从这个角度看，现代地质学时间观与灾变论者的观点更为接近，因为他们认为地球是一个有开端的行星，经历了一系列的发展，最终变成了我们今天认识的地球。仅仅主张地球有着更长的历史并不意味着莱尔正确地掌握了其余的地质学知识。那些反对他的观点的灾变论者可能有很好的理由提出异议，当然这并不排除他们的一些理由来自科学之外（现代对地质学史的研究参考：Greene，1982；Hallam，1983；Laudan，1987；Oldroyd，1996；Porter，1977；Schneer，1969）。

17 世纪的地球理论

所谓科学革命（见第 2 章）的成果之一就是，到 17 世纪中叶，地球本身成了研究的对象，它的起源成为理论研究的主题。以现在标准看来，一些研究的结论颇显怪异，但它们确实塑造了此后的地理学史的论点和问题。今天看来，这些早期理论都有一个荒诞的特征，即它们都是在《圣经》纪年的基本框架内形成的。17 世纪时，新教神学家和学者基于对《创世记》的字面解读建立了"年轻地球创造论"（矛盾的是，早期奠定基督教思想基础的教父们并没有根据字面意思解读《创世记》）。17 世纪中叶，阿尔马大主教詹姆斯·厄谢尔（James Ussher）称地球形成于公元前 4004 年，他的算法现在备受嘲笑。他通过倒推希伯来族长的系谱得出上帝创造亚当的时间。然后根据上帝 7 天创世的字面意思，再倒推 7 天就得到了地球和宇宙形成的时间。厄谢尔的学识在当时备受推崇，而当时研究地球结构的博物学家几乎没什么理由去反驳这一理论。于是，他们的"地球理论"就以这样的方式建构了起来，他们假定的任何变化都可以被置于这个短暂的时间尺度之中（见第 15 章）。

部分早期理论希望将地球的起源纳入笛卡儿和牛顿提出的新宇宙学之中（细节参考：Greene，1959；Rappaport，1997；and Rossi，1984）。托马斯·伯内特（Thomas Burnet）的《地球神圣理论》（*Sacred Theory of the Earth*，1691）遵循了笛卡儿的说法，将地球描绘成一颗死星，并将挪亚的大洪水解释为原本平滑的地球表面严重坍塌的结果（图 5.1）。威廉·惠斯顿（William Whiston）的《新地球理论》（*New Theory of the Earth*，1696）遵循牛顿的理论，将大洪水解释为地球与彗星近距离碰撞产生的沉积水。两者都遵循《圣经》的纪年，但伯内特（他的理论因偏离《创世记》的文本而被批评）被警告不应将《圣经》真实的记录与单一理论过分紧密地联系在一起。伯内特意识到风沙的侵蚀可能将山脉磨平，但他认为山脉的持续存在证明，它们是最近才形成的原始地壳的碎块。

这些理论新颖的地方在于，它们愿意将具有深刻精神意义的事件，如挪亚的洪水，解释为纯粹物理事件的结果。长远来说，更令人不安的是博物学家在研究岩石的结构和其中的化石时不断累积的证据。经过一番辩论，人们普遍认为，化石是活物在岩石中石化后的遗体（Rudwick，1976）。解剖学家尼古拉斯·斯特诺（Nicholas Steno）称，鲨鱼牙齿的化石与他解剖的活鲨鱼的牙齿几乎完全一样。罗伯特·胡克表示，在显微镜下化石木头也与现代木头很相似。斯特诺和胡克注意到，岩石层中的化石尽管现在暴露在干燥的陆地上，但给人感觉它们曾经沉积在水下。

化石收藏家约翰·伍德沃德（John Woodward）在他的《地球自然史》（*Essay toward a Natural History of the Earth*，1695）中给出了一种可能的解释。他认为所有沉积岩都是由挪亚大洪水淹没整个地表时制造的沉积物演变而来的（该理论被年轻地球创造论者推崇）。但是，斯特诺和胡克已经意识到了这种观点存在的问题。地层的扭曲和断层足以表明沉积物在沉淀后发生了巨大的变

图 5.1　托马斯·伯内特的《地球神圣理论》的标题页。基督站在顶端，跨着构成地球历史的一系列事件的开始和结束。地球起初是一颗死星（右上角），而后获得了一层光滑的地壳，地壳在挪亚的洪水中断裂——方舟清晰可见——变成了今天不规则的大陆。最终，这颗行星将重新点燃，重新成为一颗恒星

化。事实上，地球看上去像是经历了一系列事件才形成了现有的地表结构。胡克大胆猜想是地震将新的地表从海底抬升上来，但是他不愿挑战神学家提出的短暂的时间尺度，于是假设这些事件是灾难性的。这里我们就可以看到有关灾变论的传说的源头，即灾变论者旨在援引灾难事件来缩短时间尺度，而否定我们今天观察到的渐变过程。然而，胡克对亚特兰蒂斯沉没的传说也很感兴趣，就像对《圣经》中的大洪水一样。他还指出，部分化石似乎属于现在已经灭绝的生物，这预告着一个令人不安的前景——上帝创造的物种也会随着时间推移而灭绝（图 5.2）。

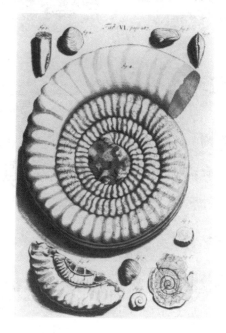

图 5.2　鹦鹉螺化石，来自罗伯特·胡克的《地震讲座和演讲》，收于《罗伯特·胡克遗作》（伦敦，1705），插图 6。这幅插图还展示了其他常见的贝类化石，但胡克在文中指出，在现代海洋中没有发现与鹦鹉螺完全相似的贝壳，他提出鹦鹉螺可能已经灭绝了

布丰与时间的黑暗深渊

在 18 世纪启蒙时代，这些发现产生的影响就更令人担忧了。哲学家，尤其是法国哲学家，认为人类的理性足以理解物理宇宙的本质和人类在宇宙中的位置。他们已经对教会不耐烦了，认为教会是社会保守主义的代理人。他们想通过科学途径质疑教义。地球科学对创世传说构成的潜在威胁并没有被忽视。在新世纪初，伯努瓦·德·马耶（Benoît de Maillet）就写下了《特雷阿米德》（*Telliamed*），这是一部关于地球历史的作品，马耶理所当然地认为我们观察到的岩层是经过极其漫长的演变而形成的。马耶没有提到大洪水，而是采用了日益流行的海退理论，这一理论后来被称为"水成论"（Neptunism）*。他认为，整个星球曾经被一片广阔的海洋覆盖。后来海洋面不断降低，露出我们现在看到的陆地和含化石的沉积岩石。《特雷阿米德》并不维护挪亚的洪水的可信度，作者将大海洋存在的时期推至远古时代，而对更晚近的洪水只字未提。马耶终其一生也未将此书出版（它以手稿的形式流传），而且他谨慎地假装这套非《圣经》理论是由埃及智者传授的，而这个埃及人名字的拼法恰好与他的相反。

在诸多对《圣经》纪年的抨击中，最著名的要数启蒙博物学家布丰伯爵乔治·路易·勒克莱尔（Georges Louis Leclerc, comte de Buffon）（Roger，1997）。布丰的《自然史》（*Natural History*）前三卷于 1749 年问世，这本书最终变成了对生物世界叙述最全面的著作。作为牛顿的追随者，布丰希望以纯粹唯物主义的方式来解释世

---

* 直译为尼普顿论，得名于古罗马海神。——编者注

界的起源。《自然史》第一卷阐述了地球从起源到现在的综合理论。布丰认为解释行星运行轨道的最好方法是，彗星从侧面撞击太阳，太阳的熔融物质球体被撞出，逐渐变成行星。包括地球在内的所有行星逐渐冷却。布丰观察了大物体从炉中取出后快速冷却需要多长时间，进而估计地球冷却到现在的温度所需的时间，他得到的答案是 7 万年。这个数字现在看起来似乎微不足道，但是他将旧的时间尺度扩大了一个数量级。布丰私下认为所需的时间可能更长，当他注视时间的黑暗深渊时甚至会感到恐惧（Rossi，1984）。

布丰受到教会的谴责，并被迫撤回对《创世记》的攻击。但作为巴黎皇家植物园（现在巴黎植物园）的园长，他并没有受到迫害。1778 年，他出版了名为《各个自然时代》（*The Epochs of Nature*）的修订版理论书籍作为《自然史》的补充卷。本书仍然以他的行星起源理论开始，但布丰追溯了从地球初始熔融状态到目前诸多事件的确定顺序。本书对传统创世理论的唯一让步是，它将自然的发展分成 7 个时代，在宽泛的意义上约等于《创世记》里的 7 "天"。布丰的宇宙学理论为他的自然历史指明了方向，即用地球逐步冷却的理论解释自然历史。起初，地球太热以致没有生物可以存活。然后温度慢慢下降，一些适应高温环境的物种出现。当地球进一步冷却时，这些物种逐渐灭绝，被现在物种的祖先取代。随着地球温度不断下降，它们被迫迁徙至赤道——布丰指出"大象"（我们现在称之为猛犸象）的化石证明，热带生物曾经在西伯利亚繁衍旺盛。

然而，这个理论中还有另一个"方向"。像德马勒一样，布丰无法认同胡克关于地震抬升地表的假说。他认为地表一旦固化就不会再变动了。解释沉积岩暴露在陆地上的唯一方法就是海退理论（尽管按照布丰的理论，古代海洋温度很高，是沸腾的）。然而，一旦陆地出现，风、雨水、霜冻以及其他力量都会开始侵蚀地表。碎块被冲进河流然后进入大海，沉积物下沉形成新的岩石，而此时整个地表都还在水中。在这方面，布丰预见到了 18 世纪末地质学家使用的最重视的技术。但是，他在确定岩层形成序列方面几乎没有进展，他的理论仍然根植于古老的传统，在这个传统中，地球的理论总是来源于对宇宙学的思索。

地层学和化石记录

对岩石、矿物和化石的实证研究并不仅仅是出于好奇。当时，弗朗西斯·培根的哲学已被用于鼓励人们相信，科学能让人类理解自然的规律，进而控制自然。对地表的研究显然对采矿业有巨大的潜在利益。如果我们知道哪些石头中蕴藏着最有价值的矿物，那么经济利益将会非常可观。到 18 世纪末期，这种很务实的地球研究在德国已经相当成熟，很多较小的独立邦国都从采矿中获益。矿业学院纷纷成立，以培养学生定位矿藏和提取矿物的技能，地壳相关知识的现实意义首先在这里体现出来。在对矿物的实用性研究中，人们找到了一种确定地球历史中岩石沉积顺序的方法。这便是地层学，它的基础是叠加原理，也就是说，假设新的岩石层总是铺在已有的岩石层之上。这一假设必定是具有历史性的，因为定义岩石在一系列沉积物中的位置也意味着定义它沉积的时间。通过早期对沉积物顺序的研究（以及从此对地理时代顺序的研究），人们勾勒出了现代地球历史的轮廓。

地理历史的最早版本与亚伯拉罕·戈特洛布·维尔纳（Abraham Gottlob Werner）的名字紧密相连。维尔纳任教于弗莱堡的采矿学院，虽然他很少发表文章，但是还是吸引了来自世界各地的学生，并获得了巨大的影响力。他专注于确定岩石的矿物特征，并且假设不同类型的岩石是在地球历史上的特定时期沉积下来的。他觉得这种假设是合理的，因为他接受了水成论——古代大海洋干涸，海洋中的化学物质以特定顺序沉淀出来。最后，地表侵蚀促进了规律的沉积岩顺序的形成。

虽然这个理论在 18 世纪末期被广泛接受，但很快就有证据证明不同历史时期有同样类型的岩石沉积。后来的科学家嘲笑维尔纳，并惊叹竟然会有人被这样明显错误的理论吸引。维尔纳的一些支持者试图将此理论与大水（可以被定义为《圣经》中的洪水）的重新出现联系在一起，因此有人认为，水成论是那些维护宗教，反对唯物主义的人所坚持的伪科学。确实，包括理查德·柯万（Richard Kirwan）和让－安德烈·德吕克（Jean-André Deluc）在内的一些水成论者试图将该理论与大洪水联系起来。他们是保守的思想家，在法国大革命的余波中，他们想要保证新科学不会对作为社会秩序堡垒的教会造成冲击。但这种态度主要来自英国人。维尔纳本人对创世故事不感兴趣，他在欧洲大陆的追随者也一样。他们支持这个理论，是因为它提供了建立秩序规范的希望，由此人们可以理解复杂的岩层序列。或许他们在急于从表面的混乱中找出规律时过于简单化，但他们构想的基本计划——根据岩层沉积的顺序来定义它们——无疑推进了地质学的发展。因为这个序列很长，所以毫无疑问它在《圣经》的时间尺度内被压缩了。

到 19 世纪初，水成论就再也维持不下去了。著名旅行家亚历山大·冯·洪堡（Alexander von Humboldt）在南美安第斯山脉研究期间，看到了火山和地球运动的巨大力量。洪堡和许多人抛弃了水成论，但他们仍然认为自己是维尔纳的追随者，因为他们工作的主要任务是判别连续的岩层。在法国和瑞士边界的汝拉（侏罗）山脉发现特有的岩石之后，洪堡将其命名为侏罗纪地层。地球运动理论取代了海退说，解释了沉积岩如何抬升而形成陆地。

　　现在科学家已经认识到，由于类似岩石可能在不同地球历史时期形成，确定序列的最佳方式是研究地层中的化石。无论被包含在何种类型的岩石中，不同时期的化石都具有自己的典型特征。地层学与一系列地质时期的确立有着密切关系，每个地质时期都被认为有自己独特的动植物种群，这些物种与现存的物种区别很大（图5.3）。英国运河建筑师威廉·史密斯（William Smith）、法国古生物学家乔治·居维叶（Georges Cuvier）和地质学家亚历山大·布龙尼亚（Alexandre Brongniart）是率先倡导基于化石的地层学的先驱。地质史学家仍在对三人贡献的相对重要程度进行着辩论。史密斯在1815 年绘制的英格兰和威尔士的地质图是一个开创性的成果，但他在某种程度上被当时的精英科学家边缘化了。居维叶则处在法国科学机构的核心位置，是创建比较解剖学和复原脊椎动物化石的领军人物。他研究了不同种类动物的结构，以发现这些不同类型组织结构是按照什么原则建立起来的。他运用自己的才能，将从欧洲各地岩石中挖出的骨头碎片拼接在一起。正是居维叶无可置疑地证实了生物灭绝的事实——没有人相信他所描述的猛犸象和乳齿象还生活在世界的某个遥远的地方。从这一刻开始，科学家可以理所当然地相信，每个新的地层都含有其独特的化石，许多早期的物种已经灭绝或被替代。不过事实证明，布龙尼亚对无脊椎动物化石的研究为

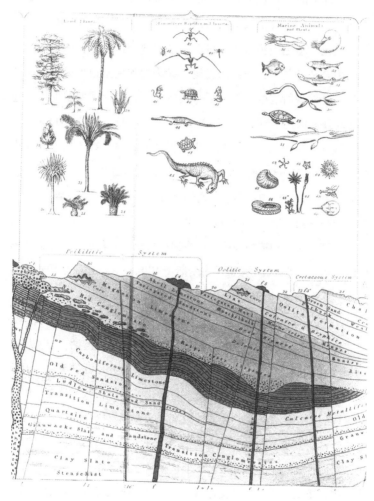

图 5.3 来自威廉·巴克兰（William Buckland）《有关自然神论的地质学和矿物学》（伦敦，1837），卷 2，插图 1。展示了假设的地壳横截面的一部分。横截面显示了由于后期的地球运动而变形的沉积岩床，以及从下面侵入的火成岩（火山）脉。上半部分展示的是第二纪（中生代）的典型生物，其中包括一种长得非常像龙的恐龙。可与图 5.5 比较

确定岩层序列提供了更有用的指导，其成果体现在 1811 年出版的对巴黎盆地地层的协作研究报告中。

在接下来的几十年中，地质学家将地层序列扩展到最古老的化石岩石（图 5.4）。在英国，一些最古老、扭曲最严重的地层也被清理出来。在威尔士工作的亚当·塞奇威克（Adam Sedgwick）和

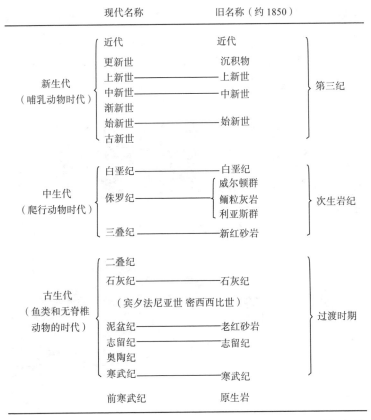

	现代名称		旧名称（约 1850）	
新生代 （哺乳动物时代）	{	近代 更新世 上新世 中新世 渐新世 始新世 古新世	近代 沉积物 上新世 中新世 始新世	} 第三纪
中生代 （爬行动物时代）	{	白垩纪 侏罗纪 三叠纪	白垩纪 威尔顿群 鲕粒灰岩 利亚斯群 新红砂岩	} 次生岩纪
古生代 （鱼类和无脊椎 动物的时代）	{	二叠纪 石灰纪 （宾夕法尼亚世 密西西比世） 泥盆纪 志留纪 奥陶纪 寒武纪	石灰纪 老红砂岩 志留纪 寒武纪	} 过渡时期
	前寒武纪		原生岩	

图 5.4　19 世纪中期的地质构造序列名称（右）及其现代对应名称。地层序列对应于地球历史上的地质时期。完整的序列从未在任何一个地方被观察到，它是通过对不同地区同一时期的化石及其他线索的研究而建立起来的

罗德里克·英庇·麦奇生（Roderick Impey Murchison）分别命名了寒武和志留系（值得注意的是，达尔文在和塞奇威克的实地考察旅行中开始了他的第一次地质学训练）。1841 年，约翰·菲利普斯（John Phillips）命名了生命史上三个伟大的时代：古生代、中生代和新生代。由于发现了恐龙和其他已灭绝的爬行动物物种，中生代也被称为"爬行动物时代"（图 5.5），尽管无脊椎动物化石仍然是技术分类的基础。确定系统之间的边界非常困难，需要专家之间进行大量的商讨。塞奇威克和麦奇生在寒武纪与志留纪的边界问题上起了争执，而覆盖其上的泥盆纪引起了更大的争议（关于这些争议参考：Rudwick，1985；Secord，1986）。然而到 19 世纪 30 年代，

图 5.5　威廉·巴克兰当初描述的食肉斑龙的等比例大小复原。"恐龙"这个名字是理查德·欧文（Richard Owen）创造的，他在 19 世纪 50 年代帮助设计了这个模型和其他模型。在伦敦南部锡德纳姆的水晶宫，人们仍然可以看到它们。这种恐龙被描绘成用四条腿走路的巨型蜥蜴，不过后来发现的更完整的化石显示，斑龙实际上是用后腿走路的

没有人能无视这样的观点，即地壳是由大量的沉积物组成的，每一种沉积物都代表了整个地质时代。目前为止，还没有人冒险估计这些地质时代总共多长，但是以人类历史的标准看肯定非常漫长。

灾变论和均变论

居维叶注意到连续地层之间的界线似乎是突然的，所以从一个种群到下一个种群的过渡可能是在瞬间完成的。1812 年，居维叶首次发表《论地表的革命》（ *Discourse on the Revolutions of the Surface of the Globe*)，作为他的脊椎动物化石研究的导论。在文中，居维叶将物种的突然灭绝归因于灾难性的地球运动和潮汐。最近的地质学研究确实发现了很多证明地质景观发生了剧变的证据。体积巨大的泥砾堆、碎石及"不规则"巨石散落北欧。目前还未找到这些东西在地表上被运送的任何原因，因此假设曾经有一场大洪水也就变得顺理成章了。居维叶并未将《圣经》中的大洪水视为地球上最后一次大灾难。但他的英国支持者对这么做没什么顾虑。在非常保守的牛津大学里，地质学学者威廉·巴克兰被指控其科学是反宗教的，巴克兰通过寻找证明挪亚大洪水是真实事件的证据来为自己辩护。巴克兰在 1832 年发表的《大洪水遗迹》（ *Reliquiae diluvianae* ，只有书名用拉丁文）中写道，在约克郡柯克代尔的一个被淤泥堵塞的洞穴中发现了鬣狗和其猎物的骸骨（见图 5.6 ）。除了一场大洪水又有什么能将洞穴堵塞成这个样子呢？大洪水似乎还伴随着剧烈的气候变化，因为欧洲再也没有发现鬣狗，对于巴克兰来说，这是一个符合《创世记》记录的地

图 5.6   一个类似威廉·巴克兰描述的英格兰北部约克郡柯克代尔洞穴的横截面，图片来自威廉·巴克兰《大洪水遗迹》（伦敦，1824），插图 27。这个洞穴部分填满了硬化的泥土，里面包裹着各种动物的遗骸，它们此后再没有在欧洲出现。巴克兰认为，全球范围内的洪水是为什么这种海平面以上的洞穴会充满泥浆的唯一解释。今天，这些物质被认为是冰河时代覆盖峡谷的冰川形成的湖泊带来的

质灾难证据。

较早的地质学史将这种"灾变论"理论描述为科学发展的灾难。人们假定发生了一些极不可能、带有奇迹性质的事件，以使这一理论符合《创世记》预设的模式。援引灾难性事件作为转变的媒介，人们就不再需要将地球的年龄延长到远远超出传统估计的长度。在这种地质学史的论述中，灾变论成了糟糕科学的典型例子，其中诸如宗教等外部力量干扰了科学的客观性。在与灾变

论相对的均变论中，赫顿和莱尔（下文将讨论）通过研究可观察到的原因，并假设它们可能用了很长一段时间来改变地球，为我们指明了前进的真正道路。

今天，地质学史的均变论模型即使没有被彻底否定，也被根本性地修正了。科学史的这一想象首先是由莱尔本人描绘的——就这一课题而言，他并不是个客观的学者。莱尔之所以坚持认为"水成论"和"灾变论"不可信，仅仅是出于非科学性（如宗教）原因。现代研究揭示了莱尔对"水成论"和"灾变论"的谴责是不公正的。我们已经看到居维叶、洪堡、塞奇威克和麦奇生等"灾变论"地质学家在建立至今仍被接受的地层序列方面发挥的重要作用。大多数"水成论"和"灾变论"支持者都没有兴趣将他们的理论与大洪水传说联系起来——只有英语世界的一些保守作家才会事事与大洪水扯在一起。居维叶也改变了他最初的想法，坚持认为地球上最后一场灾难不像《创世记》所写的那样是全球性的，甚至连巴克兰最终也改变了想法。在所有这些地质变化中，距离我们最近的这次灾害只是一系列剧烈变化的最后一次，而且它们被地质状况相对稳定的时代分隔开。所有这些较早的演变时期均在《创世记》故事的时间轴之外。有充分证据表明，近期地质发生了异常变化。均变论者正在努力解释巴克兰曾研究的淤泥堆积和相关现象。直到 19 世纪 40 年代，学者才想到这些东西可能是被"冰河时代"的冰川送到这里的，因为彼时北欧大部分地区都被冰川覆盖。这个理论时隔几十年后才得到广泛认可（Hallam，1983）。

还有另一个因素让灾变论貌似有理，并附带着使地质学家不愿意接受过去的一段寒冷时期。莱尔竭力暗示：灾变论引入超自然原因（奇迹）解释他们假设的地质剧变。但是事实上，他们无意于诉诸自然因素之外的任何事物，他们只是认为有证据表明，曾经发生过一次大范围的地震，其规模远远超出我们在有记录的几千年人类历史中所观察到的任何一次。事实上，灾变论者的基础假设是地球的历史比人类的历史长得多，并进一步主张我们微小的发现不必然代表着整体。他们的理论也有很充分的物理学基础。人们现在已经接受地心很热这一事实，因此火山喷发才能带出那些炽热的熔岩。在地球深处、处于巨大压力下的熔融或至少极热的岩石储层的概念也似乎解释了地震所揭示的固态地壳的不稳定性。然而，如果地心是炽热的，根据常识和物理学家对热体性质的研究，它肯定会冷却下来。热量将被传导到地球表面（或由火山岩浆带出），并散入太空。于是，19 世纪初期，布丰的地球冷却理论得以复兴。

地质学家如莱昂斯·埃利·德·博蒙（Léonce Elie de Beaumont）探讨了地球冷却理论对灾变论的意义。如果地心热度降低，那么火山活动也应该随着地质时间的推进而逐渐减少。更重要的是，随着地壳变厚、地球冷却速度减缓，地震活动也会减少。康斯坦·普雷沃（Constant Prévost）曾将地球与失水皱皮的苹果做类比：水的蒸发使得苹果的体积减小，而同时它的表面积保持不变，于是就出现了苹果皱皮现象。一个不断冷却的地球的体积也会变小，类似的皱皮就会制造出山脉。但正如博蒙所说的那样，地壳是坚硬的，地壳下的压力不断增加最终会挤裂地壳，这种"起皱"的过程就会以突发的灾难性事件形式出现。由于以前地球温度更高，我们很自然地会假设从前造山运动涉及的地球运动的规模远远超出现代世界所能观察到的限度。因此，地球冷却理论为灾变论提供了一个合理的物理机制，以补充过去地质学家解释地质史间断问题的论据。

替代这一模型的均变论被誉为现代地质学的基石，因为它采取的是一种新的方法论规则，其基础是主张真正科学的运转只能以实际观察到的原因为准。事实上，灾变论者很欢迎这种"现实论"方法，因为他们所说的地球剧变也是现实的，只是现代地震的强度更大而已。但是对于均变论者来说，只有当可观察的（地质变化）原因达到了可观察的强度才能被真正科学的地质学采用，其他的都是荒唐的猜测，甚至是超自然原因的假设。詹姆斯·赫顿率先采用这一方法，莱尔在 19 世纪 30 年代对这一理论做了充分的阐述。这种方法似乎很现代，因为我们目前的地质学理论中几乎没有涉及大灾难（尽管小行星撞击说现在被广泛接受，人们普遍认为撞击中断了与大陆漂移有关的地球自身运动形成的稳定变化）。均变论诉诸更漫长的时间的方法似乎也很现代。用现代的地球运动和侵蚀理论来解释过去的地质变化，包括山脉隆起和山谷下陷，地球通过这种缓慢的方式演变成我们今天观察到的样子，需要大量的时间。指责均变论者根据厄谢尔大主教提出的理论偏向年轻地球是完全错误的，但毫无疑问，均变论者要求的对时间尺度的扩展远远超出了从前的想象。

但是，"均变论"的方法也不是没有问题。由于急于排除其理论的投机性，均变论者不得不选择古尔德所谓的地球历史"循环"模型。这一模式中没有了由地球冷却和海退定义的时间流向，过去的地质时代只是经历了与我们现在观察到的类似事件的永恒循环。设想一个与当今完全不同的时期，本身就不属于科学范畴，更别说设想地球演变成现代形态的过程了。现在的地质学家也不能接受这些局限，因此，说均变论构成了我们现代地质学的唯一基础是有问题的。现代地质学同时采用了均变论和灾变论的定向模型。一旦意识到这一点，我们就会发现他们中的任何一方都不是只秉承客观原则的"纯粹"科学家。另外，了解为何赫顿和莱尔致力于提出地球稳态理论，与探讨为什么一些灾变论者会被《圣经》大洪水的观点吸引同样重要。

苏格兰地质学家詹姆斯·赫顿是第一个将此计划付诸实施的人（Dean，1992）。在1788年发表的一篇文章中和后来1795年发表的两卷本《地球理论》（*Theory of the Earth*）中，赫顿接受了由罗伯特·詹姆森在赫顿家乡爱丁堡本土倡导的维尔纳学说。赫顿指出地球运动可以解释海底沉积物是如何被抬升至陆地的，进而否定了海退说。他借鉴了关于火山的研究，这些研究开始表明火山岩浆是从地球深处的熔岩岩层中产生的。大多数地质活动是由地心热量引起的，这样的理论后来被称为"火成论"〔Vulcanism，名字源于古罗马火神伏尔甘（Vulcan）〕。赫顿将火成论与地壳不稳定的观点联系在一起，他认为地心的热量不仅造成了火山爆发也造成了地球运动和造山运动。他还认为许多所谓的原始岩石，包括花岗岩等，都是火成岩。它们从熔融态凝固而来，而不是从水中结晶析出。在回答为什么这些岩石看起来与现代火山喷出的熔岩不同这一难题时，赫顿展示了熔岩侵入地球深处地层的过程，而且在这里熔岩的冷却速度很慢。这就给晶体变成花岗岩等岩石留出了充分的时间。赫顿还认为花岗岩可以在地球历史的不同时间点产生，它不一定是维尔纳主义者所说的最古老的岩石。

赫顿的理论与其他岩石火成论者的不同之处在于，他坚持

（从前）岩石形成的进程与我们现在观察到的速度相同。虽然地心很热，但地球并没有冷却下来，地球运动的强度也没有减弱。赫顿详尽地解释普通侵蚀力——风、雨和溪流等——如何在山脉中制造出山谷。如果溪流有足够长的时间不断地冲击山岩、塑造山谷，那么就不需要借助剧烈的潮汐活动来解释。这种侵蚀的碎屑被冲到海底，在那里沉积下来，硬化成岩石，而后最终被抬升，产生出更多的陆地。这是一个完美的循环，新陆地的抬升恰好平衡了侵蚀对早期地表造成的破坏。赫顿被保守的维尔纳主义者指责为反宗教，因为他的理论没有为大洪水留下空间，而且所需时间很长。更为严重的是，从保守的角度来看，它没有为造物主留出空间。赫顿所说的地球是永恒的，是一部永远不会停下来的机器。他写道："我们没有发现地球开始的痕迹，也没有发现它灭亡的征兆。"（Hutton，1795，1：200）而事实上，赫顿建立这样一种理论的动力正是来自他自己的宗教信仰——自然神论而非基督教。他认为上帝是一个完美的工匠，设计了一台不需要其监督便可永远工作的机器，整个系统的目的是让地球作为生物的栖息地运转，如果没有持续的地表重塑过程，生命赖以生存的所有土地最终都会被冲到海里。

赫顿的理论在爱丁堡引起了争议，但在其他地方并未受到太多关注。1802 年约翰·普莱费尔（John Playfair）出版《赫顿理论的解说》（*Illustrations of the Huttonian Theory*），才让赫顿的理论获得广泛传播。至少在英国，这本著作在地质学家从水成论向火成论的转变中发挥了重要作用，不过该书是火成论的灾变论版本，其基础是有益于灾变论的地球冷却理论。而大陆地质学家转向灾变论则有自己的原因。均变论模型最终在查尔斯·莱尔的《地质学原理》（*Principles of Geology*）中得到复兴，并成为明确抨击灾变论的基础（Wilson，1972。还可参考 Rudwick 为该书的现代重印版作的导论）。《地质学原理》开篇有关地球历史的章节描绘了水成论和灾变论的消极形象，而且这一形象得到了后世科学家的广泛认可。莱尔的抨击明显是方法论意义上的，他指责灾变论者选择不切实际的猜测而不是审慎的观察，违背了科学的原则。他的书为证明现代火山、地震和侵蚀活动造成了多么巨大的地质变化提供了证据，因而在地质学史上占有重要地位（图 5.7）。莱尔在西西里岛研究了埃特纳火山，并展示了这个巨大的火山是如何在多次喷发的基础上形成的，而人类只看到了其中的最后几次。按照人类的标准，火山已经算是古老了，但是它是最"年轻"的沉积岩。莱尔将有关从前大灾难的所谓证据全都视作主观臆断。如果时间足够长，一系列常规的地质的变化也会产生这种（巨大的）变化效果。从一个地层到另一个地层变化之所以显得突然，是因为许多的地质时期并未显示在沉积记录中。莱尔命名了第三纪始新世、中新世和上新世的地层，为地层学做出了自己的贡献——但他证明，化石的种群并不会完全从一种变成另一种。总有一些物种幸存下来，这降低了灾难性灭绝的可信度。

尽管莱尔接受了传统的地质构造序列，但他也复兴了赫顿地质史的循环或稳定状态模型。他认为即便是我们所见的最古老的地层，也是在与今天基本相似的环境下形成的。已知的地质记录只是无休止循环的最晚近的部分，地质活动的早期阶段已经被破坏和扭曲，无法辨认。科学并不能找到地球历史"原始"阶段（这一阶段要追溯到纯属假设的星球形成时期）的证据。为了维护他的稳定状态理论，莱尔对地球冷却说的证据进行了抨击，他认

图 5.7　波佐利的古罗马塞拉皮斯神庙，来自查尔斯·莱尔《地质学原理》（伦敦，1830—1833），第 1 卷，卷首插图。石柱上的暗带是海洋生物的活动造成的，这表明地球的运动曾经把庙宇淹没在海平面之下，而后又把它抬高，但实际上并没有破坏石柱。莱尔认为，如果非灾难性的地球运动能在自古罗马时代以来的 2000 年里产生如此大的影响，那么在更长的时间跨度内，它们可能会抬高山脉，甚至整个大陆

为那是大陆被创造和毁灭时气候变化造成的。他还坚持，明显的生命进化是一种主观臆断——最终我们将在最古老的岩石中发现哺乳动物的化石。从这我们看出了莱尔的观点如何远远超出了今天地质学家可以接受的范畴。实际上，他的方法论像紧身衣一样将他束缚在与历史无关的地球观上。他的观点在一定程度上与他的宗教和政治信仰相关。莱尔在政治上是一个自由主义者，他厌恶巴克兰等保守派使用灾变论捍卫基督教信仰，并暗示教会是贵族特权的支柱的行为。与赫顿相似，莱尔自己的信仰是自然神论的，认为智慧、仁慈的造物主设计了一个不用更新就可以永远运行的宇宙。他的信仰如此强烈，以至于他永远不会接受达尔文关于人类起源的观点。

莱尔是一位受欢迎的作家，而且成功说服大众地球的历史非常久远。他对地质学的影响颇具争议，他最伟大的门徒是查尔斯·达尔文。达尔文乘坐皇家海军战舰"比格尔号"进行环球考察时，看到了安第斯山脉仍在被地震抬高的证据。达尔文将均变论方法用在了莱尔不会使用的领域——有机世界和物种随时间变化的过程（见第6章）。达尔文不会认同莱尔对生命不断进化的否定。大多数地质学家都承认了现代因素的力量，并减小了假设中的很久以前的灾难的规模。但他们仍然认为造山运动间歇性地出现，那时地球运动的强度比我们今天所看到的要大得多。这些地球运动成了自然的"标点符号"，帮助我们定义地质周期（对于莱尔来说，这仅仅是记录的断裂，我们只是出于方便使用）。更重要的是，大多数地质学家继续支持地球冷却理论，把它视为解释地壳褶皱和一些从前的剧烈地质事件的重要基础。他们还倾向于将地球的年龄限定在大约一亿年，这个时间按照任何人类的标准看都是很漫长的，但却远远少于莱尔和达尔文的所需，也远远少于我们今天认可的地球年龄。

物理学和地球年龄

最后这个关于地球年龄的问题将我们引向最终的争论，不过这一争论的意义往往被高估了。莱尔的稳态理论有一个致命的矛盾：它假定地心很热，又否认地球会在几乎无限的地质时间中冷却。这一矛盾在 19 世纪 30 年代的争论中就被注意到了，而当物理学家开始完善能量理论、创建热力学（见第 4 章）时，这一点变得至关重要。19 世纪 60 年代，物理学家威廉·汤姆森，也就是后来的开尔文勋爵，开始抨击莱尔，并含蓄地批判达尔文（Burchfield，1975）。在开尔文的世界观中，上帝创造了定量的能量，而随着时间的推移，可获得的能量越来越少，宇宙便不可避免地就会衰亡。热体的冷却就是这个不可逆过程的最鲜明的表现，对开尔文来说，地球绝不是一个例外。炽热的地球必定会冷却下来，当地球内部温度更高时，地质变化的速度就越快，所以莱尔是错误的，灾变论者是对的。开尔文进行了一些计算，以确定地球从最初熔融状态冷却到今天的形态所需多少时间，答案约为几亿年，远远低于莱尔和达尔文的估计。

人们通常假设，来自更基础的物理学界的批判对当时的地质学家来说是当头一击。但是这个假设是基于错误的认识，即所有的地质学家都支持莱尔的均变论。开尔文的抨击对莱尔和达尔文等进化论者而言无疑是重要的，但事实上大多数地质学家对开尔文计算的时间感到非常满意。他们根据地质沉积速率和海洋中盐的积累量各自估算了地球的年龄，数值约为一亿年。只有当开尔文将他的估计降低到 2500 万年时，地质学家才开始抱怨说物理学家太自命不凡了，而且一定弄错了某些东西。由岩石研究揭示的复杂的地球历史不可能如此短暂。

物理学家的确弄错了某些问题，这在 19 世纪末就已十分清晰了。放射现象在 1896 年被发现，其内涵很快就推翻了开尔文的整个世界观（见第 11 章）。到 1903 年，皮埃尔·居里（Pierre Curie）已经注意到放射性元素可以释放出热量；三年后瑞利（Rayleigh）勋爵指出，这些元素在整个地球上的分布数量很少但影响深远，它们能够在地球内部产生大量的热量。这些热量足以抵消开尔文预言的冷却。此外，一些自然元素的放射性衰变速度非常慢，这让热源能够维持数十亿年。在某种意义上，莱尔被证明是正确的，因为放射性热存在的证据或多或少迫使地质学家将其时间尺度大大延长，而使大灾难变得多余。事实上，新的物理学在地球科学中制造了危机，造山运动是由地球不断萎缩、地壳"起皱"引起的这一观点受到质疑。这些争论最终导致了大陆漂移和现代板块构造理论的出现（见第 10 章）。

放射现象还为地质学家提供了在绝对意义上测量地质时间的方法（与地层的相对序列不同），这正是地质学家一直缺乏的技术。由于每种放射性元素的衰变产物及半衰期（衰变速率的量度）是已知的，因此比较原始元素和其衰变产物在矿物中的比例，就有可能计算出矿物的年龄。第一种方法是利用镭的衰变来计算，不过后来的钾－氩法等技术手段最终变得更为人所知。只用了几年时间，放射性测定年代法的先驱如阿瑟·霍姆斯（Arthur

Holmes）就估计地球年龄将达几十亿年（Lewis，2000）。最后各方达成共识，将地球年龄确定为约 45 亿年，尽管 20 世纪至 21 世纪期间科学家做过多次修正，但都没有偏离这一数值。

结论

地质学家已经习惯于借助想象力来解决地质时期的问题。现代年轻地球创造论者否认最新的测量数据和放射性测定年代法，乃至整个现代地球科学的架构。他们与 17 世纪晚期的博物学家一样认为地球只有几千年历史，所有包含化石的岩石都曾淹没在挪亚大洪水之下。没有什么能比这更突出地展现科学家努力建构地球历史的过程中观念革命的程度。尽管 19 世纪 30 年代莱尔已经为将时间尺度扩大到这个数量级做了重要工作，但这次革命的程度之深只是在 1900 年放射性测定年代法出现之后才变得明朗起来。不过，从另一种意义上说，我们可以看到在莱尔出版相关著作之前，地质学家的想象方式已经发生了重要飞跃。1800 年前后的几十年时间里，建立现代地层学的水成论和灾变论地质学家承认存在一系列地质时期，其古老程度远远超出人类历史。他们没有推算出后来的学者所接受的一亿年的地球年龄，但他们可能知道地球的演变或许需要这个数量级的时间。在这个程度上，现代的地质时代观已经形成，尽管还需要莱尔和原子物理学家去完成时间尺度的最后拓展，才能得到我们今天认可的数字。

第 6 章

达尔文革命

　　"达尔文革命"一词的流行表明，我们正在处理一种具有重大后果的科学理论。如果达尔文的进化论为人所接受，那么许多基督教文化中不可或缺的信条和价值观就必须被抛弃或重新商榷。生物，包括人类，不再被视为神圣的创造物。上帝充其量只能在进化过程中扮演某种间接的角色，但即使是这样，也很难想象它是否能像自然选择一样，通过一种严酷的机制发挥作用。同样，人类灵魂的地位也受到了威胁。如果我们只是进化了的动物，且比我们低等的动物没有不朽的灵魂，那么很难相信我们会有不朽的灵魂。而抛弃人类有灵魂这一观点，就会破坏传统道德观念，威胁社会秩序的稳定。

　　是什么样的证据如此具有说服性，让达尔文等科学家迈出了这样大胆的一步？加文·德比尔等科学家认为，可能是化石记录及动物繁衍研究等领域的新发现促使达尔文提出了进化论。如果这一理论带来了一些问题，想要活在真实世界中的人也只能去应付这些问题。但直到今天依然有人在批评进化论，他们认为，进化论并不是好的科学，因此达尔文及其追随者的动力一定远不止研究自然这么简单。现代神创论者认为，进化论是唯物主义哲学的产物，而唯物主义哲学妄图破坏传统的价值观和信仰并使世界陷入混乱之中。他们认为，唯物主义者用并不可靠的科学依据去支持一个实则有着更为野心勃勃、更为危险的目的的理论。

另一种批评针对的也是进化论的可信性。自马克思和恩格斯起，社会主义批评家就注意到了达尔文的"生存竞争"与市场经济的相似性。在市场经济中，人们也需要为生存而竞争。批评者质疑，在维多利亚时期这一资本主义的鼎盛时期提出进化论难道只是一种巧合吗？达尔文只是将他所属的那个阶级的意识形态投射到了自然界中，以便他和他的追随者可以坚持认为竞争性的社会是"合乎自然规律的"。这一批评与其他质疑进化论的可信性的批评有很大不同。细心的人可能会发现，那些反对达尔文的唯物主义观点的神创论者同时也是自由企业制度最坚定的支持者。从这一点来说，他们是否在无意间也成了社会达尔文主义者呢？

这些对现代达尔文主义的不同看法，体现在关于该理论起源的大量历史文献中。德比尔称达尔文是勇敢的科学家，其他科学主义历史学家如迈克尔·吉塞林（Michael Ghiselin）和恩斯特·迈尔（Ernst Mayr）也持相同的观点。雅克·巴尔津（Jacques Barzun）和格特鲁德·希默尔法布（Gertrude Himmelfarb）为达尔文创作的肖像画让人看了很难生出好感，从中可以看出，那些不喜欢达尔文主义这个词内涵的人心底的厌恶。马克思主义历史学家罗伯特·杨（Robert Young）的著作以及阿德里安·德斯蒙德（Adrian Desmond）和詹姆斯·摩尔（James Moore）所写的达尔文传记，都运用社会学理论对达尔文主义的起源进行了探讨。其他历史学家则试图平衡各种相互抵牾的观点。现在很少有人会否认达尔文受到了他所处时代观念的影响——也许他的创造力也由此而来，但人们普遍怀疑，除非我们通过他的科学著作看到这些创造性的见解，否则就无法理解他的贡献。关于达尔文的生平活动，正在编辑出版的的档案记录堪称海量，这使得历史学家们的任务变得更加复杂。

无论是支持者还是批评者，都更愿意将焦点放在达尔文本人的工作上，这可能会导致我们对达尔文革命产生误解。人们很容易认为，从一个还算牢固的观念（创造论）到一个看似疯狂的唯物主义观点（达尔文主义），必定是一个突然发生的转变；后者的影响持续至今，无法动摇（尽管不是毫无争议）。这种认知源自达尔文成就中的一种奇特组合：他使世界接受了进化论，而且他发现了大多数现代生物学家认为可以正确解释进化原理的理论——自然选择。人们显然会相信他之所以会成功，是因为与他同时代的人们意识到他找到了正确的机制。按照这种模式，只需要对理论进行有限的"整理"，就能产生现代达尔文主义。然而，越来越多的研究表明，达尔文的科学家同事们并未接受自然选择理论。进化中存在竞争机制，这个说法直到 20 世纪初还具有相当大的影响力。我们需要将现代达尔文主义的出现视为一个更为漫长的过程，要在基本的进化思想被接受后经历重大的转变才能达成（Bowler，1988）。

这些观点为历史学家的工作提供了资料，他们正在建构更复杂的模型，以说明第一代达尔文主义者是如何成功地在科学界占据主导地位的。达尔文并不是第一个发起对进化论展开广泛讨论的人。早在 1859 年《物种起源》出版以前，激进的作家们就在宣扬这一理论，将它视为要求社会进步的政治哲学的基础。通过攻击支持教会的传统信仰，进化论打开了这样一种前景：自然本身是建立在进步的法则上的，于是人类的发展也似乎是不可避免的。这些观点并没有给科学精英留下什么印象，但它们为人们接受达尔文理论铺平了道路，或许还使很多人形成了这样一种假设，即达尔文的理论也是普遍的进步哲学的基础。如果真是这样，那么很多通常被认为是达尔文主义导致的哲学、神学及意识形态结果，或许不过是反映了这一更广泛的文化运动。

　　同时，我们需要更仔细地去研究是什么使得科学家对待达尔文的态度比对待之前那些激进派作家的态度更为严肃。这些科学家确实将达尔文的著作视为一种创新，它将改变许多科学领域，特别是形态学（对动物结构进行比较研究的学科）和古生物学。尽管他们中的大多数人都不认为自然选择是进化的主要机制，但他们同意这一理论似乎是可信的，是可经科学证明的，远远超越那些早期的推测。据说，托马斯·亨利·赫胥黎（Thomas Henry Huxley，人称"达尔文的斗犬"）等较为年轻的科学家对这一理论很感兴趣。因为他们可以借助这一理论去说服大众：在现代经济中，专门知识的最佳来源是科学而非教会。所有这些都说明，达尔文主义的影响必须从两个方面去评价：一方面是它在科学方面的优势（即便是那些对具体的自然选择理论心存怀疑的人也不得不承认这一点）；另一方面是它迎合了科学界内外潜在支持者的价值观及偏见。

　　近年来，另一个因素迫使我们重新思考对达尔文革命的传统解释。在 20 世纪末，人们自信地认为自然选择理论提供了关于进化机制的最佳解释，但进化发育生物学的出现表明自然选择只能解释生命历程的某些方面。达尔文主义者关注适应性，但最近的研究证实，某些生物结构之所以产生，是因为胚胎的发育方式出现了改变，而这些改变可能有其他原因。如此一来，他们重新唤起了人们对非达尔文主义理论的兴趣，而进化论兴起时，这类理论曾被认为是行不通的而遭到摒弃。也许这些挑战进化论的传统理论，其重要性应该得到更多认可，过去的历史学家往往忽视了它们。（Amundson，2005；Rupke，2010）

自然界中的设计

现代创世论者所坚持的世界观并不是自基督教创立之初就存在的。如第 5 章所述，解读《创世记》神话的字面意思一事直到 17 世纪才被人们广泛接受。如果地球只有几千年的历史，那么任何循序渐进的发展过程都是无法想象的。动植物及人类起源的唯一解释就是它们的始祖是由上帝直接创造的。当时的博物学家非常乐意利用这种观点为科学探索自然世界提供合理性。毕竟，一些批评者警告要提防伽利略、笛卡儿和牛顿的新科学中的唯物主义观点。如果整个世界是一台巨大的机器，那么造物者存在的唯一解释就只能是这台机器需要一个睿智的设计者。17 世纪的博物学家即使不相信伊甸园的故事，也乐于接受"自然神论"的观点，在这种理论中，通过对生物的研究可以理解上帝的作品。"设计论"的目的是让怀疑者相信，像生物这样结构如此复杂的东西之所以存在，最好的解释就是上帝设计了它们。威廉·佩利（William Paley）后来类比道，上帝的活动就好像钟表匠设计钟表一样（见第 15 章）。

英国博物学家约翰·雷（John Ray）是这一观点的主要支持

者，他于 1691 年出版了《造物中展现的神的智慧》（*Wisdom of God Manifested in the Works of Creation*）一书。雷用人体（尤其是眼睛和手）的身体结构说明，正是这种经过精心设计的复杂机制，让我们得以生活下去。但雷不认为世界只是为人类的利益而创造的。每一种动物的身体结构都是经过特殊设计的，从而使它们能够在特定的环境中自在生活。设计论因而主要关注身体结构如何适应功能。上帝不仅是智慧的，也是仁慈的，因为他赋予了每个物种它们真正需要的东西，以便它们能在被创造出来的土地上生存。这一理论的前提是，上帝的造物是一成不变的，所有生物及其生存环境都维持着它们原初的模样。通常认为，达尔文证明了适应是一个过程，在其中物种必须调整自己以适应变化的环境，进而彻底颠覆了设计论。

雷的设计论对当时的科学界也产生了一定的影响。它促进了科学家对物种及其与环境的关系进行深入研究。科学家还以它为基础，尝试建立第一套生物分类法，即对动植物进行分类，以便我们理解世间混乱多样的生物。每种生物都有自己独特的适应性特征，但一些物种之间的关系确实表明，上帝在创造生物时一定有某些合理的模型。狮子和老虎都是"大猫"，我们可以看到二者之间的相似之处，还可以看到二者与家猫之间的略微相似之处。如果能够将生物之间这些或多或少的相似性加以归纳整理，我们或许就可以在自然历史博物馆或课本上看到整个创世计划。对那些需要在众多生物中辨别某一物种的科学家而言，生物分类带来的好处是巨大的。当时欧洲博物学家在遥远世界发现了众多新物种，这让辨别物种的问题更为紧迫。

雷为创建生物分类体系做了重要贡献，但瑞典博物学家卡尔·冯·林奈（Carl von Linné）才是现代生物分类体系的奠基人。他的《自然系统》（*System of Nature*）一书经过不断扩充最终成为一部多卷本的巨著。在书中，林奈尝试分门别类地将每一种动植物纳入一个合理的体系中。他还创立了沿用至今的生物命名体系——双名制命名法。最密切相关的物种同为一属，每个物种的名字均有两个拉丁词（通常为斜体）：第一个是属名，第二个是种名。根据这一命名法，狮子的学名是豹属狮种，老虎是豹属虎种，豹属则是哺乳纲食肉目猫科下的大型动物。虽然如今我们判断物种亲缘关系的方式，以及一些具体的物种分类发生了很大变化，但双名制命名法依然是科学家进行生物分类时所采用的方法。达尔文的进化论用共同祖先的分化，来解释物种的分类：在"生命之树"的分枝上，两个物种的共同祖先生存的年代距离越近，这两个物种间的亲缘关系也就越近。但我们应该牢记，林奈在建立这一生物分类体系时，相信它反映的是神圣的造物计划——物种间的亲缘关系只有上帝才知道。他认为，大部分生物被创造出来时就是如今的样子了。

雷和林奈想要描绘的物种亲缘关系模型，就是大分类下还有小分类的模型，这与达尔文的分支进化模型是一致的。这种生物分类体系动摇了一种更为古老的自然秩序观——"存在之链"。这种秩序观建立在一些动物比其他动物更高级、更先进这种常识性观念之上。大多数人认为人类比其他动物更高级，我们也都倾向于认为哺乳动物比鱼类高级，而鱼类又比无脊椎动物高级。从古希腊开始，这种自然的等级制度就被形象地描绘为线性的链条，从人类一直到最低层次的生命形式，所有物种都通过这一链条联系在一起。精神等级的链条则通过天使延伸到上帝，这让人类站在了动物领域和精神领域之间的重要边界上。18 世纪的诗人，如亚历山大·蒲柏，仍然在沿用"存在之链"的概念，但林奈等博物学家现在已经证明，它不是一种实用的分类系统。更宽泛的动物等级的概念则根深蒂固，人们难以抛弃，于是进化理论将受到一种普遍假设的影响，即生命的历史必然是生命向更高形式进化的历史（Ruse，1996）。生命之树仍然保留了一个相当于"存在之链"的主干，但多了许多小分支（参见下文图 6.5，182 页）。

达尔文的先行者？

相信宇宙是神圣的创造的博物学家发现，这一理论不能提供非常明确的指导，鉴于其工作的精确性，随着生命科学变得日益复杂成熟，这种模糊性引发的问题变得更加严重。但是 18 世纪中期，出现了一种日益增长的趋势，人们要求否定整个设计论的观念，并寻找更唯物主义的途径，以解释事物是如何发展到现在这种状态的。由此产生的一些理论确实包含转变论（或者我们今天所说的进化理论）的元素，提出这些理论的博物学家有时被誉为"达尔文的先行者"（Glass，Temkin，and Straus，1959）。后来的历史学家对这种寻找现代理论前身的做法提出了质疑，因为这种做法没有考虑这些早期观点诞生时极其不同的语境。我们很容易找到这样一些孤立的段落，它们让人以为 18 世纪思想家的观点正在向达尔文主义靠拢，但更仔细地阅读会发现，他们通常在思考与现代理论完全不同的东西。关于宇宙如何随着时间而变化，人们想象了各种方式，达尔文主义只是其中之一。事实上，就新生命形式是如何出现的这一问题，所谓的先行者在探讨截然不同的理论模式。我们应该意识到这股越来越强大的挑战静态创世论的意愿，但是扭曲这些早期的观念以使它们符合我们的现代理论，只会把它们弄得面目全非。

许多新观念背后的动机根源于启蒙哲学，它颂扬人类理性理解世界的力量，并将所有传统宗教斥为迷信。教会被视为社会改革的障碍，因此破坏创世故事的可信度既有知识上的目的，也有意识形态上的。一些启蒙哲学家成了彻底的无神论者和唯物主义者，他们寻求一种不诉诸超自然力量的对生命起源的解释（Roger, 1998）。在德尼·狄德罗看来，世界不断经历着物质转变，这种转变在没有任何预定计划或目的的情况下，一次次塑造物质结构。他推测，畸形的生物有时被赋予了新的特性，这些特性可能意外地让它得以生存并产生新物种。由此，狄德罗挑战了物种是不变的这一假设，并强调了自然变化的非计划性。但是像狄德罗这样的唯物主义者并没有发展出更详尽的演变理论，因为他们也认为无生命物质可以直接产生更复杂的生命体，这一理论被称为"自然发生说"。

这种说法也出现在启蒙运动中最有影响力的博物学家布丰伯爵的思想中。正是布丰推动了地球历史的时间尺度的更新，这些关于生命起源的推测就建立在这个新的时间尺度上（见第5章）。他提出了一个理论，假设地球不仅非常古老，而且在遥远的过去更热，因此更有活力。他从1749年开始出版的多卷本《自然史》也对所有已知的动物物种进行了概述，并对它们的起源进行了一些（并不完全一致的）推测。布丰嘲笑林奈寻找神圣的创世计划的行为，不过他也认可物种的实存性。但他越来越确信，在这个不断变化的世界里，物种有很大的灵活性来适应它们遇到的新环境。在 1766 年名为"论动物的退化"的一章中，他提出构成同一现代所谓的属的物种都源自单一的祖先，因此狮子和老虎不是真正的物种，只是同一大猫种的不同品种。但祖先的生命形式不是从其他任何形式进化而来的，布丰的其他著作清楚地显示，它们最初是"自然发生"的。在《自然史》的补充卷《各个自然时代》中，他提出地球历史上存在两个物种"自然发生"的时代，第一个时代产生适应早期高温环境的生物，第二个时代产生现代物种的祖先。这当然是创世理论的一个大胆替换物，但它所涉及的演变非常有限。

　　18 世纪末出现了两位思想家，他们的理论中包含了可以称之为进化思想的本质要素。其中一位是英国医生和诗人伊拉斯谟斯·达尔文（Erasmus Darwin），他之所以备受关注，是因为正是他的孙子查尔斯·达尔文（Charles Darwin）提出了现代进化论。伊拉斯谟斯在他的诗歌（当时相当流行）和《动物学》（Zoonomia，1794—1796）的一章中都称赞了生命随时间流逝而逐渐发展的观点。不过更有影响力的是法国博物学家让-巴普蒂斯特·拉马克（Jean-Baptiste Lamarck）提出的类似理论（Burkhardt，1977；Jordanova，1984）。在巴黎，拉马克在革命政府建立的自然历史博物馆里对无脊椎动物进行了研究，为无脊椎动物分类做出了重要贡献。1800 年左右，他放弃了早前对物种固定性的认同，开始发展新的理论，并呈现在了《动物学哲学》一书中。他认可"自然发生说"，并把电作为激活无生命物质的力量，但他认为只有最简单的生命形式才能以这种方式产生。高等动物是随着时间的推移遵循着进步的趋势演变而来的，这让每一代都比它的父辈稍微复杂一些。拉马克认为，这一过程在理论上将产生一个动物组织的线性等级体系——实际上是一个人类作为最后和最高级产物的"存在之链"。然而，值得注意的是，这个进化的"阶梯"模型没有分支，只有许多平行线经由不同的"自然发生"行为向上攀升。拉马克否认了现存物种灭绝的可能性和物种的实存性。他认为这个体系是绝对连续的，不存在区分各个物种的鸿沟（我们认为有鸿沟是由于缺乏信息，这些"缺失的链条"一定能在某些地方找到）。

　　这一进化模型与我们今天所接受的完全不同。不过拉马克是一位经验丰富的博物学家，他知道我们实际上不可能把各种生命形式纳入一个线性的模式之中。他认为还有第二个进化过程在起作用，它扭曲了链条，引起了不规则的排列。正是这个第二个过程让人们记住了拉马克，因为直到现代遗传学出现之前，生物学家一直在认真地研究这个过程。拉马克知道物种是适应环境的，但他没有把这归因于上帝的设计。他认为物种是通过所谓的"获得性状遗传"来适应环境的变化的。获得性状是生物体在出生后通过特殊的锻炼方式发展而来的特性。举重运动员隆起的肌肉就是一种获得性状，因为如果不进行锻炼，肌肉就会小得多。拉马克（和其他许多人）认为，这些获得性状可能有非常轻微的遗传趋势，因此，由于父母的努力，举重运动员的孩子出生时肌肉会略强壮一些。如果养成了进行相关锻炼的新习惯，以此应对环境的变化，适应性进化就会发生。在经典例子中，长颈鹿的长脖子是它几代祖先伸脖子去吃树叶的结果。

　　拉马克理论是启蒙思想最后的产物，科学史学家过去常常认为，在拿破仑时代工作的新一代保守博物学家认为它是一派胡言，

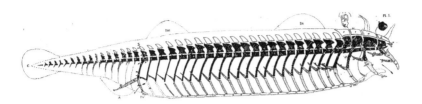

图 6.1　脊椎动物原型，来自理查德·欧文《脊椎动物骨骼的原型和同源性》（1848）。这是可想象的最简单的脊椎动物的理想化模型，真实物种的所有特性都被剥离了。它与真正的动物不相符，而进化论者后来试图找出最简单、最原始的脊椎动物形态，整个脊椎动物门都由此趋异进化而来

不予理会。它确实被一些精英所摒弃，但正如我们将在下一部分看到的，仍然有激进分子愿意用进化论的观点来挑战传统信仰。对于这些激进分子来说，拉马克理论中的一些元素与他们对社会改革的持续呼吁非常契合。

解读化石记录

19 世纪早期的科学精英急于与启蒙唯物主义划清界限。在英国，这意味着自然神论的复兴。在欧洲大陆，对宗教的明确诉求较少，但生命科学的新方法往往希望巩固物种固定不变的信念。在某些情况下，生命世界被描绘得秩序井然，它体现了自然界核心的某种理性原则。但是，所有这些理论方法都必须考虑到一个新因素：化石记录所揭示的生命历史（见第 5 章）。不管博物学家的观点多么保守，他们都不得不把现代物种视为生命历史进程的最后阶段。他们不得不改变旧的传统，以融入这种变化的元素，

但同时并不赞同转化是新物种出现的方式。历史学家似乎一度轻易地将这些努力斥为拼命阻止达尔文进化论出现的权宜之计。但现代研究表明，有时候这些早期理论得到了重要的成果，有助于塑造达尔文也致力于建构的世界观。最近的研究也证实了上文的一个观点：激进主义并没有消失，在某种程度上，科学机构的反进化哲学是为了对抗激进主义的威胁而设计出来的。

乔治·居维叶和他的追随者对脊椎动物化石的研究表明，当前的自然秩序只是一个漫长过程的最后阶段。居维叶运用比较解剖学的技巧，复原了已灭绝动物的化石（见第 7 章）。他指出，地球经历了许多地质时代，每个时代都有自己独特的动植物种群。在不向拉马克等进化论者让步的情况下，应当如何对待这种洞见呢？居维叶相信，地质灾害消灭了大陆上的所有种群，为全新的种群留出了空间，尘埃落定之后，它们将占领这些地区。他不厌其烦地嘲笑拉马克的理论，认为每个物种的结构都如此精致平衡，任何重大的紊乱都将导致该生物无法生存。然而，他并没有诉诸设计论，也不认为有必要用连续创造论来解释新物种出现，他转而主张这些新物种是从没有受到灾难影响的地区迁徙过来的。然而，对他的英国追随者来说，连续创造论是不可抗拒的。《创世记》的故事必须加以修改，以将地球历史上一系列不可思议的创造纳入其中（Gillispie，1951）。他们赞赏威廉·佩利的《自然神论》，该书用手表和钟表匠的比喻重申了"设计论"的观点；他们也认为自己是在根据化石记录的新知识修正这一传统观点。威廉·巴克兰为《布里奇沃特论文集》撰稿，该系列论文的目的是宣扬自然神论，巴克兰在他撰写的部分展示了构成各个阶段种群的物种是如何适应当时的环境的。他假设地球在逐渐冷却，环境

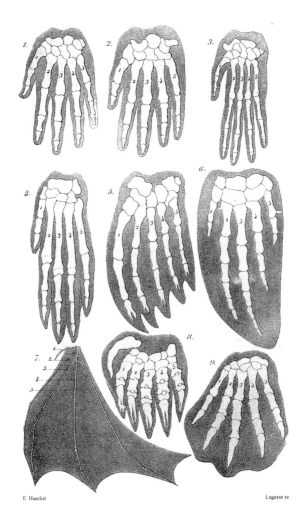

图 6.2　哺乳动物"手"的同源性，来自恩斯特·海克尔（Ernst Haekel）《自然创造史》（*History of Creation*，纽约，1876），第 2 卷，插图 4。大猩猩（2）、猩猩（3）和狗（4）的前肢与人手（1，左上）的骨骼相似，它们为了适应不同的用途发生了些许改变；海豹（5）和海豚（6）的前肢主要用于游泳；蝙蝠（7）用来飞行；鼴鼠（8）用来挖洞；原始哺乳动物鸭嘴兽（9）的前肢也主要用来游泳。理查德·欧文描绘了不同动物根据不同目的对相同的基本结构进行的修改，以展示造物计划理性的根基，但对海克尔来说，这证明所有哺乳动物都有共同的祖先

于是一步步地向我们今天的状态发展，由此巴克兰得以解释为什么上帝的造物有必要周期性地被消灭，同时为更接近我们今天看到的生物的新种群留下空间。

在德意志，艺术领域的浪漫主义运动和哲学领域的唯心主义，对唯物主义提出了创新方面的更大挑战。唯心主义者认为，物质世界是我们头脑中的感官印象制造的幻觉，无论这些印象产生于什么终极实在，因为于世界是有序的，自然法则必然代表着某种秩序原则。不管是把这种秩序原则称为上帝，还是像"绝对真理"这样更抽象的术语，其含义都是自然界表面的复杂性之下潜藏着更深层次的模式。受到这些观点的启发，一批自然哲学家试图证明，分类法所揭示的物种之间的有序分组，正是这样一种潜藏模式。J. F. 布鲁门巴赫（J. F. Blumenbach）的追随者们采用了一种被称为形式主义或结构主义的方法来研究这些关系。他们认为适应是生物体结构的表面现象，并坚持认为与胚胎发育相关的过程从根本上限制了最终会形成何种器官。这些限制可以在地质时间的尺度上引导造物的顺序，其结果就是预定的进化过程慢慢展开。甚至有人认为每一条进化线路的源头都会在这些力量的控制下自动出现，这个过程被称为"自发生成"（Rupke，2010）。达尔文后来避免讨论这个理论，它也为他的追随者们所摒弃。

欧文在 1848 年提出的脊椎动物原型定义了脊椎动物的本质特征。这是可想象出来的最简单脊椎动物的理想模型——相比这个原型，所有真正的脊椎动物都更为复杂，只是复杂程度不一，相当于原型的适应性改造版（图 6.1）。这种理想主义的方法让欧文得以定义"同源性"这一重要概念：物种在适应不同的环境时，其相同的骨骼结合方式可以根据不同的目的而发生改变（图 6.2）。

然而，原型并没有损害进步的观念——原始鱼类是原型最简单的改造版，人类则是最复杂的。对欧文而言，这提供了一种更好的设计论证模式，因为它意味着在《布里奇沃特论文集》描述的光怪陆离的物种之下，存在着只能决定于造物主意志的秩序原则。欧文将原型的后续表达视为一种随着时间的推移而逐渐展开的渐进模型，这种模型有时会让他危险地接近演变论，尽管他始终坚持每个物种在神的计划中都是一个独特的单元。达尔文的分支进化理论借鉴了类似的发展模型，不过在达尔文那里，原型已经被共同祖先的概念所取代，不同群体成员都是从共同祖先那里分歧进化而来的。

　　其他唯心主义者，包括后来成为美国生物学奠基人之一的瑞士博物学家路易斯·阿加西斯（Louis Agassiz），则把重点放在人类胚胎的发育上，以说明这种造物模式是如何运行的（Lurie，1960）。胚胎被认为是从受精卵中一种单一而均匀的物质发育而来的，它逐渐获得了成为成人所需的复杂结构。当时人们普遍认为，增添新结构的步骤与分类学的层次相似：人类胚胎经历了类似鱼类胚胎、爬行类胚胎和简单哺乳动物胚胎的阶段，然后最终获得了能够成为人类的特征。这也是化石记录所揭示的生命进化的顺序，对阿加西斯来说，上帝一定是通过这种相似性告诉我们，人类是他创造的目的。在这里，博物学家的脑海中又出现了古老的存在之链的元素，不过阿加西斯很清楚，在这条主线之外还存在许多分支。和欧文一样，他也不遗余力地反对用进化论来解释他的模型。每一个物种都是神圣计划中独特的元素，在适当的时间被超自然地创造。

　　在《物种起源》出版之前的大部分历史时期，这些生物史模型一直处于主流位置。然而，后来的研究表明，这并不是故事的全部。在讨论中存在更激进的理论模型，它们有时局限在科学界内部，有时也存在于外行爱好者中。在法国，居维叶受到了艾蒂安·若弗鲁瓦·圣伊莱尔（Étienne Geoffroy Saint-Hilaire）的挑战，他提出了原型概念的唯物主义解释（Appel，1987）。他设想了一种以变异为基础的演变形式，通过这一方式，一个物种突然之间演变为另一个物种，而在表面上它是能够生存和繁殖的"畸形"。在英国，圣伊莱尔和拉马克的观点受到激进派的青睐，这些激进派将打击传统观点作为他们改革医学专业计划的一部分（Desmond，1989）。19 世纪 30 年代，拉马克主义解剖学家罗伯特·格兰特（Robert Grant）搬到伦敦后，遭到欧文的质疑。尽管在科学界无法产生重大影响，这些演变论者仍然让这一理论保持活力，并在某种程度上迫使精英拓宽了自己的视角，以便在进步发展日益被视为理所当然的语境中，捍卫演变论。

　　也许这场运动中最重要的举动来自爱丁堡出版商罗伯特·钱伯斯（Robert Chambers），他在 1844 年出版了《创造的自然史的痕迹》（*Vestiges of the Natural History of Creation*）一书（Secord，2000）。钱伯斯希望向中产阶级宣传进步的进化理念，因为这将为他们提供一种意识形态，在这种意识形态中，他们对改革的要求似乎是自然发展的一部分。社会进步将仅仅是地球生命历史的延续。但要做到这一点，他必须避免拉马克主义被视为一种危险的激进思想的形象。他的策略是主张生命的进步发展是上帝计划的核心，但这一过程不是通过一连串的奇迹，而是通过造物主创造的自然法则实现的。正常的生殖法则有时会被更高一级的法则打断，胚胎由此被推到组织层级的更上一层。在这里，胚胎发育和地球上生命史之间的相似性法则被改成了变异性进步的进化法则。钱伯斯也不惮于把法则扩展到人类身上：我们只不过是最高等的动物，我们优越的智力是大脑通过连续变异而发展的结果。他借用了颅相学的理论，颅相学认为大脑的不同部分负责不同的精神功能，如果进化过程中大脑发展出了新的部分，那么新的精神功能就会出现。

保守派机构斥责《创造的自然史的痕迹》是危险的唯物主义作品，会破坏道德观念和社会秩序。在科学界之外，这本书拥有广泛的读者，似乎许多人准备认真对待"依据法则进化"这一基本哲学（见第 16 章）。因此，这本书为达尔文更为激进的思想奠定了基础，并塑造了人们理解《物种起源》的方式。尽管达尔文并不怀疑在长时期中自然选择会导致进步，但进步趋势并不是达尔文理论的组成部分。人们自然而然地认为进化意味着进步，这是《创造的自然史的痕迹》留下的遗产。甚至一些科学精英也开始承认，上帝的目的可能是通过预先设计的法则而非一系列奇迹实现。詹姆斯·西科德（James Secord）分析《创造的自然史的痕迹》的影响时指出，这本书应该被视为公众讨论进化论的真正起点，达尔文《物种起源》引发的争论将决定最终的结果。

《创造的自然史的痕迹》对科学家产生了什么影响并没有定论，这让整个问题仍然悬而未决。关注赫胥黎这样更年轻、更激进的科学家对达尔文的回应是件有趣的事儿（Desmond，1994；Di Gregorio，1984）。赫胥黎很快就成了达尔文观点的主要倡导者。他在一份评论中谴责了《创造的自然史的痕迹》，尽管他后来也承认这是不公正的。赫胥黎的谴责部分是因为钱伯斯的科学研究不够严谨，他有意略过了化石记录中很现实的问题，某些记录并不支持线性发展模型。但更重要的是，钱伯斯的理论对赫胥黎来说还不够激进。赫胥黎是一名专业的科学家，急于毁坏教士－博物学家的形象，他在寻找一种理论，以消除所有设计论的痕迹。而钱伯斯的书让读者相信，对进步的唯一合理解释是，这是上帝的旨意。赫胥黎能够接受的进化论，其基础只能是由可观测的现象驱动的机制，不能是上帝设计的神秘趋势。幸运的是，达尔文很快就发表了一个理论，正好满足了赫胥黎的要求。

达尔文理论的发展

19 世纪 30 年代晚期，达尔文就开始建构他的理论，但他没有发表任何著作，只是逐渐地让一些关系密切的人知道他在做什么。因此，对大多数科学家来说，1859 年《物种起源》的出版犹如晴天霹雳。这是关于进化原因的重大新理论，由达尔文二十多年来积累的大量证据和洞见支持。正如本章引言所指出的那样，就达尔文是如何把他的思想整合在一起的这一问题，历史学家之间存在着根本的分歧。对一些人来说，他是一个纯粹的科学家，即便他从社会辩论中吸纳了某些观点，也不会削弱他理论的可信度（De Beer，1963）。另一些人则强调自然选择理论与维多利亚时期资本主义竞争性的意识形态之间的相似性，主张达尔文将自己阶级的社会价值观念投射到了自然之中（Desmond and Moore，1991；Young，1985）。许多历史学家试图平衡这两种立场，既承认社会理论为他提供的灵感，也主张只有明白达尔文是如何将其见解应用于特定的科学问题上的，我们才能解释达尔文思想的独

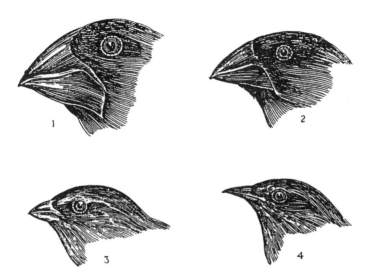

图 6.3　加拉帕戈斯群岛 4 种地雀的头部，摘自达尔文的《"比格尔号"航海期间关于地质学与自然历史研究日志》(*Journal of Researches into the Geology and Natural History of the Countries Visited during the Voyage of H. M. S. Beagle*，再版，伦敦，1891)，第 17 章。鸟喙结构的变化显示出对不同觅食方式——如敲碎种子或捕捉昆虫——的适应。达尔文被告知这些形态各异的雀类应该被归为不同的物种，但他确信它们是从一个共同的祖先进化而来，这个祖先适应了加拉帕戈斯群岛上不同的生活方式

特之处 (Bowler，1990；Browne，1995；Kohn，1985)。

　　1809 年，达尔文出生在一个富裕的中产阶级家庭。他被送到爱丁堡接受医学培训，在那里他遇到了拉马克主义解剖学家罗伯特·格兰特，并与他共事（不过他后来声称自己对格兰特的进化论并不感兴趣）。之后，他放弃了医学，前往剑桥大学攻读艺术学位，这预示着他将成为英国国教教士——业余博物学家的理想职业。于是，他在剑桥获得的所有科学训练都来自课程之外，但他给植物学教授约翰·史蒂文斯·亨斯洛（John Stevens Henslow）和地质学教授亚当·塞奇威克留下了深刻印象。后来，亨斯洛帮助他获得了一

个改变他一生的机会：他作为绅士博物学家，乘坐调查船"比格尔号"前往南美。"比格尔号"的航行持续了 5 年（1831—1836），当这艘船在沿海水域绘制图表时，达尔文有足够的机会去内陆旅行。在这里，他在地质学和自然史上的发现为他赢得了科学家之名，也给予了他深刻的思想，让他成为进化论者。

塞奇威克把达尔文训练成灾变论者，把地质记录中的不连续现象解释为过去剧烈地质变化的证据。但是达尔文得到了查尔斯·莱尔的《地质学原理》的第一卷，他自己的观察很快使他成为均变论者（见第 5 章）。他看到了安第斯山脉是如何被地震抬升的，他看到的证据显示整个山脉是在很长一段时间内逐渐被抬升的，而不是在一次灾难中升起的。从那时起，达尔文就觉得有必要用林奈的方式来解释动植物的分布和适应性：目前的状况一定是自然原因导致的缓慢变化的结果。在剑桥，他读过佩利的《自然神论》，对"适应性是上帝设计的标志"这一说法印象深刻。但佩利的观点在一个逐渐变化的世界里并不适用。莱尔自己也认识到，如果地质运动通过抬升和破坏山脉不断地改变环境，那么物种要么迁徙到能够生存的环境中，要么逐渐灭绝。莱尔仍然相信物种是固定不变的，这给达尔文留出了空间，让他得以提出另一种可能性，即物种在适应环境变化的过程中发生了转变。

在南美洲，达尔文发现了物种为占据领地而相互竞争的证据，这种竞争的结果可能会受到环境变化的影响。但最重要的观测结果是"比格尔号"在加拉帕戈斯群岛停靠时得到的。加拉帕戈斯群岛是太平洋中的一组火山岛，距离南美西海岸约 800 公里。尽管达尔文差点错过了证据，但他还是及时意识到不同岛屿上的动物是不同的。每个岛上的巨龟都有明显不同的龟壳，而鸟类，尤其是雀类，则表现出丰富的多样性。这些雀类的喙结构完全不同，可以适应不同的觅食方式（图 6.3）。达尔文在离开这些岛屿之前才注意到这一事实的重要性，在回家的路上，他思考着这意味着什么。当鸟类学家约翰·古尔德（John Gould）告诉他各种雀类应当被视为不同的物种时，达尔文陷入了两难的境地。他不能认同上帝分门别类地创造了一系列独特的物种，让它们占领这些小岛。更合理的看法是，来自南美洲的少数种群成功在各个岛屿上安家，并且在各个岛屿上发生改变以适应新的环境。德斯蒙德和摩尔（2009）认为，达尔文之所以提出分歧进化论，是因为他憎恨奴隶制，并希望证明人种是从共同祖先进化而来的。演变，也就是我们所说的进化，不仅可以创造新的变种，还可以创造新的物种，既然这样，如果时间足够长，它为什么不能创造新的属、科，甚至类呢？

达尔文虽然承认获得性状遗传起到了有限的作用，但对拉马克和之前作家的解释并不满意，他开始探寻一种合理的机制。他的思考受到莱尔原则的限制，即机制必须以对可观察过程的整合为基础。进化本质上是一个适应过程，它不是预先确定的。在加拉帕戈斯群岛看到的分支效应意味着，当一个种群被地理屏障再次分类时，每个群体都能以自己的方式适应环境。并不存在必然的进步阶梯，当然达尔文并不否认，从长时段来看，生命之树的一些分支发展到了更高的组织层次，另一些则不然。许多分支显然是以灭绝而告终的，而另一些分支通过分化而得以繁衍。

为了寻找线索，达尔文转向了一个可以观察到动物变化的领域：人类饲养的人工品种。他的笔记展示的发现之路是崎岖的，但最后饲养员确实教会了他一些重要的原则。所有种群都表现出个体差异：没有一种生物体与另一种生物体完全相同（就像没有人与其他人完全相同一样）。这种变化似乎没有明显的模式或目的（就像人类的头发颜色变化似乎没有明显的目的一样）。饲养员如何利用这种随机变异来培育出狗或鸽子的新品种？达尔文最终意识到，答案是选择。他们挑选出极少数的个体，它们恰好发生了他们想要的变异。饲养员只让这些个体繁殖，其余的被抛弃，或者可能被杀死。

是否存在一种与人工选择相似的自然选择，一种挑选出更具适应性的变种，只让它们繁衍下一代的过程？当达尔文读到教士托马斯·马尔萨斯的《人口论》时，意识到可能存在某种自然选择形式。这本政治经济学著作意在通过证明人类的进步是不可能的，挑战启蒙运动的乐观主义；所有社会改革的努力都注定要失败，因为贫穷不是社会不平等的结果——这是自然而然的，因为任何种群的繁衍总是超过粮食供给的增长；结果是，每一代人中都有许多人必须挨饿。马尔萨斯在描写中亚的野蛮部落（意味深长的是，不是他自己的社会）时提出，他们必须进行一场"生存斗争"，以决定谁将生存，谁将死亡。达尔文采纳了这个观点，并且意识到种群的变异性会赋予某些个体竞争优势。那些最能适应环境变化的个体最有可能存活下来并繁衍后代，而那些不太适应环境的则会饿死，其结果是下一代将主要由更适应环境的父母繁衍。经过无数代的重复，这种自然选择的过程会改变生物的器官和习惯，最终培育出新的物种。马尔萨斯的影响经常被单列出来，以证明自然选择的理论反映了自由资本主义的价值观。毫无疑问，达尔文确实从个人主义的角度来考虑物种，强调它们是种群而非类型。但是他以独特的方式运用了这一观点，而他的方式则由科

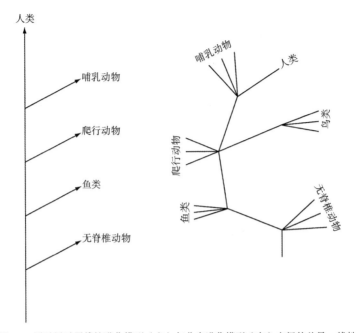

图 6.4　图示展示了线性进化模型（左）与分支进化模型（右）之间的差异。线性模型将进化视为一种进步，物种沿着线性结构朝着人类发展。因此，"低等"的生命形式犹如生命的梯子上的梯级，生命体沿着它们攀爬，最终实现成为人类的目标。这个模型很容易与重演说相容，重演说主张人类胚胎的发育经历了与各种低等动物胚胎相对应的不同阶段。在分支模型中，重点是适应和分化，而不是进步。每个类分化成一系列不同的适应型，后面的类派生自前一类的某个分支。进步必须以物种与最简单的共同祖先的距离来定义，但进步有许多不同的方向，没有一种生命形式可以被视为另一种的发展阶段。这张图关注的是脊椎动物，但需要注意，事实上无脊椎动物也组成了一个门，在多样性上完全能与脊椎动物相提并论

学观察塑造——马尔萨斯没有把他的原则视为变化的源泉，直到达尔文发表了他的发现之后，人们才开始认真地把斗争视为进步的驱动力。

　　1844 年，达尔文在一篇文章中概述了他的理论（本打算在他死后发表），他以被迫追赶跑得更快的猎物（野兔而非家兔）的狗

群为例，描述了这种效应：

> 　　某种犬科动物主要捕食家兔，有时捕食野兔，假定其身
> 体组织具有适应性；假设前述的条件发生了变化，家兔的数
> 量非常缓慢地减少，而野兔的数量增加；结果是，狐狸或狗
> 会被迫去捕食更多的野兔，而这些犬科动物的数量会减少；
> 由于其身体组织具有轻微的适应性，那些体形最轻盈、四肢
> 最长、视力最好（然而智力或嗅觉方面也许稍有欠缺）的个
> 体会得到轻微的偏爱，尽管差别很小，但它们往往会活得更
> 长，在一年当中食物最短缺的时候也能存活下来；它们也会
> 生育更多的幼崽，而这些幼崽往往会继承这些细微的性状。
> 没那么敏捷的个体将迅速被彻底淘汰。我毫不怀疑，一千代
> 后，这些因素将产生显著的影响，狐狸的体型将变得适合捕
> 捉野兔而不是家兔，正如灰狗的品种可以通过选择和精心地
> 培育得到改良（Darwin and Wallace，1958，120）。

　　在接下来的 20 年里，达尔文全面地探索了这一理论。他继续
与动物饲养员合作。他与许多博物学家通信，向他们咨询细节性
的问题，但没有透露他的真正目的。他对当时鲜为人知的藤壶群
进行了细致研究，这帮助他理解了分支进化是如何转化为分类学
的结构的。这项研究还表明，在生命之树的许多分支上，适应性
进化将导致寄生和退化现象。也许不可避免的是，达尔文的理论
否认必然的进步——这一观点可能源自马尔萨斯的理论。更好地
适应特定环境并不意味着绝对意义上的"更适合"。然而，达尔文
最终确信，高等动物，乃至最终的人类本身，都是这样一步步进

化而来的。斗争确实倾向于推动进步，至少在某些时候如此，而这种观点最终会被纳入"社会达尔文主义"。不过达尔文非常小心地避免把他的理论与线性的进步模型联系起来。进化没有主线，大多数适应性的发展趋势与生命的上升进步无关。达尔文还承认，化石记录的不完整让重建详细的进化过程变得困难，不过化石记录呈现的概况与分支、适应性进化理论相符，每个分支都专门针对某一特定的生活方式（图 6.4）。

19 世纪 50 年代中期，达尔文已经让莱尔、植物学家约瑟夫·胡克（Joseph Hooker）和阿萨·格雷（Asa Gray）等少数同行知道了他理论的细节，并开始写作。1858 年，另一位博物学家阿尔弗雷德·拉塞尔·华莱士（Alfred Russel Wallace）在东亚撰写了一篇论文，概述了一种与达尔文理论类似的理论。这篇文章打断了达尔文原来的进程。对于华莱士的发现的意义，历史学家意见分歧很大。一些人认可达尔文最初的明面上的反应，并将华莱士视为该理论的共同发现者，这意味着后来的事件是在刻意贬损华莱士的名誉。还有人仔细研究了华莱士 1858 年的论文，指出华莱士与达尔文的理论之间存在重大差异，而达尔文似乎忽略了这些。华莱士对人工选择不感兴趣，其论文的真正目的很有可能是描述一种自然选择的模式，它适用于不同变种或亚种之间，而不适用于同一种群的个体之间（概览参见：Kottler，1985）。这可能根本不是一个关于独立发现的案例，而是两个有着相似但不相同背景的博物学家在研究同一个问题的不同方面。不管有什么不同和相似，达尔文都看到了足够多的与他自己工作的类似之处，而且害怕失去他 20 年的优先权。莱尔和胡克安排出版了达尔文两篇论文的提纲及华莱士的论文（Darwin and Wallace，1958）。这些文章没有受到太多关注，但达尔文此时着急地要完成他的理论，1859 年年底这一理论终于出版，它就是《物种起源》。

对达尔文理论的接受

《物种起源》引发了一场关于进化的新一轮辩论。作为一名杰出的科学家，达尔文以大量的事实证据为基础，提出了自然选择这一重要的开创性理论。对一些人来说，进化是神圣计划的展开，达尔文的理论破坏了他们的愿景，因此这场辩论展现出较多的情绪化色彩。在此情况下，科学家与公众不得不在不同层面上对该理论进行评估：他们对于证据的评估必然会受到自身更宽泛的信仰的影响。广义上的进化论和狭义上的自然选择理论的合理性都引发了激烈的争辩。达尔文提出了重要的新论点，同时也存在反对他的专业的理由。一部分反对之声集中在遗传领域。达尔文并未预见到现代遗传学的成果，这让他在遭受这些反对意见攻击时十分无力，而这些反对的观点在今天看来毫无合理性。在这样的情形下，这场辩论不可能清晰明了，也不能以简单地否决或接受新理论而告终。没有人单凭科学争论就改变立场，在一定程度上，结果取决于整个科学界的政策及公众舆论普遍改变的可能性。最终，在数年的不确定之后，广义上的进化观念被普遍接受，但自然选择说依然备受争议。

对于像赫胥黎这样更年轻、激进的科学家来说，达尔文的理论为他们提供了不可多得的好机会（Desmond，1997；关于科学争论，参见：Hull，1973）。作为专业的科学家，他们急于打击自然神论，在他们眼中，自然神论让科学屈从于宗教（见第 14 章）。达尔文的理论无疑起到了这样的作用，因此，它与赫胥黎提出的"科学自然主义"哲学十分契合，不过对于他的反对者来说，它不比唯物主义好多少。整个世界包括人类的思想，都能够用自然法则的运作规律做出解释。在这一点上，赫胥黎可以与哲学家赫伯特·斯宾塞达成共识。斯宾塞将进化论视为自然和社会的基本原则。斯宾塞赞同达尔文理论中的个人主义，因为它与自己所持的观念相符，即自然界的总体进步就是无数个体行为的结果，每个个体行为都在寻求自身的幸福。这为将达尔文理论应用于社会指明了方向（见第 18 章），但我们应该意识到，自然选择不是唯一可取的进化模型。斯宾塞更支持拉马克的获得性状遗传理论，因为它与他的自我完善思想更为相契。赫胥黎不赞成自然选择是进化的唯一机制，他更愿意相信变异有着某些固定的方向，而不是像达尔文所设想的那样是随机的。

　　即便在科学界中也依然存在很多反对自然主义哲学的人，这往往是因为他们怀有深厚的宗教信仰。除了科学，宗教和道德问题也影响着很多人对进化论的态度（见第 15 章）。根据阿尔瓦·埃利（Alvar Ellegard）对大众媒体的调查研究显示，较为保守的期刊在接受进化论方面是迟缓的，它们的作者担心进化论有损圣意和人类灵魂的精神状态。赫胥黎与牛津主教"油嘴的山姆"威尔伯福斯在不列颠学会 1860 年会议上的对峙，已成为进化论和保守宗教理论之间对立的象征，当然我们现在知道，赫胥黎绝不像这一事件在公众想象中那样成功（参见图 15.3，426 页）。然而，从长时段来看，保守主义者极不情愿地接受了进化论的基本思想，但是他们将这个过程视为神意的表达，因此，仍然对自然选择的

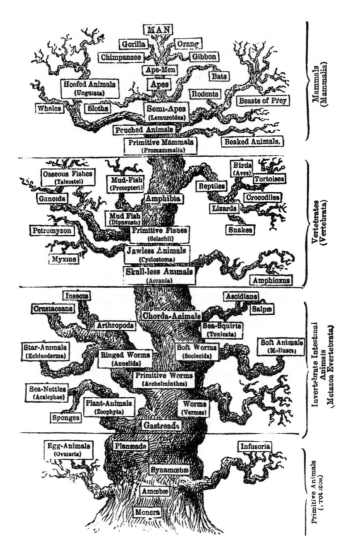

图 6.5　生命之树，来自恩斯特·海克尔《自然创造史》第 2 卷，第 188 页。应该注意海克尔是如何将线性进化模型和分支进化模型结合在一起的（参考前文图 6.4）。他特意给了他的树一个主干，居于顶端的是人类。由此，他保留了达尔文对分化和适应的强调，同时又将它们安置到线性上升的结构中。不在"主干"上的生物被视为侧枝，其进化发展已然停滞

试错模型怀有敌意。直到 20 世纪 20 年代，来自创世论者的持续反对才再度兴起。

可以确定的是，曾经有过很多科学争论。在确定一个特殊的生命形式到底应该属于某一独立的物种，还是仅仅属于其他物种的一个品种时，达尔文遇到了博物学家常常遇到的困难。他展示了相较于创世论的独断专行，分支进化论如何能够更好地解释动植物的地理分布。植物学家约瑟夫·胡克和阿萨·格雷在这个问题上支持了达尔文，华莱士则在进行一项关于动物分布的重要研究，并于 1876 年发表了一篇重要的综合性文章。尽管如此，争论的重点依然逐渐落到了达尔文希望回避的领域：通过化石和解剖学重构地球生命史。达尔文认为化石所记录的信息极不完善，以致无法详细地重现任何已知物种的祖先。但这让他无力应对批评者的攻击，后者认为，除非能够找到"缺失的链条"，否则进化论依然不可信。19 世纪 70 年代，重要的新化石被发现，进化论者的预言才似乎得到了印证。在德国，始祖鸟的遗骸为爬行动物和鸟类之间的中间形态提供了明确的证据。在美国发掘出的一系列马匹化石展示了原始的马进化为现代的马的特化线索，赫胥宣称这是"进化论的决定性证据"（关于这些发展，参考：Bowler，1996）。

即使在化石还未被发掘时，狂热的进化论者，如德国的恩斯特·海克尔就利用解剖学和胚胎学证据，尝试解释生命之树各重要分支之间的联系。他是重演说的领军人物，这一理论建立在旧的相似性法则之上，它假设个体胚胎的发育提供了整个生命体进化的简缩版模型。他本人和他的支持者（包括赫胥黎）列出了假想的谱系，以解释各种脊椎动物，乃至脊椎动物门本身的起源。现代学者迈克尔·鲁斯（Michael Ruse）否定了他们所有的努力，认为这是对进步进化论的过度热情驱动下的劣等科学。这些进化论者确实忽略了一些能够从达尔文那里学到的最重要的教训。他们将个体胚胎作为进化论的模型，在强调生命的进化发展时，将人类物种描绘为进化的目标。海克尔构想的生命之树有一根直达人类的主干，其他一切都是被排除在外的侧枝（图 6.5）。这是一种线性模型，容易让人想起古老的存在之链。他没兴趣探索适应性压力的性质，而他主张的变异可能恰恰来源于此。另一个事实是，由于对立假说的兴起，这个创造进化形态学（动物形态科学）的计划陷入了困境，而化石证据并不能证明哪个假说是正确的（见第 7 章）。但是，如果完全否认这一代进化生物学的成果，认为它们纯属浪费时间，那就忽略了一点，即在当时它被视为最令人兴奋的对进化论的应用。它也确证，进化论之所以受到欢迎，是因为它似乎支持进步的观念，而由此产生的争论提出了一系列实质性的问题，随着分子生物技术（以及后来大量的化石发现）的引入，这些问题才得到解决。

海克尔自称是达尔文主义者，但实际上他将选择理论与拉马克的获得性状遗传理论相结合，并融合了上一代的自然哲学推崇的对进步观念的信仰。事实上，自然选择理论曾饱受非议，反对它的科学家们认为，这个建立在随机变异基础上的过程无法产生有目的性的结果（Gayon，1998；Vorzimmer，1970）。理查德·欧文最终接受了进化论，但他仍然坚持认为它的过程早已被神圣计划预设好了（Rupke，1993）。解剖学家圣乔治·杰克逊·米瓦特（St. George Jackson Mivart）在《物种起源》（*Genesis of Species*，1871）中提出了许多反对意见，其中一些至今仍在被现代创世论者使用。他质疑，如果一个身体结构失去了原有功能，而新的功能仍不有效运转，如下肢不再发挥腿的作用，但翅膀的功能又尚未完善，自然选择要如何让物种度过这样的中间阶段，完成转变？一些博物学家赞同米瓦特的其他观点，即很多结构根本没有适应性功能，这意味着不受自然选择控制的预设趋势的存在。同样，还有来自地质时间的问题（见第 5 章）。19 世纪 60 年代末，威廉·汤姆森面临这样一个难题，即许多人认为，自然选择的速度太慢，不足以让生命进化到人类的形态。

工程师弗莱明·詹金（Fleeming Jenkin）就达尔文的遗传和变异模型提出了同样重要的反对意见。分割的遗传单元的概念是孟德尔在之后提出的，达尔文和他的同代人一样对此毫无概念，他认为后代会简单地融合父母之间的任何差异——在性别上这显然不正确。詹金认为，如果一个有益的性状出现在一

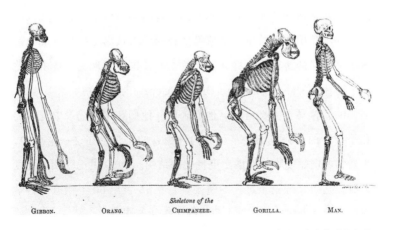

GIBBON.　　ORANG.　　*Skeletons of the*
CHIMPANZEE.　　GORILLA.　　MAN.

图 6.6　（从右至左）人类骨骼与大猩猩、黑猩猩、猩猩和长臂猿（真实体形是人类的两倍）的骨骼的比较；赫胥黎的《人类在自然界中的位置》（伦敦，1863）的卷首插图。赫胥黎认为，它们相似性的程度意味着人类应该被归类为灵长类动物，因此也意味着人类必然与猿类有着共同的祖先

个被青睐的个体身上，它的后代只能继承其中的一半，而第三代只能继承四分之一，依次类推。几代人之内，有益的新性状就会被稀释到无足轻重的地步，无法通过选择得到保留。对此，达尔文并未做出正面回应，是华莱士指出，有益的特征并不会只出现在单个个体身上。想想古代长颈鹿的种群，在它们刚开始以树叶为食时，个体脖子的长度各不相同，脖子最长和最短的长颈鹿都有不少。脖子长于平均水平并因此而从自然选择中获益的个体数量并不少。

到了 19 世纪 80 年代，华莱士是为数不多的仍在捍卫达尔文选择理论的生物学家之一。进化论本身是安全的，但随着批评家们开始寻找选择理论的替代物，达尔文主义受到的攻击越来越多。朱利安·赫胥黎（Julian Huxley）后来将这一时期称为"达尔文主义的衰落期"（Bowler，1983a）。以米瓦特的理论为依据，许多人认为进化是由非适应性趋势驱动的，这些趋势以某种方式嵌入了生命的本质中。那些承认适应性的作用的人认为，拉马克理论是达尔文主义的替代品而并非补充物。在美国，出现了一场由爱德华·德林克·科普（Edward Drinker Cope）等古生物学家参与的、强劲的新拉马克主义运动。他们确信，他们在化石记录中发现的几乎线性的趋势只能是某种导向性因素的结果，在这一情形中，是新的习惯驱使物种发展出更特化的结构。从 19 世纪晚期的角度来看，达尔文理论是过去的遗迹，它在 19 世纪 60 年代迫使科学家重新思考进化论的事情上只发挥了短暂的作用。

PUNCH'S FANCY PORTRAITS.—No. 54.

CHARLES ROBERT DARWIN, LL.D., F.R.S.

IN HIS *DESCENT OF MAN* HE BROUGHT HIS OWN SPECIES DOWN AS
LOW AS POSSIBLE—*I.E.*, TO "A HAIRY QUADRUPED FURNISHED
WITH A TAIL AND POINTED EARS, AND PROBABLY *ARBOREAL*
IN ITS HABITS"—WHICH IS A REASON FOR THE VERY GENERAL
INTEREST IN A "FAMILY TREE." HE HAS LATELY BEEN
TURNING HIS ATTENTION TO THE "POLITIC WORM."

图 6.7　1881 年《笨拙》（*Punch*）杂志上刊登的一幅达尔文的漫画。图上的说明文
字在谈论达尔文的理论，即人类是"毛茸茸的四足动物"的后代。但是图片将他与
一种更低级的动物——蚯蚓——联系在一起。蚯蚓是达尔文上一本书的主题。他着
迷于蠕虫更新土壤，乃至在长时段中改变景观的能力。即便在处理最广义的理论问
题时，他仍保持着对精细的自然史的兴趣

人类起源

达尔文避免在《物种起源》中讨论人类，因为他知道这是一个特别敏感的话题。然而，人们早已开始讨论人类与猿类有何种程度的关系，在达尔文 1871 年以他的《人类起源》加入这场论战时，战场早已热火朝天。宗教思想家感到沮丧，因为这一理论将我们与动物联系在一起，从而间接地削弱了不朽灵魂的可信度。传统上，只有人类被赋予了更高的精神和道德能力。因此，进化论主张我们只是进步了的动物，将威胁到我们独特的地位，甚至可能破坏社会秩序的结构。然而，在达尔文和赫胥黎所推崇的科学自然主义中，证明世界上不存在超自然力量才是重要的事，即便是人类的思维也只是大脑活动的产物，而大脑又是被进化塑造的。

19 世纪 60 年代初，考古学的革命推动了对人类祖先问题的研究进程。莱尔的《古人类》（*Antiquity of Man*，1863）总结了一系列证据，证明早在文明出现之前，石器时代的人类就已经在地球上生存了数万年。而莱尔本人并不赞同这些原始人类和猿之间存在进化联系。到目前为止，还没有能够展示人类和猿之间"缺失的链条"的可靠的化石证据，于是那些主张存在进化联系的人不得不强调人类和现存的大猩猩在解剖学上的相似性。赫胥黎与理查德·欧文已经就人脑和猿脑的相似程度进行了争论。1863年，赫胥黎在自己的书《人类在自然界中的位置》（*Man's Place in Nature*）里总结了自己的观点，主张两者之间存在紧密的联系（图 6.6）。但是，重要的是精神的比较，而不是身体的比较。像赫伯特·斯宾塞这样的哲学家已经开始创造一种进化心理学，希望以此解释更高级的精神能力是如何在进化过程中逐步增长的。

　　达尔文的《人类的起源》为这一事业添了一把力。他想要表明，动物和人类精神方面的鸿沟并不像传统认为的那么大（图6.7）。与他的许多同代人一样，他越来越倾向于把那些维多利亚时代的人称为"野蛮人"的现代种族，视为古猿向人类进化的早期阶段的遗迹。他们等同于欧洲人石器时代的祖先，他们的幸存实际上为我们展示了"缺失的链条"可能是什么样的（见第18章）。达尔文还尝试夸大动物的精神能力，由于目前为止还没有针对动

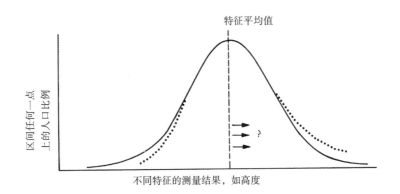

图6.8　图表描述了种群中某一性状连续的变化状态的分布，以及选择对分布的影响。实线是通过观察获得的钟形"正常"曲线，如人群中身高的变化曲线。横轴代表这一性状的测量值，纵轴代表处于某一测量值上的人口比例。性状的平均测量值左右人口的比例最大，极值附近人口比例最小——大多数人的身高接近平均值，非常高和非常矮的人的数量也较少。卡尔·皮尔逊和韦尔登等生物统计学者测量了野生螃蟹和蜗牛种群的不同性状的变化，得到了这样的曲线。但作为达尔文主义者，他们必须证明，如果种群受到自然选择的影响，那么分布将会发生永久性的变化。如果在特定的环境中，个子较高的个体更受青睐，而个子较矮的个体处于相对的劣势，那么在下一代中，个子较高的个体数量就会增多，而个子较矮的个体就会减少，如虚线所示。这是否会导致整体的均值向箭头所示的有利方向移动呢？测量似乎表明这种现象确实发生了，但变化太小，不足以说服多数反达尔文主义的生物学家

物行为的科学研究，达尔文得以利用来自旅行者和动物饲养员的逸事般的证据，这些故事通常对动物行为进行了拟人化的理解。达尔文认为，人类的良知只是表现了我们祖先的社会本能，而这种本能来自进化。在通常群居的物种中，自然选择（以及拉马克主义的获得性状遗传）非但不会产生纯粹自私的本能，反而会促进社会本能的发展。我们的道德价值观只是我们猿类祖先身上的本能的合理化。

达尔文认为，重要的是要解释为什么人类获得了比他们的猿类亲戚更高的智力水平。他认为，也许我们的祖先在走出森林，来到非洲中部平原时，开始了直立行走。这解放了他们的双手，让他们得以制作工具，并提高了他们的智商。19 世纪大多数进化心理学家只是简单地认为，进化会稳步地将精神活动推到新的阶段。海克尔在生物学领域宣扬的发展的进化模式由于这些人的工作而得到了拓展。达尔文在这一领域的重要信徒乔治·约翰·罗马尼斯（George John Romanes）写了一系列关于动物和人类精神力量的书，试图还原新精神能力一步步增长的确切顺序。他主张重演说，将人类儿童精神的发展视为整个动物生命进化的模型。19 世纪末的化石发现挑战了这种线性进化模式（Bowler, 1986），对该世纪晚期的思想产生了深远的影响。最终，西格蒙德·弗洛伊德（Sigmund Freud）将彻底颠覆这一理论。他认识到，隐藏在潜意识中的动物本能，往往过于强大，可能超出了表面的理性思维的控制范围（Sulloway, 1979）。

达尔文主义的复兴

在 1900 年前后的几十年里，大多数生物学家仍然是进化论者，但他们相信达尔文主义已经消亡。然而，生命科学的新发展正在挑战 19 世纪晚期进化论建立的基础。为了将自己的地位提升为专业科学家，许多生物学家开始进行实验，并开始鄙视那些试图重现地球生命发展史的比较解剖学家和古生物学家。这一转向的成果之一是，一个有关遗传和变异的研究项目得以诞生，它将为现代遗传学奠定基础（见第 8 章）。遗传学家否定了拉马克理论和所谓的发展趋势，而正是后一理论支持着重演说。他们逐渐削弱了新拉马克主义的支持力量，事后我们还将看到，这为达尔文自然选择理论的复兴铺平了道路。然而，第一批遗传学家对达尔文主义的关注并不比对拉马克主义的更多。他们认为是大的基因变异创造了新物种，这一过程不需要自然选择。达尔文革命的最后阶段开始于一个复杂的调和过程，遗传学家由此认识到，要解释种群中优良基因的积累，自然选择确实是必要的。事实证明，尽管整整一代生物学家都反对达尔文的理论，但他终究是对的。

第一步是由生物学家迈出的，他们确信遗传严格地决定了生物体的性状。环境的影响无法改变孩子从父母那里继承下来的特征。在德国，奥古斯特·魏斯曼（August Weismann）提出了一种"种质"假说，种质负责将性状一代代地传下去。他认为种质与身体的其他部分是分离的，拉马克理论由此失效。魏斯曼坚持认为，自然选择是环境影响性状传递的唯一方式。在英国，统计学家卡尔·皮尔逊（Karl Pearson）也采纳了类似的观点，试图检测自然选择对野生种群变异的影响（图 6.8）。他的观点颇受争议，他对选择理论的支持让他树敌众多，并使他与那些遗传学的奠基人疏远。在他看来，正如达尔文设想的那样，进化是一个缓慢的、渐进的过程，然而这正是建立孟德尔遗传学的生物学家们正在挑战的观点。

一些生物学家正在"重新发现"孟德尔长期被忽视的遗传规律，他们正在探索另一种跳跃式或突变式的进化论。威廉·贝特森（William Bateson）创造了"遗传学"一词，并为孟德尔的论文提供了第一个英文译本。在 19 世纪 90 年代，他公开反对达尔文主义。他坚持认为，对物种内部变异的研究表明，物种内部特殊的变异是由突变突然造成的，而不是渐进的适应性变化的结果。首先注意到孟德尔论文的生物学家之一、荷兰植物学家胡戈·德弗里斯（Hugo De Vries）提出了"突变理论"，该理论的基础是月见草突然出现的新品种。托马斯·亨特·摩尔根（Thomas Hunt Morgan）最终确定了突变的真正本质，他一开始是德弗里斯理论的支持者，也是达尔文主义的强烈反对者。生物学家被他们在孟德尔定律中发现的基因模型所吸引，因为他们愿意赞同这样的观念，即新性状是由分散的遗传单元决定的。他们似乎很自然地接受了这样一种理论，即所有的遗传性状都被视为代代相传的分散、固定的遗传单位的产物。事实上，孟德尔已经找到了这些遗传单元（后来它被称为基因）传递所遵循的法则。孟德尔论文发表 30 多年之后的 1900 年，当德弗里斯等人偶然读到他的论文时，他的成果被誉为对最新思想的非凡预测。

毫不奇怪，早期孟德尔派把他们的理论视为达尔文主义的替代品，而皮尔逊则认为遗传学家的模型与他在许多野生种群中发现的连续的变异范围不相符，因而反对这种模型。生物学家花了

20 年的时间才在这两个观点之间架起一座桥梁，他们意识到双方都只关注了问题的一个方面。与此同时，摩尔根对真正的遗传突变的研究表明，德弗里斯的大规模突变理论并没有反映出新遗传性状通常产生的方式（事实上，月见草是一种杂交品种，德弗里斯观察到的"新"形态并不代表真正的突变）。基因通常不会在代际遗传时发生改变，但摩尔根和他的团队发现，时不时地会有一些东西改变基因，使其编码出不同的性状。大的突变是有害的，往往是致命的，但还有许多较小的突变，随着它们的携带者与种群中的其他成员交配，新基因被遗传给了后代。到 1920 年，摩尔根已经意识到基因突变为物种的遗传变异，甚至开始承认，类似于自然选择的效应将决定哪些突变将在种群中传播。如果一个突变基因产生的新性状能够更好地适应新环境，携带该突变基因的生物体将更容易繁衍，而下一代中将存在更多携带该基因的生物体。相反，产生有害性状的基因将被逐渐消除。因此，突变成了达尔文所假设的随机变异的最终来源。

人们还认识到，由于许多性状可能受到多个基因的影响，变异的基因模型与皮尔逊等达尔文主义者观察到的连续的变异范围是相容的。一门新的种群遗传学出现了，它的任务是研究基因如何维持种群的多样性，自然选择如何改变变异的范围（Provine，1971）。在英国，罗纳德·艾尔默·费希尔（Ronald Aylmer Fisher）于 1930 年发表了《自然选择的遗传理论》（*Genetical Theory of Natural Selection*）。他认为，所有的进化都是经由自然选择对大种群的缓慢作用发生的。J. B. S. 霍尔丹（J. B. S. Haldane）也为这一理论做了贡献，但他意识到，当基因具有重要的适应性优势时，这一过程可能比费希尔设想的要快得多。在美国，休厄尔·赖特（Sewall Wright）利用来自人工选择的不同模型证明，当一个物种被分割成数个亚种群，且各亚种群之间只偶尔交配时，自然选择的效果最好。1937 年，费奥多西·多布然斯基（Theodosius Dobzhansky）的《遗传学与物种起源》（*Genetics and the Origin of Species*）将赖特的数学公式转换成了田野博物学家能够理解的术语，这时达尔文主义终于准备作为进化论的主导模式而复兴了。

像恩斯特·迈尔这样的田野博物学家现在开始为新达尔文主义做贡献。事实上，迈尔自那以后一直坚持，他和他的同事在了解遗传理论之前，就已经在寻找一种更偏向自然选择理论的模型（Mayr and Provine 1980）。1942 年，托马斯·赫胥黎的孙子、英国博物学家朱利安·赫胥黎发表了《进化：现代综合论》（Evolution：The Modern Synthesis）一书，这一理论被称为"现代综合论"或"进化综合论"。参与理论建构的人，以及后一代历史学家，一直在争论这个理论究竟综合了什么。它是综合了自然选择理论和遗传学，还是由于非达尔文主义竞争者的消失，统一了先前生物研究中敌对的各领域？为什么这种综合论在英美科学界比在其他地方更常见？这是否反映了这样一个事实，即与英美相比，在法国和德国，即便是遗传学也没有获得如此决定性的发展？阿蒙森和鲁普克经过修正的解释是，英国和美国的综合研究排除了形式主义观点的要素，而这些要素现在必须在进化发展生物学（evo-devo）的研究中重新发现。如果达尔文主义和形式主义出现新的综合，历史学家就必须重新考虑他们对选择理论的关注点，并承认非达尔文主义传统并非只是一条死胡同。

结论

　　《物种起源》的出版引发了达尔文革命，这个一度流行的观点
不再是无懈可击的。历史学家已经证明，对神创论的挑战早在达
尔文的作品发表之前就已经存在了，设计论也可以被建构得更复
杂，以便适应生命随时间流逝而发展的观点。《创造的自然史的痕
迹》出版后，进化论的基本观点被广泛讨论，人们有时将达尔文
的理论理解为对钱伯斯的进步观的支持。对那些赞同赫胥黎的科
学自然主义的科学家而言，达尔文更唯物主义的理论为他们提供
了契机，但最终，人们要到 20 世纪才能理解自然选择理论最根本
的含义。事实证明，独创的达尔文革命只不过是现存世界观的一
次转变，此前人们相信进步是天意或自然法则的产物，此后进步
被视为进化的结果。现代生物学家眼中达尔文最具原创性的观点，
只不过震撼了读者，让他们接受了一般意义上的进化观念——他
们最终也没有认真对待自然选择理论。孟德尔遗传学的出现带来
了第二次革命，它摧毁了扭曲达尔文学说的进化论的发展观点，
完成了向现代达尔文主义的转变。

　　当然，在某种意义上，革命还没有结束。现代综合进化论的
支持者并不掩饰他们的理论给传统信仰制造的困境。作为回应，
在 20 世纪 20 年代首次出现的正统基督教反对派再次兴起。许多
传统的信徒，尤其是美国的信徒，只是彻底地拒绝现代进化论，
并依然主张神创论。如果说达尔文革命在科学领域已经完成，那
么在改变大众观念方面还有很长的路要走。

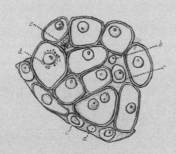

第 7 章

新生物学

现代形式的生物科学诞生于 19 世纪，"生物学"这一术语也是在这一时期开始广泛使用的（Coleman，1971）。在此之前，研究生命科学的是博物学家和掌握解剖学与生理学的医生。因为要寻找可入药的植物等原因，解剖学和生理学领域颇有关联。然而在 19 世纪，人们决心把对生物的研究发展为一门与物理学地位相当的科学。生物研究不再满足于收集国内乃至全球范围内的各种物种，并将它们分类。生物学家希望了解不同生命形式详细的内在结构，而且他们越来越多地从个体胚胎层面和地球生命进化的层面研究这些结构是如何建立起来的。博物学被比较解剖学和胚胎学取代，有时候这二者也被统称为"形态学"（研究形态和结构的学科）。这种科学在解剖室或实验室中展开，使用更复杂的显微镜和更先进的分析技术。在创立致力于生命科学的职业学术共同体的过程中，传统的田野调查被边缘化了。

对活体组织结构的详细研究，指示了细胞理论的研究方法，并且让生物学家对生命本质的认识发生了重大转变。所有生命结构都由细胞组成，且发挥着独特的功能，这样的观点开创了新的方法，使生物学家们得以在化学的层面上研究这些功能是如何运转起来的。它还证明卵子与精子结合而成的受精卵是胚胎发育的基础，并由此改变了生殖研究的面貌。然而，所有这些科学越来越倾向于遵循来自实验生理学的研究模式。医生们一直接受解剖学（研究身体结构的学科）方面的训练，使用关于身体各部分如何运作的理论——这类研究在 18 世纪开始被称为 "生理学"。但是在 19 世纪，因为实验研究方法的使用，生理学学科发生了改变，并形成了理解人体运行方式的新理论框架。当时，新理论被认为有助于医学研究，因为一个人越了解人体的正常功能，就越能理解为何身体会出问题。然而，早期的生理学家是在医学教育的框架内工作的，现在生理学本身就成了一门科学学科，驻扎在大学的科学院系和医学院之中（关于下文所述的生物学家研究，参见：Nordenskiöld，1946，该研究方法已经过时，但仍然翔实有用）。

　　一般认为，这种变化与在生命科学领域引入实验研究方法有关。这些实验之中包括活体解剖——因科学目的而对活生生的动物进行解剖。古代医学也有运用一些实验手段，如威廉·哈维的血液循环理论就部分使用了活体动物实验提供的证据。但是在 19 世纪，活体解剖成为了解身体功能的常用手段。解剖学家可以通过解剖尸体来研究构造，但是要研究身体的功能，则需要对活体正在运作的功能进行可控的干涉。这引发了道德问题，并进一步对科学发展的方式产生了重大影响，但是生理学家坚称：为了更好地了解乃至治愈人类疾病，让动物承受有限的痛苦是很有必要的。

　　现今实验室成了科学的生理学的研究中心，而且形态学也尽可能紧密地与实验模式相联系。这一研究方向的早期发展多数发生在法国和德国。在 19 世纪 70 年代，当赫胥黎和他的学生开始在英国创立现代的 "生物学"（借用了 20 世纪初引进的术语）学科时，他们试图将生理学和形态学作为这门实验室科学的两大基础，从而将其与传统的博物学区分开来（Caron，1988）。然而，生理学更多地决定了这门新科学的面貌：仅仅描述动物的尸体是不够的，这不足以理解活着的机体实际上是如何运转的。到 19 世纪末，为了追随生理学进入实验领域，生命科学的许多领域都出现了"对形态学的反叛"（Allen，1975）。

实验研究方法的应用让有关生命性质和机体运行的新理论得以诞生，在今天看来，这些理论都是理所当然的。哈维发现了血液循环，改变了医生对解剖学的理解，也降低了中世纪传统生理学的可信度。然而它并没有立即改变中世纪的某些疗法，比如以旧体系思维为基础的放血。这部分是因为新的生理学体系没有建立起来，人们未能完全理解机体在呼吸和消化过程中如何发挥作用。人们在确定不同组织的功能方面取得了一些重要进步，但仍然不了解它们如何起作用。创建新生理科学的努力还由于化学知识的匮乏而受阻，在拉瓦锡的"化学革命"之后、有机化学开始起步的 19 世纪，现代生理学才得以出现，这并非偶然。（有机化学研究的是复杂的碳化合物，其中包括组成生命体的物质。）拉瓦锡自己迈出了第一步，他提出人体将空气中的氧吸收到血液中，并在氧中"燃烧"来自食物的化学物质。拉瓦锡的假设构成了 19 世纪一系列研究项目的基础，其中许多被视为现代生物学的基石。

除了实验主义的影响之外，大多数传统的生理学史都关注有关生命本质问题的重大理论争论。一直到 17 世纪，医生都追随着古代哲学家的脚步，认为人的肉体因为注入了非物质的灵魂或活力而有生气。机械论哲学促进了唯物主义的复兴，这一理论宣称活体（暗指人体）只不过是由物理力驱动的复杂物质结构（参见第 2 章）。由于这一时期的化学学科并不成熟，还不能将原子、分子的活动与机体复杂的功能有效地联系在一起，这种唯物主义方法的进一步发展受到了阻碍。19 世纪生理学发展的过程中，尽管一些杰出的科学家站出来抵制将生命贬低为一系列物理过程的潮流，唯物主义仍然在稳定前进。"活力论"的消失通常被视为现代生命科学崛起过程中的一大观念进步，不过晚近的历史观点不再这么非黑即白了。反对唯物主义的生物学家通常有对他们而言很合理的理由，他们相信生命不仅仅是物质活动，恰恰是受到这种信念的激励，他们中的一些人做出了重要的贡献。在 20 世纪早期，霍尔丹等著名的生理学家反对愚蠢的还原唯物主义，当然他们也不打算复兴某些旧观念，如活力通过近乎超自然的方式被注入物质世界。一些生物学家认识到，有必要把机体的运行视为复杂系统的功能，这些现象不能通过把它们还原到分子水平来解释。这就是机体论或整体论哲学，主张整体大于各部分的总和，并能展现出更高级的功能，尽管每个部分的运作仅受物理定律的支配。

　　本章将选择性地概述现代生命科学建立过程中的一些关键发展，简要地描述形态学的兴起，并将其与我们对进化论等科学学科的研究相联系。接着我们将关注机体组织和细胞理论相关知识的扩展。而后，我们会转向生理学，以及人们为揭示"动物机器"基本功能的运行方式（如呼吸与消化）而做出的努力。实验方法和新唯物主义在定义新科学的根本精神方面的作用将成为贯穿整个故事的主题。

组织构造研究

18 世纪博物学家对外来物种的认识有了很大的扩展，人们重点关注如何对多样的生物进行分类，林奈的作品就是一个很好的例子（参见第 6 章）。19 世纪初人们希望将分类活动置于更"科学"的基础上，这推动了乔治·居维叶等人提出新观念，即生物的真实性质及其在自然规划中的地位，只能由其内在结构决定（Coleman，1964）。比较解剖学成了技术含量更高的新博物学的关键组成部分。收集者仍然在荒野中寻找新物种，研究的地点却已经转移到了大型博物馆或大学院系的实验室中，在这里人们对寄回都市的标本进行了更精细的解剖（图 7.1）。居维叶和他杰出的对手若弗鲁瓦·圣伊莱尔都在巴黎的自然历史博物馆工作，来自皇家外科医学院博物馆的理查德·欧文成了英国形态学的领军人物（Appel，1987；Rupke，1993）。然而，在 19 世纪后半叶，形态学在动物学中变得越来越基础，有时也会与医学重合（关于形态学在德国的体制化，参见：Nyhart，1995）。植物学中也出现了类似的趋势，对植物结构与功能的细致研究取代了旧式的传统分类研究法。

居维叶及其同代人将分类学从在野外实地研究自然的博物学家的手中拿走，带到了实验室或解剖室等可精细控制的环境中，进而对分类学进行了一场革命。野外研究的古老传统在达尔文的"比格尔号"研究日志中仍然可见，但事实上它正在被边缘化，随后，人们对生物如何在野外生存的问题失去了兴趣。直到 19 世纪末生态学的崛起，人们才再次提起了对这一问题的兴趣。达尔文本人花了数年时间解剖了大量的藤壶，并由于发表了首个关于这一种群的重要研究，为自己赢得了生物学家之名。但即便在这一

图 7.1　巴黎医学院比较解剖学陈列室，创建于 1845 年。这个陈列室主要是一个研究中心，研究者在这里比较各种骨骼结构的细微差异，而自然历史博物馆的类似藏品，还被用来向公众展示来自世界各地的奇异标本

领域达尔文也已经过时了：他只是用一个简单的放大镜在家里进行研究。而到这个世纪中叶，人们在研究其他种群的类似工作中，已经在使用当时最为精致的显微镜、解剖工具和染色药剂，并且研究通常在博物馆或大学专门建立的实验室中进行。

　　分类仍然是理解生物体内部结构的主要目的，但它现在已经成为新生的形态学（研究形态的科学）的一部分。居维叶认为，要理解动物的结构，就需要知道各个器官的功能，但这些器官在生物的生命中发挥的实际作用往往被忽视。后来的评论家指责形态学家对生物尸体的兴趣比对活体的大。此后出现了关于形态与功能的相对意义的进一步争论，许多形态学家赞同若弗鲁瓦·圣伊莱尔的观点，主张存在"形态的法则"，它们决定了各种可能的结构，独立于实际功能之外（Russell，1916）。就是在这样的传统中，在 19 世纪末"达尔文主义的衰落期"，非适应性进化思想取代自然选择理论，开始兴盛（参见第 6 章）。像恩斯特·海克尔这样的形态学家对进化论表示欢迎，因为它让他们得以主张，他们发现的不同生命形态之间的关系是真实的，也就是说，这些生命形态是系谱经过自然的过程发展出来的结果，而非造物主设计出来的模式。达尔文更仔细地研究了动物在野外如何活动，包括它们如何受到气候变化或敌对物种入侵的影响。然而，对这些研究成果，形态学家们并不认同。相反，他们更愿意将进化视为由内

图 7.2　1889 年，那不勒斯的动物学研究站，安东·多恩（Anton Dohrn）在显微镜前工作（经档案馆许可转载）。这一时期，在努力重建地球生命史的过程中，用显微镜观察"原初"生物及其胚胎发育是常规手段。海洋生物站让生物学家能够使用最好的设备研究活体标本，如多恩在这里使用的显微镜。然而，值得注意的是，在生命之树具体结构的问题上，多恩与海克尔发生了争执，他们各自提出的证据无法解决他们之间的分歧

在生物力量驱动的有序模式的展开（Bowler，1996）。

为理解生命是如何进化的，形态学家转向了比较胚胎学研究（图 7.2）。用海克尔的术语来说，个体发生（生物个体的发育）重演了系统发生（物种的进化史）。事实上，胚胎学在 19 世纪初取得了巨大的进展。旧式的先成论主张，胚胎只是受精卵中先前已经形成的微小模型的简单扩大。这一理论被更复杂的后成论取代，后者主张，最初形态非常简单，受精卵经过一系列复杂的转变，逐渐发展出了生物体的各种结构。卡尔·恩斯特·冯·贝尔（Carl Ernst von Baer）曾发现了真正的哺乳动物卵子，1828 年，他展示了主要生物种群中的个体如何经历独特的分化过程，由此代表该种群特征的特化器官得以形成。并不存在单一的发展的阶梯，正如达尔文在进化论中主张的那样，我们最好将动物界的历史理解为有分叉的树。然而值得一提的是，海克尔通过赋予生命之树一根通往人类的主干，颠覆了这一理论。但是在一个方面，海克尔利用了从微观层面研究生命体结构的最新成果，并将它作为综合胚胎学和进化论的基础。他成功追踪了个体发生（也暗示了系统发生）的过程，生命个体从单一的受精卵分裂、再分裂，经过一个复杂的分化过程，最终形成一个球形体腔，这是胚胎形成的基础（图 7.3）。这一研究强调受精卵是发展基础，它将为后来的魏斯曼等人提供理论基础；这些人主要研究的是细胞核染色体将父母的遗传信息传递给后代的过程（参见第 8 章）。

细胞是生命的基本单位，所有较大的生物体都是由细胞组成的，这样的观点是与胚胎学的这些发展同时出现的。罗伯特·胡克等早期的显微镜工作者都曾在植物组织当中观察到细胞的存在，但是其性质与功能却一直是个谜。直到 19 世纪，改进的显微镜才

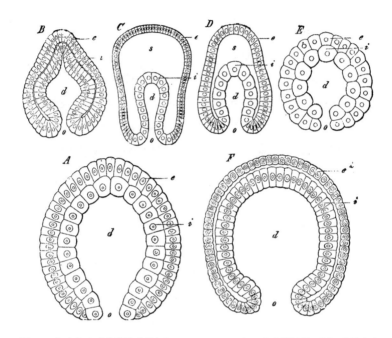

图 7.3　海克尔在《人类的进化》（*Evolution of Man*）一书中描绘的不同生物体发育早期的"原肠胚"阶段。第二行左边是原始植形动物的原肠胚，右边为人类的。应该注意海克尔描绘构成这一阶段的胚胎的两个细胞层的方式。他认为中空的原肠胚代表了整个动物界的早期共同祖先

让人们能够对组织结构进行更精细的分析。1847 年，德国植物学家马塞尔斯·雅各布·施莱登（Mathias Jakob Schleiden）与动物学家特奥多尔·施旺（Theodor Schwann）发表了他们的"细胞理论"，提出细胞是所有活体组织的基本构成单位（图 7.4）。然而他们在细胞是如何形成的问题上意见不一。施莱登认为新细胞诞生于旧细胞之中，它在新形成的细胞核周围结晶，最终形成新细胞。施旺则认为，它们产生于现存细胞周围的无特征物质。于是在这一点上，人们可能会以不同的方式理解细胞理论。但在 1855

年，另一位德国胚胎学家罗伯特·雷马克（Robert Remak）证明：在生长的早期，细胞是通过一个开始于细胞核的分裂过程形成的。1858 年，鲁道夫·菲尔绍（Rudolf Virchow）在《细胞病理学》（*Die Cellularpathologie*）中提出了细胞理论的最终版本：细胞是所有生命的基本单位，而且所有新细胞都只能通过现有细胞的分裂产生——"每一个细胞都来自另一个细胞"。对菲尔绍而言，后一观点在为活力论辩护中起到关键作用。在活力论哲学中，生物是被某种高于物质世界的力量所驱动的。只有生命可以产生生命，而活组织产生于无机化学物质的自然发生理论就必然不成立。保守派思想家通常反对自然发生说，而菲尔绍的哲学观和政治观都偏向保守派。一项历史研究证明，菲尔绍主张身体是由特化的细胞组成的统一有序的整体，这一观点受到他的政治观点的启发，他期待这样一种政治制度，在有序的社会中，每个个体都能找到

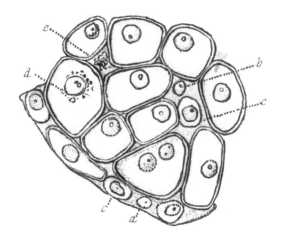

图 7.4　显微镜下的植物结构，展示了细胞及其细胞核，来自特奥多尔·施旺的《显微镜研究》（*Microscopical Researches*，伦敦，1847），第 27 页。施旺证明，所有动物和植物的组织都是由细胞组成的，细胞是生命的基本单位

自己生活的真正目的（Ackerknecht，1953）。

　　然而这并不是对活力论的唯一解释。其他生物学家关注细胞内部的液体物质，而在很大程度上忽略了细胞核，当时人们对细胞核的功能知之甚少。在 19 世纪 40 年代，扬·普尔基涅（Jan Purkinje）与胡戈·冯·莫尔（Hugo von Mohl）将这些物质定义为"原生质"，并提出原生质是生命的基本物质。在这个模型中，细胞的重要性仅仅在于，它的细胞壁将原生质与外界环境相隔离，是原生质本身的活性使生命成为可能。或许更重要的是，这种对原生质物质实体而非细胞的有序结构的关注，鼓励了唯物主义生命观的发展。如果人们能够期待，原生质维持生命的过程最终能用化学进行解释，那么特殊活力说就没有存在的必要了。1868 年，赫胥黎在其广为流传的文章《生命的物质基础》（"The Physical Basis of Life"）中就传递了这样的信息。六年之后，赫胥黎在一次题为"关于动物是自动机的假设及其历史"的演讲中，强调了他本质上的唯物主义观点。笛卡儿最初主张动物不过是机器，在演讲中，赫胥黎追溯了 19 世纪唯物主义与这一观点的连续性（Huxley，1893）。这一层面的争论中，形态学家和生理学家之间存在着真正互动。前者研究细胞是如何构成更大的有机体的，后者当时正运用实验方法来研究维持生命的过程。

生物体的功能

　　威廉·哈维于 1628 年提出的血液循环理论有时被视为现代生理学的基础。这一发现否定了古罗马医生盖伦提出的关于人体

运作的传统理论，但它本身并没能解释血液为什么要先通过肺部，
然后再流经身体的其他部位。也许正因为如此，它对实际的医学
实践几乎没什么影响。不过哈维的理论的确推动了进一步研究，
如显微镜学家马尔切罗·马尔皮基（Marcello Malpighi）发现了
肌肉中将动脉与静脉相连的毛细血管。然而笛卡儿关于动物可以
被理解为复杂机器的理论，则不足以成为严肃的研究传统的基础。
心脏或许可以被比作泵，但是什么为它和人体中的其他肌肉提供
动力，消化和呼吸起到什么作用都还是未知数。那个时代的化学
还不能为理解这些过程提供有效的方法。不过在 18 世纪，研究动
物体和人体运作的生理学开始作为一门显眼的学科，出现在大学
的医学院系中。最活跃的是瑞士生物学家阿尔布雷希特·冯·哈
勒（Albrecht von Haller），他的《人体生理学纲要》（*Elementa
physiologiae corporis humani*）是早期的研究著作。哈勒最广为人
知的成果是，他确定了人体中应激性（触碰时会收缩）和敏感性
（通过神经将感觉传递到大脑）部位之间的区别。但是哈勒的生理
学在某种程度上仍然只是一种更具活力的解剖学：它试图更细致
地确定身体各部分的功能，但仍然没能真正解释这些功能是如何
运作的（参见第 19 章，生理学史的概述参见：Hall，1969）。

　　一些历史学家也会将同样的理论用在马里·弗朗索瓦·格扎
维埃·比沙（Marie Francois Xavier Bichat）身上。1801 年，比
沙发表了《普通解剖学》（*Anatomie générale*），阐释了更为复杂
的组织学说。如果如米歇尔·福柯所言，18 世纪和 19 世纪的思
想之间存在巨大的差异，那么比沙对重要功能进行分类，并将每
一种功能与运行它的特定身体组织相联系的努力，更符合 18 世纪
的模式（Albury，1977）。传统上，比沙被视为典型的活力论者。

在比沙看来，这些重要机能是阻挡外部世界摧毁生命的力量的总和——这也是为什么人死后尸体会快速腐化。每个组织都有各自的重要机能，如敏感性和应激性，这些机能的存在可以从事实中观察到，是不证自明的。这些组织器官功能十足的多样性意味着，活力不是由物理世界的机械论和可预测的法则支配的。为让生理学更具科学性，这些独特的力量需要被识别、分类，并定位到人体中，这种研究方法的魅力可以与 18 世纪的生物种类分类学相媲美。如果只强调比沙这一方面的观念，那么他的方法与下一代科学家的方法之间的确存在鸿沟——以弗朗索瓦·马让迪（François Magendie）为代表的下一代科学家通过冰冷的实验技术研究机体功能的运行。然而，比沙也是活体解剖的先驱，因此也是实验生理学的奠基人之一。或许如约翰·E. 莱施（John E. Lesch）所言，比沙的研究有两个侧面，一边是医学一边是手术。这一时期的生理学要在法国革命政府创造的学术环境中树立自己的地位，而且在一定程度上别扭地夹在医学、手术和自然科学之间。

另一方面，比沙非常了解相关科学领域最新的研究成果。1777 年，化学家拉瓦锡提出他的氧化理论能够用来解释"体温"现象。动物体之所以是温热的，是因为食物中的物质在肺部进行着类似于燃烧的化学过程。在 18 世纪 80 年代，拉瓦锡和物理学家皮埃尔－西蒙·拉普拉斯合作，使用冰量热计来测量，证明燃烧与呼吸产生的热量大概是一致的。这里有唯物主义方法被直接运用到了生理学之中：现在似乎用纯粹的物理术语就可以解释主要的生命机能。比沙很清楚这一理论，并主张对该理论进行修正，他假设氧化发生在人体组织中而非肺部，血液则负责将氧气与食物输送到组织。但是他仍然坚信，许多其他的重要机能不能被简化为物理过程。从这个意义上来说，拉瓦锡为 19 世纪活力论者与机械论者之间的争论搭好了舞台，在这场争论中一些人会支持比沙，而另外的一些人将主张所有的生命机能最终都可以简化为物理过程。不过，比沙本人的观点提醒我们注意所讨论的问题的复杂性：活力论者不能被贬低为希望在科学中保留神秘或精神作用的落后的思想家。

　　19 世纪的这场争论主要发生在法国和德国的生理学实验室中，英国的研究还远远落后于欧洲大陆。长期以来一直存在这样一种假设，即 19 世纪早期，德国生物学受到反机械论和浪漫主义自然哲学的神秘观点的深刻影响。但是正如勒努瓦（Lenoir，1982）所言，自然哲学的影响被夸大了。大部分的德国生物学应该说是目的机械论的：它假设机体遵循类似规律的原则，而这些原则的运行是为了维持生命。如果假设机体运行中存在物理化学过程，那么对活体生物进行实验就是可行的了。尤斯图斯·冯·李比希（Justus von Liebig）建立的化学研究学派为新生物学提供了一个重要模式（Brock，1997）。1824 年李比希被聘任为吉森大学的教授，并在那里建立了化学研究所。这里吸引了来自全欧洲的学生，他们在这里接受了李比希的观念——以实验室为基础的实验对有机化学与动物化学研究非常重要。研究所的格言是"上帝按照重量与尺寸安排好了他所有的造物"。为符合实验哲学的新定量研究方法，李比希强调精确测量与分析的重要性。他将生物的机能视为体内化学和物理过程的结果，并援引了改进版的拉瓦锡呼吸理论来解释体温。1842 年，他在著作《动物化学》（*Animal Chemistry*）中概述了定量研究的目标，即一方面仔细检测人体或动物体吸收了什么，另一方面检测它们产生了什么，实际上，李比希是试图通过消化和呼吸等生理过程来解释人体的能量来源问题。李比希相信蛋白质的降解能解释肌肉的活动，而糖类和脂肪的氧化只会产生热，这些理论很快被抛弃了。尽管李比希拒绝放弃活力论哲学，他无疑启发了后来的生理学家。像比沙一样，他似乎认为存在着抵抗腐败的活力。但是他假设这些力量是有规律的，并且与物理和化学定律相协调。它们本质上不是变化无常的，与灵魂或心灵没什么相似性。实际上，他在思考活力是可以与其他形式的能量进行转换的。

在推动生物学新方法发展的过程中，影响力最大的团体之一是柏林的约翰内斯·缪勒（Johannes Müller）领导的学术团体。缪勒最初受到自然哲学神秘主义的影响，后来转向精细的观察和实验，致力于形态学和生理学研究。在查尔斯·贝尔（Charles Bell）和弗朗索瓦·马让迪（下文将讨论）研究的基础上，缪勒在感觉神经和运动神经研究方面做出了重要贡献。他提出感觉神经特殊能力说，即某一感觉神经不论受到怎样的刺激，都只能产生某种特定的感觉。尽管缪勒崇尚观察，但由于早年受到神秘主义方法的影响，缪勒秉持着比李比希正统得多的活力论。他相信，有生命的身体由一种创造性的力量控制，这种力量生出的身体结构带有目的性，各种物种的总和反映着神圣的宇宙计划。

缪勒的三个学生并不赞成活力论，他们帮助创立了 19 世纪生物学中最具影响力的唯物主义流派。他们是赫尔曼·冯·亥姆霍兹、卡尔·路德维希和埃米尔·杜·博伊斯·雷蒙德。唯物主义学派与自由主义政治原则联系紧密，因此对浪漫主义的反叛也被视为对保守意识形态的挑战。1847 年，唯物主义学派的运动兴起，第二年革命就震动了整个欧洲，这并非巧合。唯物主义既是对仍然活跃在缪勒活力论中的自然哲学神秘主义的反叛，也是经过全新实验技术证实的结果。他们见证了物理和化学领域的进步，于是猜想建立在类似原则基础上的研究计划，也将同样影响生物学。他们成就显著：雷蒙德研究了神经活动的电本质；亥姆霍兹也曾研究神经，并且事实上建立了生理光学，后来他转向物理学，并成了能量守恒定律的发现者之一。事实上，唯物主义者将动物体视为一台机器，它的运行遵循这一法则：不存在只与生命相关的特定形式的活力。这和托马斯·亨利·赫胥黎在《生命的物质基础》中表述的观点一致，不过赫胥黎将细胞内的原生质视为关键生物化学过程进行的原点。

　　需要指出的是，尽管唯物主义还原论在 19 世纪科学哲学的讨论中占据重要位置，但要践行这些主义实在困难重重，超出其早期支持者的想象。人们一度认为，1828 年弗里德里希·维勒（Friedrich Wöhler）合成人工尿素，宣告了活力论的死亡。此前，尿素被认为只能是机体活动的副产物，现在它由纯无机原料合成，这确定无疑地告诉人们活力不是必需的。然而，历史学家进一步研究了人们对维勒成果的接受程度，证明当时人们并不认为尿素的合成具有如此深远的影响（Brooke，1968）。单一经典实验推翻了活力论哲学，这整个故事被证明只是传说。活力论至少继续影响着下一代的大多数生物学家。即便能用动物做实验，研究生理过程运作的细节，也不是一件容易的事情。法国的实验者采用了更灵活的方法来研究机体的功能，他们或许为科学生理学的创建做出了更实质性的贡献。

实验方法

尽管德国学派是基于系统观察和实验创立的，但是其中一些代表人物却没法拿活生生的动物做实验。缪勒原先就是如此，但后来他意识到没有活体解剖，生理学根本没法进步，于是他转向比较解剖学（赫胥黎也是出于同样的原因成为解剖学家的）。为了观察机体功能，研究者必须以可控的方式对活体进行干预，并观察结果（见图7.5）。如前文所述，比沙在19世纪初期就对活体进行了解剖，我们既可以从他对实验生理学的贡献方面，也可以从他的活力论方面追寻他的遗产。19世纪早期，马让迪继比沙之后，成为实验生理学的领军人物，他在实验中无视动物的痛苦，以"残暴的解剖者"闻名。马让迪是贝－马定律的共同发现者。这一定律是指，脊神经前根只包含运动纤维，而脊神经后根只包含感觉纤维。值得注意的是，苏格兰解剖学家查尔斯·贝尔爵士曾基于1811年的单一实验提出这一假想，但是他不愿意进行进一步的活体解剖，因此未能跟进这一发现。10年后，当马让迪着手研究这一问题时，他用活体动物做了一系列的实验，最终为这一定律奠定了坚实的基础（Lesch，1984，175—179）。

马让迪的科学生理学研究计划依赖实验技术的应用，而不是出于对唯物主义的哲学信仰。他采用实验方法，尽可能用物理过程解释机体的运作，他批评比沙，因为后者的理论过于强调活力。但是在研究初期，他似乎也认为唯物主义的解释力量有限，神经中发生的真实过程不太可能从完全物理的角度来解释。然而，在生物学家未能提出机体运动遵循的法则时，活力也不应该在科学中发挥作用。这种观点被称为"活力唯物主义"，它反对德国学派

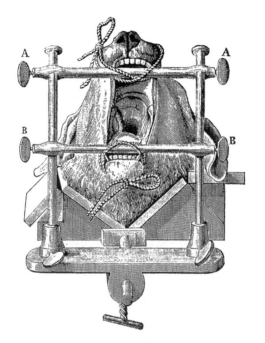

图 7.5　在对狗的唾液腺或颈部神经进行活体解剖实验时，用于固定其头部的装置，来自克洛德·贝尔纳（Claude Bernard）《实验生理学》（*Leçons de physiologie opératoire*，1879），第 137 页。活体解剖，或活体动物实验，被认为是理解机体运作必不可少的步骤。科学家对动物实验对象所遭受的痛苦漠不关心，这让许多非科学家非常愤怒，反活体解剖运动成了公众早期反对科学的焦点。弗朗西丝·鲍尔·科布（Frances Power Cobbe）在一本反对活体解剖的小册子《黑暗中的光明》（*Light in Dark Places*）中复制了这张图片。这本小册子于 1883 年在伦敦出版，由维多利亚街动物活体解剖保护协会和国际完全禁止活体解剖协会联合发行

死板的机械唯物主义观念；它尽可能地推动唯物主义方法的发展，而不对肉体是否仅仅受物理过程支配这一问题做出教条的判断。在研究生涯后期，马让迪提出活力只是一种浪漫主义的观念，是为遮掩我们无法理解的过程而找的借口，但是他拒绝通过进一步的研究，明确消除活力论。在马让迪看来，实验方法能确保未来

的工作建立在坚实的事实基础上，但是推测生命的本质并不属于科学研究的范畴。

马让迪在法兰西公学院最出名的学生是克洛德·贝尔纳，他最初是一名实验室助教，后来因为实验技艺娴熟而为人所知。1854 年，贝尔纳成为索邦大学的普通生理学教授，同年成为科学院成员，第二年又成功继任了马让迪在法兰西公学院的位置。贝尔纳主要研究肝脏在维持血糖水平中的作用，胰腺的消化功能，以及一氧化碳和箭毒等毒素的作用。他简化了实验方法和设计，并且成功地让动物存活到实验结束，这让大家深感佩服（Holmes，1974）。他 1865 年出版的《实验医学研究导论》经典地论述了实验在生物学中的作用。

值得注意的是，贝尔纳和马让迪一样，避开了机械论和活力论的争论，他强调把身体视为一个系统，它被设计来维持内部环境，在这个环境中生理功能得以运行。即便所有功能本质上是物理的，但把生理学简化为物理学也是无意义的，因为生命体是一个自动调节的系统，单纯的物理定律不能对此做出解释。实际上，身体大于各部分的总和，它作为统一的整体运行，总体的功能远远超过各个部分功能的总和，这也就是后来人们熟知的整体论或机体论。它在 20 世纪形成了最有影响力的反机械唯物主义思潮。如此复杂的系统是如何形成的，这成了进化论关注的关键问题。值得注意的是，许多生理学家和生物化学家怀疑进化论是否有能力用纯唯物主义方法来解释如此复杂的生物。

但是，总而言之，生理学和生物医学逐渐地转向机械论阵营，尝试用物理和化学来解释各个单一功能。随着研究的进一步发展，能假设存在纯属生命活力的机能的范围越来越窄，这让多数生物学家相信整个活力论研究只会阻碍科学研究的发展。现代生物学是建立在用物理化学理论解释所有身体机能的基础上的，这几乎已经成为共识。20 世纪早期，生物化学作为一门独立学科的出现也推动了这一进程。然而，这么多早期生理学家拒绝信奉唯物主义，后来的研究者则一直努力证实身体是一个有机的整体，这些事情提醒了我们，不要太在意这一哲学争论。在很大程度上，现代生理学是在本质上属于实用主义的世界观下，依靠实验方法的应用而诞生的，它仅仅是追求尽可能扩大自然科学的解释范围。

在后来的发展中，机械论占据了主导地位，对这一过程的历史研究因为涉及的技术问题过于复杂而中断。但一些重要的研究已经表明，理论创新的主要目的并不总是宣扬还原论唯物主义。德裔美国生态学家雅克·洛布（Jacques Loeb）曾因提倡机械论人生观而声名狼藉。菲利普·保利（Philip Pauly）对他的研究显示，洛布是一个实验主义者，但是他仍然惊叹人体"工程"的复杂程度。洛布因 1912 年出版的《生命的机械论基础》（*The Mechanistic Basis of Life*）而引起了大众的关注，但是 4 年后他还写了《作为整体的机体》（*The Organism as a Whole*）。在呼吸研究方面取得重大进步的杰出的英国生理学家 J. S. 霍尔丹，曾公开批判机械论唯物主义，他用身体各部分对整体的依赖性做类比，以支持一种个人从属于社会的意识形态（Sturdy，1988）。同样，在 20 世纪早期的德国，汉斯·德里施（Hans Driesch）等生物学家也曾反对刻板地应用机械论法则。此外，当时社会出现了对 19 世纪机械论的普遍反对，一大批科学家主张整体论的自然观（Harrington，1996）。弗雷德里克·L. 霍姆斯（Frederick L Holmes）曾仔细研究了生物化学家汉斯·克雷布斯（Hans Krebs）发现动物组织中的三羧酸循环（又称

"克雷布斯循环")的过程,结果证明克雷布斯深受机体是一个平衡的整体这一概念的影响。实验主义的研究无疑有助于将非物理力量概念排除出生物学,从而实现唯物主义哲学的抱负。但是许多杰出的实践者仍认为,有机体应该被视作一个结构复杂、整合良好的系统,因而生物学不能仅仅作为物理学的一个分支。

新生物学的体制化

19 世纪早期,形态学在许多欧洲城市的自然历史博物馆中占有一席之地。它渐渐地被纳入大学体系,但常常被归入解剖学(医学系)或博物学之中。在进入博物馆之后,博物学从一个致力于收集和描述各类物种的学科,转变成了具有研究中心的学科,常驻专家在博物馆研究田野工作者送回来的样本,而后者的专业地位远远低于他们(参见第 14 章)。然而,是生理学帮助开创了一门专业化、高技术的学科生物学,从而改变了教育体系。尽管博物学最初紧跟新实验主义进入新世界,但在新学科形成的过程中,它逐渐边缘化,形态学最终也是如此。生理学最初能为自己争取到专业地位,也是因为它强调更加科学地研究生命过程,并给传统的医学教育带来了机遇与挑战。生理学还被通俗作家利用,用来论证更唯物主义的观点。

在法国,新学科建立过程中的问题更明显。马让迪和贝尔纳曾尝试为新生理学创建一个专业中心。尽管马让迪赢得了居维叶和拉普拉斯的支持,但是科学院中依然没有专门的生理学的部门。马让迪和贝尔纳都在法国公学院授课,贝尔纳还与生物学会联系密切，这一学会是由一群支持新科学方法的医生组成的。在德国，迅速扩张的大学系统创建了新科学框架，在其中推动新生物学诞生的机构和意愿得以建立。以李比希的实验室为模型，缪勒和其他人制订的研究计划常常将生理学和形态学联系起来。一个最早将社会学方法应用到科学史之中的研究主张，各个德国大学之间的竞争为这种新兴学科部门的建立创造了极有利的环境。

　　英国在这方面较为落后，部分是因为生理学和唯物主义方法紧密相连，而这一方法与学术精英对自然神论的热情相冲突。"达尔文的斗犬"赫胥黎最公开地主张，将系统的实验室训练作为医学教育的组成部分。随着旧大学的现代化和新大学的建立，建立新学科的计划初见成效，不过关注动物权利的强劲的反活体解剖运动也接踵而来（French，1975，参见图 7.5）。在剑桥，赫胥黎的门徒迈克尔·福斯特（Michael Foster）成为三一学院的讲师，并在 1883 年被任命为大学教授，获得了建立生理学实验室的资源。福斯特的《生理学教科书》（*Textbook of Physiology*，1877）在确立以实验室为基础的医学训练方面发挥了关键作用。赫胥黎在伦敦为高中老师开设了以实验室课程为主的暑期班，他的几位年轻学生担任助教。此时形态学和生理学成了真正的生物科学研究的双生组成部分，"生物学"一词越来越频繁地被使用，形态和功能被视为该学科不可分割的组成部分（Caron，1988）。在美国，19 世纪最后几十年里，研究型大学的迅速扩张为新生物学的发展创造了机会（Rainger, Benson and Maienschein，1988）。约翰·霍普金斯大学成了这一新大学学科的模范，实验生物学在这里蓬勃发展，该校毕业生前往全国各地，创建了新的院系。

反形态学

19 世纪最后几十年，动物生理学已经成了新的实验生物学的范式。与此同时，植物学也有了发展，尤利乌斯·萨克斯（Julius Sachs）等人开始研究植物生理学。在某种程度上，对分类和地理分布的旧式研究因此消退。正如福斯特在英国传播着新动物生理学，威廉·西塞尔顿－戴尔（William Thiselton-Dyer）在英国宣传新型植物学。在这种以实验为基础的研究迅速扩张的过程中，被艾伦（Allen，1975）称为"反形态学"的运动爆发，完成了向生命科学研究的现代框架的转变。尽管缪勒和赫胥黎等先驱曾尝试将对形态的实验研究（以新显微镜技术为基础）与对生命功能的实验研究联系起来，但是后代研究者越来越清楚，形态学本质上还是一种描述性科学。形态学通过研究尸体来阐明它们的进化亲缘关系，但是它不能阐明活体组织结构的运转。类似地，形态学虽然关注比较胚胎学，但它也不能解释在有机体发育的过程中，这些组织结构是如何形成的。晚近的新研究提出一个疑问：这是一次突然的反叛，还是一个渐进的转变过程？无论如何，结果是一样的：描述性生物学被功能研究所取代（Maienschein，1991）。

这个过程的结果之一就是生命科学迅速细分为各个专业化学科。由于它们的开创者希望创立自己的制度框架，这些学科相互之间的交流并不像它们本可以的那样密切。胚胎学家不再将重演说作为研究进化关系的指南，转而支持威廉·鲁（Wilhelm Roux），要求确立发育成因学（*Entwickelungsmechanik*），尝试用物理化学过程来解释胚胎如何发育。这为现代实验胚胎学奠定了基础，不过汉斯·德里施等一些先驱发现，抛弃胚胎发育过程中存在有目的指导性力量这种观念很困难。此外，胚胎学家也关注受精卵的变化发展，这一过程为胚胎发育做好了准备。这方面的研究在染色体理论的出现过程中起到了关键作用，此后基因成了决定有机体未来性状的因素（见第 8 章）。E. B. 威尔逊（E. B. Wilson）等研究者一起创建了细胞学，从细胞层面研究支配生命的过程。同一时期，另一个新型学科"孟德尔遗传学"致力于通过实验研究性状如何在代际之间遗传。尽管摩尔根的基因理论将染色体研究和孟德尔学派的培育实验相联系，但是遗传学与胚胎学已经没什么关系，也很少关注遗传信息如何在有机体发育过程中进行表达。

　　总而言之，实验学科既反对形态学传统，也反对 19 世纪早期就被形态学边缘化的更古老的博物学。分类和还原进化系谱被认为是过时的，甚至复兴的以自然选择的遗传理论为基础的达尔文学说也努力在新生物学中树立自己的地位。不过，实验方法在一个重要的方面复兴了传统博物学研究的主题，并促进了生态学的诞生。博物学家总是对有机体和环境之间的关系充满兴趣；由于适应是自然选择的推动力，达尔文学说也一直保持着对这种关系的兴趣。现在的植物生理学家和动物生理学家从生命体功能与周围环境的关系的角度来思考问题，扩展了实验技术的应用。其中最具影响力的是植物生理学家，如丹麦的尤金纽斯·瓦尔明（Eugenius Warming）和美国的弗雷德里克·克莱门茨（Frederick Clements）（见第 9 章）。但是，生态学既不是一个完备的学科，与 20 世纪早期建立的生物学其他专业学科相比，它又独具特色。创建这一系列的学科，以对各种功能进行实验研究的风潮，以生命科学分裂为一系列独立甚至相互对立的专业团体而告终。

结论

在 19 世纪的进程中，生命科学经历了重大转变，建立起了现代生物学的雏形。博物学已边缘化，不过一些博物学家及业余爱好者仍在分类学和地理分布研究等领域发挥作用。研究中心转移到重点大学和博物馆的实验室研究，而博物学家降格为单纯的收集者——将新信息传递回中心，供进一步研究。研究者期待从生物医学领域发展出一种新型的实验科学，这促使生理学逐渐成了真正科学的生物学的理想模型。最终，形态学作为一种纯描述性的、缺乏真正解释力的学科而黯然失色。而大型博物馆也逐渐边缘化，因为它们仅仅是仓库，储存着等待描述和分类的材料，而这些活动对实验者来说跟集邮差不多。大学院系和医学院则成了最繁荣的研究基地。诸如进化论等领域，研究者尝试融合旧手段和新方法，却发现自己处在与老旧的博物学一样的窘境中。在这些发展过程中，主张存在独特的生命活力的旧理论渐渐被抛弃，研究人员越来越努力地寻找物理学和化学的解释。然而，并非所有的先驱都是教条的唯物主义者，许多生物学家相信只有将有机体视作协调的统一体，才能理解维系生命的复杂的相互作用。

公众对改善医疗技术渐增的需求曾推进了新生物学的扩张，而现在新生物学的部分成果成了研究的焦点。研究学科大规模地专业分化导致了知识的碎片化，如今的生物学家仍在努力克服这一点。就算困难重重，遗传学和胚胎学等领域之间的沟通桥梁也必须建立起来——即便旧式的形态学家也会告诉你，如果不研究性状是如何在个体有机体中形成的，那么就无法理解性状是如何在代际之间遗传的。进化理论也必须考虑，基因表达方式的变化可能对地球生命史中新奇物种的出现产生过深远的影响。更严重的是，生态学与生物学其他专业领域的隔离可能让我们不能全面地应对当前的环境危机。即便是老旧的分类学和生物地理学，以及长期被忽视的博物馆等研究部门，也被视为拯救生物圈的要素，重新受到关注。如果我们不知道有多少物种，或它们住在哪里，我们如何能够拯救它们？新生物学为生物医学创造了丰富的发展机会，由于发现了身体运作的方式，新的治疗方式被发明出来，从而改变了我们的生活。科学界的社会变革创造了我们今天熟悉的生命科学，对这个过程的研究也揭示了专门化和一味地强调实验室研究的不足之处。生物学如果要在应对环境危机的过程中发挥作用，并满足我们对更好的医疗条件的需求，作为新生物学建立基础的某些发展过程必须被反思。

第 8 章

遗传学

　　人类基因组计划的成功使得许多人开始憧憬，对人类遗传的
更好的理解将帮助我们消除许多令人衰弱的生理缺陷。由于人们
对基因工程的期待极高，许多专家现在担心公众把遗传在个人成
长过程中发挥的作用理解得过分简单了。人们期待每一个性状，
不论好坏，都有一个对应的基因，并且希望有一天能够用父母身
上最好的性状生产"高级定制婴儿"。批评家担心，如果婴儿定制
成为可能并且被大规模应用，那将会对社会产生巨大且不一定有
益的影响。他们还指出整个计划是建立在对基因如何工作的误解
之上的。一个基因的损伤可能会导致一种特定的生理缺陷，但是
没有一个基因能够保证婴儿将拥有高智商——或有犯罪倾向。即
使研究者辨识出某一遗传组分决定着上述复杂性状，最终的结果
还有赖于基因与机体发育的环境之间的相互作用。每个性状都是
由遗传严格决定的，这种期望反映了对人类本质的一种独特的、
极具争议的观点，这样的观点在过去一个多世纪的时间里不时地
显现出来，其结果往往会让许多人感到非常厌恶。我们面临着新
型的、更阴险的优生学复兴的危险——历史也警告我们基因决定
论这种意识形态多么容易失控（见第 18 章）。

　　在这种情况下，我们非常有必要了解现代遗传学是如何诞生

的，以及它如何被误用来宣扬一种被夸大的关于基因在何种程度上决定性状的观点。在一定程度上，遗传学史本身就被用来向我们宣传这样的观点：生命体的性状是按照单位遗传的，因为每个单位由特定的基因预先决定，正是在对这一理论的探索和进一步研究的过程中，科学的遗传学知识得到了发展。大家都听说过格雷戈尔·孟德尔（Gregor Mendel）的故事，孟德尔在他供职的修道院后院种植豌豆，通过对连续几代豌豆进行跟踪研究，发现了单位性状，从而拨开了遗传领域的迷雾。摩尔根和他的团队将单位性状与细胞核中染色体的特定部位相连，进而建立了经典的基因理论（传统的遗传学史参见：Carlson，1966；Dunn，1965；Sturtevant，1965）。1953 年，詹姆斯·沃森（James Watson）和弗朗西斯·克里克（Francis Crick）发现的 DNA 双螺旋结构被视为破解"基因密码"如何运作的关键。这个发现同时也为分子生物学和高科技生物学的发展奠定了基础，其中的代表就是人类基因组计划及其相关应用。

　　然而对遗传学历史的仔细研究展现了一幅更为复杂的画面。前孟德尔时期的"困惑状态"部分反映了当时缺乏概念的区分，直到 20 世纪早期科学家才厘清了这些概念，其代价是过分简化了从父母到子女的性状遗传与性状在胚胎中的发展之间的复杂关系。孟德尔作为 20 世纪遗传学"先驱""领跑者"的名头也有问题，部分是因为孟德尔可能并不是在探索新的遗传学理论——他著名的豌豆实验更像是想要阐明如何通过杂交生产新品种。1900 年对孟德尔的工作进行"再发现"后，遗传理论得以重塑，并且最终将导致现代遗传学的诞生，这整个过程反映出了思想、专业和文化利益的复杂性。新的进化论和细胞理论让人们注意到，性状可能按照单位存在，并且可能经过数代培育出纯种。人们对性状的基因决定论的重视受到两方面原因的鼓励：一方面人们需要一种全新的方法来控制动植物的繁殖，从而促进农业发展；另一方面，出现了一个社会计划，它坚称一些人天赋的基因遗传让他们注定比别人低等。基因单元完全不受环境影响的理论，让研究者得以在科学界创立独立的遗传学科——不过这仅限于英语国家。在法国和德国，遗传学并没有成为独立的研究领域，科学界——至少生物学家——对严格的基因决定论也没有多大热情。

20世纪头几十年里，英美遗传学家致力于探索基因单元理论，假设基因单元与细胞核中染色体上的特定部分相互对应。他们研究了染色体的活动，并把它们与遗传性状相联系，但是他们并不知道基因信息是如何被"编码"到细胞核的化学结构中的，而且他们多半忽略了基因信息如何在胚胎发育过程中被解码的问题。第二次世界大战之后，分子生物学的兴起才改变了这种情况。最终，科学家确定了遗传物质（DNA）的化学性质。1953年，沃森和克里克为一个化学分子如何既在遗传过程中自我复制，又在生命体发育的过程中为蛋白质合成指定遗传密码这个问题，提供了一个创造性的答案。分子生物学后来的细化发展极大拓展了我们对基因如何工作的认识，以至于基因单元的传统概念几乎消失了，根据研究功能的不同，现在存在着各种基因概念。人们也在继续探索DNA中基因信息如何解码，不过现在还缺少一个联合项目，把遗传研究与后一阶段的胚胎发育研究相连。批评家警告说，由于我们不理解到底还有多少工作亟待完成，人们过分乐观地预估了人类基因组计划在改革医学方面的能力，而且过分简单地理解了基因信息能在多大程度上预先决定成人的性状。这些错误和失败导致过时的基因单元等概念继续主导着大众的想象，这转而又鼓励了类似优生学计划的社会现象的复兴。

本章将会从上述修正立场分析遗传学史上的关键阶段。但是我们将从对前孟德尔时代的研究开始，展示为何几代博物学家思考了遗传的相关问题，却没有意识到他们可以创立一门独立的学科来研究遗传。他们并不是真的处在困惑状态（虽然根据后世的标准，有些问题确实使人困惑），只是在当时科学家似乎不能接受在不考虑性状如何在胚胎中发育的情况下，单独研究性状的遗传。人们在胚胎学领域的讨论中，决定自己支持先成论还是环境影响论，而进化论最终被用来解释为什么胚胎发育遵循一个预先决定的过程。对个别性状是如何从一代遗传到另一代的研究，有时是在上述学术传统内进行的，不过更多的遗传研究反映了动物养殖户和植物种植员的需求，他们希望建立系统的框架来理解他们需要控制的现象。

先成论还是后成论

成年生物体的性状在怀孕时（甚至更早以前）就已经预先决定了，这个观点在 17 世纪晚期就被提出，以应对将“机械论哲学”应用到生命体上带来的危机。如果生命体只是复杂的机器，它怎么可能从未分化物质经发育而来？而且机械法则肯定无法将物质组织、制作成一个有目的的结构。在自然神论依旧占主导地位的年代，有一种可行方法能破解这个困境。或许自然法不需要在混乱中创造秩序，因为生命体的微缩形态早已存在，只需要用外界的物质进行"填充"，就能向研究胚胎发育的博物学家展示生命体的各个部分。"先成论"最极端的派别甚至认为，物种连续几代的胚胎是一个套一个地储存在一起的，就像俄罗斯套娃一样，每一个胚胎都按顺序等待着发育机会。整个人类群体最初是上帝直接创造的，被保存在了亚当的精液或夏娃的卵巢里（图 8.1；Pinto-Correia，1997；Roe，1981；Roger，1998）。

　　后世的生物学家嘲笑这个极端理论，而且这个理论看上去确实很怪异，与事实观测不符。事实上，1700 年之前的显微镜研究显示，胚胎由一块未分化的组织，通过相继添加部件逐渐发育而来——这个过程后来被归纳为后成论。而实际上，显微镜研究经常被解释成支持先成论的证据，先成论者声称通过显微镜可以看到生命体结构发育前的微缩形态。这一事实告诉我们，观测结果可以轻易地被先入为主的理论扭曲。不过，先成论并非像听上去的那样愚蠢："先成论"一词本身是 19 世纪晚期使用的术语，它用于指代这样一种理论，即遗传信息以某种方式被编入了受精卵，于是胚胎未来的发育结构在怀孕时就已经决定。我们现在认为，写在化学结构里的信息是在发育过程中逐渐"解码"的。这样的阐释不会出现在 17、18 世纪思想家的脑海中，所以他们想象胚胎中存在真正的微缩模型，等着发育成熟，你对此还感到奇怪吗？先成论远非一个愚蠢的理论，它事实上明确了一个重要观念，对这一想法的重塑将创造出经典的基因理论。

　　当然，先成论中也有不少问题。首先，人们对微缩模型到底是储存在女性的卵子中还是男性的精子（二者只能取其一）中争论不休。最后卵子胜出，因为如果微缩模型储存在精子中，男性每次射精都会浪费大量完整的微缩模型。但是我们怎样解释并未

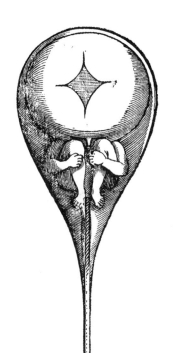

图 8.1 男性的精子，假设精子头部存在一个人的微缩模型，出自尼古拉斯·哈尔措克（Nicolas Hartsoeker）的《屈光学实验》（*Essai de dioptrique*，1694）。哈尔措克并没有声称观察到了这样的模型，但展示了如果整个生命体先前就完整地存在于精子内的话会是什么样子。当时大多数的博物学家认为微缩模型更可能预先存在于女性的卵子之中，男性的精液是激发微缩模型发育的刺激物（这种情况下，精液而非精子更像是受精的动力）

提供微缩模型的亲代将其性状遗传给了后代的事实，如父亲将红头发遗传给了孩子？1745年，法国学者皮埃尔·路易·德·莫佩尔蒂（Pierre Louis de Maupertuis）抨击了先成论，并尝试在父系和母系的数代人中追溯同一性状，这个研究有时被称为孟德尔实验的预告。先成论者回应说，男性精液为卵子最初的成长提供养分，也就使得一些男性性状得以遗传给了后代。像许多激进的启蒙时代学者一样，莫佩尔蒂迈出了更大胆的一步，他反对上帝创造万物的理论。他声称自然法则一定可以从父母双方提供的精液混合物中创造出胚胎——该理论不涉及精子和卵子。但这也让莫佩尔蒂退回了起初的困境，他不得不面对当初催生先成论的那个问题：简单的机械法则为何能精确地控制物质运动，竟可以从无组织的液体混合物中创造出胚胎？

　　莫佩尔蒂暗示物质本身也有力量，如记忆和意志力，并以此回避了上述问题。18世纪末，C. F. 沃尔夫（C. F. Wolff）等先成论的反对者公开倡导活力论：为了用后成论解释胚胎各部分是逐渐产生的，他们提出有目的的、非物质的力量赋予了物质秩序，令它们组织成胚胎结构。19世纪初，先成论消亡，胚胎学家们致力于研究新生命体构建起来的渐进过程。科学家们普遍假设，胚胎发育或多或少遵循着与"存在之链"相似的线性或等级顺序。根据这个理论，人类个体胚胎的发育经历了无脊椎动物胚胎、鱼类胚胎、爬行类胚胎、低等哺乳动物的阶段，最后获得人类特有的性状。他们还假设，某种非物质的指导力量控制着胚胎发育。当这些人发现自己推断的胚胎发育顺序与化石证据揭示的地球生命发展史相吻合时，情况变得更有趣了。19世纪末，恩斯特·海克尔等进化论者拥护"重演说"，主张个体胚胎的发育（个体发生）重演了物种进化的历史（系统发生）（见第 6 章，Gould，1977）。

在这个进化论和胚胎学的综合体之中，性状被严格预先决定的理论没有什么存在空间，或者说，事实上单独的关于性状差异如何遗传的研究没什么存在空间。个体发生的总体形式已经被该物种先前的发展史预先决定，不过和大多数重演说者相似的是，海克尔也认同拉马克的获得性状遗传理论。个体发生需要足够灵活，能允许生命体自行适应生活环境的变化——拉马克主义推测这种自适应会反过来影响个体发生，从而遗传给后代。海克尔并不是活力论者，但他的"一元发生说"哲学主张物质和精神是同一个根本实质的不同方面，这使得他能够把精神的特性归因到最基本的自然实体上。对于海克尔及其追随者来说，遗传和记忆是同等的——事实上，胚胎发育就是个体记忆起该物种在进化中添加新性状的顺序的过程。在这样的世界观里，任何类似现代遗传学的观点都不会得到发展。

实际上海克尔自称是达尔文主义者，虽然他的进化论几乎没有利用达尔文自然选择造就个体差异的理论。自然选择理论确实关注个体之间的性状差异，其基础假设是个体差异是通过遗传而来的。人们经常说，达尔文的理论迫切需要遗传的基因模型，该模型可以解释那些有利的变异单元如何得以保存下来，并遗传给后代。但达尔文的想法与基因模型并不相同，他是从与上述发育模式更相符的角度进行探索的（Gayon，1998）。1868 年，达尔文提出"泛生论"，认为亲代身体各部分都孕育着微小的粒子或"芽球"，遗传就是通过亲代将这些粒子传递给子代而完成的。他表示在大多数情况下，父母双方各个身体结构的芽球都会共同存在，所以在后代身上，性状差异将被融合。最重要的是，泛生论依赖的遗传物质结构是在亲代身体内形成的——达尔文的泛生论不像现代遗传学理论，不存在从一代传递给下一代的完整不变的基因单位。达尔文本人也将拉马克主义作为自然选择理论的补充，因为亲代身体获得的性状变化会反映在他们体内的芽球里，进而遗传给下一代。

孟德尔

上文对遗传学史的简单回顾解释了为什么孟德尔在 1865 年公布的经典培育实验无人问津：当时没人从性状单位的角度思考代际遗传。在正统的遗传学史中，孟德尔提出了一个全新的遗传模式，清理了早期各种遗传理论内在的混乱，从而改变了（至少潜在地改变了）当时的遗传学局面。问题在于，人们要经过很长一段时间才能认识到孟德尔的远见卓识的价值，所以孟德尔默默无闻地死去，他的遗传模型要到 1900 年才被那些即将创立现代遗传学的生物学家"重新发现"。科学的发展让这一创举成为可能，这些发展将是本章下一节讨论的主题，现在我们必须先试着把孟德尔本人放到遗传学史之中。科学史学者如今越来越质疑那些被称为"先驱"或"先行者"的人，旧式的叙事通常认为他们提出的新理论在很久之后才得到认可。鉴于我们普遍认为科学知识依赖语境，从根本上说，一个人不太可能将自己与自己的知识环境隔绝，并以某种方式预见到未来一代人的知识发展。孟德尔的方法肯定含有一些新东西，但最近的历史研究提出，孟德尔"遗传学先驱"的传统形象是人为塑造的，目的是以这个被误解的奠基人为基础，为新遗传科学制造创世神话。孟德尔肯定没有预测出 20 世纪早期遗传学的整个理论体系，用一位历史学家的话说，孟德尔本人都不是孟德尔主义者（Olby，1979；1985）。

上述问题之所以出现，似乎是由于那些重新发现孟德尔理论的人把过多的个人观点强加进了孟德尔的文本中。他们假设孟德尔和他们一样，也是在寻找遗传的普遍法则。他们似乎还认为，孟德尔的实验必须从单位性状的角度理解才是有意义的，而性状由在代际之间传递的物质粒子（如我们所知的基因）决定。近些年历史学家已经注意到，孟德尔的文章没有提到成对的物质粒子，他仅仅讨论性状差异，并没有假设这些性状差异如何得以维持。更有趣的是，如果我们研究孟德尔思考问题的语境，我们会发现他可能根本没有在测试遗传法则。对孟德尔最激进的再阐释主张，孟德尔事实上是在尝试证明一个能代替达尔文进化论的理论，他没有预测到自己的成果会被视为遗传学新思考方式的基础（Callendar，1988）。这种修正主义阐释的好处在于，它让孟德尔的新"遗传学理论"为何无人问津这个问题失去了意义，因为根本不存在所谓的孟德尔遗传理论。

孟德尔杂交了许多具有独特性状的不同品种的豌豆，并追踪了接连几代豌豆的性状差异。在此过程中，孟德尔发展了自己的深刻见解。当时进行植物杂交实验是一种传统操作，园艺学家做杂交实验来寻找培育植物的更好方法，一些博物学家也受到 18 世纪林奈的启发进行杂交实验。林奈曾提出，把现有品种进行杂交可能会创造出新物种（Roberts，1929）。对厌恶达尔文理论的天主教教士孟德尔而言，重新审视林奈的观点是显然应该采取的行动。

孟德尔希望通过对各有特点的不同品种的豌豆进行杂交，了解不同品种间的杂交是否会持续产生新的品种。这也解释了他为什么随时注意着在杂交品种和其后代中追踪特定性状——不过孟德尔真正的目的是构建杂交法则，而不是遗传法则。

孟德尔几乎没有受过科学的教育，后来他到摩尔达维亚地区布尔诺的一个修道院当僧侣，并且在那里开始了他的实验（Henig，2000；Iltis，1932；Orel，1995）。一开始，孟德尔选择用人工培育的几种纯种豌豆进行杂交，并选取了 7 对性状差异作为在杂交后代中追踪的对象。例如，他把高茎豌豆和矮茎豌豆进行杂交，发现性状并没有融合：两者杂交而成的第一代豌豆都是高茎的，并没有出现介于两者之间的高度。接着，他把第一代杂交豌豆进行杂交得到第二代杂交豌豆，在这个过程中孟德尔得到了他著名的 3 : 1 比例。第二代杂交豌豆中，矮茎性状再次出现，不过矮茎豌豆只占第二代总数的 1/4；其余 3/4 都是高茎的。这一事实证明性状是以分离单位的形式存在的，一些形式会呈"显性"，另一些则为"隐性"。杂交品种有呈现隐性性状的潜能，但如果它也有表达显性性状的潜能，则成年生物体内的隐性性状就会被完全掩盖。孟德尔的实验表明，我们必须以成对的性状决定因子为前提思考遗传问题，每个生命体都会从两个亲代那里各获得一个性状决定因子，而它的每个后代都只能获得它的一个决定因子。孟德尔没有指明，性状是由亲代传递给子代的物质粒子决定的，而且虽然大部分早期遗传学家认为孟德尔脑海中肯定思考过这种情况，但并没有证据证明这是真的。

如果用后来的基因术语翻译孟德尔实验（1900 年之后科学家正是用这种方法去解读孟德尔的），我们必须假设，对一个特定性状

（如豌豆植株的高度）而言，有两个基因单位（"等位基因"）可以控制该性状，在豌豆的例子中一个是"高"（T）一个是"矮"（S）。每个植株都从亲代遗传了一对基因，如果是纯种植株，高茎豌豆的基因型应该是 TT，矮茎豌豆的基因型应该是 SS。两种豌豆杂交而来的第一代杂交豌豆会从每个亲代那里各得到一个基因，基因型为 TS，然后显性－隐性法则发挥作用，只有高茎基因得到表达。

$$\text{TT（高）} \times \text{SS（矮）}$$
$$\downarrow$$
$$\text{TS（高）}$$

杂交豌豆的外表形态与高茎亲代相同，但基因型不同，因为杂交豌豆体内携带着 S 基因。将第一代杂交豌豆进行自交后，我们得到比例大概相同的 4 种 T、S 基因组合方式，接着再应用显性－隐性法则，我们发现其中 3 种组合方式会得到高茎豌豆，而一种组合方式将表达出隐性性状：

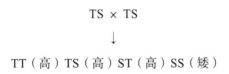

$$\text{TS} \times \text{TS}$$
$$\downarrow$$
$$\text{TT（高）TS（高）ST（高）SS（矮）}$$

孟德尔还证明，他研究的 7 种性状差异是各自独立地遗传给后代的。孟德尔的后世追随者认为，上述情形可以被归纳成一个完整的遗传理论，其理论基础是分散的单位性状在代际遗传中保持不变，并且由于显性法则，不存在融合性的遗传。

遗传学序幕

1865 年，孟德尔家乡的自然历史学会得知了孟德尔的文章，并在第二年发表了这些文章（Bateson，1902；Stern and Sherwood，1966）。不过这些文章几乎无人过问。只有一个科学家卡尔·冯·内格里（Carl von Nägeli）重视孟德尔的研究，而且受到鼓舞而开始研究山柳菊。不过山柳菊复杂的遗传方式让内格里无法用孟德尔的方法进行分析。早期的遗传学史家想要解释为何孟德尔的文章被人忽略了很长时间，他们指出这是因为发表文章的期刊太过默默无闻。我们现在可以看到导致孟德尔理论不被重视的更多根本原因。单位性状与绝大多数研究遗传和发育的生物学家所使用的理论框架相互矛盾。如果孟德尔本人认为他的文章为杂交物种的研究做出了贡献，那么他肯定没兴趣把文章描绘成遗传学理论的根基。实际上，孟德尔在他的实验中研究的豌豆具有鲜明独特性状状态，但并非所有物种的性状都这样鲜明，所以他的结论似乎只是遗传法则的例外情况。绝大多数物种的大部分性状都是由多个不同基因控制的，这些基因在种群中混乱地组合，性状在表面上则呈现融合状态。更重要的是，正如达尔文观察到的，它们在种群中形成了一系列连续的变异。人类也没有完全两极分化成为巨人和侏儒：绝大多数人的身高都比较平均，只有少部分人特别高或者特别矮。

要意识到孟德尔理论可以用来解释遗传的各种现象，人们需要发挥极高的想象力。我们现在也必须讨论，在 1865—1900 年，科学观点发生了什么变化，才让科学家得以重新发现孟德尔理论。当时，科学界对生物繁殖过程和进化论都有了更深的理解，他们开始关注遗传是成年生命体性状的预先决定力量这一观点，以及生命体性状被视为分散单元的可能性。科学家也对用实验控制遗传和发育等现象更加感兴趣，特别是在重演说被证明并不能可靠地指引生物进化的方向之后（Allen，1975）。然而，生物学领域中的这个新重点是与社会上更广泛的变化相互呼应的。优生学运动的发展让公众认为遗传是人类退化性状的来源。弗朗西斯·高尔顿（Francis Galton）相信人的性状不论好坏，都是在人出生时就被遗传决定了的，这样的观点鼓励他加入关于遗传的论战之中。农学家尝试寻找新的途径，以便运用人工选择来培育更有益的新品种，于是植物和动物培育者的研究变得更为重要。人们已经给新的遗传科学腾出了位置，它提供的信息将成为控制人类和其他生物种群理论的基础。

随着科学家开始关注性状是如何传播的这一问题，新的进展不断涌现。当时，细胞理论主导着生物学（见第 7 章）。1875年，奥斯卡·赫特维希（Oscar Hertwig）证明胚胎是从单一的受精卵发育而来，在受精的过程中单一的女性卵子从单一的男性精子细胞核中获得某种物质。爱德华·凡·贝内登（Edouard van Beneden）则证明，配子（卵子和精子）只获得了通常成对的染色体中的一条单链。这些棒状结构被称为"染色体"是因为它们会吸收用来让样本在显微镜下更易于被观察到的染色剂。显然，受精活动为子代创造了一对基因，其中每个亲代提供一条基因（图8.3）。早期遗传学家在解释孟德尔豌豆实验中性状的配对时，就以上述发现为基础提出自己的理论。奥古斯特·魏斯曼坚持认为，染色体中储存着他所谓的"种质"，这种物质基础通过某种方式将性状从亲代传递给子代。魏斯曼声称种质与身体其他部分相互隔绝，所以它在代际遗传的过程中才能保持不变。根据这种遗传模式，拉马克的获得性状理论是不能成立的，当时流行的胚胎"记得"进化史这种含糊的观念也没有存在的空间。魏斯曼并不认为性状是以大规模单元的形式被预先决定的，他偏向以胚胎细微变异为基础的达尔文自然选择模型。

19 世纪的最后 10 年里，生物学家重拾对"进化通过突现的剧变而进行"这一传统观点的兴趣，上述渐进主义的进化模型于是遭到抨击。1894 年，英国生物学家威廉·贝特森出版了《变异研究资料》(*Materials for the Study of Variation*)，在其中他抨击了达尔文理论，并且坚称对许多物种的研究证明了新性状是通过突变出现的。比如说，如果一朵花是从四瓣品种变成五瓣品种的，那么多出来的一片花瓣绝对不是由微小雏形逐渐伸展而来，而是在发育过程中经过突变出现的。荷兰植物学家胡戈·德弗里斯提出了自己的"突变理论"，认为进化通过突变进行，突变过程创造了新的品类甚至新的物种。他的理论建立在对见月草的研究之上，不过后来大家发现德弗里斯观察到的现象并不是基因突变，而是杂交导致的性状重组。突变理论在 19 世纪和 20 世纪之交得到广泛关注，它刺激了新思潮的产生，生物学界开始认为如果新性状是成单位出现的，那么它们也会成单位遗传。遗传学的许多奠基者都因为对突变进化的兴趣而开始了遗传学的研究，这并非巧合——德弗里斯就是孟德尔理论的重新发现者之一，贝特森也成了英国主要的他所谓的"遗传学"的支持者。

孟德尔学说和经典遗传学

重新发现孟德尔理论的准备工作已经完成了。1900 年，两个一直在进行杂交实验的生物学家发表了早已被孟德尔注意到的遗传法则。其中一个是德弗里斯，另一个是德国植物学家卡尔·科林斯（Carl Correns）。（有观点认为埃里希·冯·切马克是第三个重新发现孟德尔法则的人，但现在许多人拒绝承认他的地位，因为切马克并未真正理解这些法则。）很快，孟德尔开始被称作早已发表这些法则的先驱。孟德尔清晰的阐释可能确实帮助后来的科学家——特别是德弗里斯——理解遗传是如何进行的。贝特森读到孟德尔的文章后也深受触动，他很快出版了孟德尔文章的英译本，并且掷地有声地表示这些文章将成为新遗传学的基础（Bateson，1902）。相关人员都愿意承认孟德尔遗传学之父的身份，这可能是为了避免另一场潜在的辩论，即在这些重新发现者之中，谁是第一人。对贝特森来说，这些法则提供的模型可能会彻底改变遗传研究。不符合该遗传模式的性状都成了无关痛痒的，这个观点加剧了遗传学家与以卡尔·皮尔逊为代表的达尔文主义生物统计学派之间本就激烈的矛盾，这个学派坚持认为所有常规的变异都呈现出一个连续变化的范围（Gayon，1998；Provine，1971）。大部分的早期孟德尔主义者都支持突变理论，且认为是孟德尔定律中的因子的突变，突然带来了新的性状。有趣的是，德弗里斯很快就对孟德尔学说失去兴趣，他认为突变性状并不必然遵循孟德尔法则。

贝特森在 1905 年创造了"遗传学"一词，然后在第二年的国际会议上首次发表。他试图在剑桥大学推广这门新科学，但真正对此感兴趣的是动植物养育者，贝特森最终也转到了约翰·英尼斯园艺学会工作。1916 年，贝特森的门生 R. C. 庞尼特成了剑桥大学的第一位遗传学教授。在美国，与农业利益关系密切的人也热情地接纳了这门新科学，由于美国大学体系正在扩张，遗传学更轻松地被确立为一门学院学科。早期用来展示孟德尔效应的物种都是有经济价值的物种（图 8.2）。最初几年里遗传学这门学科的基础理论模型都只针对性状的传递。对于性状可能是由被编码在染色体物质结构中的信息预先决定的这种可能性，贝特森和庞

图 8.2　杂交玉米，展示了不同颜色玉米之间的孟德尔分离，出自 W. E. 卡斯尔等的《遗传学和优生学》（芝加哥：芝加哥大学出版社，1922），第 94 页。许多证明遗传法则的早期研究使用的都是具有经济价值的物种，人们希望动植物养育者通过理解性状是遗传的，以获得关于改善生产的知识

尼特都没什么研究兴趣。贝特森在哲学方面反对唯物主义，并且拒斥基因染色体理论，即便在 10 年后、这一理论得到广泛认可时也依旧如此。丹麦植物学家威廉·约翰森（Wilhelm Johannsen）发明了"基因"这个术语，坚称生物的"基因型"（生物的基因构造）是亲代对子代产生影响的唯一相关因素——于是也重申了魏斯曼对拉马克主义的驳斥。不过和贝特森一样，约翰森也并不认为基因是物质粒子，更倾向于认为基因是机体整体内的一种稳定能量状态。

后来被称为经典遗传学的学科是在 1910—1915 年兴起的，当时美国生物学家 T. H. 摩尔根及其学派努力把遗传法则与受精过程中的染色体活动联系在一起（Allen，1978）。摩尔根最初反对孟德尔学说，虽然他曾用突变理论抨击达尔文主义。现在，卵子、精子结合产生成对染色体的方式与孟德尔理论中的性状遗传之间呈现明显的相似性，摩尔根对此很感兴趣（图 8.3）。摩尔根着重研究果蝇，因为果蝇的染色体一般都很大，因此也更容易研究（Kohler，1994）。他证明了基因最好被理解为染色体上的一段，它以某种方式被编码，并在发育的有机体上产生相应的性状。摩尔根和他的追随者甚至绘制了示意图，描绘各个基因大致位于染色体的哪个位置。他们的成果汇总在《孟德尔遗传学机制》（*The Mechanism of Mendelian Inheritance*，1915）一书中，该书定义了经典的基因理论。

摩尔根和他的学派也研究了突变如何产生新性状。他们表示，现有基因会不时地突然改变，变成对应全新性状的基因，这个新基因会原封不动地传递给下一代，并且事实上代替了原来的基因。不论基因的物质结构如何，很明显它可以改变，从而编出新性状。突变由外力引起，比如辐射，而且许多变异甚至都是有害的。摩尔根也注意到，绝大多数变异都非常细微而微不足道，携带变异基因的生物也和其他同伴一样可以正常繁衍。有了这个认识，再加上更多科学家愿意承认许多性状是受到多个基因影响的，遗传学与达尔文主义的最终和解于是变得可能。突变是达尔文假定的各个种群随机差异的来源，孟德尔的理论支持了自然选择，它降低了有害基因出现的频率，同时提高了更具适应性的偶然基因出现的频率。

不久后遗传学就成功扎根英美两国的科学界，同时深入人心的还有一个推测：染色体基因肯定预先决定了遗传该基因的生物会发育出什么性状（这也是为什么遗传学理论会被视为先成论的复兴）。但是遗传学在英语国家之外的境遇完全不同，这展示了即便是重大科学进步也很大程度上反映了研究所在地的地方语境。在法国，几乎没人看重遗传学理论，法国重要的遗传学家吕西安·屈埃诺（Lucien Cuénot）更感兴趣的是基因如何在发育的生物体身上表达（Burian, Gayon, and Zallen, 1988）。屈埃诺的成果被称为生理遗传学（physiological genetics），而摩尔根学派的成果被称为孟德尔古典遗传学（transmission genetics）。在德国，遗传学获得了一定成功，但它并没能用来定义一个全新的生物学学科（Harwood, 1993）。德国的生物学家也对生理遗传学和古典遗传学感兴趣，还有许多人质疑染色体理论这种严格的先成论。充满细胞的物质——细胞质，可能也在遗传中起了一定的作用，而遗传或许也没有完全与外部环境影相隔绝（Sapp, 1987）。

上述地域差别告诉我们，英美两国科学界的经典遗传学并不是人们更进一步理解自然的必然表达。基因的染色体理论极其重要，

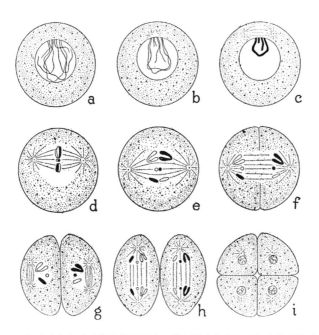

图 8.3　细胞减数分裂时染色体的活动，图中展示的是精子细胞形成的过程，出自 T. H. 摩尔根《进化和遗传学》(普林斯顿，新泽西州：普林斯顿大学出版社，1925)，第 80 页。该过程可用于解释孟德尔理论的最重要的部分是中间一排 (d—f)，在这一阶段染色体分裂，然后分别进入两个细胞，每个细胞都只含有原细胞中成对染色体中的一个。整个过程事实上非常复杂，并且含有二次分裂，最后的 i 阶段出现了 4 个精子细胞。上图是经过显微镜观察，结合 19 世纪晚期到 20 世纪早期许多生物学家多年研究的成果，而绘制出的理想图示

但它关注的方面非常有限，而且剔除了后来被证明非常重要的观点和洞见。很明显，遗传学狭隘地仅仅关注基因传递，使得遗传学家远离了生物化学家和胚胎学家，这让他们没办法（事实上也没兴趣）研究基因如何能够以这样决定性的方式控制发育中的胚胎。基因的染色体理论关注的关键问题是基因如何从一代传递到下一代。研究项目的细化不仅把生物学分割成数个相互竞争的领域，而且也

助长了公众的某些观点，如基因决定个人的品质。许多早期遗传学家支持优生学项目及其限制"不健康"基因繁衍的政策（见第 18 章）。虽然他们很快就开始意识到这过于简单化了，但他们很晚才站出来反对这些政策，之后几年里德国的纳粹党人用极端暴行向公众展示了这些理论被严格应用的可怕后果。问题在于，优生学赞同古典遗传学的理念，假装胚胎发育时，基因解码过程中没什么重要的事情发生。因而遗传学家陷入了一种思想体系，他们忽略外部环境影响基因表达方式，并进一步影响成年生物体性状的可能性。在一定程度上，上述观念依然主导着我们思考基因和生命体之间关系的方式，这种偏见至今影响着我们。

分子生物学

有关遗传密码本质的重要成果都是受到经典遗传学影响之外的研究的启发而得出的，这也暴露了经典遗传学的缺陷。经典遗传学没有探讨遗传密码的本质，它仅仅推测染色体的一段含有某种化学药剂，能预先决定胚胎按照某种特定的方式发育。揭示遗传密码的本质需要新观点和新技术，于是也就需要对遗传学的基础进行变革。科学家需要获得信息，以便确定一种化学物质怎么能够如此精确地自我复制，进而让完全相同的副本从一个细胞传递到另一个之中。更重要的是，要想把基因内部的生物化学过程与胚胎发育的早期阶段联系起来，我们需要一个全新的研究领域。化学密码如何能够不仅自我复制，而且可以在不同环境下触发层叠的复杂化学变化，进而影响胚胎内细胞形成的方式？这些都是

20 世纪中期兴起的分子生物科学需要解决的问题（Echols，2001；Judson，1979；Olby，1974）。历史学家至今仍在争论这一新学科的兴起是否能称为库恩意义上的科学革命，又或者我们最好这样理解，它将一种新的理解层次运用到了遗传学提出的传统问题上，而这种新的理解来自从生物化学到物理学的各种学科。

20 世纪 30 年代，科学家发现病毒（本质上是裸基因）的结构是 90% 的蛋白质和 10% 的核酸。最初科学家假设是蛋白质携带遗传信息，这一点也不奇怪；直至 20 世纪 40 年代，人们才开始关注核酸。当时，人们知道核酸有两种：核糖核酸（RNA）和脱氧核糖核酸（DNA），对病毒的新研究证实 DNA 才是遗传信息的携带者。于是，新的问题变为：DNA 分子的结构如何能够自我复制，并运载启动生命体发育的编码信息？埃尔文·查戈夫（Erwin Chargaff）证明，DNA 的 4 个碱基中，腺嘌呤与胸腺嘧啶的比例相等，鸟嘌呤与胞嘧啶的比例相等。莫里斯·威尔金斯（Maurice Wilkins）和罗莎琳德·富兰克林（Rosalind Franklin）对 DNA 分子的 X 射线衍射研究证明 DNA 结构是螺旋排列的，这一发现让詹姆斯·沃森和弗朗西斯·克里克得以在 1953 年首先发表了 DNA 分子双螺旋结构的研究成果，并提出遗传信息蕴藏在组成螺旋臂的碱基排列方式里（图 8.4—8.6，有关这一发现的高度个人化的叙述参见：Watson，1968）。如果腺嘌呤只能与胸腺嘧啶结合，鸟嘌呤只能与胞嘧啶结合，那么当螺旋被解开时，每条链都可以再创造与之对应的另一链条，因为碱基只能以预定的方式添加。遗传密码也可以经此被无限复制。许多尝试理解相关过程的早期研究都用噬菌体等最简单的生命体做实验，它们事实上都是裸基因。由马克斯·德尔布吕克（Max Delbruck）、萨尔瓦多·卢里亚

图 8.4　1952 年詹姆斯·沃森和弗朗西斯·克里克在剑桥大学卡文迪许实验室，展示他们的 DNA 双螺旋结构模型

（Salvador Luria）和阿尔弗雷德·赫尔希（Alfred Hershey）创建的"噬菌体小组"引领了这些早期研究。

　　通向理解遗传密码的突破性成果还没有解释这些碱基序列携带的基因信息如何被解码，从而决定细胞和随后的胚胎的发育。乔治·比德尔（George Beadle）和爱德华·塔特姆（Edward Tatum）提出了"一个基因一种蛋白质"假说，认为 DNA 的每个片段都以某种方式控制着一种蛋白质的产生。为了解释组成酶的氨基酸，乔治·伽莫夫（George Gamow）从信息理论出发，主张这些碱基必须三个一组活动，以制造组成蛋白质的特定氨基酸。弗朗西斯·克里克提出，在 DNA 三联密码制造氨基酸的过程中，RNA 是媒介。最终科学家发现 RNA 也有两种：弗朗索瓦·雅各布（François Jacob）和雅克·莫诺（Jacques Monod）提出，可溶性核糖核酸扮演着"信使"的角色，即信使 RNA，它将信息传递给不可溶核糖核酸（核糖体 RNA），氨基酸将在核糖体 RNA 上被组装。他们进一步研究证明，"一个基因一种蛋白质"模型不恰当，因为有些基因只具有控制其他基因的作用，它们可以开启或关闭其他基因的活动。

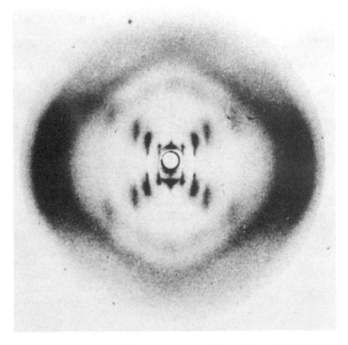

图 8.5　B 型 DNA，雷·戈斯林（Ray Gosling）拍摄，照片由美国纽约州冷泉港实验室档案馆提供，来自詹姆斯·D. 沃森的档案。图中是 DNA 的 X 射线光谱摄像。物质受到 X 射线照射，DNA 分子特定结构使得 X 射线以特定方向散射。如我们所知，图中展示的特殊交叉图案证实了 DNA 分子内部的螺旋结构。罗莎琳德·富兰克林获得的与上图类似的照片为沃森和克里克发现双螺旋结构提供了关键线索

　　上述这些发现对解释遗传密码的工作方式大有帮助。它们构成了分子生物学的"核心教条"，在本质上确证了先成论，以及魏斯曼关于种质不会被生物发育过程中的变化所影响的观点。DNA创造 RNA，RNA 又制造蛋白质，而且细胞中蛋白质组成的改变无法反过来影响 DNA 碱基对的编码。从这个角度来说，分子生物学的出现是完善而不是改变了传统遗传学的观念。但从另一个角度看，所有的事都已经改变了。分子生物学本质上是还原论者的研究项目——它寻求从化学分子活动的角度解释生命现象（遗传和发育）。一些非常成功的生物学家开始认为，分子生物学前进的方向是把所有现象都还原到物理法则中。生态学家和进化论者这些尝试理解生物在自然世界中的活动的人，都备受打击，因为分子

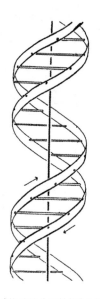

图 8.6　沃森和克里克经典论文《核酸的分子结构》（载于《自然》，1953 年 4 月 25日，737 页）中展示的 DNA 分子螺旋结构。两条螺旋带代表着脱氧核苷酸链，那些平行的棒状结构是联结分子结构的碱基对

生物学倾向于把他们的研究贬斥为过时的博物学。现在，人们还在争论 21 世纪的生物学会在多大程度上继续被分子生物学的研究方法支配。

结论

分子生物学还原论代表了还原论传统中最为激进的阶段，这一传统起源自笛卡儿声称生物只是复杂的机器。只有在关注分析层次的重要性时，才会体现出分子生物学研究路径的局限性，在一些层次上从分子生物学的角度分析毫无意义。比如，从分子角度描述一个外来物种如何殖民一块领地将不得要领，而且很容易忽略生态学家和进化论者真正需要解决的问题。但是新遗传学赋予我们的力量也导致了更严重的问题出现。现代破解整个人类基因组的计划（还有更多破解其他物种基因组的计划）展示了如果基因组完整的信息序列被完全破解，我们能够期待些什么。这些基因组计划与基因决定论的核心信条一同燃起了公众的期待——科学家很快就能证明每一个生命体（包括人类在内）的每一个性状都是被单一基因严格地预先决定的。由于大众对分子生物学医学意义的关注，经典遗传学时代的基因决定论和优生学运动再次获得了生机。从科学家立场上公平地说，他们研究的重要性从项目一开始就明显地展现在了所有人眼前（Kevles and Hood，1992）。

如果我们认识到，要了解任何生物体的基因组实际上是如何运作的，还有很长的路要走，那么我们也将看到潜在的危险——当然在少数的情况下，我们可以看到明显的危险，如基因被突变破坏导致重要功能丧失。虽然我们在原理上知道基因内的信息如何被解码，但在实践中我们还需要进行大量研究，才能追踪复杂的器官和功能的发育过程，它们可能被许多基因共同影响。科学研究变得如此复杂，以至于"基因"这个概念本身都变得难以定义。基因的功能各不相同：一些 DNA 看上去似乎有不止一个功能，而另一些看上去毫无作用（垃圾 DNA）。分子生物学的不同领域必须应对关于基因到底是由什么组成的不同观点——不过对外行人来说，基因是一种明确的生物硬件。

更重要的是，基因信息和生命体发育环境之间的互动关系还亟待人们探索。基因决定论的批评家指出，每个基因都有明确功能且该功能能在任何环境中都自动运行的观点站不住脚。在许多例子中，基因信息的表现方式都依赖环境。胚胎的发育过程具有相当大的灵活性，在发育环境受到外部力量干扰时，胚胎经常以带有目的性的方式回应。我们越是意识到这些影响因素，就越不容易相信每个性状都有单一的基因基础这种过分简单的推论。生命体非常复杂，其结构会受到基因与环境之间互动的影响；在这种情况下还侈称每个性状都被预先决定肯定是错误的。在关于先成论和后成论的古老辩论中，我们不能让基因决定论的明显胜利掩盖以下事实，即后成论依旧在发挥重要作用。历史告诉我们，在一些时代中先成论似乎占据了上风，但这总是以过分简单化为代价。公平地讲，要开始澄清复杂现象，过分简化有时是必要的，而现代科学的专业化趋势也经常鼓励这种简化。但当最初关注点狭隘的研究势头开始衰落时，钟摆往往会摆向另一端。现在，对基因先成论的关注陷入试图解释后成论的复杂泥潭之中，上述转向很可能再次发生。

第 9 章

生态学和环境保护论

　　标题中的两个词乍一看似乎就应该联系在一起。现今人类通过工业和集约型农业对世界和栖息其中的动物进行史无前例的开发利用，而环保主义运动力图警告这样做将带来危险。环保主义运动针对因无节制地开发自然资源导致的日益频繁的灾难，并指出由于生物自然栖息地遭到破坏，我们正在目睹大规模的地质灭绝。环境保护主义者警告我们，如果不加以注意，地球会变得越来越不适合居住，人类最终将自取灭亡。为了论证这一点，他们有时会借助生态学——一门描述和理解有机体和它们所处环境间的关系的学科。事实上"生态的"这个词经常被用来指"环境友好的"，好像生态学和保护自然的社会哲学是志同道合的一样（参见 Bramwell，1989 年写作的生态学著作，那实际上是一本关于环保主义的书）。许多人认为生态学是环境主义者创立的，目的是为他们提供所需要的信息，如自然平衡，以及人类开发等干扰因素是如何扰乱并最终破坏这种平衡的。如此解读生态学的起源，会让人理所当然地认为这门科学建立在整体性的世界观上，这种世界观力图理解自然界的一切如何相互作用，进而产生一个和谐的、自我维持的整体。詹姆斯·洛夫洛克（James Lovelock）将地球想象为"盖亚"背后的科学就是生态学。地球之母盖亚养育着万物，如果她的任何一个孩子犯了错并威胁到整体，她都会毫不犹豫地进行管教。

1985 年，唐纳德·沃斯特（Donald Worster）进行了一项开创性研究，试图展现一幅关于环保主义思想和科学生态学起源的统一图景。但随后的工作却发现二者的关系模式更加复杂并缺少一致性。环保主义运动在很大程度上反对作为工业化根基的现代科学，它以浪漫的印象派而不是科学分析的方式来想象自然。环保主义已经发展到了能够影响科学的程度，不过它的方式是鼓励采用整体分析的方法，这公然挑战了大多数科学家所偏爱的唯物主义和还原论的研究方法。于是，科学生态学的一些派别确实从环保主义者关心的问题中汲取灵感；另一些则将其起源归因于还原论的视角，对自然和谐的浪漫视角深恶痛绝。许多前一种类型的专业生态学家将生理学作为模版，认为就像生理学家将身体视为机器一样，他们应该运用纯自然主义的方法来研究身体与环境的相互作用。一些生态学学派仍然是坚定的唯物主义者，更多地从达尔文生存竞争角度而不是和谐的角度描绘自然界的关系。具有此类背景的生态学家是洛夫洛克观点的主要批评群体之一。他们反对洛夫洛克将自然描绘为一个有目的的整体，共同维持地球这一生命家园。

现代历史研究迫使我们将生态学视为具有许多历史根源的复杂科学。事实上，它根本不是一个统一的科学分支，因为它的各种思想学派有非常不同的起源，且彼此之间仍然难以沟通。为环保主义运动提供坚实证据肯定不在大多数严谨的生态学家的日程表上。像许多其他领域一样，历史研究迫使我们把科学的兴起置于其语境中，打破更表层的联系，如生态学、整体论和环境保护论之间假定存在的联系。我们转而发现科学兴起于来自各个地点和时间、出于不同目的创立的各种研究项目。其中一些是为鼓励进一步开发环境而设计，而不是为了推动环境保护。生态学远非起源于对单一哲学信息的一致回应，它包含着许多对立的方法，它们至今仍然没有结合成具有一致方法的单一学科。

我们将首先概述科学如何与开发世界资源的动力联系在一起，然后介绍环境保护主义运动如何兴起并抵制上述开发计划。本章后半部分将描绘 19 世纪后期科学生态学的出现，展示了不同研究问题和不同的哲学、思想议程如何几乎从一开始就促进了理论上的分歧。

科学与资源开发

从 17 世纪科学革命以来，科学的兴起一直与这样的愿望相联系，即更好地了解世界能使人类更有效地利用自然资源。弗朗西斯·培根宣扬的思想强调利用观察和实验来建立可应用于改善工业和农业的实用性知识。世界被描绘成人类为了自身利益而开发的被动的原料来源。即便是科学方法论也强调了人类的主导地位和自然世界的被动性：实验者要将特定的现象独立出来，以便随意控制它们。人们并不认为万物将以某种方式相互作用，并将使来自个例研究的洞见失去效力。如果整个宇宙只是一台机器，那么人类没理由不为自己的利益去处理好各自的部分。1980 年，卡罗琳·麦钱特（Carolyn Merchant）认为这种态度反映出对自然的看待方式呈现出越来越明显的男性主导的特征（见第 21 章）。到

18 世纪末，这种态度已经取得了成果，工业革命已然启动。在之后的一个世纪中，科学在促进技术发展方面的作用变得显而易见（见第 17 章）。

　　同时，科学也越来越多地参与到寻找和开发世界各地自然资源的活动中（图 9.1）。像詹姆斯·库克船长一样的航海家们踏上的发现之旅，是为了给欧洲人带回偏远地区的植物和动物的资料，以供研究和分类，但同时他们也希望找到能够进行殖民的新领土。1768—1771 年，约瑟夫·班克斯（Joseph Banks）爵士作为博物学家陪同库克船长踏上他的南太平洋之旅。日后班克斯担任英国皇家学会主席时，推动英国海军配合探索世界、绘制世界版图的活动，同时也不忘去发现有用的自然资源（MacKay，1985）。"比格尔号"之旅给达尔文带来了重要的洞见，而这次航行旨在绘制南美洲海岸线，这一地区对英国的贸易至关重要。19 世纪 70 年代，英国海军为第一次深海海洋地理考察提供了一艘研究船"挑战者号"（图 9.2）。这次考察获得了很多具有科学价值的信息，但人们是因为期望海洋考察会对导航、渔业和其他实际问题有利，而对海洋科学提供了源源不断的资助。

　　在陆地上，也有许多为了满足对世界的好奇心而在偏远地区进行的考察（见下文）。但也有明显迹象显示，科学与帝国主义的联系日益密切。许多欧洲国家在本土和殖民地都建立了植物园，有意识地确定具有商业价值的植物品种，并研究如何将外来物种作为新的经济作物引进。英国的努力集中表现在伦敦的英国皇家植物园——邱园（Kew Gardens）。它由达尔文的支持者，植物学家约瑟夫·胡克管理（Brockway，1979）。金鸡纳树是抗疟药物奎宁的来源，因此对欧洲殖民热带地区的活动至关重要。金鸡纳

图9.1　一位在热带地区的欧洲博物学家，出自皮埃尔·索纳拉（Pierre Sonnerat）于1776年所著的《新几内亚之旅》（*Voyage à la Nouvelle Guinée*）一书。博物学家描述了当地人给他带来异国生物。然而，欧洲贸易商和殖民者开始开发这些遥远土地上的资源时，很少能与当地人保持如此理想化的关系

图 9.2 "挑战者号"在 1872—1876 年的开创性海洋地理考察时搭载的深海挖掘设备，摘自《"挑战者号"航行的科学成果报告：动物学》(伦敦，1880)，1∶9。"挑战者号"被装备成带有船上实验室的专业科考船。科学家在考察时发现了大量新的海洋物种，推翻了曾得到广泛认同的海洋深处没有生命的理论。他们还在深海海床上发现了锰结核，如今这一物质被视为潜在的矿藏资源

树正是通过邱园这个中转站从其产地南美运往印度的商业种植园。尽管巴西政府禁止橡胶植物出口，但它们仍然被走私至世界各地，并建立起全球的橡胶产业。欧洲的种植方式被应用到环境各异的北美各地区，北美洲的面貌被大大改变。到 20 世纪初期，C. 哈特·梅里亚姆（C. Hart Merriam）管理下的美国生物调查局在协调各种深思熟虑的活动，以消灭本土的"害虫"，如破坏农民作物的草原犬鼠。欧洲人和美国人当时正在以前所未有的规模对自然生态系统进行干预，破坏原始的栖息地，引入作为经济作物的外来物种（有关这些发展的研究，参见：Bowler，1992）。

环保主义的兴起

这些对生态环境的开发并非没有受到批评，而且一个观点清晰的环保运动逐渐发展起来，它批判这种无限制的开发及其造成的自然环境的毁灭（McCormick，1989）。19 世纪初的浪漫主义思想家将荒野赞誉为精神更新的源泉，他们憎恨为了利益而破坏它的工业家。引人注意的是，威廉·布莱克（William Blake）等作家认为机械论科学是对自然世界无限制开发的关键组成部分。亨利·梭罗（Henry Thoreau）等后一辈作家认为，人性日益被城市和工业化的生活方式异化，并称颂了荒野对于恢复人性的价值。1864 年，美国外交官乔治·珀金斯·马什（George Perkins Marsh）在他的《人与自然》（*Man and Nature*）一书中抗议对自然环境的破坏。他警告说，与早期的乐观预期相反，人类的破坏达到某一限度时，自然界可能无法得到修复："地球对于她最高尚的居民来说正在快速地变为一个不适宜居住的家园，又一个时代的人类犯罪和人类浪费将使地球的情况更加糟糕。地球将退化到生产力低下、地表破败、气候异常的状态，可能迫使人类变得堕落、野蛮，甚至灭绝。"（Marsh，1965，43）马什不是要求停止所有对自然的人为干扰，而是要有更好的管理，使地球能够保有自我维持能力。部分由于他的努力，美国政府成立了林业委员会来管理国家资源，最终将一部分林地保护起来，不再被砍伐。公众的关注也推动政府将一些自然风光优美的地方规划为自然公园，如 1864 年建立的加利福尼亚州优山美地国家公园和 1872 年建立的怀俄明州黄石公园。约翰·缪尔（John Muir）创立于 1892 年的塞拉俱乐部（Sierra Club），致力于保护荒野地区。在欧洲，没有剩下什么真正的荒野可以保护，但人们仍然在努力建立自然保护区，延续几个世纪的稳定环境得以保留下来（关于英国的自然保护区，参见：Sheal，1976）。

有些人呼吁对自然进行更仔细的管理，以便使资源得以再生，而另一些人则言辞日益激烈地说，人类的一切干涉都是罪恶的，可能对整个地球造成破坏，两者之间的关系相当紧张。前者愿意借助科学，通过新建立的生态学来更好地理解自然生态系统将对人为干扰做出何种反应。然而，一种更为极端的环保主义从另一种更为浪漫主义的自然观发展出来。这种自然观主张，新科学必须建立在整体原则而非机械论原则之上。这也是该自然观对科学唯一有用之处。这一运动超越了所有传统政治派别，也绝不会一直赞同民主制的政府。毕竟，普通民众可能出于短视的对获得更多物质的渴望而投票支持工业化。在德国，"自然宗教"常常与进化论者恩斯特·海克尔的哲学相联系，并成为纳粹意识形态的一部分。纳粹将犹太人和波兰人送往死亡集中营，从而创造了没有这些人的"自然保护区"。在斯大林推动的工业化进程导致对国内资源无节制的开发之前，苏联一直实行严格的环保主义政策（有关于欧洲的环保主义，参见：Bramwell，1989）。

在美国，一些人认为 20 世纪 30 年代发生在大平原的"沙尘暴"只是自然气候循环的一部分，另一些人坚持认为这是大草原不适于农耕导致的后果，双方发生了激烈争论。后一观点日益成为活跃的环保主义运动的典型观念，他们将自己与那些主张保护荒野对于人类心理健康至关重要的人联系起来，并且关注作为整体的地球的健康。在美国，1949 年奥尔多·利奥波德（Aldo Leopold）的遗作《沙乡年鉴》（Sand County Almanac）问世，该书记录了威斯康星州的狩猎管理者转变为在情感和审美上依恋荒野的环保主义者的过程。对于利奥波德来说，科学的生态学是不够的，它还需要道德的认同作为补充，即人们需要意识到所有物种都有生存的权利，不应因为人类的私利受到损伤："保护区无从建立，因为它不符合我们亚伯拉罕的土地观念。我们滥用土地是因为我们认为它是属于我们的商品。当我们将土地视为我们所属的群落时，我们才可能开始关爱和尊重并使用它。没有别的办法能让土地幸免于机械化的人类的影响，让我们从土地中得到美学收获——那些在科学的影响下，它能给文化带来的贡献。"（Leopold，1966）利奥波德的环保主义并不否定对自然的科学研究的作用，但科学研究的前提是人类是自然的一部分，而非自然的主宰。

这种看法的影响力不断增长，越来越多的人已经意识到无节制地利用环境会带来危险。蕾切尔·卡逊（Rachel Carson）1962 年发表的著作《寂静的春天》强调了使用杀虫剂对许多物种造成的伤害。大量的环境灾难给人们传递了同样的信息，不过各个团体对此的回应方式仍然差异巨大。在美国，虽然珍视荒野的人进行了各种活动，但公众似乎愿意让集约化农业摆布自然，以生产更便宜的食物。相比之下，在欧洲使用化肥和杀虫剂却变得不受欢迎，粮食作物的基因工程也受到限制。然而，在第三世界，人们认为相较而言基因工程危害更小，因为它让农民增加产量，而不必依赖昂贵和具有潜在危险的化学品。

生态学的起源

尽管我们认为与生物学相关的概念早已得到承认，但生态学直到 19 世纪末才作为一门独立学科出现。瑞典博物学家林奈在 18 世纪中叶就提到了"自然的平衡"，指出如果一个物种由于条件有利而数量增加，那么捕食它的物种数量也会增加并最终趋于恢复平衡。对于林奈来说，这完全是上帝造物计划的一部分，自然神论家常常将物种适应物理和生物环境的现象描述为神的慈爱的例证。

亚历山大·冯·洪堡有个建立关于自然世界的协调统一的科学的计划，其中特别关注塑造不同环境的地理因素，对这种生态关系的系统研究也是洪堡计划的一部分。洪堡为 1800 年左右流行于艺术界的浪漫主义运动所折服。浪漫主义强调荒野启发人类情感的能力，但他坚持对自然世界的严肃研究必须运用科学的测量技术和理性的协调。他的目标是建立一门关注物质相互作用的科学，并将这些相互作用理解为一个协调整体的组成部分，在整体中各个自然现象之间联系紧密。1799—1804 年，他在南美洲和中美洲考察，在各种环境中进行了大量的科学测量，以揭示地质结构、物理条件和栖息物种之间的相互联系。洪堡为地质学做出了重要贡献。他是德国地质学家亚伯拉罕·戈特洛布·维尔纳的追随者，并将在瑞士汝拉（侏罗）山脉发现的岩石命名为侏罗纪地层（见第 5 章）。他还绘制了可以展示世界范围内温度和其他气候因素的变化地图，他的另一些地图展示了山区的横断面，说明植被特征如何随海拔而变化（图 9.3）。洪堡在南美旅行考察的记录启发了包括达尔文在内的许多欧洲科学家，他提出的地球是一个统一整体的观点，鼓励了一代人对各种物理和生物现象进行系统研究。在"洪堡科学"的影响下，生物学家学会了用我们现在称之为生态术语的词汇进行思考，探寻土壤、底层岩石的特征，当地气候，以及该地区的其他生物如何决定动植物的分布。

在下一代中，达尔文主义也强调了物种对环境的适应，但他鼓励了一种更唯物主义的观点，即每个种群不仅要与捕食者竞争，还要与寻求利用同样资源的对手竞争（见第 6 章）。达尔文也关注解释物种如何适应新环境的生物地理学。1866 年，德国达尔文主义者恩斯特·海克尔根据希腊语"oikos"创造了"生态学"（oecology）一词，词的本义是家庭的运转，而一个地区的生态则展示了当地的各个物种如何相互作用以利用自然资源。但与达尔文不同，海克尔采用了一种非唯物主义的自然观，主张在一个统一进步的世界里，生物是活跃的因素。唯物主义和整体世界观之间的紧张关系决定了生态学从一开始就受到理论分歧的拉扯。人们设计了不同的研究计划，每一种都尝试以自己的方式理解物种

图 9.3　亚历山大·冯·洪堡绘制的示意图，展示了南美钦博拉索山的不同海拔的植被带，来自他的《关于植物地理学的论文》(*Essai sur la geographie des plantes*, 1805)。洪堡的研究通过展示物理环境的变化与各异的动植物形式之间的相关性，帮助奠定了生态学的基础

与其环境之间的复杂关系。由于出发点不同，各个研究计划往往采取不同的理论观点。

　　19 世纪末，描述性的，或者说形态学的自然研究法衰落，这刺激了后来以生态学命名的新生物学科的诞生。在这个节点，人们普遍推崇实验，生理学便是典范。在应对挑战的过程中，包括遗传学在内的新生物学科纷纷兴起。相比之下，将实验方法应用于研究物种与其环境的关联方式难度更大，但是有一些途径指向更科学的研究法。其中之一是不断完善的洪堡生物地理学研究方法。在美国，生物调查局的 C. 哈特·梅里亚姆绘制了详尽的地图，展示北美大陆上自西向东延展的各个"生物带"或栖息地。1896 年，主管德累斯顿植物园的奥斯卡·德鲁德（Oscar Drude）发表了对德国植物地理的详尽研究，展示了当地诸如河流和山丘等因素如何影响各区域的植被。

　　植物生理学为植物生态学的其他先驱者做了示范。实验研究让人们更好地理解植物内部功能的运作，而到 19 世纪末，一些植物学家开始认识到，还需要研究植物的物理环境如何影响这些功能。对那些处在热带和其他极端环境的植物园工作者来说，这一观点是显而易见的，在这些地方植物的适应性发挥着至关重要的作用（Cittadino，1991）。植物学家尤金纽斯·瓦尔明是植物生态学的奠基人之一，他曾在丹麦接受植物生理学的训练，并在巴西工作过一段时间。他开发的方法取代了纯生理学和大多数植物学家所关注的分类传统（Coleman，1986）。1895 年，他出版了《植物生态学》，该书在次年被翻译成德语，并在 1909 年被翻译成英语。瓦尔明明白一个地区的物理条件如何决定哪些植物可以在那里生存，但他也意识到特定环境中的多种代表性植物间存在相互作用的关系网络。这些代表性植物形成了一个自然群落，它们通过各种方式相互依赖。自然群落的概念已经被一些博物学家描述过，如美国伊利诺伊州的斯蒂芬·A. 福布斯（Stephen A. Forbes）。1887 年，他在皮奥里亚科学学会上发表了"湖泊，一个微观宇宙"的演讲，强调所有居住在湖中的物种都彼此依存。唯物主义观点的反对者很容易接受这个概念，并主张群落是一种具有自己生命和目的的超个体。但瓦尔明坚决反对这个带有神秘色彩的群落观；对他来说，这些关系只是进化使物种适应生物和物理环境的自然结果。他承认所有物种都一直在与彼此进行生存竞争，当原始群落受到干扰（如人为干扰）时，原始物种的集合未必能实现自我恢复。如果我们砍伐掉一片森林，树木可能永远没有机会再次长成，因为土壤已经发生改变，以致树木不能自行重生。这一观点也是美国最早的生态学派之一，由亨利·C. 考尔斯（Henry C. Cowles）在芝加哥大学创立的生态学派的代表性观点。

　　然而，美国还存在另外一个研究传统，它以非常不同的观点为中心发展起来。在内布拉斯加州立大学，弗雷德里克·克莱门茨试图将草原生态学研究建立在更科学的基础上（Tobey，1981）。欧洲的研究技术不适用于面积广阔且环境一致的美洲大草原，克莱门茨意识到，在这种情况下，真实准确地获得植物种群信息的唯一方法，就是逐一统计一系列样本区域中生长的每一种植物的数目。他在广阔的地区内标出了测量的方形地，即样方，并整合信息以对种群进行更准确的评估（图 9.4）。通过清点所有植被样本，他能够了解自然植物群落如何重建，并确信在这种情况下，自然群落或顶级群落的形成必然遵循一定的顺序。克莱门茨在《生态学研究方法》（*Research Methods in Ecology*）中公布了新的研究方法，草原生态学也从此建立起来，特别是在处理农民实际问题的机构，因为农民的活动不可避免地会破坏草原的自然顶级群落。克莱门茨是一位有影响力的作家，他提出了一种与瓦尔明和考尔斯的唯物主义方法截然不同的生态哲学。他从近乎神秘的角度看待一个地区的自然顶级群落：任何时候当一个群落受到干

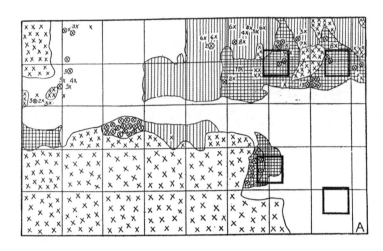

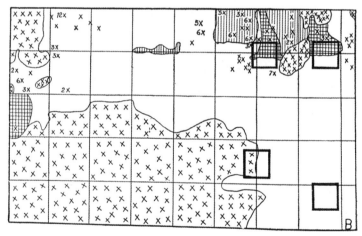

图 9.4　典型的植物生态学调查，来自约翰·E. 韦弗（John E. Weaver）和弗雷德里克·克莱门茨，《植物生态学》（纽约：麦格劳希尔，1929），第 41 页。图为美国内布拉斯加州林肯市过度放牧的牧场，该地区已经标记上 5 英尺（1.524 米）见方的样方，还标出了不同种植被的位置：单棵的西方雪果树被标为 X，六月禾覆盖的区域用垂直线标识，野牛草覆盖区域用十字线标识，麦草区域保持空白。上图对应的调查是在 1924 年进行的，下图的是在 1926 年，对比显示出灌木的扩张，以及六月禾和野牛草覆盖面积的减少。加粗标示的样方用于进行更详细的调查，其中的所有单株植物都被计数

扰时自然注定会推动它发展至自然顶级状态，群落有其自身的实存性，它不应该只被视为相互竞争的物种的集合。这种生态学似乎源于对自然的浪漫想象，即大自然是一个可以抵制人类干扰的有目的性的整体，但实际上它却被用来给那些通过农业活动破坏平原自然环境的农民提供建议。

合并与冲突

在 20 世纪初，瓦尔明与克莱门茨开创的对立的生态学方法得到了充分的关注，这让生态学作为一个整体被承认是科学的重要分支。但新的发展继续了原来的紧张对立，不同的研究学派之间在争夺对学科期刊和研究学会的控制，争夺可能有利于各自发展的进入政府和大学院系的机会。事实上，尽管生态学有一个前途无量的开端，但直到第二次世界大战结束，它的发展都很缓慢。成立于 1913 年的英国生态学会是第一个生态学会（Sheal，1987）。两年后，美国生态学会成立，学会的期刊《生态学》于 1920 年面世。但是，除了在美国，这门新学科在学术界立足的过程很缓慢，即便在美国，生态学会的会员人数在两次世界大战期间都没有变化。在英国，先锋生态学家，如阿瑟·G. 坦斯利（Arthur G. Tansley），不得不为获得学界认可而努力。坦斯利曾一度做了弗洛伊德派的心理学家，他将生态学发展缓慢的部分原因归咎于第一次世界大战，许多有潜力的年轻科学家因此丧生。

在美国，克莱门茨的草原生态学派在 20 世纪 30 年代蓬勃发展，这一学派支持这样的诉求，即北美的大草原应当从沙尘的侵蚀中恢复过来，恢复为自然顶级的草原群落。克莱门茨的学生约翰·菲利普斯将顶级群落是拥有自身生命的超个体这一理想主义观点，与南非政治家扬·克里斯蒂安·史末资（Jan Christiaan Smuts）推广的整体论哲学联系在一起，史末资的《整体论与进化》（*Holism and Evolution*）发表于 1926 年。史末资感性地呼吁将自然看作一个具有内在精神价值的创造性进程，并将进化描绘为一个旨在形成复杂实体的过程，这些实体的属性高于它们在各自的部分中被看见的任何东西。在英国，坦斯利要与推崇史末资哲学的南非生态学家展开竞争，后者带来了要统治整个大英帝国生态学的威胁（Anker，2001）。

虽然克莱门茨及其支持者试图解释沙尘暴，但土壤消失的事实确实削弱了他们关于自然顶级群落的植被可以自我再生的观点。其他生态学派也发展起来，特别是在不必处理草原农业问题的大学院系中。亨利·艾伦·格利森（Henry Allan Gleason）和詹姆斯·C. 马林（James C. Malin）对克莱门茨的观点提出了挑战，他们主张气候的波动和其他地区物种的自然入侵都可能会使一个地区的植被发生变化。在英国，坦斯利最终在牛津大学获得教席，他强烈反对菲利普斯使用超个体的概念，并公开驳斥它不过是一种神秘主义。然而，坦斯利使用的研究方法与克莱门茨学派非常相似。正是斯坦利在 1935 年创造了"生态系统"这个术语，用它来描述特定区域内相互联系的物种构成的系统。对于所有欧洲生物学家来说，显然大多数"自然"群落在某种程度上是人类活动的产物，这样的状态可能延续了好几个世纪，所以要求将某个特定的生态系统优先认定为适合某一地区的唯一生态系统没有意义。坦斯利和其他评论家也担心，推广超个体这一概念将正中神秘主义者的下怀，他们往往想要阻止对自然世界的任何科学研究。在欧洲大陆，一种完全不同类型的生态学发展了起来，它建立在对一个地区所有植物进行细致分类的基础上。而超个体的概念与这种生态学毫无关联。

直到 20 世纪 20 年代，人们才开始对动物生态学进行系统研究，这一点可以清楚地表明生态学的起源是非常分散的。然而在动物生态学的领域，也立即出现了唯物主义观点和整体论观点之间的紧张对立。芝加哥大学的维克托·E. 谢尔福德（Victor E. Shelford）用克莱门茨的方法研究动物群落及其对当地植被的依赖。同样是在芝加哥，沃德·克莱德·阿利（Warder Clyde Allee）也开始研究动物群落，其基础是假设种群成员之间的合作是一个物种应对环境的重要环节（图 9.5）。阿利否认了达尔文将个体竞争作为生物习性和进化的驱动力的观点，并明确地否认了"啄食次序"决定个体在群体内序位的观点。在他看来，进化促进了合作，而不是竞争。这与克莱门茨学派的代表性观点整体论哲学非常契合。阿利和他的支持者还发展了他们自然关系理论的政治内涵，用来替代将个人竞争视为自然和不可避免的"社会达尔文主义"（Mitman，1992）。

在英国，查尔斯·埃尔顿（Charles Elton）开发出了一套非常不同的方法，他从 1932 年开始在牛津的动物种群办公室工作（Crowcroft，1991）。他的著作《动物生态学》（*Animal Ecology*，1927）成为该领域的教科书，并使"生态位"这一术语被广泛用于表示物种与其环境相互作用的特定方式。埃尔顿曾处理哈得逊湾公司的记录，其中详细记录了多年来被猎捕的毛皮动物数量的变化情况。这些数据揭示，在资源丰富的时期，快速繁殖的物种数

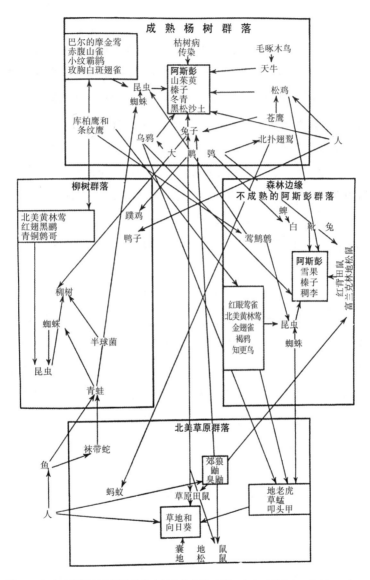

图 9.5　加拿大阿斯彭公园的物种之间的生态关系图，来自阿利等人，《动物生态学原理》（费城：桑德斯出版社，1949），第 513 页。阿利和他芝加哥生态学派的同事强调个体和物种之间和谐的相互作用，这让自然和人类社会中存在的生存斗争得以最小化。根据该书合作者姓氏的首字母，这本教科书被俗称为"伟大的 AEPPS 书"

量超过其自然捕食者时，将导致动物数量偶尔的大幅增长（旅鼠的泛滥就是典型的例子）。这种偶发情况在传统的"自然平衡"理论下是不可能的，同时也确证了达尔文的马尔萨斯式观点，即种群数量倾向于不断扩大直至超过现有资源能承受的极限。

埃尔顿与坦斯利、年轻的朱利安·赫胥黎共同推广了他们的生态观，赫胥黎还将其与进化论中正兴起的新达尔文主义联系起来。他们的方法否定各个环境都有其代表性生态系统存在，让人们更容易将自然世界视为可以通过科学规划从而适应人类活动的存在。这样一个观点具有鲜明的社会意义，并通过赫伯特·乔治·威尔斯（Hebert Georgy Wells）撰写的科幻小说被普及。1931年，威尔斯还与赫胥黎合作了一部非常重要的作品《生命的科学》（*The Science of Life*）。然而当时，他们并没有将生态学设想为可以通过数学模型进行分析的学科，部分原因是埃尔顿观察到生物的种群密度的快速波动，看上去似乎不可预测。但其他人对使用数学方法的可能性越来越感兴趣，也许是因为人们发现气体中单个分子的活动与环境中个体动物的习性之间有类似之处。1925年，美国物理化学家艾尔弗雷德·洛特卡（Alfred J. Lotka）出版了一本关于这个主题的著作。随后，意大利数学物理学家维科·沃尔泰拉（Vico Volterra）采用了这一研究方法，他当时对预测商品鱼类的种群数量波动感兴趣。在 20 世纪 30 年代后期，苏联生物学家 G. F. 高斯（G. F. Gause）对原生动物进行了实验，以检测"洛特卡－沃尔泰拉方程"，"二战"之后，他证实数学方法有效的研究成果对促进生态学壮大起到了至关重要的作用（Kingsland，1985）。而目前，许多人认同埃尔顿的质疑，认为自然种群的动态变化不可预知，不适合应用抽象数学模型进行研究。

现代生态学

随着世界越来越意识到人类活动带来的紧迫的环境问题，20世纪50、60年代，生态学发展迅速。不过压力不一定来自环保组织。那些试图控制和利用自然的人也希望能够得到信息来帮助他们处理眼前更复杂的问题（Bocking，1997）。生态学家利用了更为"科学"的新方法，这种方法得以实现要归功于洛特卡和沃尔泰拉在"二战"前开发的数学技术。随着自然选择遗传理论（本身就是以种群的数学建模为基础）的出现，生态学家也能够与主导进化生物学的综合进化论达成共识。一个种群生态学学派根据达尔文学说的一个观点而建立，即竞争是自然关系的驱动力。然而，生态学并没有总体的理论共识，因为同一时期又出现了一个对立的系统生态学派，它的基础理论是生态关系与人类社会中存在的稳定经济结构之间具有相似性。人们再次关注群落的和谐本质，但依靠的不是陈旧的活力论哲学，而是在控制论中建立起来的具有目的性的自然系统模型。詹姆斯·洛夫洛克的盖亚理论将这种方法发展成一种看似旧神秘主义的东西时，遭到众多生物学家的猛烈批评，因为他放弃了科学的唯物主义精神，并且迎合极端环保主义者支持的浪漫化的自然想象。

洛特卡-沃尔泰拉方程有力印证了达尔文学说的观点，主张在竞争占主导地位的世界中，适应性最强的物种将使所有对手灭绝。这被称为"竞争排斥原理"，即指在特定地点只有一个物种能占有一个特定的生态位。朱利安·赫胥黎的学生戴维·拉克（David Lack）在加拉帕戈斯群岛上以"达尔文雀"为例检测了这一原理。尽管达尔文曾经将这些鸟类作为特化的典型例子，但后来的研究表明，在同一座岛屿上往往有几个不同的物种以表面上相似的方式进食。拉克的研究表明，事实并非如此，因为每一物种实际上都在以不同的方式觅食——它们混在一起并不意味着它们以同样的方式吃同样的食物。他的书《达尔文的雀》（*Darwin's Finches*，1947）有利于新达尔文综合进化论与生态学竞争排斥原理的建立，同时使人们重新对达尔文选择理论奠基人的角色提起兴趣。

自幼在英国接受教育并于 1928 年移居美国的生态学家 G. 伊夫林·哈钦森（G. Evelyn Hutchinson），抨击了拒绝在动物生态学中使用数学模型的埃尔顿。他认为，在应用洛特卡 – 沃尔泰拉方程出现困难时，最好的方法是修正数学模型，而不是完全拒绝这一技术。正如他于 1965 年出版的著作《生态的舞台，进化的表演》（*The Ecological Theatre and the Evolutionary Play*）的名字透露的那样，哈钦森希望使用数学模型来统一生态学和进化理论。他的学生罗伯特·麦克阿瑟（Robert MacArthur）以达尔文竞争原则和竞争排斥原理为基础，建立了一个新的群落生态学（Collins，1986；Palladino，1991）。麦克阿瑟使用数学模型来解决问题，如在特定环境中生态位可能有多接近，以及生态位是否与物种一起进化。像拉克一样，麦克阿瑟对孤岛上种群结构带来的问题感兴趣。他与爱德华·威尔逊（Edward O. Wilson）合作，提出了新的理论，预测海洋岛屿物种多样性与其面积成正比。物种数量通过物种的迁入和灭绝之间的平衡维持，数目小的孤立种群总是面临着灭绝的威胁。威尔逊好奇，不同的生殖策略如何帮助或阻碍一个物种在新的岛屿上立足，并随后创立了社会生物学。

而哈钦森则有别的研究兴趣，而这些研究有利于在完全不同的理论原则的基础上，建立对立系统生态学派。他想用经济学而不是生物类比的方法来研究群落，这种方法追踪能量和资源在整个系统中的流动，并试图确定维持整体稳定的反馈环。这是苏联地球科学家 V. 韦尔纳茨基（V. Vernadskii）率先采用的方法，他在 20 世纪早期创造了"生物圈"一词。反馈环是由诺伯特·韦纳（Norbert Weiner）新创立的控制论的核心概念，用于解释自动调节机制的运行。哈钦森想象这样的反馈环存在于全球范围内，以保持各种生态系统处于稳定状态。他也发现这种自然模式类似于经济学家尝试将人类社会描绘成的基于共同使用资源的稳定系统。哈钦森的学生雷蒙德·林德曼（Raymond Lindemann）在 1942年发表了一篇颇具影响力的文章，分析了明尼苏达州赛达伯格湖生态系统中太阳能的转化流动。这种能源流动的模式之后由霍华德·奥德姆（Howard Odum）和尤金·奥德姆（Eugene Odum）兄弟建立起来，他们也是系统生态学的奠基人。奥德姆兄弟研究了各种环境中的能源和资源循环，他们的基础假设是，更大规模的生态系统在面对外部威胁时具有更牢固的稳定性。美国原子能委员会因为担忧核战争或事故可能造成的潜在危险，所以资助了他们的一些研究。系统生态学将人类经济体视为全球能源和资源消耗网络的一个部分，并提出了模型，主张如果能够理解流动模式，就可以成功地管理该过程的所有层次。霍华德·奥德姆的《环境、权力与社会》（*Environment, Power and Society*，1971）中提出了一个技术统治论的理想社会，那是一个精心组织和管理的社会，即使未来人类可能获得的资源水平较为有限，这个社会也能自我维持（Taylor，1988）。

群落生态学和系统生态学因此代表了关于如何构建生态系统

模型的两种对立观点，一个以达尔文竞争原则为基础，另一个以似乎具有目的性、更具整体性的反馈环理论为基础。在哲学和政治上，它们包含着关于自然和人类社会的截然不同的观点。结果便是双方深层次的冲突，指责对方哲学上幼稚、科学上无能。因此，20 世纪后期，生态学并没有根据一致的范式达成统一。抱持着不同研究计划、方法论和哲学的不同学派依旧存在。但他们似乎都同意的一件事是，科学的生态学需要表现出唯物主义的本质，不与极端环保主义运动所推崇的那种自然神秘主义联系。虽然系统生态学保留了整体论方法，让人联想到克莱门茨生态系统是独立的有机体的观点，但控制论的出现及与经济学的联系令这一学派也远离了旧的理想主义。

　　正是在这种背景下，我们可以评说 1979 年詹姆斯·洛夫洛克提出盖亚假说时，人们的反应。在盖亚假说中，整个地球被视为一个旨在维持生命的可自我调节的系统。盖亚是古希腊大地女神的名字，它在这里暗示地球是包括人类在内的所有生物的母亲。洛夫洛克毫不掩饰他对环保主义的支持，他批评那些主张不受限制地剥削自然的人，表示当人类对整个生物圈构成威胁时，如果必要，盖亚将采取措施消灭人类。洛夫洛克拥有无可挑剔的科学资质，他曾参与空间计划，开发从卫星监测地球表面的系统，但他提出理论时所用的修辞明显惹怒了许多科学家。虽然与系统方法非常相似，但盖亚假说似乎远离了控制论的类比，回到了旧的机体说，根据这种机体说，生态系统（在这种情况下是整个生物圈）是一种实存，可以自主行动来实现自身目的。批评家们毫不迟疑地指出了这些隐含的观念，抨击整个理论曲解了科学，以迎合环保主义运动浪漫主义观念。对于洛夫洛克来说，这就好像一个教条科学体制团结起它所有的成员捍卫唯物主义："我有一个微小的希望，'盖亚'可能会遭到神职人员的谴责；而我将到纽约圣约翰大教堂讲述盖亚理论。然而，盖亚被我的同人和记者们所谴责，《自然》与《科学》杂志不会发表这个主题的论文。没有令人满意的拒绝理由；科学体制就好像伽利略时代的神学体系一样，不再容忍激进或怪异的观念。"没有什么能比这更清楚地表明，科学生态学（无论何种形式）和激进的环保主义之间依然存在着鸿沟（Lovelock，1987，vii–viii）。

结论

虽然许多人将"生态学"一词与环保主义运动联系起来，但我们已经看到，科学的生态学有着多种来源，其中大部分与保护自然环境无关。科学更多地与努力开发自然资源相联系。历史研究表明，生态学的发展更多地是想管理利用自然的方式，而不是阻止它。大多数生物学家至多关心，如何确保人类在参与自然世界的过程中不会造成太大的破坏：可持续的收益比大规模的资源毁灭更为可取。即便那些将生态系统想象成一个具有自我生命和目的性的实体的生态学家，也愿意向农民和其他必须干扰自然原始状态的人提供建议。在欧洲，关于纯粹自然的景观的概念似乎没有意义，因为很久以前人类就开始广泛地改变欧洲的自然环境。虽然更激进的环保主义者可以从洛夫洛克的盖亚理论中获得安慰，但他们不能要求作为科学分支的生态学无条件地支持他们不干预自然的观点。

　　对于科学史学者来说，同样吸引人的是，生态学的起源和理论视角具有多样性，生态学的多个分支由此诞生。生态学不是一个由共同的研究计划和方法建立起来的单一学科。恰恰相反，促进了所谓生态学的建立的各个运动发生在不同的地方和不同的时期。参与其中的科学家来自不同地方，他们提出了各自想要回答的问题，也由此找到了他们认为合适的方法。对美国中西部广阔草原有用的技术，对于欧洲耕种程度更深的土地或哈得逊湾的苔原就不适用了。来到这些不同环境的科学家有不同背景和兴趣：一些是植物生理学家，他们试图将实验方法推广到对植物与环境相互作用的研究上，一些是生物地理学家或分类学家。他们都决心让对生物与环境的相互作用的研究更加科学，但他们会将什么定义为"科学的"，则取决于自身的背景和面临的问题。数学建模方法开始应用于生态系统时面临很多质疑。大多数生态学家都想把自己的科学描绘成唯物主义的，最终让他们将自己与复兴的达尔文综合进化论相联系。但是，一直存在反对这种运动的哲学思潮，这与在生物学其他领域面临的质疑相似。史末资的整体论在20世纪初的科学中绝对是典型的非唯物主义思潮。它肯定吸引了一些早期的生态学家，尽管在20世纪末期，这种思维方式变得不那么流行，但它以盖亚假说的形式复兴，并引发了新一层次的辩论。这个辩论提醒我们，大多数科学家和支持更激进的环保主义运动的近乎神秘的自然观之间仍然存在着鸿沟。

第 10 章

大陆漂移

　　20 世纪 60 年代，地球科学经历了翻天覆地的变革。在 10 年左右的时间里，自 19 世纪地质学的"英雄时代"以来一直为人们接受的原理被推翻了，取而代之的是一种新的地球内部模型。现在地表被认为由互相联动并不断移动的板块组成，它们一边因为火山活动而得到更新，一边因沉入地球内部而被毁灭。随着"板块构造理论"的发展，大陆可能在地表水平漂移这个数十年来饱受排斥和奚落的观点，现在看来很可能是正确的。大陆就像由轻石头扎成的筏子，被它们依附的板块带着运动。

　　不用惊讶，科学史家和科学哲学家试图将这一事件作为研究对象，以检验科学变革的理论（参见：Frankel，1978，1985；Le Grand，1988；Stewart，1990）。这是库恩意义上的"革命"吗，长期存在的范式陷入危机而后被另一个替代？确实有许多研究者持这样的观点。或者这其中发生了更复杂的事，我们是否需要从研究团体和新学科规则的建立这种社会学视角来解释这次地理学变革？根据罗伯特·缪尔·伍德（Robert Muir Wood）的说法，这次革命实际上是地球科学成功的收购行动，新的地球物理学取代了更传统的地质学。地质学家确立的许多知识得以保留，但根据地球物理学对地球内部的理解，一些根本原则被重新定义。19 世纪地质学家建立的地层构造序列（见第 5 章）仍然有效，但他们对造山运动的解释被抛弃了。同时，早期地质学最具争议的理论之一，查尔斯·莱尔的均变论得到了证实。板块构造理论假定的运动是缓慢而渐进的，今天仍在继续。理论的转变得以实现部分得益于新技术，新技术实现了对深海海底的探索，揭示了莱尔那一代人无法观察的地质现象。

　　早在 1912 年，阿尔弗雷德·魏格纳（Alfred Wegener）就提出了大陆漂移的观点，但是在 20 世纪 60 年代的革命之前，它并不被大多数人认可。这一事实让情况变得很复杂。魏格纳是后来被接受的理论的先驱吗？如果是，为什么一整代地质学家都激烈地反对他的理论呢？或者他对板块构造的理论很肤浅，只是凑巧猜对了后来理论的关键点，却没有预测到人们对地球的理解会产生更根本性变化？魏格纳没有预见到有关地壳内部机制的理论会被重塑，而它们都是板块构造理论不可或缺的组成部分。在 20 世纪 20 年代，基于对放射性热的新认识，类似的机制曾被提出，但是大多数地质学家仍持怀疑态度。也许，魏格纳是地球物理学家而非地质学家这一事实，有助于我们理解为什么他的想法没有被那些接受传统学科思维训练的地质学家重视。在这种情况下，我们要认真思考伍德的建议，即这场革命被探索地壳的新技术的出现所推动，是地球物理学姗姗迟来的胜利。

地质学的危机

阿尔弗雷德·魏格纳不是第一个注意到以下事实的人，即非洲和南美洲海岸线之间是明显"相合"，大西洋看起来是因大陆分离而形成的。但是，他是首先把这个观察发展成一个完整理论的人，希望以大陆漂移理论解释更广泛的地质现象。他的理论受到广泛的质疑，部分原因在于他没能提出合理的机制，解释为什么大陆可以在地球表面水平移动。然而，他确实表达了一些严肃的反对意见，这些意见已经开始困扰现有的地质变化理论，他还暗示"活动论"的替代方案可以解决这些问题。在这个意义上，魏格纳可以被视为推倒地球科学旧有范式的重要人物，尽管他对新理论的预期十分有限。值得铭记的是，哥白尼和开普勒也未能预见到牛顿对行星运动的解释，魏格纳本人则把他的漂移理论视为一个初步的轮廓，等待着下一代人重塑有关地球内部结构的理论，以证实他的构想。

为了了解魏格纳应对的危机，我们需要回顾 19 世纪提出的地球理论（Greene，1982）。正如我们在关于地球年龄的章节（第 5 章）中看到的，当时占主导地位的理论认为，地球正在冷却，随之而来的是地球运动等地理活动的速度减缓。查尔斯·莱尔的均变论遭到抵制，主要原因是，他暗示地球在相当长的时期内处于"稳定状态"。莱尔成功说服灾变论者改变了部分观点，他们减小了假设中地球在早期阶段剧变的程度，但很少人抛弃灾变论的基本假设，即在远古时代，地质变化比现代更为剧烈。对地质记录中有关突发性事件——即便不算真正的灾难性的事件——的证据，莱尔也没能解释清楚。地质周期之间的分隔似乎也划分了相对的平静期与大规模的造山运动及随之而来的气候变化造成的物种大灭绝时期。在 19 世纪后半叶，大多数地质学家认为，这些剧烈变化是由地壳突然的挤压所造成的，因为地球内部冷却时体积缩小，由此产生的压力需要释放。甚至大陆本身也是由这样大规模的地壳运动形成的，所以具有不稳定性。地球表面的任何地方都可能会下沉形成海床，或抬升形成大陆和山脉，这取决于收缩引起的压力作用的确切位置。地球从最初熔融的状态冷却到现在的状态所需的时间决定了整个过程的时长。

到 19 世纪末，这个理论的许多方面遭到质疑，部分原因是出现了一种被称为地球物理学的研究地球的新方法。与地质学家不同，地球科学家对测定地球历史上一系列地质事件的相对年代不感兴趣，他们想了解推动星球内部活动的实际物理过程。开尔文爵士努力制定地球冷却的时间表，他对热量如何从内部传到地表这一问题很感兴趣。他的努力使人们认识到从地球内部到达表面的热量与地球从太阳接收的热量相比微不足道。于是，甚至地球冷却理论的支持者也不会期待气候变冷——至少在后来是如此。

但是，地球物理学家所做的一些计算给现行的理论带来了危机。最严峻的是，即便地球在冷却并因此而收缩，其程度也不足以产生我们在地表看到的如此大量的折叠和断层。在 20 世纪初期，地球冷却这一模型受到猛烈抨击，放射性热理论认为，地球内部温度可以维持数十亿年以上。造山运动的收缩模式被否决，在魏格纳看来，大陆的水平运动将提供一种替代的解释。

对构成大陆和海底的岩石的性质的新研究同样具有启发意义。在 1881 年出版的《地壳物理学》中，英国地球物理学家奥斯蒙德·费希尔（Osmond Fisher）收集的证据表明，构成大陆岩石的物质比构成深海海床的要轻。大陆主要由铝的硅酸盐组成（后来简写为"硅铝层"），海底则主要是镁的硅酸盐（"硅镁层"），结论显而易见：大陆不是由海底抬升而产生的，它更像是较轻的硅铝层如筏子般漂浮在环球的硅镁层之上。1889 年，这一观念被吸收到美国地球物理学家克拉伦斯·达顿（Clarence Dutton）提出的"地壳均衡说"之中。在这个模型中，大陆在流体静力平衡状态中漂浮，随着其构成物质受到侵蚀或沉淀而起起落落。

到目前为止，大多数地质学家已经接受了大陆非常古老这一观点，但是很多人仍然认为，陆地在某一地质时期沉到了海面以下。如今的大陆曾一度被"大陆桥"或面积更大的陆地所连接，现在它们已消失在波涛之下。这些大陆桥解释了化石记录中的异常现象，包括直到中生代，非洲和南美洲的生物种群似乎都是相同的，此后它们才一步步分化。这一理论假设连接大陆的大陆桥那时已经沉没。但根据费希尔和达顿提出的模式，这样的大陆桥是不可能存在的：从物理上说，密度较小的大陆岩石不可能被压到如此之深，以至于能够变成南大西洋或其他海洋的海床。大陆可能偶尔会被浅海淹没，但是它绝对不能构成深海海床。魏格纳再次抓住现有理论的缺陷，他声称，这个难题可以通过假设大陆筏本身的水平运动来攻克。

魏格纳和第一个漂移理论

魏格纳的理论尝试提供一种新范式，以替代他认为已经失灵了的旧范式。问题在于大多数与他同时代的人认为新理论比旧理论更不可信。确实有一些重要的证据指出了大陆移动的可能性，其中包括曾经被用来证明大陆桥存在的证据。不过魏格纳并没有打算重新建立一套完整的关于地球内部结构的理论，因此，他的理论没能合理解释在巨大的摩擦力的阻挡下，大陆如何在地表移动。魏格纳也是传统地质学界的圈外人。他是一位气象学家，本来兴趣在于古气候学（Schwarzbach，1989；更综合性的研究参见：Hallam，1973）。与他的岳父弗拉迪米尔·柯本（Wladimir Köppen）一样，他认为：冰河世纪开始的原因是地球从太阳接收的热量发生了波动。正是出于对冰河时期的兴趣，他前往格陵兰进行研究，最终在1930年的探险中去世。因此，在这个意义上，相比他对地球物理学气象学分支的研究，对大陆漂移的研究于他是第二位的。历史学家认为，也许正是因为魏格纳缺少正统地理学方面的训练，他才有灵活的思维，能提出有关地球运动的全新想法，但这也使得他远离地质学家的专业圈子，而后者则把他视为局外人和业余爱好者。

　　魏格纳从1910年就开始构想这一理论，当时他注意到非洲和南美洲的海岸线很相契，他马上开始搜寻地质学文献，寻找支持这个观点的论据。两年后，他开始就这一理论发表演讲，1915年他的著作《大陆与海洋的起源》（*The Origin of Continents and Oceans*）出版（直到1966年才被译成英文）。这本书有力地总结了所有证据，抨击了旧的造山运动理论，然后阐述大陆漂移理论能够作为一个替代理论的理由。如今很少有人怀疑这个观点，即大陆可以被视为由较轻物质构成的浮体，倚靠在海底密度更大的地壳上。魏格纳的观点是，如果大陆以某种方式在地表水平移动，摩擦将导致大陆板块的前缘褶皱，从而产生山脉。如果美洲正在漂离非洲和欧亚大陆，这就能解释南美洲和北美洲西部边缘山脉的形成。魏格纳认为，所有的大陆曾经连在一起，构成唯一的大陆，他称之为泛大陆，泛大陆在中生代开始分裂（图10.1）。这就

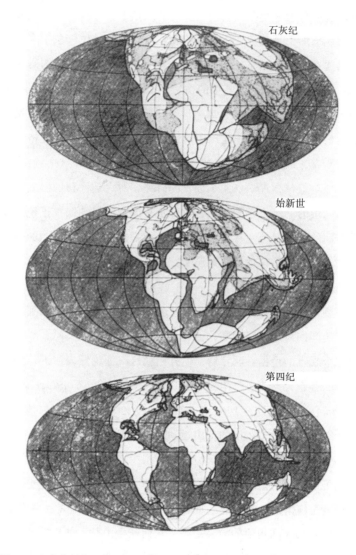

石灰纪

始新世

第四纪

图 10.1　阿尔弗雷德·魏格纳的地图，展现了大陆漂移，来自他的《大陆与海洋的起源》，1922 年，第三版，第 4 页。第一幅图展示了石炭纪晚期的地球，大部分陆地连在一起，构成了一个超级大陆，即泛大陆。第二幅图展示了始新世的分裂。最终在第四纪初期（第三幅图），现代陆地的分布情况已变得明显

解释了为什么南美洲和非洲的种群在此后才开始出现分化，同时解释了为什么这两个地区的早期地质结构很相似。从海岸线的契合得出的结论不仅仅基于地理学，如果想象它们曾连在一起，那么实际的地质构造也将是连续的。魏格纳打了一个比方："这就像我们通过比对碎报纸的边缘，把它们拼在一起，然后检查报纸上的铅字读起来是否流畅。如果读起来流畅，我们就完全可以得出结论，这样拼起来是对的。"（Wegener，1966，77）在他眼里，各大陆在中生代分裂的证据是不容忽视的。

　　魏格纳也利用他的古气候学知识提供其他证据。化石记录表明，在二叠纪期间，大陆的许多地区都经历了冰河时代。如果当时的大陆像如今这样分布，那么这个现象就很难解释，但如果它们曾经连在一起，在南极附近组成一个更大的大陆，那么就好理解了。如果其他地区位于热带，那么就能解释它们为何在同一时期享受着温暖的环境。此外，魏格纳试图证明，欧洲和北美在上一个冰期还连在一起。这个观点不太合理。从地质的角度来说，这个时期离我们很近，这个理论意味着北大西洋的扩张非常迅速。魏格纳甚至引用了一些更可疑的测量结果，提出格陵兰岛和欧洲当时正以每年 10 米的速度分离。

　　此外，魏格纳还要解释大陆如何在地表进行移动，在这个问题上，他的成果无法令人信服。他仍然认为地球深处的硅镁层是静止的，所以大陆筏必须受到推力，才能克服巨大的摩擦阻力在地表移动。为了让他的理论更可信，他提出地壳并不是完全僵硬的。像沥青一样，它能抵抗突然的冲击，但在持续的压力下会逐渐流动。即便如此，阻碍大陆移动的摩擦力也是巨大的，为了提供必要的压力，魏格纳提出了两个假设。其一是，地球自转产生的离心力造成大陆"飞离两极"。其二是，由月球产生的潮汐力给了大陆向西的压力。问题在于，对于大多数地球物理学家来说，这些力不足以解释大陆的漂移，而且也未能解释为什么泛大陆会在中生代发生分裂。假定大陆形成之后确实开始远离两极，那么它们都应该稳步地移动到赤道并留在那里。如果潮汐推动美洲大陆向西，为什么它对欧亚大陆和非洲大陆没有影响？魏格纳看到了大陆漂移的表面证据，但他并没有意识到，要让整个理论站得住脚，他必须构建一个整个地壳底层都在移动的模型。

魏格纳理论的反响

魏格纳的理论起初没激起什么波澜，但在英语世界中，它很快就招致普遍驳斥。德国地质学家更支持他的理论，认为这个想法可能会很有趣，不过要得到重视，还需要进一步的证据。在德国，坐在书屋中的地质学家在地球科学领域树立了重视理论研究的传统，他们不做实地调查，而是从文献中寻找证据。而在英国和美国，人们普遍认为，任何想要提出新理论的人都必须先对这一领域做出切实的贡献，于是魏格纳被视为外来者，入侵了其他人的领地（Oreskes，1999）。在1926年美国石油地质学家协会举办的那次臭名昭著的会议上，漂移理论被大多数人排斥，甚至被公开嘲笑。沉没的大陆桥这一传统观点仍然被用来解释化石证据，尽管它与地球物理学找到的证据不相符。魏格纳被描述为缺乏批判能力的爱好者，他梳理文献寻找有利于他的证据，而忽略了大量相反的论据。也有人认为，这个理论破坏了均变论的逻辑，因为它似乎意味着在中生代存在一个任意的时间点作为整个漂移过程的开始。

　　事实证明，即便是地球物理学家也很难相信魏格纳，魏格纳提出的物理机制中的缺陷是致命的。英国地球物理学家哈罗德·杰弗里斯（Harold Jeffreys）在 1924 年出版的颇具影响力的教科书《地球》中指出，魏格纳所假定的力的数量级太小，无法克服大陆被推过底层静态地壳时必然存在的摩擦力。

　　一些地质学家确实认真对待了这一理论，但在几十年里他们的成果也无人问津。哈佛大学的地质学家 R. A. 戴利（R. A. Daly）假设了一种漂移机制，该理论的基础是大陆从地表极地的突出部位向下滑动。最热切支持漂移理论的是南非地质学家亚历山大·杜·托伊特（Alexander Du Toit），他意识到他家乡与南美在地质结构上的相似之处。在 1937 年的《我们漂移的大陆》中，他削弱了魏格纳关于漂移速度的过分主张，并假定古代存在两个超大陆——劳亚古大陆（Laurasia）和冈瓦纳古大陆（Gondwanaland）——而非一个。

　　对于那些想弄清楚为什么如此接近今天的理论的学说在那时会遭到反对的历史学家来说，地球物理学家阿瑟·霍姆斯对它的支持提供了一条有趣的线索。他用放射性方法测定地球年龄的工作使他声名远播（Frankel，1978）。霍姆斯计算出地球深处放射性活动产生的热量如此之大，除了热传导还需要一些别的机制把这些热量带到表面。大量的火山活动显然是可能的机制之一。1927年，霍姆斯提出地壳中可能存在对流，热物质向地表溢出，冷物质下沉到内部。事实上，新的地壳是由熔融的岩石在地球的"热点"上形成的，旧的地壳因为潜没而被破坏，在这两个过程中地壳将会水平移动。霍姆斯不久后意识到，这种对流可以为大陆漂移提供一种物理机制，因为如果大陆筏浮在移动的地壳之上，它也会随着地壳而移动。魏格纳的反对者所持观点的基础是大陆和底层地壳之间的摩擦力水平，现在他们的观点受到了有关地壳内部的新模型的冲击。

霍姆斯怀疑热点可能在大陆下形成，并通过漂移使大陆分离。他没有意识到这一假设暗示，现在大多数热点可以在海底找到，由原始大陆的分裂造成。在这方面，他并没有想到海底扩张说，这一观点后来成了板块构造理论的核心。而地壳中的对流理论不可思议地预见了后来的发展。虽然如此，那时的人们对它们并不关注，霍姆斯的主张对推动魏格纳的理论毫无帮助。这让历史学家就不得不问，这个与 20 世纪 60 年代被认可的理论如此相近的学说，为何遭到了那一代人的反对。一种说法是，霍姆斯理论的早期版本是不可验证的，因此无法作为可行的研究项目的基础。就算他意识到要在海洋中寻找热点的位置，当时也没有探测深海海床的技术。更重要的是，传统地质学家共同体的影响仍然存在，他们还不想让自命不凡的地球物理学家传播新的世界观。

板块构造理论

20 世纪五六十年代推动了地球科学革命的技术发展，在某种程度上是"二战"和冷战期间军事技术发展的副产物。对于海军来说，面对潜艇带来的威胁，进一步了解深海海床至关重要，他们转而向地球物理学家寻求相关信息。先进的仪器被发明出来测绘海底的磁性结构，新的洞见由此产生，并将改变科学家关于地壳的理论模型。在新的板块构造理论基础上，大陆漂移说将迎来迟到的胜利。但被取代的不仅仅是现有的范式。由于资金和影响力达到了新的水平，年轻的地球物理学打破权力的平衡，改变了之前从属于传统地质学的地位。"国际地球物理年"（事实上是1957 年 7 月—1959 年 12 月）宣布了新秩序的胜利，它的影响超出了科学界的范围。在接下来的十多年里，大学里的地质学系纷纷更名为"地球科学系"，他们承认这门学科不再由旧式的地质学主宰。这一创造了板块构造论的革命不是单一学科内部的转变，而是新研究群体争夺迄今为止被旧地质学传统主导的领域的控制权时的意外收获。根据最近研究，至少对于美国科学家来说，真正改变的是该领域对好的科学的定义（Oreskes，1999）。

对地球物理学家来说，可获得的最重要的技术支持是那些可以详细研究地球磁场的技术。物理学家在磁的本质及地球磁场的恒定性问题上存在很大的争议。"二战"期间，英国物理学家布莱克特帮助制造了一种极度灵敏的磁力仪，用于探测磁性水雷，现在他利用这一技术探测圈闭在地壳中的微小的磁场。有假定认为，岩石形成时把磁场圈闭在了其中，实际上，它们提供了相关地质时代的地球磁场的记录。令人惊奇的是，把不同地区岩石中剩余的磁性进行对比时，它们显然与今天地球磁场的状态不匹配，彼此之间也互不相同。这意味着，要么岩石形成之后发生过移动，要么地球的磁极发生过转换。既然地球上不同地区的岩石中的小磁场各不相同，最可能的一个解释就是今天的大陆已经不在早期地质时代所处的位置了。

同样使人困惑的是，许多岩石中的剩余磁场与我们当前观察到的地磁场方向相反。地球物理学家开始怀疑地磁场有时会倒转，南北磁极会交换位置。通过大量的观察是有可能描绘出一张地磁倒转的时间表的。同时，更精确的放射性测定年代的技术有助于绘制更为详尽的更新世的岩石形成的时间表。在伯克利，理查德·德尔（Richard Doell）、艾伦·考克斯（Alan Cox）和 G. 布伦特·达尔林普尔（G. Brent Dalrymple）领导的团队将这两方面的证据放在一起，排出了与现存的地质时间表相对应的磁极倒转的序列。对新墨西哥州贾拉米洛岩石的测验揭示了最后一次倒转，研究报告于 1966 年发表（Glen，1982）。很快，这一发现就在大陆漂移的研究中发挥了至关重要的作用。

海洋学同时也在不断发展。在"二战"及之后的冷战期间，探测敌方的潜艇是军队的头等大事。要想探测隐匿的潜艇，进一步弄清楚海底的状况非常关键，因此人们投入大量精力制作新的、更为敏感的磁力仪，这样就可以绘制详细的海底磁场分布图。该研究彻底推翻了基于静态地球观念的假设，因为海底的岩石被证明具有高度一致性，而且都是在相当晚近的地质时期形成的。声呐和其他技术揭示了洋中脊的面貌，它们是海下的山脉，在原本平坦的海底中间延展。洋中脊是广泛的地震及火山活动爆发的位置。洋中脊上的岩石被挖掘出来研究，结果显示它们比其他岩石年代更晚近，刚刚从熔融状态凝固。这个完全让人想不到的地方就是霍姆斯预测的热点。

美国地球物理学家哈雷·赫斯（Harry Hess）是这次有关海底认知的思想转变的领军人物。在太平洋战争中，他指挥海军舰艇对抗日本，并利用其声呐系统绘制了海底地图。20 世纪 50 年代中期，他提出洋中脊是热岩从地球内部涌出的位置。新的地壳在这

里产生，而旧的地壳则在深海海沟被推进地球深处。海床之所以
年轻是因为它在不断更新，大陆因为密度较小而浮于表面，保存
下了遥远的过去留下的证据。霍姆斯关于地壳中的对流的理论是
正确的，但是所有这些活动都发生在海底，之前没有人可以观察
到。1961 年，罗伯特・迪茨（Robert Dietz）创造了"海底扩张"
这一术语。

　　起初，赫斯的想法备受质疑，但是他点燃了剑桥大学的
弗雷德・瓦因（Fred Vine）和德拉蒙德・马修斯（Drummond
Matthews）的研究热情。他们试图弄清楚海床所揭示的磁性模
式，但对洋中脊两侧存在的正常和逆转的磁化平行条带感到困惑。
1963 年，他们发表了一篇论文，文章称如果新海底在洋中脊中不
断产生，并向两边推移，就会制造出这样的磁化条带。新的岩石
涌出时，就会记录下当时地球磁场的方向，当磁场逆转时，便会
形成与此前磁场方向相反的岩石带，新的热岩一步步将原先的岩

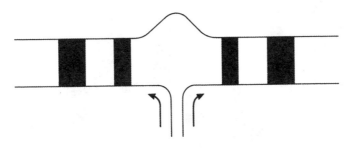

图 10.2　洋中脊深海海床的横截面，显示了海底扩张的过程。洋中脊中上涌的热物
质会同时向两端涌动。明暗色条代表的是岩石冷却时地磁场使其形成的磁性，白色
代表正常状态，黑色代表磁极翻转时的状态。其作用是在洋中脊的两侧产生正向和
逆向的平行磁条带，正如图 10.3 所示。大陆是密度较小的岩石构成的厚板，倚靠
在密度较大的深海地壳的上方。当海洋地壳从洋中脊向外扩张时，大陆就被推开

石带推离洋中脊。于是，洋中脊两侧就会充满正常或逆转的磁化条带（图 10.2 和 10.3）。

　　瓦因和马修斯已经发现了一些有关这种条带效应的证据，但它们模糊不清，不足以说服大多数地球物理学同行。拉蒙特地质观测站的工作人员对此持怀疑态度，然而，正是他们的考察船"埃尔塔宁号"提供了最精确的海床磁性分布图。1965 年，他们在北美西海岸的胡安·德富卡海岭（Juan de Fuca ridge）考察，位于美国加利福尼亚著名的圣安德烈亚斯断层就与其相连。一份名为"埃尔塔宁 19 号"的磁扫描图极为清晰地显示了平行条带，于是人们现在开始转向支持海底扩张的观点。（图 10.4）瓦因成功证明，"贾拉米洛事件"所提供的更为清晰的磁极翻转时间表，与磁化条带模型完全相符。同时，加拿大地球物理学家约翰·图

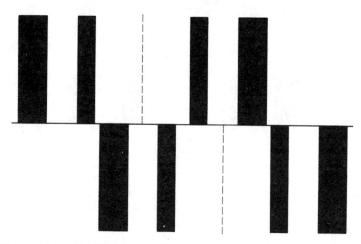

图 10.3　图 10.2 所示的过程得到的正向和逆向的平行磁化条带。图案中部的水平切分面是转换断层，在此整个洋中脊及附近的岩石都在与洋中脊垂直的方向上移动

佐·威尔逊（John Tuzo Wilson）提出了"转换断层"的理论，解释了为什么洋中脊及与其相关的磁象会时不时地整个翻转，从而产生了明显的交错现象。

20世纪60年代中期，贾森·摩根（Jason Morgan）、丹·麦肯齐（Dan McKenzie）和格扎维埃·勒比雄（Xavier Le Pichon）完成了最终版的板块构造理论。他们意识到地球的球形结构限制了板块（由洋中脊和相关俯冲带界定）的外形，并解释了许多观察二维平面图时令人困惑的现象。勒比雄提出了简化版的理论。在这个版本中，地球只有6个主要板块。板块由地壳对流环在水平面上的部分定义，每个板块都在不停地运动。按照霍姆斯的理论，大陆简单地随着板块的运动而运动，大西洋中脊的地质活动持续产生新的地壳，导致了大西洋的扩张，于是美洲与欧亚大陆和非洲相分离。山脉要么像落基山山脉或安第斯山脉那样，在俯冲带之上、大陆正在抬升之处形成；要么像喜马拉雅山山脉那样，受到不同板块运动的影响，在两个大陆板块相互挤压的地方形成。

结论

20世纪60年代末，板块构造理论的普遍被接受无疑是地球科学领域的革命性事件。由于对地壳深处所发生的事情进行了全面的重新阐述，魏格纳被长期嘲讽的大陆漂移观点完全讲得通了。但这种重新阐释并非一个已确立的学科中的范式转变。正统的地质学家聚焦于重构地球的历史，他们的理论用地球运动来解释诸如造山运动等现象，但却不敢大胆探索解释地球运动本身的理论。

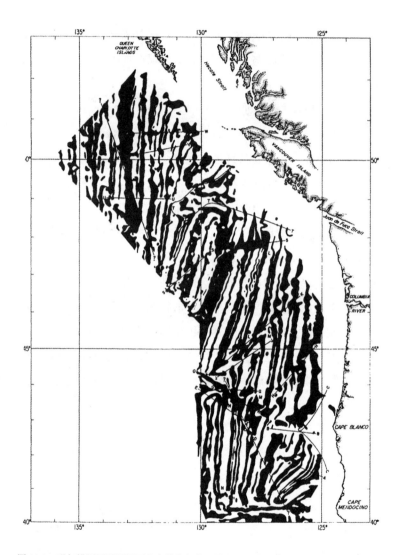

图 10.4 磁扫描图展示了温哥华岛沿海胡安·德富卡海岭附近洋底的磁场异常现象。1961 年由"埃尔塔宁号"绘制，图片来自 R. 马森（R. Masson）和 A. 拉夫（A. Raff）的研究报告，载于《美国地质学会公报》，第 72 期，第 1267—1270 页。可比照图 10.2 和图 10.3 所示的理想磁象。正是此次考察让许多地球物理学家相信了海底扩张的假说，它与地磁翻转的发现一起，为大陆漂移学说提供了解释

是地球物理学家开始提出关于地球结构的新问题，并寻找能够回答这些问题的新证据。19 世纪末 20 世纪初，地球物理学家仅仅被视为已建立的地质学界的初级伙伴，但他们却开始破坏大部分旧理论所依据的逻辑。然而，他们起初并没能提出什么严肃的替代方案，即便魏格纳提出了这种替代方案的第一条线索，地质学家仍然不愿意承认他们现有的理论是站不住脚的。公平地说，即便是一些地球物理学家也不为所动，因为在更彻底地重新建构关于地球内部的理论前，魏格纳的想法也是难以置信的。由于 20 世纪 50 年代和 60 年代海洋技术的发展，地球物理学重获新生，这场革命性事件在此时才得以发生。与此同时，新的证据也带来了理论革命，并且削弱了最不可能接受这些成果的旧学术群体的影响力。

然而，从某种意义上说，这场革命有助于恢复一个颇具争议的地质学研究方法。在 19 世纪，查尔斯·莱尔的均变论只有有限的影响力，因为很少有人愿意相信地球没有冷却。放射性热理论使地质的时间尺度大规模扩大，这让地球稳定状态的观念终于变得可信。板块构造理论证明，驱动大陆分裂的力量今天仍然在洋中脊处发挥作用，这进一步强化了上述观点。所有的地球运动都是缓慢和渐进的，与我们现在观察到的一样。正是在这样的背景下，我们必须思考后来发生在 20 世纪 80 年代的革命——这超出了本书的研究范围。那时，有学者主张小行星的撞击造成了大规模灭绝，均变论再次受到挑战（Glen，1994）。虽然地球内部的运动过程缓慢而均衡，但的确有证据显示一些大灾难是由外部天文事件造成的。此外，越来越多的迹象表明，火山活动在过去某些时期非常活跃，它对环境造成的破坏与任何其他力量同样严重。现代科学不得不严肃对待早年灾变论者提出的发人深省的观点。

第 11 章

20 世纪的物理学

　　在 20 世纪初物理学界发生了什么呢？它在很多方面都似乎为科学的革命性变革提供了直接的案例。现在被称为"经典物理学"的认识世界的方式被相对论和量子力学等新理论取代。这些新理论不仅提供了理解自然的新数学方法，也提供了进行和解释实验的新方法。它们开创了全新的哲学视角。狭义相对论和广义相对论要求对空间与时间之间的关系进行全盘反思。量子力学要求系统地重新考虑因果关系，并重新评估我们理解物质的基本结构的方式。非常肯定的是，到 20 世纪中叶，物理学家已经开始探寻物质的终极本质，而在不到一个世纪以前，这个问题即便不是完全非法的，也是不可想象的。以太理论曾是 19 世纪后期物理学关注的焦点，现在已被废弃和埋葬。然而，正如我们将在本章中看到的，寻找 19 世纪后期的物理学家与其后继者的关注点之间的连续性，与发现他们之间的不连续性一样容易（见第 4 章）。

　　同样明显的是，在过去的 19 世纪，物理学界发生了巨大的体制性变革（见第 14 章）。这些体制性的变革与物理学家理解周围世界的新方法紧密相关，以至于很难将两者完全分开考虑。如果说物理学（像其他科学一样）的专业化在 19 世纪开始的话，那么这一过程在 20 世纪就是加速了。与此同时，到 20 世纪中期，从

19世纪开始的专业化进程已经让人们难以将物理学视为自成体系的学科了。理论物理学和实验物理学之间的差异变得越来越大，更不用说相对论、量子力学或粒子物理学等分支学科之间的差异。这对物理学的实践和内容产生了重大的影响。物理学及其分支学科正变得越来越深奥，以至于在同一研究机构相邻实验室工作的物理学家甚至可能无法完全理解对方在做什么。物理学也成为越来越依赖大量资源的科学。在19世纪末，甚至直到20世纪30年代，实验都可以在桌面上完成；而到20世纪五六十年代，实验使用的设备规模已经完全改变了，物理学家谈及设备的尺寸时，是以千米而不是米作为计量单位的。

　　本章将从回顾19世纪90年代开始，当时约瑟夫·约翰·汤姆逊（Josepf John Thomson）进行了后来被誉为"发现电子"的实验，这与那些发现X射线和放射性的实验一起，给物理学家提出了一系列全新的问题。同时，实验也给物理学家提供了解决这些问题的方法。结果是，人们对原子结构有了新的认识。阿尔伯特·爱因斯坦（Albert Einstein）的狭义相对论及几年后广义相对论的发表，为物理学界重新思考宇宙结构提供了另外一套有力的工具和概念。然而，我们将再次看到，人们要经过一段时间才能完全理解爱因斯坦见解的重要性。与事后诸葛亮的我们不同，和爱因斯坦同时代的人并不能清楚地认识到新理论的革命性意义。尼尔斯·玻尔（Niels Bohr）关于原子结构的量子理论，以及在原子能级上能量以不连续（量子）的方式进行交换的观点也是重大进展。然而，正是对这个模型（至少是对玻尔这一部分）的不满导致了20世纪20年代量子力学的发展。第二次世界大战后，人们的注意力转向对物质结构的深入探索，发现了更多的基本粒子。

发现和追踪这些新的粒子需要大量资源，粒子物理学因此成为终极大科学。

原子内部

在 19 世纪的大部分时间里，原子理论——物质是由分离的基本原子构成的观点——在很大程度上只是一种理论。许多物理学家都认为，原子最多是一个有用的假设，而不是现实存在的物体。它们为化学家提供了平衡化学反应的便宜之法，但仅此而已（见第 3 章）。许多人认为，对物质的基本结构的探索——如探讨它是由诸如原子这样的独立单元组成的，还是可以连续无限分割的——已经超出了实验的范围。关于物质结构的理论最终可能只是理论而已。然而，从 19 世纪 50 年代后期开始，德国的尤利乌斯·普吕克（Julius Plücker）、英国的威廉·罗伯特·格罗夫和约翰·彼得·加西厄特（John Peter Gassiot）等一些研究人员发现，他们的放电管实验为研究物质的终极结构提供了新的洞见，或者至少是新的方法。在这些实验中，电流通过密封管中稀薄的气体（有点像现代霓虹灯灯管），发出奇异的光。在 19 世纪 70 年代，实验物理学家威廉·克鲁克斯（William Crookes）称之为阴极射线，这些射线提供了一种理解物质基本构成的新方法（图 11.1）。到了 19 世纪 80 年代，阴极射线实验是物理学家实验研究的必备部分。

物理学家约瑟夫·约翰·汤姆逊曾满含热情地指导着剑桥卡文迪许实验室的阴极射线实验（图 11.2）。从 19 世纪 80 年代中期开始，汤姆逊就开始进行气体放电实验，以此寻找研究物质、电

图 11.1　《名利场》杂志刊登的威廉·克鲁克斯手持阴极射线管的漫画（图片由伦敦的科学与社会图库提供）

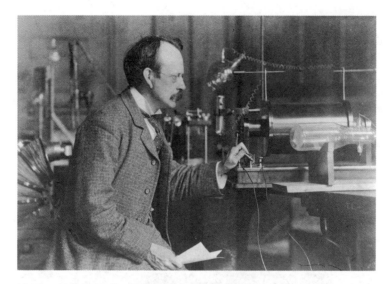

图 11.2 约瑟夫·约翰·汤姆逊正在剑桥卡文迪许实验室操作他 1897 年发现电子时所用的仪器（照片由剑桥大学物理系 / 卡文迪许实验室提供）

场和以太之间关系的方法。他还想要为他的物质模型找到实证证据，证明物质是由交错的以太涡旋组成的。汤姆逊在 1897 年宣布，他最新进行的阴极射线实验表明，这些射线是由带负电的微小粒子组成的。他通过使阴极射线在磁场及之后的电场中偏转，测算出射线的电荷与质量的比，并由此进一步得出，每个粒子的质量都是氢原子的千分之一，而氢原子在当时通常被认为是最小的物质单位。他还提出，他发现的粒子或微粒是物质原子的组成部分。像约瑟夫·拉莫尔（Joseph Larmor）和乔治·菲茨杰拉德这样的以太理论家认为，汤姆逊发现的微粒是"电子"。这个词是拉莫尔几年前创造的，用以描述以太网中的纯电能。他们提出这一观点的原因之一是，他们不满意汤姆逊的说法，即物质的最终成分是微粒，而不是原子。

在汤姆逊发现电子的前一年，德国物理学家威廉·伦琴（Wilhelm Röntgen）就已声称发现了一种全新的射线，随后它被命名为 X 射线。与汤姆逊类似，他在用放电管进行阴极射线的实验中发现了这一现象。事实上，正是由于伦琴的工作，汤姆逊开始了自己的阴极射线实验。新的 X 射线似乎具有一些惊人的属性。它们能穿过固体，就像是穿过透明玻璃片一样。伦琴本人很快发现了 X 射线可用于拍摄人体内部照片，并发表了一张手骨骼结构的照片。研究人员很快通过实验了解到新射线的性质。它们可以像光束一样被反射和折射，但起初它似乎不能衍射。其中一个实验者亨利·贝克勒尔（Henri Becquerel）很快发现了另一种似乎从铀盐中发出的新射线。索邦大学的学生玛丽·居里（Marie Curie）和她的丈夫皮埃尔（Pierre）受到贝克勒尔研究的启发，也转而研究这些新的射线。1898 年，他们宣布发现了两种新的"放射性"元素，钋和镭，它们大量地放出新射线。居里夫妇认为，放射性的来源似乎在他们新发现的元素的原子内部。

与 X 射线的情况类似，实验者开始研究这种神秘的射线的特性。贝克勒尔成功地让它在磁场中偏转，证明了它带有负电荷。汤姆逊成功测量出电荷与质量的比，结果与阴极射线接近。汤姆逊在卡文迪许实验室的学生，新西兰人欧内斯特·卢瑟福（Ernest Rutherford）很快发现，射线其实不止一种。不同厚度的铝箔可以阻断不同的射线。α 射线相对容易被阻断；β 射线则更持久。法国人保罗·维拉尔（Paul Villard）在 1900 年提出，一种更加具有穿透力的射线——γ 射线——似乎可穿透一切物体。到 20 世纪初，卢瑟福和他的同事弗雷德里克·索迪（Frederick Soddy）认为放射性似乎是从原子的内部产生的，更有争议的是，在这个过程中元素的种类发生了变化。放射性似乎是来源于物质内部的能量。随后，放射性是太阳能的根本来源这一观点也被提出。β 射线已确定是由汤姆逊发现的电子构成的电子束。卢瑟福在 1905 年提出，α 射线是氦的阳离子流。当时在曼彻斯特的卢瑟福用闪烁屏来计算各种射线中的微粒个数，并在不同的磁场和电场中测量它们的偏转。研究新的粒子似乎可以揭开原子内部的秘密。

1911 年，卢瑟福根据自己最新的实验，公布了他的原子模型。他通过观察磷光屏上的闪烁，来研究 α 粒子通过金属箔的散射方式。这是非常困难且细致的实验，需要长时间在暗房中透过显微镜观察微弱的闪光。这些实验还有赖于取得稀缺的放射源。实验所用的镭非常珍贵，只有得到稳定供应的科学家才能开展这样的研究。在卢瑟福的实验过程中，似乎有些 α 粒子在金属箔上反弹了回去。卢瑟福确信，每一次偏转都是 α 粒子和原子之间相互作用的结果。α 粒子从箔片反弹，必定是由于遇到了大且重的带正电的东西。他的新型原子结构模型就是以这个实验作为依据的。他认为原子是由一个相对较大的、带正电的核（原子核），以及围绕原子核运动的许多较小的带负电的电子构成的。电子围绕着原子核就像行星围绕着太阳运转一样。模型虽然看起来很简单，但并不是没有问题。主要问题是，卢瑟福的模型似乎不稳定。根据物理学家的理解，电子绕着中心核运动时，应该辐射能量。但是，随着能量的辐射，电子应该会失去动力，并被迅速卷入中心的原子核。也就是说，根据卢瑟福的模型，原子不会存在——至少不会存在很长时间。

年轻的丹麦物理学家尼尔斯·玻尔提出了解决这个问题的方

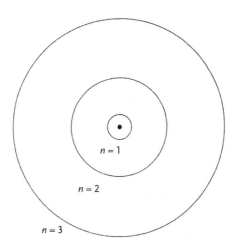

图 11.3 尼尔斯·玻尔的氢原子模型，其中电子只能在根据普朗克常数 h 定义的轨道上围绕中心的原子核运动

法。玻尔曾先后在卡文迪许实验室和曼彻斯特大学分别与汤姆逊和卢瑟福一起工作。1913 年，玻尔提出了与卢瑟福非常相似的原子结构模型，但有一个重要的区别。玻尔提出，围绕中心核的电子只能以特定的量向外释放能量，且每一种量对应着独特的频率（图 11.3）。他用这种方法解决了原子稳定性的问题。围绕着原子核的电子不会持续辐射，它们只以特定频率进行辐射。玻尔当时接受了德国物理学家马克斯·普朗克（Max Planck）的观点，即以能量子的整数倍（不连续的量值）释放能量。能量子与普朗克常数（h）相关。阿尔伯特·爱因斯坦已经利用普朗克常数论证光可以被视为粒子，每种光子的能量等于光的振动频率乘以普朗克常数。玻尔提出，原子可以以多种稳定状态存在，每种稳定状态的能量都是普朗克常数的倍数。当它们从一个状态转变到另一个

状态时，才释放出能量，而它们在这个过程中释放的能量大小是普朗克常数和频率变化量的乘积。

玻尔原子结构模型的一个重要特点是它为不同元素特定的发射光谱和吸收光谱提供了解释。人们早就知道，不同元素具有不同的光谱，这些不同的元素会在光谱的特定部分显示出特别的暗线。物理学家因此可以借助光谱来鉴定构成不同物质的元素：通过将样品的光谱与已知元素的光谱进行比较，他们可以利用谱线来确认未知的元素。根据玻尔的模型，因为组成元素的单个原子仅在特定的频率上振动，从而对应特定的谱线。同时，玻尔的模型解释了巴尔末的公式——瑞士数学家约翰·巴尔末（Johann Balmer）根据实验得出的公式，反映出谱线的位置所遵循的规律。玻尔成功地证明了他的方程式与巴尔末的公式相一致。玻尔还证明了表达氢原子谱线关系的里德伯常量（Rydberg Constant）本身就是普朗克常数的导数，并成功地将普朗克开创的不连续辐射理论与卢瑟福原子结构模型联系起来。只有一个问题——它违背了当时的大多数物理学规律。卡文迪许实验室前任主任瑞利勋爵等英国物理学家，不愿意引入神秘的量子概念。德国理论物理学家认可普朗克的能量观点，但不愿意接受原子是真实实体的观点，更别提它的物理结构能够被探索（Pais，1991）。

重新定义空间和时间

19世纪后期物理学的一个重大问题是地球相对于以太运动的问题。根据一些理论，可以通过测量光速的差异来探测地球在以太中的运动。简单地说，当地球向光源移动时，光应该看起来变慢；当地球在以太中远离光源时，光应该看起来更快。1888 年，两名美国物理学家阿尔伯特·迈克尔逊（Albert Michelson）和爱德华·莫雷（Edward Morley）发表了他们的实验结果，表明他们没有探测到光的速度的偏差（图 11.4）。历史学家、哲学家和物理学家经常将这次实验定义为对以太存在的决定性驳斥。我们稍后会继续讨论这一点。应该说当时没有物理学家，包括实验者本身，认为这一实验结果具有这样的意义。对于当时的人而言，最糟糕的情况是，这是一个需要解决的问题。最好的情况是，对一些人来说甚至可能证明自己版本的以太理论是正确的。迈克尔逊－莫雷实验在青年爱因斯坦的理论思索中发挥了多大的作用也仍是一个相当具有争议性的问题，我们之后会继续讨论。

在 1905 年，当爱因斯坦在《物理学年鉴》（*Annalen der*

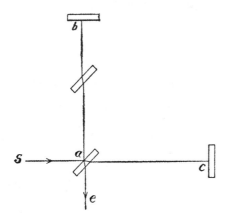

图 11.4 用于测量地球在以太中运动的迈克尔逊－莫雷装置图示。如果地球（以及地球上的这台设备）在以太内移动，由于一个光束的行进速度要比另一个光束的快，两束光到达探测器的时间会稍有偏差，引发干涉现象。但迈克尔逊和莫雷未能发现任何干涉现象

Physik）中发表了他的论文《论动体的电动力学》时，他还是苏黎世一名默默无闻的专利审查员，几年前从苏黎世联邦理工学院毕业。他已经发表了几篇论文，但没有任何迹象显示他即将给物理学界带来颠覆性的改变。在他 1905 年发表的文章中，爱因斯坦为物理学引入了两个新的原理，最终导致人们对空间和时间的性质有了全新的认识。根据他的相对论原理，在宇宙中没有观察事件的特殊的绝对视角。所有的运动只能根据一些特定的参考系来测量。一切都是相对的——除了光速，在所有参考系中测到的光在真空中的传播速度都是相同的。这也是第二个原理，即光速在所有参考系中都是恒定的。根据这个模型，牛顿学说的绝对空间或绝对时间是不存在的。从爱因斯坦的计算结果来看，时间本身在这个框架内是相对的。在一个参考系内经历的时间和在另一个以不同速度移动的参考系中经历的时间的流逝速度是不同的。换句话说，爱因斯坦宇宙中的一切都是相对的。

　　爱因斯坦的理论并不是完全凭空产生的。荷兰物理学家亨德里克·安顿·洛伦兹（Hendrik Antoon Lorentz）提出高速运动的电荷存在收缩效应，并以此解释它们之间相互作用力轻微变化这一现象。爱尔兰物理学家乔治·菲茨杰拉德也提出了类似的观点。菲茨杰拉德还提出，正是收缩效应解释了为什么迈克尔逊和莫雷未能测量地球相对于以太的运动速度。据菲茨杰拉德的说法，这种收缩恰好抵消了预期将测量到的光行差。将以一定速度运动的惯性系中的物体的坐标转换为其在另一个静止（或以不同速度运动的）惯性系中的坐标的数学方程称为洛伦兹－菲茨杰拉德变换。事实上，这些与运动物体电动力学（也是爱因斯坦论文的标题）有关的问题在讨论以太性质的理论研究中处于非常前沿的位置，受业于剑桥的数学物理学家菲茨杰拉德和约瑟夫·拉莫尔就致力于此。爱因斯坦研究的不同之处在于，他不仅用电动力学计算方法剧烈地冲击了以太理论，也冲击了牛顿学说中空间是绝对的观点。

物理学界对爱因斯坦新理论的反应各不相同，而且有些滞后。对于一些评论家来说，他的公式似乎缺乏新意。英国的数学物理学家肯定很容易将爱因斯坦的贡献当作又一篇关于运动物体电动力学的文章，而且还不必要地使用了晦涩的语言。例如，科学杂志《自然》将爱因斯坦的相对论观点，与拉莫尔和以太理论最著名的拥护者奥利弗·洛奇爵士的观点相提并论。德国的理论物理学家更支持爱因斯坦的研究传统，更能接受他在相对论中提出的可能性。爱因斯坦自己在随后的几年间发表了一系列文章，扩展和完善了他的理论。在这些补充论文之中，他首次证明了著名的质能方程，即物体的能量等于其质量乘以光速的平方。首先对爱因斯坦理论做出积极回应的人是马克斯·普朗克。1905—1906 年，普朗克在柏林组织了关于爱因斯坦理论的研讨会。1908年，爱因斯坦在苏黎世时的老师赫尔曼·闵可夫斯基（Hermann Minkowski）在哥廷根做了一个讲座。在这次讲座上，他开始为相对性开发一种简化的数学方法，并介绍了用非欧几何表示空间与时间之间关系的可能性。

在 1907 年，爱因斯坦发表了一篇评论性论文，概括了过去两年相对论的发展。在这篇论文中，他首先提出了把相对性原理从相对匀速运动系统推广到相对加速系统的可能性。他还提出可以将相对性理论推广到引力理论中。直到 1915 年，他和其他科学家才完全弄清了这些提议的内涵，并创造出了现在被称为爱因斯坦广义相对论的理论。根据爱因斯坦完全成熟的理论，相对论被应用到了相对加速的系统中。在苏黎世理工学院教授马塞尔·格罗斯曼（Marcel Grossman）的帮助下，爱因斯坦还研发了一种数学方法，将闵可夫斯基关于空间和时间的非欧几何的建议应用于引力理论。他们发现了一种从时空弯曲的角度来描述引力的方法。爱因斯坦的理论还表明，在引力场的影响下，光谱应该向着红色端移动。另一个观点准确地预测了光线会在引力的作用下弯曲，用闵可夫斯基的话来说就是，光线将继续沿着两点之间的最短路线传播，但在引力的作用下，空间本身将是弯曲的，因此光线可以遵循的最短路线也将是弯曲的。广义相对论也表明观察者在不同强度的引力场中感受到的时间也是不同的。

爱因斯坦和其他物理学家都发现，广义相对论的一个优点是它似乎经得起直接的实验验证。爱因斯坦自己已经证明，该理论可以用来解释水星轨道中的异常现象，而牛顿的引力理论则不能。1919 年，英国天文学家和广义相对论的坚定支持者阿瑟·爱丁顿（Arthur Eddington）宣布，他将在即将到来的日食期间验证爱因斯坦对引力场使光线弯曲的预测，这一事件给相对论带来了真正的突破性进展。爱丁顿希望利用日食的机会拍摄通常被太阳光遮蔽的日冕周围恒星的位置。通过将它们的位置与太阳不在该天区时观察到的位置进行比较，就可以确定太阳引力场是否会使光线弯曲。观测结果宣告了爱因斯坦和广义相对论的巨大成功。欧洲和美洲的报纸纷纷在重要版面报道了在皇家天文学会和皇家学会联合大会公布的结果，爱因斯坦的相对论得到了决定性证实，他的名字变得家喻户晓。

历史学家、哲学家和物理学家用了大量笔墨来介绍爱因斯坦的理论与那些在表面上证实了其理论的实验之间的关系。争论的一个重点是，迈克尔逊－莫雷实验对爱因斯坦思考和完成狭义相对论论文的影响。那篇论文没有提到这个实验，而爱因斯坦之后对当时是否知道迈克尔逊－莫雷实验的表述自相矛盾。尽管如此，迈克尔逊－莫雷实验经常被认为是全面阐释和接受相对论的决定性因素。它也被认为是对以太的决定性的否定。以太理论家努力使他们的理论框架适应这一实验结果，但被嘲笑为笨拙的事后诸葛亮。另一个争议的焦点是爱丁顿日食观察的作用。历史学家和哲学家认为，爱丁顿和其他人的数据事实上是有歧义的。这些数据完全可以从不同的角度阐释，用以支持经典的牛顿理论（也预测了一些光的弯曲）而不是广义相对论（Earman and Glymour，1980）。在这种情况下，对历史学家来说，重要的是相关信息在当时是如何使用的，而不是它可能（或本应）如何使用。在相对论的例子中，迈克尔逊－莫雷实验显然不是决定性的，而爱丁顿的观察是。

对爱因斯坦理论相对迅速的接受——至少在某些圈子里是这样——经常被放在决定性否定以太理论的语境中理解。正如我们刚才提到的那样，迈克尔逊－莫雷实验通常被描述为第一次重大冲击，而爱因斯坦的理论则宣判了以太论的死刑。然而，正如我们所看到的，现实是更为复杂的。一些以太理论家对迈克尔逊－莫雷实验的结果表示欢迎，因为实验结果肯定了他们所持版本的以太理论。一些同时代的人最初也是这样理解爱因斯坦的理论的，即相对论支持了一些理论家关于地球相对以太的运动是无法测量的这一观点。在爱因斯坦理论被接受的过程中，更具有决定作用的是不断变化的物理学机构本身。数学物理学的传统——流行于剑桥大学——正在消逝。新的德国理论物理学正处于上升期

（Jungnickel and McCormmach，1986）。对于越来越多的转向新的德国理论实践和技术的物理学家来说，爱因斯坦的理论看起来比上一代的古老的方法更有前途。新的物理研究机构也主要在德国和采用德国物理学方法的国家，这些机构在培养新一代物理学家时，教授的是爱因斯坦使用的高度复杂和难于掌握的数学方法。对于这一代物理学家来说，爱因斯坦及与他思维相似人使用的方法似乎更熟悉、更有力，而且更有希望。

不确定性原理

在发表狭义相对论论文的同一年，爱因斯坦还发表了另一篇关于光的反常现象的惊天动地的论文。众所周知，将光束照射到某些物体上会导致某种电子发射的现象。1887 年，赫兹在实验中就发现了这一现象，这些实验后来将引领他证明电磁波的存在（见第 4 章）。1899 年，约瑟夫·约翰·汤姆逊提出，光电效应是物质发射电子流的结果，它的一个特殊之处在于它似乎取决于光束的频率而不是强度。赫兹曾指出，激发这种现象似乎是紫外线的特性。爱因斯坦在 1905 年的论文中提出，要理解这一现象，可以假设在这种情境中光像粒子而不是波。然后他可以证明使一个电子离开金属表面所需的能量可以由光的频率乘一个常数来表示。光好像是按份传播的，每一份都携带着一定的能量。当这些光量子或光子撞击电子时，能量就被转移给电子。

爱因斯坦方程中的常数是普朗克常数，我们在之前的段落中提到过。物理学家马克斯·普朗克在研究黑体辐射现象的过程中发现了这个常数。黑体是可以吸收和发射所有频率辐射的理论模型。物理学家威廉·维恩（Wilhelm Wien）将辐射视为热平衡的例子，并利用热力学定律，尤其是与熵有关的热力学定律，推导出了处理这种假想情况的方程。实验者开始制造近似于完美黑体的实验装置。然而，实验数据与计算结果并不相符。瑞利勋爵和詹姆斯·金斯（James Jeans）推导了另一个方程式，这一方程适用于低频辐射，但在较高频率下易出现"紫外灾难"：根据公式，释放的能量是频率平方的函数，这意味着频率较高时（如紫外线的情况），辐射将趋于无穷大。普朗克提出了成功解决问题并避免"紫外灾难"的方法，但在许多人看来他的方法只是令人不满的敷衍。他假设能量是以特定的量释放的，其大小等于辐射的频率乘以一个常数，即普朗克常数，他称之为能量子（或量子）。

　　正如我们已经看到的，尼尔斯·玻尔在建立他的原子结构模型时，很好地利用了普朗克的量子。玻尔使用了普朗克常数来确定绕中心原子核运动的电子的不同能量状态，在这种状态下电子得以保持稳定。尽管该模型能够成功地解释从实验中得出的数据，例如曼彻斯特的卢瑟福得出的实验数据，并且对新理论的发展也具有启发价值，但是许多物理学家，也包括玻尔本人仍然对它十分不满。问题其实很简单。似乎玻尔模型和与之相关的量子理论是一座建了一半的房屋，处在经典物理学和其他某种理论之间。玻尔模型是"经典的"，因为它基本遵循了牛顿力学的规则和假设。原子由位于中心的原子核和沿着固定轨道围绕原子核运动的离散粒子——电子——组成。唯一的区别是，电子可以改变轨道，而且只能根据违背基本机械原理的原则改变轨道。到20世纪20年代，玻尔和其他物理学家正在积极地尝试发现新的和基础的物理原理，以理解量子理论。他们顾虑的不是玻尔模型的物理学原理，而是它背后形而上学的含义。

年轻的德国物理学家维尔纳·海森堡（Werner Heisenberg）率先为寻找新方案做出了努力。1924 年，海森堡在哥本哈根度过了 6 个月，在玻尔建立的理论物理研究所进行研究。重要研究在座谈会、研讨会和研究机构中的进行了合作，这种紧密的合作对随后的物理学发展至关重要。海森堡对足够严谨的量子理论感到沮丧，希望回归最初的原则，创造一种全新的数学方法来应对这一难题。他想终结原则上不具备可观察属性的原子轨道的理论概念。在他称之为量子力学的理论中，海森堡抛弃了原子轨道的概念，假设原子以不同的量子态存在，并可用数学形式表达。根据他的导师马克斯·玻恩（Max Born）的建议，海森堡使用矩阵的数学符号来表示不同的可能量子态。大约与此同时，另一位年轻物理学家、剑桥的保罗·狄拉克（Paul Dirac）正在努力研究类似的理论。海森堡和他的盟友非常自觉地绕过了古典物理学的陷阱，并试图将他们的研究过程建立在全新的观察基础上。

法国年轻物理学家路易·德布罗意（Louis de Broglie），也正在寻找克服量子理论难题的不同方法。爱因斯坦在 1905 年论文中提出，光偶尔表现得像粒子一样，受此启发德布罗意在 1923 年提出，在某些情况下，粒子（特别是电子）可能表现出波的特性。他认为，环绕原子核的电子可以被描述为存在于驻波中，有不同的轨道，而轨道则被定义为该驻波可能振荡的频率范围。这些观点几年后被维也纳物理学家埃尔温·薛定谔（Erwin Schrödinger）接受和扩展。1926 年，薛定谔波动力学的特别贡献是推导出了氢原子的波动方程，证明计算与玻尔的每一轨道能级相对应的驻波态是可能的。在海森堡看来，自己是在很自觉地消除古典物理学的影响，而薛定谔认为他的波动力学是古典传统的延续。然而，很明显的是，正如物理学家沃尔夫冈·泡利（Wolfgang Paulii）主张的和薛定谔承认的，波动力学和量子力学是同一事物形式上不同但实际上等价的数学表达。而目前还不清楚的是这种状况究竟是什么。

对于如何理解这一新的物理学，薛定谔本人早就给出了答案。他表示他的理论描述的波包随着时间的推移联合在一起，并且粒子可视作简单地紧密联合在一起的波包。在这种情况下，就不存在古典力学和波动力学之间的不连续了。马克斯·玻恩提供了更激进的解释。在他看来，理解量子力学的最好方法是诉诸统计学。1926 年，在一篇关于力心散射的粒子束的量子力学论文中，玻恩提出理解方程的最佳方法是将它们当作概率的表达式。换句话说，关于单个粒子与力心碰撞的结果，他的方程式显示的并不是发生了什么，而是可能发生了什么。当薛定谔想通过抛弃粒子来保留与经典方法的连续性时，玻恩想保留基于粒子的物理学解释的有用性，同时赋予波动方程具体含义。他的结论是波动方程是概率分布的表达式。在这个问题上出现了越来越多的分歧：量子力学意味着什么？量子力学预设的世界图景是怎样的？

1926 年和 1927 年，研究量子力学的主要科学家聚集在哥本哈根。玻尔、薛定谔和海森堡在 1926 年 10 月见面，当时薛定谔受玻尔邀请做了关于波动力学基础的讲座。海森堡已经听说他在慕尼黑做了类似讲座，并对薛定谔试图给量子力学做出古典解释感到恐惧。玻尔和海森堡的量子态跃迁，以及玻恩的概率解释，也没有给薛定谔留下什么深刻的印象。海森堡于 1927 年年初回到哥本哈根，仍然在尝试为新物理学寻求令人满意的物理解释。他最终放弃了古典因果关系法则并建立了不确定性原理（Uncertainty Principle）。根据海森堡的理论，在量子世界，不可能明确地说一个特定的事态会导致另一个事态。在事件发生之前，所有可知的只有概率。这是因为在理论上所有事态的可知程度是有限的。不可能同时准确地知道粒子的位置和动量。类似地，也不可能同时准确地知道物体的能量状态和处于该状态的时间。重点应放在可观察的现象。玻尔的表述是，关于电子是粒子还是波的问题已经不再有意义了。重要的是它是否，以及在什么情况下会表现得像粒子或波。

　　哥本哈根诠释在当时乃至现在都具有争议。薛定谔从来没有接受过它，并由此提出了著名的悖论——薛定谔的猫。在这个悖论中，薛定谔描述了一个假设性实验，其中一只猫被关在盒子里，实验的过程中猫可能会被杀死或者不会。这取决于一个量子级别的特定事件的结果，例如一瓶毒药只有被原子发射出的单个电子触发时，才释放毒素。根据哥本哈根诠释，决定性的量子事件在实际观察到结果之前，无法被认为是有意义地发生了。在此之前，可以确定的是存在量子态的叠加。但是，这意味着在有人打开盒子并观察到里面的情况前，我们不能说猫是死的或活的。它将存在于叠加态，既死了又活着。薛定谔将这视为归谬法论证，揭示了哥本哈根诠释的固有荒谬性（Wheaton，1983；Darrigol，1992）。

　　另一位著名的持不同意见的人是爱因斯坦，他从未接受过量子力学是真正的"古老旧神的秘密……上帝是不会玩骰子的"。一些历史学家认为，对支撑哥本哈根诠释的古典因果关系概念的全盘否定，可以追溯到战后德国魏玛共和国的文化悲观主义。根据这种观点，应该以看待德国战败后在哲学、文学和艺术领域否定理性的古典形式的视角，看待量子力学（Forman，1971）。这一观点显然有些道理，尽管它几乎无法解释量子力学在别的地方取得的成功，也无法解释它对当代理论物理学的持续影响。正如我们在相对论的讨论中提到的，对这一现象更合理的解释有可能在于新颖、强大而深奥的数学方法对新一代（几乎是最早首次训练的一代）理论物理学家的吸引力，以及这一代理论物理学家所建立的强大的制度传统。还值得注意的是，创建量子力学的科学家群体规模相对较小，流动性较强。他们彼此认识，经常在对方的研究机构中进行交流，并在新近出现的国际活动——如索尔维会议——中会面。从这方面来看，量子力学的成功正是因为它是群体努力的结果。

大物理学

到 20 世纪 20 年代，接替约瑟夫·约翰·汤姆逊成为剑桥大学卡文迪许实验室主任的欧内斯特·卢瑟福已经成为世界上最重要的原子内部结构研究者之一。以我们熟悉的现代实验标准来看，他和他的实验伙伴所使用的装置似乎简朴很多。卢瑟福和他的团队用放射源（如镭）的辐射轰击了金属箔片。他们的目标是研究辐射通过箔片后其路径会如何变化，于是他们使用磷光屏幕来捕获辐射粒子撞击屏幕产生的闪光点。研究这些亚原子粒子的轨迹和性质所面临的困难显而易见——如何检测它们？卢瑟福在曼彻斯特的同事汉斯·盖革（Hans Geiger）研发了许多记录辐射入射的技术。1912 年之后，在帝国物理技术研究所工作的他开发了盖革计数器来计算 α 粒子数。剑桥大学毕业生查尔斯·汤姆森·里斯·威尔逊研发了另一重要设备。在试图在实验室制造人造云的过程中，他发现微小的水滴会聚集在单个离子周围，留下可见的踪迹。使用被称为"威尔逊云室"的装置，研究者真的可以追踪单个辐射粒子的运动。

以卢瑟福为核心的剑桥核物理学家取得的最伟大胜利或许是詹姆斯·查德威克（James Chadwick）发现了一种新的亚原子粒子——中子。1928 年，德国物理学家瓦尔特·博特（Walter Bothe）和赫博特·贝克尔（Herbert Becker）发现当金属元素铍的样品被 α 粒子轰击时，会释放出一种电中性的放射物，他们起初认为是 γ 射线。几年后，在 1932 年，伊雷娜·约里奥－居里（Irene Joliot-Curie，玛丽·居里的女儿）和她的丈夫弗雷德里克发现这种射线让石蜡靶释放出质子（正电性的亚原子粒子，当时认为质子与相等数量的电子共同组成原子核）。查德威克使用其他元素和靶重复了约里奥－居里的实验。通过比较由不同靶发射的带电粒子的能量，他得出结论，这种电中性放射物不是 γ 射线，而是质量大致与质子相同的中性粒子流。这就是中子。查德威克因此在 1935 年获得诺贝尔奖，这一发现不仅提供了有关原子结构的更多信息，还为进一步研究提供了强有力的新工具。电中性的中子流具有极强的穿透性，可用于深入探究原子核。

1928 年，苏联物理学家乔治·伽莫夫（George Gamow）发表了关于 α 粒子射线的量子力学解释。这一研究首次将理论物理学的新工具应用于理解亚原子粒子和放射性学者研究了近 10 年的物理过程。伽莫夫提出，α 粒子的发射不是原子核不稳定而造成的随机和任意的结果，而是量子力学定律（现在称为量子隧穿效应）的直接后果。在 20 世纪 30 年代，理论物理学家越来越有兴趣解释核物理学家提供的新信息——特别是那些通过利用新发现的中子而获得的有关核内部的信息。海森堡认为，原子核的东西是以一种新的力结合在一起的，这些力只能在非常短的距离内发挥作用，而且它们比维持原子稳定的静电力强大一百万倍。20 世纪 30 年代中期，尼尔斯·玻尔阐述了他的原子核理论，在这个理论中，原子核被认为在许多方面与液滴非常相似。玻尔和他的同事弗里茨·卡尔查尔（Fritz Kalchar）认为，正如液滴受力会振动，原子核也是一样，这些不同的振动状态可以被认为是量子态的。

随着战争的爆发，许多核物理学家和理论物理学家发现自己为各自阵营而努力。海森堡在纳粹生产核武器的项目中发挥了关键作用。爱因斯坦是致信美国总统富兰克林·罗斯福请求制造原子弹的人之一，这推动了曼哈顿计划的确立。在第二次世界大战结束时，人们对核物理学的了解已经远远超过了战争之初。对广岛和长崎的轰炸让人们惊恐地明白了核裂变的后果。在战争中，双方都将空前的人力和资金资源投入核物理的研究中。物理学第一次变成了大规模集体努力的事业（见第 20 章）。1946 年，当核物理学家在剑桥的卡文迪许实验室会面，进行他们自战争开始以来的第一次会议时，他们的研究领域正展现出蓬勃发展的势头。基本亚原子粒子的种类大幅增加。当时的列表上包括电子、介子、中子、中微子、光子、正电子和质子。1935 年日本物理学家汤川秀树曾预测介子的存在，并用它解释核力的传递。几年后，它们在对宇宙射线的研究中被发现。剑桥的保罗·狄拉克曾在理论上预测了正电子（正电性的电子）的存在，在 20 世纪 30 年代初，这种粒子在加州理工学院被发现。中微子是假定的粒子，用以在涉及 β 粒子的某些相互作用中解释能量守恒的问题。最初它们没有被普遍接受。玻尔最初倾向于放弃能量守恒的原理，而不愿接受没有其他证据可以证明其存在的中微子。然而，到 1936 年左右，他倾向于接受中微子是真实的物理存在。

到 20 世纪 40 年代，核物理学的实验正在迅速地离开它们最初进行的桌面。20 世纪 20 年代和 30 年代初期，实验仪器的规模还相对较小。查德威克用于发现中子的主体装置只有 15 厘米左右。这一实验是最后一个使用这样规模装置发现亚原子粒子的实验了。到 20 世纪 50 年代和 60 年代，追踪亚原子粒子需要大型的设备，以及同样大规模的劳动力和资金投入。第二次世界大战开始以来，这一趋势就已存在。当意大利物理学家恩里科·费米（Enrico Fermi）在 1942 年进行第一个受控核链式反应时，他需要一个壁球场大小的实验室（实际上是芝加哥大学足球场下的壁球场）。战后，费米成为芝加哥核物理研究所的负责人。1951 年，他在开发同步回旋加速器的工作中发挥了关键作用。这是一种大规模的设备，其中亚原子粒子在撞击目标之前被加速到高速，这样研究者才能研究其性质和组成。它是新一代越来越强大的实验设备的最早一批代表。到 20 世纪 50 年代后期，这样的仪器已经有几米的直径。正是这些实验使诸如"初级"或"基本"这样的词语在粒子物理学中的地位变得岌岌可危。

20 世纪 60 年代初，人们一般认为存在两种基本粒子。一种是强子（hadron），如构成原子核的质子和中子；另一种是轻子（lepton），如电子。然而，到了 1964 年，这一认识被打破了。使用越来越强大的粒子加速器的实验似乎表明强子根本不是基本粒子。它们由其他粒子组成，最小的被称为夸克。这一观点最早是由在加利福尼亚理工学院工作的美国物理学家默里·盖尔曼（Murray Gell-Mann），以及生于俄国、后在位于瑞士的欧洲核子研究组织（简称 CERN）工作的理查德·茨威格（Richard Zweig），在理论的基础上提出的。夸克有三种：上夸克，下夸克，奇夸克。夸克的不同组合造就了不同的强子。夸克迅速成为非常有用的理论实体。它们可以非常有效地解释核粒子的不同量子态。夸克究竟是否存在的问题仍然颇有争议。许多物理学家认为，夸克只是为组织信息提供了有效方法，而不是真正的物理对象。部分问题在于夸克很难被发现，尽管考虑到夸克的特性（尤其是它们被认为带有微量电荷），它们应该是相对显眼的。直到 20 世纪 70 年代，夸克才作为物理现实被普遍接受（Pickering，1986）。

产生夸克的物理学变得越来越深奥和专业，同时也需要大量的资源。20 世纪 50 年代，欧洲进行粒子物理学研究时需要国际合作。CERN 在瑞士靠近法国边境之处建造了粒子加速器曾经（并且现在仍然）直径为几千米的巨型设备。运营这样大规模的项目需要庞大的人力资源。据估计，20 世纪 60 年代初，欧洲有约 685 名粒子物理学家参与其中，在美国还有 850 名。到 20 世纪 70 年代，欧洲地区的数字翻了两番还多，美国的数字翻了一番。这些项目也关系着国家荣誉。20 世纪 60 年代和 70 年代，美国和欧洲各国政府不断将大量资金投入高能粒子物理学的研究中（图 11.5）。这与半个世纪以前卡文迪许实验室的卢瑟福或查德威克的桌面实验有着天壤之别。高能粒子物理学是合作科学的卓越典范。实验者和理论家之间也出现了高度的分离。在 20 世纪初，约瑟夫·约翰·汤姆逊或居里夫妇在其研究中结合了理论和实验，这种结合在本世纪下半叶变得越来越少见。做理论或做实验要求完全不同的专业知识。

图 11.5　20 世纪末粒子加速器的现场（由美国伊利诺伊州巴达维亚的费米实验室提供）。将此图与图 11.2 所示的装置进行比较，就会形象地了解到实验物理学的规模在一个世纪中的变化

结论

20 世纪初，相对论和量子力学的奠基人肯定认为自己参与到了革命性的进程之中。他们推翻了古典物理学，并用全新的知识大厦来代替它。然而，在许多方面，最初正是通过这种拆解，古典物理学才得以作为一个连贯而独立的思想体系被确立。它被定义为与新的物理学不同的物理学。然而，新旧物理学之间的分裂并不像它的支持者断言的那样不可避免或明确。我们已经看到相对论和量子理论的发展与之前的研究方法之间存在明显的连续性。

一些新物理学的奠基人本身对放弃旧的确定性怀着复杂的情感。正如我们看到的，爱因斯坦和薛定谔都不会让自己完全抛弃物理学中的因果关系。尼尔斯·玻尔对前景的态度甚至也比海森堡更加矛盾，而海森堡才是真正热衷于不确定性原理的人。整个 20 世纪，物理学也成为越来越艰深的实践（或更准确地说，一系列实践）。成为物理学家需要经过多年的广泛和专门的训练。这对我们来说似乎并不奇怪，因为我们就生活在这样的科学文化中。我们很容易忘记，这样的情况以前并不存在。物理学也变得越来越碎片化，实验者和理论家身处不同的机构，拥有不同的世界观。固态物理学这样的新研究领域也出现了，它们跨越了学术与工业之间的旧界限。

此外很明显的是，20 世纪物理学的知识与其制度是不可分离的。物理学实践的机构对物理学本身有巨大的影响。在 20 世纪，理论物理学成为高技术化、集约的和在数学上深奥的实践，完全依赖于高强度的专业化研究和培训机构，物理学活动也主要在这些地方展开。没有经过系统训练、专业和甘于奉献的人才，这一切活动都不可能进行。实验也不再是只需一个科学家、一个小组助手和技术人员就能进行的了。CERN 或费米实验室的实验需要动用成百上千的科学工作者。物理学在 20 世纪中变得巨大，需要空前规模的资源。自称职业物理学家的人数在本世纪增加了好几个数量级。这不能仅算现代物理学发展的次要特征，没有这些资源和机构，物理学根本不可能以这样的方式发展。现代物理学的制度形态是其知识内容不可或缺的先决条件。

第 12 章

计算革命

　　"我真希望这些计算是用蒸汽机完成的"，这是英国天才数学家查尔斯·巴贝奇（Charles Babbage）在 1821 年在检查数学表格时对他的朋友约翰·赫歇尔说的（Swade，2000）。19 世纪初的计算机是人，而不是机器，而且通常都是不到 20 岁的年轻人。他们在精算师的办公室、天文台、银行和工厂里辛勤工作，编写无穷无尽的数字表格，这些表格用于从导航到保险的诸多领域。巴贝奇充满怒气发出这个抱怨一个半世纪之后，计算机作为电子机器已经在越来越多的机构空间占有了一席之地，有了更多用途——它们不仅出现在实验室里，还出现在政府部门、银行和公司办公室。在接下来的三十年里，计算机变得无处不在，在工业化国家，几乎所有的家庭都至少拥有一台计算机。我正在用一台计算机写下这句话，而从我坐的地方可以看到其他几台计算机。所有这些机器仍然发挥着两个世纪前人工计算机的基本功能：计算。但现在，它们的计算远不止于满足船长和精算师的需要。它们现在也是我们日常生活的一部分，但矛盾的是，它们的计算过程常常是不可见的。

　　计算革命及其带来的计算自动化对 20 世纪科学实践产生了深远的影响，同时也催生了新的科学学科。电子计算机提供了一套功能强大的工具，没有它们，许多现代科学将寸步难行。随着这些日益强大的电子计算机的出现，各学科的科学家们可以处理大量信息，而这在以前是无法实现的。计算机已经改变了科学工作的方式。例如，当代理论物理学的许多领域都依赖于计算机建模。要证明有此前未被发现的天体围绕着遥远的恒星运行，就需要对天文仪器收集的原始数据进行转化，计算机在这个过程中发挥着重要作用。计算机已经改变了生物学，其中最显著的例子是绘制基因组图谱。然而，很明显，科学创新并不是计算革命背后的驱动力。强大的计算机形成的原动力是工业和军事领域对大规模信息处理的需求。

　　本章探讨了带来现代计算机的计算革命，以及这场革命如何改变了许多领域的科学实践。本章以巴贝奇和他的计算引擎为开端，当然，在此之前人们也努力尝试过将计算过程机械化。在19 世纪早期工业化的背景下审视计算引擎，可以看出这种计算文化在工业社会中是根深蒂固的。电报的普及也提供了一种信息传播模式。到维多利亚时代末期，机械计算设备在实验室、政府办公室和企业中发挥了重要作用。"二战"期间，在布莱切利园和其他地方破解敌方通信的努力，推动了强大的新型计算技术的发展。在战争时期，对这类工具还有其他需求，比如帮助提高高射炮的精度，或者满足曼哈顿计划的计算需求。在洛斯阿拉莫斯进行的大型科学研究需要前所未有的计算能力。在战后的数年中，曼彻斯特和费城的研究人员制造了第一代全电子计算机。这些新机器很快不仅在大学实验室，还在整个行业中都找到了新用途，因为 IBM 等大公司开始进军新技术市场。计算机工程师开发了新的语言来与他们的机器交互通信，计算机科学这一新学科也应运而生。到 20 世纪 80 年代末，新一代的台式机被连接到一个全球通信网络中。

计算工业

当查尔斯·巴贝奇在 19 世纪 20 年代设计差分机时，英国正迅速工业化，富有进取心的工厂管理者正在将亚当·斯密关于劳动分工的付诸实践，并引进新机器来取代旧技能。巴贝奇想通过差分机实现的也是类似的目标。脑力劳动也可以分工。正如工厂管理者试图将高度复杂和需要熟练操作的工作分解成许多独立而重复的例行程序，然后将其机械化一样。天文台管理人员已经在以同样的方式处理计算工作，这样就可以由仅具备基本算术知识的人工计算机来完成计算，而不必非得是专业的数学家。巴贝奇的差分机通过机械化完成了这一过程，将人的因素完全排除在外。人工计算机生成的许多数学表都是用多项式函数计算出来的。巴贝奇的计划是制造一台机器，也就是差分机，利用一系列复杂的齿轮来完成这些重复计算。他还设计了一台打印机，用于将计算结果打印出来。这台机器并不能完全通过蒸汽来工作，因为引擎是设计成了需要手工操作。

按照巴贝奇的设想，差分机将是一项巨大的工程学壮举。巴贝奇虽然富有，却没有足够的财力来实施他的计划。他找到英国皇家学会，希望他们能支持他从政府那里获得资金。在英国皇家学会的支持下，巴贝奇在接下来的十多年里从政府那里获得了大量的资金支持，而作为交换，机器成品将成为国家财产。当然，政府对差分机的技术细节并不感兴趣，他们更感兴趣的是巴贝奇向他们承诺的用于航海的可靠数学表。然而，尽管政府慷慨解囊，这台机器却始终没有完工。制造它需要最高级的精密工程技术，在马克·伊桑巴德·布鲁内尔的推荐下，巴贝奇雇用了仪器制造商约瑟夫·克莱门茨为他的发明制造零件。然而，两人很快就因为克莱门茨设计并制造的精密工具的所有权而争吵起来，这些工具用于为引擎零件建模。克莱门茨带着他的工具离开后，巴贝奇就找不到人来完成这项工作了。

　　功能相对有限的差分机远不远不能满足巴贝奇的雄心壮志。差分机只能计算一类数学函数，而他计划中的分析机将具有更多的功能。其多功能性的关键在于穿孔卡的使用，巴贝奇借鉴了约瑟夫·玛丽·雅卡尔（Joseph Marie Jacquard）发明的机械织布机。巴贝奇很可能在伦敦阿德莱德美术馆见过这种织布机，该美术馆以展出各种各样精巧的机械装置而闻名。雅卡尔用一系列穿孔卡片指示织布机要织什么图案。巴贝奇意识到，他可以利用这种方法来指导他的机器执行操作。在谈到巴贝奇的发明时，意大利陆军工程师路易吉·梅纳布里亚（Luigi Menabrea）抱怨道："一个天才需要时间专心思考，却眼看着时间被日常的运算夺走，想到要进行冗长枯燥的运算，他会感到多么沮丧啊。"巴贝奇的机器将把科学中的苦差事一扫页空。梅纳布里亚的记述由阿达·洛芙莱斯（Ada Lovelace）翻译成了英文，她在原著的基础上添加了一系列注释，进一步举例说明分析机可以适应的不同用途。

　　巴贝奇和洛芙莱斯都清楚，分析机远不止是一台数字计算机器，例如，在她对梅纳布里亚回忆录的注释中，洛芙莱斯推测，如果"和声和乐曲创作中声调的基本关系像这样表达和调整，那么分析机就可以创作出任何复杂程度、任何风格的精致而科学的音乐作品"。巴贝奇走得更远，他认为机器本身体现了智能的概念。根据他的观点，智能由记忆和预见组成，而分析机两者兼具。在《第九篇布里奇沃特论文》（*Ninth Bridgewater Treatise*）中，他认为他的机器为神的智能和自然法则的运作提供了很好的模型。巴贝奇没有把表面上的奇迹看作是既定规律的偏差，而是建议他的读者们就他的分析机进行思考。宇宙体系从一开始就蕴藏着更高的规律，要将这些奇迹理解为对这种规律的表达："观察者通过无穷无尽的归纳推理得出的表面规律，并不是机器运转规律的完整表达；它会本能地进行自我调节，所以结果一定会出现例外的情况，这是不可避免的，就像它之前可能产生的无数个计算中的任意一个一样（所有计算都是彼此独立的）。"他的机器有潜力计算整个宇宙。

当巴贝奇和洛芙莱斯还在猜测分析机的潜力时，查尔斯·惠斯通（Charles Wheatstone）和威廉·福瑟吉尔·库克（William Fothergill Cooke）已经在完善他们的电磁电报，并于 1837 年获得了专利（Morus，1998）。到 19 世纪 50 年代，电报网络在欧洲和北美迅速扩张，到 1866 年，随着跨大西洋海底电缆的铺设，这些网络被合并。电报不但改变了信息传输的速度，而且改变了人们理解信息的方式。就像巴贝奇的机器确保计算的机械化能够实现一样，电报似乎将信息变成了某种抽象的东西，使之与传递信息的媒介分离。电报被描述为"像阿里尔（Ariel）一样的精灵，以思想的速度将我们的思想带到地球的尽头"。1889 年，在新更名的电气工程师学会的庆祝晚宴上，保守党首相索尔兹伯里勋爵（Lord Salisbury）对他的听众说，电报是一项"直接影响人类道德性、智力本质及行为"的发明。它"将全人类聚集在一个巨大的平面上，在那里，他们可以看到所做的一切，听到所说的一切，并在这些事件发生的那一刻判断应该给出什么样的策略"。它控制着"被世界各国政府束缚的庞大军队"。

就像一个世纪之后的计算机一样，维多利亚时代的电报系统被视为智能的化身。19 世纪早期，出现过一个名为"冯·肯佩伦的土耳其人"（von Kempelen's Turk）的著名骗局。表演者让一台自动机下国际象棋，试图让观众相信它具有智能（Schaffer，1999）。一些电报的推广者通过电报来下棋，用以展示电报传输信息的能力。巴贝奇认为他的分析机是智能的，因为它具有记忆和预见能力。电报网络的推广者认为电报网络是智能的，因为它就像人类的大脑和神经系统一样。安德鲁·温特（Andrew Wynter）在参观电力电报公司在洛斯伯里的办公室时兴奋地说："谁会想到在这狭窄的前额后面隐藏着英国神经系统的伟大大脑（如果我们可以这样称呼它的话）？谁会想到在小巷狭窄的路面下隐藏着由 224 根纤维组成的脊髓？它就像皮肤下的延髓一样，在不知不觉中传递着智慧。"另一位评论家将电报描述为"就像兴奋 - 运动系统，在这个系统中，中央操作员的智慧和意志将感官和运动功能连接起来，就像在发生一个人身上的情况一样"。

到了 19 世纪末，机器可以进行计算，以及某种智能也可能是机器的属性这些想法已经被广泛接受。科幻小说《自动机女士》（*The Lady Automaton*）的情节就受此观点的启发，该小说由 E. E. 凯莱特（E. E. Kellett）撰写，并于 1901 年发表在《皮尔逊杂志》（*Pearson's Magazine*）上。尼古拉·特斯拉（Nikola Tesla）对他所谓的"遥控艺术"做了预测。到这个时期，机械计算设备已经广泛地投入商业应用。早在 1834 年，瑞典工程师乔治·施洛茨（Georg Scheutz）就试图制造他自己的简化版巴贝奇差分机，以期最终实现商用。1843 年，他和他的儿子爱德华制造出了一台可以工作的原型机。1854 年，他们的一台设备在英国皇家学会展出，随后以 5000 美元的价格卖给了纽约奥尔巴尼的达德利天文台。几年后，他们的另一台机器卖给了英国登记总署，用于帮助制作非常复杂的 1864 年英国寿命表。由阿尔萨斯发明家查尔斯·泽维尔·托马斯（Charles Xavier Thomas）发明的简单的加法机，也即算术计数器，在 1820 年就已上市。1885年，美国人弗兰克·S. 鲍德温（Frank S. Baldwin）为一种更为复杂的算术计数器申请了专利。鲍德温还为其他一些计算设备申请了专利。1886 年，另一位美国发明家多尔·费尔特（Dorr Felt）为一种叫作键控计算机的计算设备申请了专利，它的主要创新是使用键盘输入数据（Lubar，1993）。

　　在维多利亚时代晚期和爱德华七世时代，这些机器和其他类似机器在商业机构和国家组织中找到了现成的市场。信息是商业机构和国家官僚机构的命脉。铁路和电报公司、大型制造商、银行和保险公司，甚至商店都越来越依赖于它们存储和处理信息的能力。收银机是詹姆斯·里蒂（James Ritty）在 1879 年发明的，并以“里蒂廉洁收银机”（Ritty's Incorruptible Cashier）的名字申请了专利。收银机内有一个计算装置，可以把收到的钱的数额加起来，并被作为一种监督店员诚实程度的方式推向市场。新成立的大型百货公司销售的商品种类繁多、数量可观，它们需要这种技术来跟踪商品库存及其流动情况。1884 年，美国人口普查局的前雇员、工程师赫尔曼·霍尔瑞斯（Herman Hollerith）申请了一项机器专利，该机器的设计目的是使用打孔卡系统输入信息来编制统计数据。在 1890 年的人口普查中，人口普查局使用了 96 台这样的机器来处理信息。类似的打孔卡系统在 20 世纪上半叶得到了广泛应用。据 1902 年的《工程》（*Engineering*）杂志报道，这种机器使用起来非常简单，"这项工作可以交给一个女孩来完成"。事实上，早期计算机和编程方面的许多计算劳动和工作是由女性完成的。这些女性所从事的工作并不简单，而是需要一系列高度复杂的数学和技术技能（Hicks，2017）。

计算器在实验室中的应用也越来越多。到 19 世纪末，它们通常被用来生成数学表格，而后在实验室中用作计算辅助工具。从 20 世纪初开始，科学家们开始使用键控计算机，这使得数学表格变得多余。1901 年，英国物理学家 C. V. 博伊斯在《自然》杂志上对键控计算机进行了评论，认为它"不像计数器那样便于在实验室中对观测数据进行还原和计算"，而且它"发出的噪声非常刺耳，就像通过扩音器发出的打字机噪声；虽然其他计数器也有噪音，但都不如这台机器"。更适合实验室使用的是由威尔戈特·特奥菲尔·奥德纳（Willgot Theophil Odhner）发明的计算器，通常在欧洲被称为布伦斯维加计算器（图 12.1）。到 20 世纪，像布伦斯维加计算器这样的机器开始在科学期刊上做广告，并直接向实验室管理者销售。1903 年，统计学家卡尔·皮尔逊在伦敦大学学院建立的生物统计学实验室中使用了布伦斯维加计算器。1913 年，爱丁堡数学家 E. T. 惠特克（E. T. Whittaker）在该大学建立了一个数学实验室，里面有各种计算器，包括计数器和布伦斯维加计算器（Warwick，1997）。

图 12.1 20 世纪初，布伦斯维加机械计算器在实验室中越来越多地使用

数字游戏

到 20 世纪 30 年代，工业领域和不断扩大的国家官僚机构的的要求不断提升，计算也变得更加迅速和高效（Agar, 2003）。科学实验室也开始需要更强的计算能力。布伦斯维加等计算器被广泛采用，但其速度受到人工操作的限制。它们的工作速度无法超过操作员输入数字的速度。随着战争的逼近，军事上似乎也需要大量的计算能力。在美国因日本偷袭珍珠港而参战的前几年，已经有大量的军事人员参与了大规模计算机的开发。1937 年，哈佛大学数学家霍华德·艾肯（Howard Aiken）受到巴贝奇的分析机和他所使用的打孔卡片的启发，提出了一种新的计算机概念，他称之为自动序列控制计算机，他希望找到一种方法，使数据输入和计算过程尽可能自动化和高效。艾肯深知研发他的计算机需要投入巨资，于是他向美国海军申请 50 万美元的项目资金，并得到

了当时美国最大的办公设备公司之一 IBM 的支持。这项工作在纽约恩迪科特的 IBM 实验室进行，完成后的机器重达 5 吨，被命名为哈佛 - 马克 1 号，并于 1944 年移交给哈佛大学。它很快就投入了工作，为海军的武器设计计划提供计算能力（Ceruzzi，2003）。

1941 年，宾夕法尼亚大学的物理学家约翰·莫奇利（John Mauchly）向美国陆军提交了他的计划，即建造他称之为电子数字积分计算机或 ENIAC（图 12.2）的机器。这项创新的关键在于，莫奇利希望像后来的英国"巨人"计算机（Colossus）一样，使其成为一个完全电子化的装置，从而显著提高计算速度。这是很冒险的一步，因为传统观念认为，计算机的关键部件之一电子阀是高度敏感的设备，很容易出现持续故障。由于急需计算高射炮的弹道，陆军准备冒这个险。莫奇利找到了解决阀门故障问题的方法，他设计的 ENIAC 可以快速识别故障并快捷地更换部件。完成后的机器体积庞大，包含 1.8 万个阀门，占据了摩尔电气工程学院（Moore School of Electrical Engineering）的一整个房间，它就是在那里建造的。有一则逸事，大意是这台机器消耗了大量能源，以至于当它首次开启时，整个费城的灯光都暗了下来。在 ENIAC 准备投入使用之前，战争已经接近尾声，但它仍然被部署为一系列军事项目提供计算能力（Haigh，Priestley，Rope，2016）。

需要 ENIAC 计算能力的一个敏感项目是曼哈顿计划，负责该计划的位于洛斯阿拉莫斯的实验室同样需要计算能力。洛斯阿拉莫斯实验室于 1943 年 4 月在罗伯特·J. 奥本海默（Robert J. Oppenheimer）的领导下成立，其任务是将核武器的理论可能性转化为现实。完成这项任务需要强悍的计算能力和精妙的理论（Hughes，2003）。洛斯阿拉莫斯的科学家们研究了一系列理论，预

图 12.2   ENIAC（电子数字积分计算机）是由物理学家约翰·莫奇利开发的，用于为军方进行复杂的计算。

估亚原子粒子在裂变反应中的运动方式，他们已经广泛使用布伦斯维加等机械计算机以这些理论为基础进行计算。1944 年，洛斯阿拉莫斯实验室的首席理论家约翰·冯·诺依曼（John von Neumann）访问宾夕法尼亚大学，赫尔曼·戈德斯坦（Herman Goldstine）向他介绍了 ENIAC，戈德斯坦是被临时调来参与该项目的陆军工程师之一。冯·诺依曼很快意识到 ENIAC 在满足曼哈顿计划计算需求方面的潜力，1945 年，参与该计划的两位物理学家斯坦利·弗兰克尔（Stanley Frankel）和尼古拉斯·麦特洛皮特斯（Nicholas Metropolis）来到费城，使用 ENIAC 进行计算。冯·诺依曼本人也对 ENIAC 的局限性和强大功能印象深刻。战后，他回到普林斯顿大学高等研究院，着手开始自己的电子计算机项目。

　　除了武器装备，现代军队还依赖于通信。指挥官需要接收命令并将其传递给下属。越来越多的通信通过电报、电话和无线电进行，这意味着它们容易被拦截。解决拦截问题的方法是开发更精细、更复杂的加密方法。这反过来又意味着情报机构需要更精细的破译密码的方法，以便能够读取被拦截的通信并据此采取行动。破译密码最简单的方法是系统性地不断尝试不同的解决方案，直到找到正确的方法。考虑到潜在的解决方案的数量巨大，而竞争对手的情报机构又有能力定期更改密码，用人工计算机来做这件事实际上是不可能的。现在需要的是一台能够破译密码的机器，开发这种机器成为一项日益紧迫的任务（Agar，2001）。

　　图灵和布莱切利园的故事广为人知。20 世纪 30 年代，图灵从剑桥大学国王学院毕业，他于 1934 年以优异的成绩通过了数学荣誉学位考试（当时的期末考试非常难），后来他被国王学院聘为研究员。自 19 世纪中叶以来，剑桥大学就已经成为世界领先的数学中心，19 世纪数学物理学界的一些大名鼎鼎的人物都获得了剑桥大学荣誉学位。然而，到了 20 世纪初，剑桥大学不再像上个世纪那样强调数学物理（或应用数学），而是转而支持纯数学（Warwick，2003）。图灵的工作也遵循了这一传统。他对数学逻辑领域特别感兴趣，数学逻辑本身就是为了解决数学中的基础和哲学问题而发展起来的，由伯特兰·罗素（Bertrand Russell）在剑桥大学开创。1936 年，图灵发表了一篇题为《关于可计算数及其在判定问题中的应用》（On Computable Numbers with an Application to the Entscheidungsproblem）的论文。判定问题，或者说可判定性问题，是由德国数学家大卫·希尔伯特（David Hilbert）在 1928 年提出的，它提出了一个问题：在原则上，是否存在一种既定的方法，可以确定任何给定的数学命题是否可以证明。图灵在解决问题的过程中，证明了这种方法并不存在，他提出了一个抽象概念，即原则上可以处理任何计算的通用机。

20 世纪 30 年代余下的时间里，图灵辗转于剑桥大学和普林斯顿大学高级研究所之间。然而，1939 年对德战争爆发后不久，他就被派往当时的政府密码学校（Government Code and Cypher School）所在地布莱切利园工作。他很可能已经为情报部门秘密工作了一年。政府密码学校是英国海军部于 1919 年在第一次世界大战刚结束时成立的，当时有 30 名译码人员，但到 1922 年时已转到外交部。该机构负责就密码和暗码的安全性向政府提供建议，研究外国机构的密码使用方法，并就如何使用安全方法对英国官员进行培训。英国情报机构意识到，加密技术越来越复杂，需要由高超的数学家来完成译码工作。1938 年，英国情报机构买下了白金汉郡的布莱切利园，以便在战争爆发时，在伦敦以外为情报机构提供一个基地。政府密码学校于 1939 年 8 月搬到了那里，大部分的日常解码工作都是由女性完成的，到战争结束时，女性的数量已经是男性的 3 倍（Dunlop，2015）。

图灵在布莱切利园领导一个名为"8 号小屋"的小组，其主要任务是破译德国海军通信中使用的高度复杂的加密密码，该技术使用了名为"恩尼格玛"的机器。恩尼格玛机的操作方式与打字机相同，它们的工作原理是将输入的文字转换成看似毫无意义的杂乱字母。每台恩尼格玛机都可以通过一系列转轮进行不同的设置。在不知道用于加密特定信息的特定机器的设置的情况下，人们几乎不可能破解密码。在战争爆发前的几年里，波兰情报机构开发了一种机电设备——"炸弹"——可以用来帮助破译由恩尼格玛机加密的信息。就在波兰被入侵而引发战争的几个月前，波兰人将"炸弹"和其他情报资料交给了法国和英国情报部门。图灵努力改进"炸弹"的性能，并由生产办公设备的英国制表机公司投入工业化生产，供布莱切利园使用。布莱切利园成功破译德国通信的关键在于其工作是沿着工业生产线、按照工业生产规模组织起来的（Smith，2015）。

随着截获并发送到布莱切利园的通信数据大幅增加，快速处理这些数据的需求也随之增加。在战争期间，即使布莱切利园的员工数量大幅增加，也不足以应对如此巨大的工作量。解决的办法是再添一台机器。"巨人"计算机是由邮政实验室的工程师汤米·弗劳尔斯（Tommy Flowers）建造的，在战争结束时有10台"巨人"在运行。弗劳尔斯曾参与图灵在布莱切利园的改进工作——改进从波兰人那里继承的"炸弹"；但"巨人"计算机是一个全新的尝试，因为它是一个完全电子化的设备。弗劳尔斯以前曾做过试验，使用真空管在电话交换机上建立连接和断开连接，因此对这类设备有一定的经验。1型巨人机包含1600个真空管。它的后继型号2型"巨人"机包含2400个真空管。与之前的机器不同，"巨人"机可以通过重新设置插头和开关的不同组合来改变内部电路，从而完成特定的任务。该项目被认为非常敏感，以至于时任英国首相丘吉尔在战争结束时下令销毁大部分机器。

思考机器

1945年，约翰·冯·诺依曼在一份名为"EDVAC报告初稿"（First Draft Report on the EDVAC）的文件上签下了自己的名字，这份文件将对电子计算机的发展产生深远影响。EDVAC，即电子离散变量自动计算机（Electronic Discrete Variable Automatic Computer），于 1944 年 8 月被提出作为 ENIAC 的后继机。它的主要创新之处在于内置了一个存储程序，无须为不同的计算重新配置计算机。冯·诺依曼的报告描述了 EDVAC 的结构，并为本世纪余下时间的未来计算机设计提供了基本蓝图。1946 年，曼彻斯特大学的数学家大卫·里斯（David Rees）参加了摩尔电子工程学院（Moore School of Electrical Engineering）的暑期班，并接触到了冯·诺依曼的思想。他把自己的笔记传给了马克斯·纽曼（Max Newman）和图灵，前者在战争结束后从布莱切利园转到曼彻斯特大学，后者当时在英国国家物理实验室（National Physical Laboratory，简称 NPL）工作。事实证明，布莱切利园和费城的专家们起到了决定性的作用。在 NPL，图灵正在设计自动计算引擎（Automatic Computing Engine，简称 ACE）。在剑桥，莫里斯·威尔克斯（Maurice Wilkes）也参加了费城的暑期班，在那里里斯接触到了冯·诺依曼的思想，他正在研究自己的存储程序计算机，即 EDSAC。然而，1948 年 6 月，第一台可工作的存储程序计算机——SSEM 或"婴儿"——在曼彻斯特投入使用。汤姆·基尔伯恩（Tom Kilburn）和弗雷迪·威廉姆斯（Freddie Williams）在雷达开发过程中积累了电气工程方面的专业知识，这为曼彻斯特提供了额外的优势（Lavington，1980）。

战后初期的计算机项目大多是军事项目。EDVAC 于 1949 年完成，当时安置在马里兰州阿伯丁试验场的美国陆军弹道研究实验室。它一直在那里为陆军提供数据，直到 1961 年被取代。同样，英国早期的计算机研究经费也是由负责国防开支的供应部提供的。随着 20 世纪五六十年代冷战的加剧，军方对计算机的兴趣仍在继续。例如，计算机在开发新的超音速飞机和计算导弹轨迹方面发挥了至关重要的作用。军方资助是开发 UNIVAC 等新机器的关键，其中一台安装在五角大楼，用于 SCOOP 项目，处理海外军队的后勤供应。20 世纪 50 年代，IBM 为美国空军开发了 SAGE 系统，该系统旨在协调不同来源的信息，以侦测美国领空可能遭到的渗透（Ceruzzi，2003）。

美国国家航空航天局（NASA）的太空计划和登月计划也依赖于这种计算能力。例如，NASA 的控制人员需要能够快速比较实际飞行轨迹和预测飞行轨迹。早期，NASA 使用人工进行这些计算，其中包括许多非裔美国妇女；随着电子计算机的普及，其中一些妇女开始使用新机器进行计算。例如，多萝西·约翰逊·沃恩（Dorothy Johnson Vaughan）在美国国家航空航天局的职业生涯是从操作人工计算机开始的，但在人工计算机向电子计算机转变的过程中她发挥了关键作用，并在这一过程中学会教会了她的计算机"同事"FORTRAN 语言。这是另一个关于看不见的劳动的例子，直到最近，这种劳动仍未得到承认，而很大程度上这种劳动正是现代科学的基础。它还说明，操作人员高超的技术技能过去是、现在仍然是使用电子计算机工作的基本要素。

尽管 20 世纪五六十年代计算机研究的大部分资金来自政府，但大多数工作是由商业公司的实验室开展的。到了 50 年代，IBM 已经开始在这个领域占据主导地位，这得益于其在开发哈佛 - 马克 1 号和其他军事资助项目方面的早期投入。IBM 最初是一家办公设备公司，名为国际商业机器公司，由几家公司合并而成。其中一家公司是由赫尔曼·霍勒里斯创立的制表机公司，持有他为美国人口普查局制造的计算设备的专利。1952 年，IBM 推出了 IBM 701 电子计算机，这是第一台以相对大的规模生产的机器。一年后，IBM 又推出了 IBM 650 型计算机。IBM 并不缺乏竞争对手。其他公司如霍尼韦尔、RCA 和通用电气在 50 年代迅速进入计算机市场，抢夺军事资助和商业市场。到了 60 年代中期，IBM 以很大优势在其竞争对手中占据主导地位，以至于这些公司有时被讽刺地称为"白雪公主和七个小矮人"。到了 70 年代，面对 IBM 的市场主导地位，其中两个小矮人 RCA 和通用电气放弃了计算机业务。

市场的成功取决于创新。最早的电子计算机由庞大的、耗电量大的热电子管组成。1947 年，贝尔实验室的研究人员发明了第一个晶体管。这些半导体器件可以用来替代计算机中的电子管。1956 年，贝尔实验室的主要研究人员约翰·巴丁、沃尔特·布拉坦和威廉·肖克利凭借他们的发明获得了诺贝尔物理学奖。到了 20 世纪 50 年代末，开始出现了使用晶体管而不是电子管的计算机。1959 年，IBM 推出了 7094 型计算机，它与经过验证和广受欢迎的 709 型计算机基本相同，只是使用了晶体管而不是电子管。20 世纪 50 年代末，许多研究人员都在研究集成电路的概念——将多个组件集成到一个单一的半导体芯片中。微芯片对于开发更快、更节能的计算机至关重要。其他创新改变了计算机存储信息的方式。例如，20 世纪 50 年代的磁芯存储器的发展使得信息可以更快地被访问。同样，IBM 在 1957 年发明了磁盘驱动器，增加了可存储的信息量，同时提高了访问速度。

在指导计算机执行各种任务的过程中，对提高速度、效率和

图 12.3　格蕾丝·霍珀正在 UNIVAC 上工作。霍珀有理由被认为是第一位计算机程序员，因为她在开发将指令输入电子计算机的新方法方面做出了贡献

多功能性的需求也驱动了创新。1944 年，格蕾丝·默里·霍珀（Grace Murray Hopper），一位被派驻美国海军的瓦萨学院数学教授，在哈佛 - 马克 1 号上工作，并编写了一些最早的程序。战后，她在 UNIVAC 上工作，并帮助开发了编译器，将向计算机输入指令的过程自动化（图 12.3）。她称编译器是"一个可以为特定问题生成特定程序的程序制作例程"。到 20 世纪 50 年代末，高度通用的计算机语言已被开发出来，使用户能够编写程序来执行各种任务。首个通用计算机语言是 FORTRAN（Formula Translation），

于 1957 年由 IBM 为其 704 型机开发。几年后，COBOL（通用商业语言）被开发出来。与 FORTRAN 类似，COBOL 使人们无须了解计算机内部运作原理，就可以将计算机用于各种目的。特别是 COBOL 被设计得尽量使其命令看起来像普通语言。1964 年发明的 BASIC 使简单编程更加易于掌握。本书的作者之一还记得自己在 20 世纪 80 年代初作为十几岁的少年，使用 BASIC 编写类似"龙与地下城"简单电脑游戏的经历。

电子计算机在战后的年代崛起，也孕育了一门新的学科。1961 年，斯坦福大学成立了一个计算机科学学部，作为其数学系的一部分。几年后，该部门成了独立的系。到了 20 世纪 60 年代末，计算机科学系已成为学术界不可或缺的一部分。美国计算机学会早在 1947 年就成立了，旨在推进与用于"计算、推理和信息处理的新机器相关的科学、研发、构造和应用"。新科学的早期倡导者就其范围展开了争论，但实际上它主要意味着对计算机算法、语言和逻辑结构，而非计算机硬件的物理方面的研究。人们努力为计算机编程提供理论基础。1968 年，加州理工学院的副教授唐纳德·库努斯（Donald Knuth）出版了他的《计算机程序设计艺术》(*Art of Computer Programming*)第一卷，旨在为计算机提供这样的理论基础。同年，期刊《美国计算机学会通信》(*Communications of the Association of Computing Machinery*)发表了《课程大纲' 68》，努力为美国各地的计算机科学本科学位提供一个共同的教学大纲（Ensmenger，2010）。

计算机为各个科学领域提供了对以前极难处理的数据进行操控的可能性。一个例子是在 20 世纪 40 年代的洛斯阿拉莫斯，斯坦尼斯劳·乌拉姆（Stanislau Ulam）和约翰·冯·诺依曼开发了所谓的蒙特卡洛方法，用以处理大量数据和预测核链反应的进程（Galison，1997）。另一个例子是牛津大学的晶体学家多萝西·克劳富特·霍奇金（Dorothy Crowfoot Hodgkin）使用计算机研究青霉素和维生素 B 等有机大分子的结构。确定这些大分子的结构通常需要连续制作假定的结构模型，计算出模型产生的 X 射线衍射图样，并将其与实际拍摄的图案进行比较。机械计算器和后来的电子计算机的引入可以大大加快这个过程。在植物学等领域，计算机被用于加速绘制特定区域的标本分布图。电子计算机通常提供的就是速度。计算机可以比之前使用的机械计算设备和其他劳动密集型过程更快地处理数据（Agar，2006）。

计算机能够以前所未有的方式分析大量的数据，寻找模式和连续性。这不仅仅是更快、更高效地完成任务的问题。新技术很快被用于开发新的科学实践方式和方法。不仅仅是在生物学、化学和物理学中，在社会科学中，能够在大量数据中寻找规律的能力也催生了科学研究的新方法。到了 20 世纪七八十年代，欧洲的 CERN（欧洲核子研究中心）和美国的费米实验室等"大科学"中心在寻找越来越奇特的亚原子粒子时都依赖强大的计算能力。NASA 在 20 世纪 90 年代的项目，如哈勃太空望远镜的成功，依赖于将原始数据转化为壮观的深空图像的计算机。1990 年启动的人类基因组计划同样依赖于计算机处理海量数据的能力，以绘制人类基因组的所有基因图谱。推动气候变化复杂模型的发展也需要巨大的计算能力。在计算技术开创的"大数据"时代，现在人们可以大规模地处理信息，以生成新的知识（Aronova，von Oertzen，and Sepkoski 2017）。

到 20 世纪 70 年代初，计算机不但在大学实验室、军事国防机构和大型工业企业中日益普及，而且在办公生活中变得越来越普遍。计算机的体积也越来越小。固态物理学和其他领域的研究，往往由 IBM 等计算机制造商资助，旨在保持他们在市场上的份额，这也使得在更小的机器中容纳更强的计算能力成为可能。使用键盘将数据输入到计算机的新方法的引入，使得熟悉日常办公设备的工人更容易使用计算机。像 DEC 这样的公司专门生产小型计算机，如 PDP-8，而将大型计算机的制造留给了 IBM。到了 20 世纪 70 年代，微芯片的生产成本已经相对较低了，这也降低了计算机的制造和购买成本。英特尔公司由两位半导体研究人员戈登·摩尔和罗伯特·诺伊斯于 1968 年创立。摩尔提出了被广泛称为"摩尔定律"的预测，即集成电路中的晶体管数量每年翻一倍，后来修正为每两年翻一倍。利用计算机快速高效地处理大量信息的能力日益普及。到了 20 世纪 80 年代初，计算机不再仅仅是一台需要特殊设施和专业操作培训的机器。对于北美和欧洲越来越多的人来说，它正在成为日常办公生活的一部分。

传播网络

到了 20 世纪 80 年代初，计算机在许多人的工作生活中开始占据重要地位，用于执行各种不同的任务。从最终用户的角度来看，这些计算机所做的事情越来越不像是计算了。20 世纪 80 年代初，计算机也开始进入家庭。更小更强大的微芯片意味着计算能力可以被打包进更小更便宜的设备中。20 世纪 70 年代初，市场上已经有了体积与打字机一样大的相对便宜的电子计算器。到了

20 世纪 70 年代末，口袋大小且可编程的计算器开始出售。1971
年，英特尔开发出了 4004 微处理器，广告中称其为 "芯片上的可
编程微电脑"。几年后，1975 年 1 月份的业余爱好杂志《大众电
子》（*Popular Electronics*）封面上出现了一台小巧的自制计算机。
ALTAIR 8800 以套件形式销售，价格仅为几百美元。哈佛大学
的学生比尔·盖茨是这台机器的早期购买者之一，他很快开始用
BASIC 编写自己的程序。到了 1978 年，他已经开办了自己的公司
微软，为新一代个人电脑提供软件（图 12.4）。

　　到了 20 世纪 80 年代初，个人电脑已经普及且价格实惠，诸
如 Commodore PET 和 Tandy Radio Shack TRS-80 等机型开始生
产。在英国，BBC Micro 在 1981 年底上市。由 Acorn 制造，它
的设计目的是配合 BBC 的一系列计算机教育节目。几年内，它便
开始在全球销售，特别是在英国和北美的学校推广。BBC Micro

图 12.4　苹果 1 代个人电脑的早期原型

很快有了竞争对手，例如 Sinclair ZX Spectrum 和 Commodore。1984 年，成立于 1976 年的苹果公司开始销售其麦金塔个人电脑。这些早期机型在学校中用于教授计算机编程的基础知识。在家庭中，它们更常用于玩游戏。类似乒乓球、吃豆人和太空侵略者等最初为电子游戏机开发的游戏，非常受欢迎。像 Atari 这样的游戏公司满足了计算机娱乐的新市场需求。随着微处理器技术的发展，其处理速度更快，内存容量更大，游戏变得更加复杂。在工作场所，随着文字处理程序以及电子表格等数据处理和显示软件越来越便宜、功能越来越多、使用越来越方便，台式电脑开始取代打字机。到了 20 世纪 90 年代初，比尔·盖茨的微软公司主导了个人和台式电脑的软件市场。

1963 年，约瑟夫·利克莱德（Joseph Licklider）在美国国防部高级研究计划局（US Department of Defense Advanced Research Projects Agency，简称 DARPA）工作时，向同事提出了建立所谓的"星际计算机网络"（Intergalactic Computer Network）的设想。其目标是努力创建一个互联的计算机网络，使用户能够有效地相互通信。利克莱德在这个想法被进一步付诸实践之前离开了 DARPA，但他在那里的前同事们继续推动这个想法。结果，在 1969 年，美国高级研究计划署网（Advanced Research Project Agency Network，简称 ARPANET）成立，将一些接受国防部资助的大学部门和私营企业连接起来，以便他们可以共享成果和软件。成功实现这种计算机网络互联的关键是，由威尔士计算机科学家唐纳德·戴维斯在伦敦附近的国家物理实验室开发的分组交换概念。ARPANET 最初由四个接口信息处理机（IMPs）组成，它们分别位于加利福尼亚大学洛杉矶分校、斯坦福大学、加利福尼亚大学圣芭芭拉分校和犹他大学。到了 20 世纪 70 年代中期，这个数字增加到了近 60 个。1981 年，美国国家科学基金会资助建立了计算机科学网络（Computer Science Network，简称 CSNET），使得无法加入 ARPANET 的大学可以成为计算机网络的一部分。同样，英国于 1983 年为大学建立了用于互联的联合科研网（Joint Academic Network，简称 JANET）。通过这些网络，共享信息逐渐成为计算机文化和科学工作的一个重要特征。

1989 年，计算机科学家蒂姆·伯纳斯 - 李（Tim Berners-Lee）在欧洲核子研究中心（CERN）工作时，提出了"万维网"（World Wide Web）的设想。他向 CERN 的管理层提出，通过用一个互联计算机网络来模拟人们日常的互动方式，解决信息处理的问题。他特别关注的是人员离职时，重要信息丢失的问题。他提出，"信息丢失的问题在 CERN 可能尤为严重，在这种情况（也包括其他一些情况）下，CERN 在几年后将成为世界其他地方的缩影。"万维网将提供"一个为任何重要的信息或参考资料寻找到合适的位置，并在以后找到它的方法"。第一个网站于 1991 年 8 月在 CERN 上线。仅仅几年后，万维网成为一个全球网络。它连接的不仅仅是实验室、大学、政府机构和商业企业，还有越来越多的个人。到 20 世纪末，越来越多的家庭拥有个人电脑，这些电脑可以作为全球信息网络中的节点，它们已经成为工业化世界中产阶级家庭中常见的家居设备。

这种迅速高效地共享信息的能力也开创了科学研究的新方式。实验室和个人可以以新的方式共享数据。随着信息在网上流动，出版科学著作的整个过程都发生了变化。开放式获取出版的兴起和其他电子手段的发展，既加快了数据和理论研究成果的传播速度，又使新的受众能够获取数据。功能相对强大的计算机在家庭中日益普及，并通过互联网连接起来，这有助于产生一种新的公民科学。例如，搜寻地外文明计划（Search for Extraterrestrial Intelligence，SETI）在互联网上公开了其数据供分析。公民科学家可以通过将天空图像扫描为视觉材料，寻找异常之处。其他一些项目也利用大量家用计算机的联合计算能力进行复杂数据分析。尽管一些评论家将互联网视为让知识能为更多普通人获取的强大工具，但信息在互联网上的轻松传播也使得专业知识更容易受到质疑。例如，反疫苗运动等活动在网络上就有了新的追随者。

结论

查尔斯·巴贝奇认为，如果智能能够被理解由记忆和预见组成，那么他设计的分析机将拥有智能机器的所有特征。一个多世纪后，艾伦·图灵试图定义何谓机器智能。广义上讲，图灵建议，如果一个提问者在向机器和一个人提出一系列问题后无法区分机器和人的回答，那么这台机器可以被认为是智能的。计算机挑战国际象棋大师的比赛就对它们智能的测试。机器智能的概念已经被用来重新定义如何理解人类智能。正如 19 世纪的电报网络一样，计算机也被类比为大脑。随着计算机日益成为日常生活无所不在的部分，人工智能的概念已成为流行文化的常见元素，既是威胁也是救赎。像《2001 太空漫游》中的 HAL（对 IBM 的玩笑）或《星际迷航》中的 Data 这样的计算机被赋予了生命，被用来探讨成为人类意味着什么。它们在 20 世纪流行文化中日益增长的存在感，反映了它们在工作和休闲文化中日益重要的作用。

正如计算机在 20 世纪末成为工业化世界中无处不在的设备一样，计算机作为计算机器的地位也变得越来越淡化。在 20 世纪 90 年代，大多数普通用户使用他们的台式电脑所做的事情很少看起来像是涉及到任何类似计算的行为。用户使用计算机来玩游戏、写信、做报告、发送电子邮件、购物或观看各类视频。支撑所有这些活动的计算工作是隐藏式的。计算革命的关键特征之一是它使得大多数受益者无须直接面对计算这一工作方式。本章概述了这一转变是如何随着在不同领域和环境中对高效计算需求的增加而发生的。但在计算机的计算能力仍然重要的地方，它们处理数字的规模之大已经改变了许多科学领域。能够对气候变化进行建模只是一个例证，证明计算机能在巨大规模上操纵数字，进而产生新知。计算机已成为科学研究的常规工具，无论是在实验还是理论环境中——而且，它们也越来越多地被用于人文学科的研究。

第 13 章

宇宙学革命

　　我们倾向于把现代关于宇宙和地球位置的观点视为理所当然。现代天文学家认为，地球是一颗普通的行星，在一个普通星系外缘绕着一颗不起眼的恒星转动。这一星系只是浩瀚的宇宙内无限星系中的普通一员，用巨蟒剧团（Monty Python）创作的《生命的真谛》中的话说就是：

> 我们所在的星系中有上千亿颗星
>
> 星系两端相距 10 万光年
>
> 它从中间凸起，厚约 1.6 万光年
>
> 而我们距离星系的边缘只有 3000 光年
>
> 我们离银河系的中心有 3 万光年
>
> 绕着它转一圈需要两亿年
>
> 在这个惊人而浩瀚的宇宙
>
> 我们所在的星系只是千万亿分之一

　　然而，上述关于宇宙和人类位置的观点是非常晚近才形成的。到 20 世纪 30 年代，就银河系（我们所在的星系）的大小和形状，或者地球在其中所处的位置，天文学家还没有达成共识。

关于银河系是否是宇宙中独一无二的结构，以及是否还存在其他星系这类问题，天文学家的看法也不一致。根据某位天文学家的说法，"意识到我们的星系不是独一无二的且不处于宇宙的中央位置，是和接受哥白尼的系统同等重要的宇宙思想上的巨大进步"（Berendzen，Hart and Seeley，1976）。

从这个角度来看，现代宇宙秩序观的出现是可以与科学革命本身相提并论的。现代宇宙学的发展与哥白尼革命带来的观念变化之间确实存在着相似之处——至少根据传统的描述是如此。哥白尼通过否定地球位于宇宙中心的理论，挑战了中世纪认为人类处于宇宙中心的观念。现代宇宙学通过将我们居住的星系定位到宇宙非常偏僻的地方，完成了这一任务，消除了残留的人类特殊性。将20世纪这一宇宙革命作为库恩式科学革命的典型案例研究是合理的。正如我们将看到的，它尤其证明了库恩关于观测证据主观性的观点。在讨论宇宙的大小和形状时，天文学家根据他们对宇宙形态的不同看法，对数据进行了不同的解释。正如库恩所述，对于"那里到底有什么"这一问题，观察者各执己见，就像看同一张图片，有的人认为是鸭子，有的人说是兔子（Kuhn，1962）。最近社会学研究在关注训练模式、机构所属，以及个人关系等问题在解决科学争论中的重要性，20世纪的宇宙学也为这些研究提供了很好的例子（Barnes，1974；Collins，1985）。

如前所述，古希腊的主流观点认为宇宙是有限的，以地球为中心，恒星天是它的界限。到中世纪晚期和文艺复兴时期，随着哥白尼的日心说的出现，这种观点遭到越来越多的攻击。牛顿认为，空间是无限的，于是宇宙也是无限的。在18和19世纪，一系列关于宇宙结构的不同观点涌现出来。有些人，像伊曼努尔·康德，认为星云代表其他星系，它们就像地球所在的星系一样。其他人则认为星云是气体云，最终会发展成类似太阳系的东西。19 世纪下半叶，摄影和光谱学等新技术工具被用来深入探索空间，确定构成天体的元素。20 世纪头几十年里，关于宇宙大小和形状的争论主要是围绕星云的性质及与我们的距离展开。爱因斯坦在 20 世纪 10 至 20 年代提出的广义相对论，也让人们对宇宙的大小有了不同的理解。爱因斯坦认为他可以用相对论方程来理解空间和时间的几何结构。爱因斯坦认为宇宙是静态的。其他人则不以为然，说证据显示宇宙正在膨胀。

到 20 世纪中叶，已经形成了两种对立的宇宙膨胀模型。有一种观点认为，可以利用观测到的宇宙膨胀速率来推断宇宙起源的时间。这一观点后来发展成宇宙大爆炸理论。大爆炸理论的支持者认为目前宇宙中所有的物质最初都集中在一个点上。正是这一点的爆炸和随后的膨胀——原始大爆炸，让现代宇宙开始形成。大爆炸理论的反对者，如英国天文学家弗雷德·霍伊尔（Fred Hoyle），认为宇宙没有特定的开始。它一直存在，并将继续无限期存在。宇宙中不断产生新物质以维持其稳定膨胀。这就是宇宙的"稳恒态"模型。然而，20 世纪后几十年间，宇宙大爆炸模型逐渐成为主流。关于宇宙的解释越来越多，现代宇宙被描述为由黑洞、脉冲星和虫洞等怪异实体组成的空间。20 世纪末，新技术的发展使天文学家得以声称，追溯宇宙的起源是切实可能的。

宇宙的形状

说宇宙具有某种形状或确定的大小是有意义的吗？根据古希腊的宇宙观，答案很可能是有。宇宙在当时被认为是球形的，地球位于其中心，恒星组成的球面是宇宙的外部边界。中世纪的欧洲采纳并修改了亚里士多德的宇宙基本模型，人们认为恒星球之外是天堂。而后哥白尼的日心说，以及之后开普勒和牛顿的天体运行理论逐渐被人们接受，到科学革命后期，人们早已不再认为透明天球是宇宙中的实体了（Kuhn，1966）。18 世纪中叶，天文学家普遍认为艾萨克·牛顿爵士的万有引力定律为天体运行提供了最好的解释。牛顿观念中的宇宙是无限的、绝对的、不变的。他认为宇宙在创世之初就已成型，它无限延伸，没有任何形式的边界。在地球的系统中，地球和其他行星共同围绕中心的太阳运行，在这个系统之外，只有大致均匀分布的不计其数的星球。从这个角度来说，人类探讨宇宙的形状和大小完全没有意义。

而在 1750 年，英国人托马斯·赖特（Thomas Wright）发表了《宇宙起源的新假说》，提出了具体的宇宙结构。在赖特的模型中，宇宙由两个同心球组成，星星夹在中间。宇宙的中心是上帝的神座。赖特用观测证据来支持自己的模型。夜空中可见的明亮星带——银河——是沿着两个球体切线方向观察的结果。德国哲学家伊曼努尔·康德主要因《纯粹理性批判》而为人熟知，他在 1755 年发表了《自然通史与天体论》。他在书中指出，银河只是分散在宇宙中的许多相似的"宇宙岛"之一。在读过赖特略微含混的理论之后，康德把他的理论理解为从纵向看银河是星体构成的圆盘，并采纳了这一观点。后来，因发现天王星而知名的德裔英籍天文学家威廉·赫舍尔（William Herschel）开始用他强大的新型望远镜观测宇宙，在天空中发现了许多发光的星云，当时它们通常被理解为宇宙岛。赫舍尔自己一开始也认为这些星云是河外恒星系，但之后的观测让他对最初的观点产生了质疑（Hoskin，1964）。

　　威廉·赫舍尔对星云清晰的观察结果为一种太阳系的起源理论提供了重要依据，在 19 世纪上半叶，这一理论在一些天文学学术圈内风靡一时。这就是法国物理学家皮埃尔-西蒙·拉普拉斯（Pierre-Simon Laplace）提出的所谓星云假说。该理论主张，星云是巨大的气态物质云团，恒星和行星从中诞生。旋转的气体云团逐渐收缩，形成了围绕中心物质运行的物质团块。这一过程最终演变成行星围绕恒星运行。由于约翰·普林格尔·尼科尔（John Pringle Nichol）和罗伯特·钱伯斯（Robert Chambers）等激进支持者的积极推广，星云假说在英国尤其流行。钱伯斯在 1844 年出版的备受争议的《创造的自然史的痕迹》中，用星云假说来论证宇宙处在不断进化和发展中，并指出这一规律同样适用于人类和人类社会。星云假说的依据是：星云是星体的气体组成的云团而不是恒星的集合。19 世纪 40 年代，爱尔兰天文学家罗斯伯爵用他建在爱尔兰领地比尔城堡庄园上的 1.8 米口径的巨型反射望远镜进行观测，以分辨组成猎户座星云的星体，从而驳斥星云假说。（图 13.1）尽管罗斯伯爵为此做出了努力，但疑惑仍然存在：是否所有的星云都是星体的集合？是不是有些是气体云团组成的"真正的"星云？（Jaki，1978）

　　19 世纪下半叶，摄影术和光谱学的发展也为讨论星云和其他天体的真实构成提供了新的证据。一些天文学家希望摄影设备能

图 13.1　罗斯伯爵通过帕森城的利维坦望远镜描绘的一个旋涡星云

够捕捉到夜空中遥远天体的特征，人类不可靠的肉眼可能遗漏或曲解它们。事实证明，对光起反应的化学物质比单纯的人眼视力更加敏感，能永久并客观地记录下真实的存在。它们或许能够以人类感官无法做到的方式区分恒星团和气体云。光谱学是这一时期天文学家的新工具，其原理是不同物质燃烧时发出不同颜色的光，或被用作电极时发出不同颜色的电火花。每种元素的光透过棱镜后都会呈现其特定的光谱。德国仪器制造商约瑟夫·冯·夫琅和费（Josef von Fraunhofer）也注意到，太阳光透过棱镜后，其光谱中也会显示出特征谱线（Jackson，2000）。天文学家把分光镜转向天体，将它们展现的光谱与地球元素的光谱进行比较，试图识别构成恒星和星云的元素。我们在下文将看到，天文学家研究了这些谱线向光谱红端的移动（所谓的红移），认为这是光源逐渐远离地球的结果，他们甚至可以据此计算出遥远的恒星和其他天体在天空中移动的速度。到 20 世纪初，摄影技术和光谱学已成为天文学观测的标准工具，对区分夜空中不同物体至关重要。

20 世纪前几十年间，有两个关于星云性质的理论占据主导地位，它们相互对立，但都深刻影响了天文学家对宇宙大小和形状的看法。一种观点认为，至少有一些星云，特别是旋涡星云，是与我们的银河系相似的星系。另一种观点认为，星云是银河系内的气体云或恒星团。天文学家在选择支持哪一观点时，主要依据的是自己对某些问题已有的看法，如银河系的大小，太阳系在其中的位置，以及太阳系与各星云之间的距离。1920 年，对这一问题的讨论达到了高潮。在华盛顿特区发生了一场著名的"相遇"，即威尔逊山天文台的哈洛·沙普利（Harlow Shapley）和利克天文台的希伯·D. 柯蒂斯（Heber D. Curtis）之间所谓的大辩论。沙普利认为，我们所在的星系很大，直径约 30 万光年，银河中心距地球约 6.5 万光年。球形星团和旋涡星云是此星系的一部分，但并不构成独立的恒星系。相反，柯蒂斯设想了一个相当小的局域星系（直径大约 3 万光年），并认为旋涡星云最好被理解为遥远的星系。此次"大辩论"并没有解决这个问题。在整个 20 世纪 20 年代及之后，关于宇宙大小和结构的辩论持续不断。

　　辩论双方都可以出示大量支持各自立场的观测性证据。这在很大程度上又取决于对不同天体距离地球的各种估计。当然，并没有直接测量这些距离的方法，因此天文学家通常根据一些特征——比如不同类型恒星的视星等（亮度）和它们的光谱——进行估算。然而，20 世纪 20 年代初，那些反对星云（或至少一些星云）是独立星系的人似乎掌握了关键的证据。荷兰天文学家阿德里安·范马伦（Adriaan van Maanen）称他发现了旋涡星云某些组成部分的"自行"*。范马伦是一位备受尊敬的观察天文学家，在著名的威尔逊山天文台（图 13.2）工作。他得出的结论是：基于对多年来拍摄的星云照片的仔细比较，在旋涡星云的旋臂上检测到了"自行"。独立星系理论的反对者认为，要在该理论支持者预测的如此之远的距离上探测到这种级别的自行，那么旋臂的运动速度必定超过光速。这一结论显然是荒谬的，因此，这个星云实际上应该是近得多，应该是那些认为它处于银河系内的人预测的距离。

　　虽然范马伦的证据确凿，但独立星系理论的支持者总体上都

---

* 自行是恒星相对于太阳系的质量中心，随着时间变化的推移所显示出的位置在角度上的改变，它的测量以角秒/年为单位。——编者注

图 13.2　20 世纪初的威尔逊山天文台。当时许多测算宇宙大小的天文观测就在这里进行

坚持自己的立场。1923 年，年轻的美国天文学家埃德温·哈勃（Edwin Hubble）的新观测结果似乎为他们提供了决定性的证据。哈勃在威尔逊山天文台（和范马伦一样）工作，使用当时世界上最强大的望远镜，找到了仙女座星云中的造父变星。哈佛天文学家亨丽埃塔·斯旺·勒维特（Henrietta Swan Leavitt）在 1908 年对造父变星的研究已经确定了造父变星的光变周期（亮度变化一周的时间）与其光度之间的关系。这意味着造父变星的周期可以用来确定它的绝对光度。它的绝对光度与它的视光度（它在夜空中出现的亮度）可以用来估计它的距离，因为具有相同绝对光度的不同物体离得越远，它们的亮度就越低。哈勃因此可以利用他

在仙女座星云中发现的造父变星来计算它与地球的近似距离。他计算出这个距离约为 30 万秒差距（1 秒差距等于 3.26 光年）——远远超过了范马伦或沙普利预计的距离。相隔这样遥远的距离，像仙女座星云这样的星云不可能是银河系的一部分（图 13.3）。

图 13.3　20 世纪初一个遥远星云的照片

天文学家面对的是两组显然都非常可信却相互矛盾的观测结果。如果相信范马伦，他对旋涡星云内部自行的观测显示，星云一定距我们相对较近（图 13.4）。另一方面，如果相信哈勃，则像仙女座星云这样的旋涡星云早已超出了银河系可能的边界。到 20世纪 20 年代末，大多数天文学家同意，独立星系理论（人们更熟悉的称呼是"宇宙岛假说"）已经赢得了胜利。他们发现哈勃的造父变星比范马伦的自行照片证据更有说服力。最后，这成了一个决定哪种观测证据及哪个天文学家更值得信赖的问题。

宇宙岛模型也是另一种传统世界观转变的基础。在研究来自

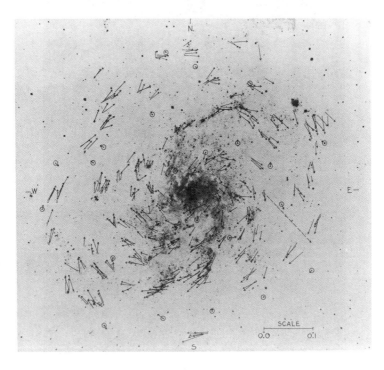

图 13.4   范马伦观测到的星云内部运动

遥远星系的光时，天文学家注意到谱线（如前文所述）向光谱的
红端移动。对此，最显见的解释是多普勒效应，即波的频率受到
发出波的物体速度的影响（以声波为例，当呼啸的火车经过站在
铁轨旁的观察者时，观察者听到的音调会下降）。这种对"红移"
的解释意味着这些星系正在远离我们。1929 年，哈勃进一步提出
了关于星系到地球的距离与其退移的速度之间关系的规律。我们
不仅生活在一个不断膨胀的宇宙中，而且我们看到的星系离我们
越远，它们退移的速度也越快。

　　因此，到 20 世纪 30 年代，大部分天文学家在关于宇宙的大
小和形状的问题上达成了一致，开始把宇宙视为动态而不是静态
的体系。银河系被认为是大量类似星系中的一个，地球及太阳系
位于银河系旋臂靠外的地方。人类居住的星系不再被认为是宇宙
的中心。从这个角度来看，这种转变可以说是与哥白尼革命一样
的真正革命。辩论的参与者是否也同样认为这是一场巨变则是另
一个问题。

爱因斯坦的宇宙

　　新的观测科学和技术并不是洞察宇宙形态的唯一方法。20 世
纪初物理学新理论的发展深刻影响了天文学家理解宇宙的方式。
正如我们已经看到的那样，许多物理史学家将 20 世纪初物理学发
生的变化描述为革命性的。以牛顿物理学为代表的传统世界观被
彻底清除了，取而代之的是新的相对论物理学（见第 11 章）。与
观察者的位置和速度无关的绝对时空观已被抛弃，取而代之的是

时空与观察者的位置和速度相关的相对论。这一变革的关键人物是德国物理学家阿尔伯特·爱因斯坦。爱因斯坦在 1905 年发表的狭义相对论，以及 10 年后发表的广义相对论（处理加速系统的问题）对新的理论物理学产生了深远影响。天文学家很快就意识到爱因斯坦及其追随者的观点对理解宇宙结构的意义。毕竟，广义相对论的两个关键依据——水星的近日点（到太阳的最近点）的异常变化，以及天文学家阿瑟·爱丁顿在日食期间观测到的光的弯曲现象——从本质上来说都是天文现象。

爱因斯坦也很快就认识到，他的理论对天文学家理解宇宙的方式产生了重要影响。在广义相对论公布之后的几年中，他致力于寻找相对论场方程的解，以提供一个关于宇宙结构的稳定描述。爱因斯坦场方程中描述的宇宙是个非欧几里得几何空间。换句话说，它不遵循经典的几何规律，如两点之间直线最短。爱因斯坦的空间是弯曲的。爱因斯坦场方程的解是一个有限无界四维空间。它可以通过与三维球体的类比来理解。对于一个生活在该球体表面的实体来说，如果沿着同一个方向行走足够长的时间，就可以回到原点。原则上也可以到达球体表面上的每个点。因此，该表面一定是有限的。同时，这一实体在任何阶段都不会遇到边界，所以球体表面也是无界的。爱因斯坦认为这就是四维宇宙的运行方式。爱因斯坦还完全相信宇宙必须是静态的，宇宙的结构是永远不变的。因此，他在其场方程中引入了一个额外的成分——宇宙常数——以确保这一特性。众所周知，爱因斯坦后来承认宇宙常数是他在物理学中犯下的最大错误。

并不是所有人都对爱因斯坦场方程式的解感到满意。1917年，荷兰天文学家威廉·德西特（Willem de Sitter）提出另一个宇宙几何模型，但也遵循爱因斯坦的相对论场方程。从格罗宁根大学毕业之后，德西特在南非好望角的皇家天文台工作了几年，然后返回荷兰，并最终于 1908 年成为莱顿大学的天文学教授。他的兴趣主要是研究天体力学，但从 1911 年起，他对相对论的天文学含义越来越感兴趣。与爱因斯坦的宇宙不同，德西特的模型是无限的。它在三个维度上均匀无限地延伸，呈马鞍形状。与爱因斯坦一样，德西特坚信任何宇宙模型都必须是静态的。为了让他的模型中保留这一特性，他不得不假设宇宙不含任何物质。显然，真正的宇宙与这个假设并不相符。而德西特认为，宇宙中所有物质的密度足够小，能够为他的模型提供合理的近似值。爱因斯坦对德西特给出的场方程的解感到忧虑。在他看来，无质量宇宙可能存在的说法似乎暗示着空间本身具有绝对属性——这一观点与他自己对相对论的解释相左。

德西特宇宙模型中的一个特点尤其让天文学家感兴趣，特别是英国天文学家阿瑟·爱丁顿。如果将原子放到这个数学模型中，它们彼此相隔很远的距离，随着时间的增长，它们发出的任何光在观测者看来频率都低于实际的频率。转换到真实的宇宙，结论就是来自遥远光源的光看起来会向光谱的红端移动。同样，由于德西特（与爱因斯坦一样）在他的方程中加入了宇宙常数，这个假想的数学宇宙中的质点似乎会开始自发地相互加速远离。爱丁顿在 1923 年出版的《相对论的数学理论》中提出，德西特模型的这些特点可能有助于解决许多旋涡星云视向速度（远离地球的视速度）过大的问题。首先，德西特模型可以解释物质相互远离的一般倾向导致的视运动。第二，视向速度通常是根据远距离物体红移的测量结果来计算的，而红移被认为是速度的结果。如果德西特是正确的，那么至少有一些观察到的红移是距离和时间膨胀而不是速度的结果，所以旋涡星云并没有真的以如此大的速度退移（Smith，1982）。

爱丁顿还对德西特模型做出了另一个判断："有时很想反对德西特的世界，因为一旦任何物质被放入其中，它就变成了非静态的。但是，这个属性更有可能支持而不是反对德西特的理论。"爱丁顿开始倾向于相信宇宙是在膨胀的而不是保持静止的。1929年，美国天文学家埃德温·哈勃（图 13.5）向美国国家科学院提交了一篇论文，在观测的基础上，论证了视向速度和旋涡星云距离之间的明确线性关系，现在它被称为哈勃定律。至少对于哈勃来说，部分是在试图检验德西特宇宙模型的过程中，他开启了新一阶段的研究。大多数天文学家将哈勃定律理解为支持宇宙膨胀而不是静止的强有力证据（Crowe，1994）。爱因斯坦在 1930 年宣

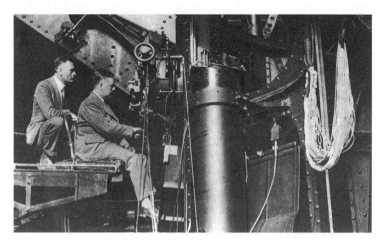

图 13.5　埃德温·哈勃和詹姆斯·金斯在进行天文观测，《财富》杂志（1932 年 7 月）

布放弃静态宇宙论和宇宙常数之前，非常想去威尔逊山天文台与哈勃见面。一个故事是这样说的，在爱因斯坦和妻子参观天文台时，他们看到了望远镜。爱因斯坦的妻子听到的讲解是，这些望远镜是用于研究宇宙结构的。爱尔莎·爱因斯坦（Elsa Einstein）回答说："好吧，我丈夫是在一个旧信封背面做这件事的。"（Berendzen，1976）这个故事很可能是虚构的，但它无疑展现了理论家与观测天文学家在知识和专业上日益显著的差异，以及他们处理同一问题时采用的不同方法。

大爆炸理论还是稳恒态理论？

到20世纪30年代，越来越多的天文学家和物理学家赞同宇宙在膨胀的观点。删去宇宙常数后，爱因斯坦的相对论场方程也表明了这一点。许多人研究哈勃的旋涡星云的速度和距离关系理论后，也得出了宇宙膨胀的结论。一些理论家开始推测，如果宇宙在膨胀，那么它一定有一个起始点。他们认为，根据宇宙当前的膨胀速度进行时间的倒推，我们可能会算出一个时间，当时宇宙的所有物质都集中在一个点上（Kragh，1996）。这一点的爆炸意味着宇宙的起源。苏联物理学家亚历山大·弗里德曼（Alexander Friedmann）在20世纪20年代初提出了一个从单一点扩展出宇宙的数学模型。不过，他和其他人都没有发现，这个模型在数学上是绝妙的。比利时天文学家乔治·勒梅特（Georges Lemaître）在剑桥求学时是英国天文学家阿瑟·爱丁顿的学生。1927年，他在去麻省理工学院攻读博士学位之前，提出了一个不断膨胀的宇宙的物理模型。然而直到 20 世纪 30 年代，勒梅特的模型才被认真看待。他认为宇宙最初是巨大的单一原子。它非常不稳定，并且会通过超放射性的方式分裂，从而产生不断膨胀的宇宙。

在 20 世纪 40 年代，另一位苏联科学家、核物理学家乔治·伽莫夫，开始研究他自己的宇宙大爆炸和起源理论。伽莫夫对宇宙学的兴趣源于他对量子力学和核物理的研究。伽莫夫在 1928 年就因提出量子隧穿效应而扬名，该理论解释了放射性物质放射 α 粒子的机制。在弗里茨·豪特曼斯（Fritz Houtermans）和罗伯特·阿特金森（Robert Atkinson）等同事的共同努力下，伽莫夫很快就得出结论，他的量子隧穿效应也可以用来理解恒星内的核过程。在 20 世纪 30 年代初新的亚原子粒子被发现后，越来越多的科学家将恒星视为核物理学新理论的试验场（见第 11 章）。在 20 世纪 40 年代，伽莫夫特别希望找到解释重元素起源的理论，鉴于这些重元素似乎不太可能在恒星之内产生，他转向大爆炸，以寻找替代方案。伽莫夫首先主张，宇宙起初是由冷（相对而言）且稠密的中子云组成，它膨胀并形成更复杂的结构，最终通过放射 β 射线生成现在我们所知的化学元素。1948 年，伽莫夫与拉尔夫·阿尔弗（Ralph Alpher）和汉斯·贝特（Hans Bethe）一起，将大爆炸理论的修订版提交给了《物理学评论》（这一论文因三位作者的名字被称为 "$\alpha \beta \gamma$ 论文"）。实际上贝特并没有做出重大贡献，他的名字被包括在内是为了保留这个 $\alpha \beta \gamma$ "笑话"。在新版本中，宇宙最初是炽热且被高度压缩的中子气体，而后开始衰变成质子和电子，最终形成了现代宇宙。

许多早期大爆炸理论宣传者认为，支持宇宙起源的大爆炸理论的一个很好的理由是它有神学的意义。虽然有些人，如伽莫夫自己，明确地回避神学上的争论，其他人却乐意接受。爱因斯坦相对论的顽固反对者、曼彻斯特大学数学教授爱德华·阿瑟·米尔恩（Edward Arthur Milne）在 1947 年提出，任何主张宇宙不是来自单一点的理论在逻辑上都是矛盾的。数学家和物理学史学家埃德蒙·惠特克（Edmund Whittaker）也提出过类似的观点。他认为，宇宙有一个明确的开始，意味着上帝的存在是宇宙产生的第一因。值得注意的是，最先提出大爆炸理论的天文学家之一乔治·勒梅特本人就是天主教教士。1951 年，教皇庇护十二世在教皇科学院发表了一篇演讲，他明确表示宇宙大爆炸理论是对天主教会思想的科学认证。根据教皇的观点，最新的宇宙学理论对天主教徒来说并不是什么新东西。它们只是重申了《创世记》开头的句子："起初上帝创造了天地。"（Kragh，1996）

将宇宙学理论与宗教如此明确地联系在一起至少给了一群人反对大爆炸理论的理由，他们是另一个影响力渐增的理论——宇宙稳恒态理论——的倡导者。20 世纪 40 年代末，也就是伽莫夫的大爆炸理论形成的过程中，剑桥的三位毕业生赫尔曼·邦迪（Hermann Bondi）、托马斯·戈尔德（Thomas Gold）和弗雷德·霍伊尔（Fred Hoyle）首先提出了宇宙稳恒态理论。霍伊尔是一个彻头彻尾的无神论者，认为宗教观点在科学讨论中没有任何地位，大爆炸理论只有在宗教背景下才有意义。根据邦迪、戈尔德和霍伊尔的新理论，宇宙过去一直存在，并将永远存在。随着宇宙的膨胀，新的物质不断地被创造出来，以维持这一过程。1948 年的《皇家天文学会月报》中，在一篇由霍伊尔所写和另一篇由邦迪与戈尔德共同撰写的论文里，他们陈述了新理论的原理。

文章特别介绍了霍伊尔的"广阔宇宙学原理",以及邦迪和戈尔德提出的"完全宇宙学原理",两个理论主张宇宙在大范围的空间和时间中都是均匀和不变的。1949 年,霍伊尔通过英国广播公司(BBC)发表了一系列广播演讲,阐述了他的稳恒态理论。1950年,这些讲座稿被整理出版成书,即《宇宙的本质》,引发了广泛的争论。许多天文学家认为,霍伊尔对宇宙状态的陈述过于偏袒和支持他自己的稳恒态理论。

整个 20 世纪 50 年代,有争议的新稳恒态理论争取到的新支持者寥寥无几,在其提出者所处的剑桥学术圈之外,情况尤其如此。与此同时,大爆炸理论的支持者也没有发掘出什么新的理论论据来证明自己理论的优越性。许多天文学家对这些宏观宇宙学理论没有兴趣,认为它们与观测、编目这些日常天文学事务无关。天文学观测似乎没能获得充分的证据,帮助人们在两种理论间做出选择。然而,在 20 世纪 60 年代初,对宇宙背景辐射的检测似乎让大爆炸理论获得了决定性优势。1961 年,剑桥射电天文学家马丁·赖尔(Martin Ryle)公布了最新的对银河外射电源研究的结果,研究表明辐射的能量范围更支持大爆炸理论,而不是稳恒态理论。大爆炸理论的许多支持者(包括赖尔本人)认为这是对稳恒态理论的致命一击。稳恒态理论的倡导者并不认同,他们指出进一步分析修正赖尔的结果,将发现它们与稳恒态理论的预测值一致。20 世纪 60 年代上半叶类星体的发现也似乎对稳恒态理论提出了质疑。这些星体似乎只存在于遥远的时空中,而稳恒态理论假设宇宙在时间和空间上都是均匀的,观测结果与假设显然不符。

天文学和宇宙学的教科书上记载的历史,往往将 20 世纪 60年代的这些观测结果描述为对稳恒态理论的决定性驳斥和大爆炸理论的胜利的证明。历史事实当然更加复杂。大多数稳恒态理论的拥护者——当然也包括它的奠基人——仍然相信，这些只不过是暂时的困难，最终将通过进一步的观察和理论修正得到解决。例如，霍伊尔提出了另一个关于类星体物理性质的理论，其中它们被理解为近处而不是遥远的物体。然而，到 20 世纪 60 年代后半叶，稳恒态理论越来越边缘化，其支持者与学界主流的矛盾似乎日益加深。争议还没有完全消失。霍伊尔和他的支持者继续为稳恒态理论辩护。这一事件也是说明历史（和哲学）困境的有益案例，展示了它们在确定可以决定科学辩论结果的关键性事件时面对的难题。一些措施被大爆炸理论家视为捍卫破产理论的日益绝望的挣扎，在他们的对手稳恒态理论家看来，却是对其更高效有力的理论的进一步完善，并为下一步工作提供了建议。

黑洞和现代宇宙

在 20 世纪最后 25 年，宇宙学家成功地普及了他们的学科，尽管自本世纪初以来，通俗宇宙学的强大传统就已存在（见第 16 章）。1988 年，理论物理学家斯蒂芬·霍金（Stephen Hawking）出版的《时间简史》让普及化走向高峰。在 20 世纪的大部分时间里，大多数天文学家甚至认为宇宙学，特别是理论宇宙学是一门艰深的学科，与主流天文学关注的问题截然不同。20 世纪 60 年代初一位著名天文学家说："宇宙学里只有 2.5 个事实。"（Kragh，1996）他所说的两个事实一是观察到夜空是黑暗的，二是哈勃观测到星系在退移；另外的半个事实是宇宙处于演变中。这个笑话反映的问题是，天文学家普遍认为宇宙学家假设的理论模型很少拥有坚实的天文学证据，因此对理解已知的天文现象帮助也不大。从 20 世纪 60 年代初开始，随着天文学家开始使用新技术来研究夜空，越来越多的新天文学现象需要理解。第二次世界大战期间出现了监视和预警系统，随之产生的射电天文学等新技术提供了大量的新信息，需要新的理论来解释（见第 20 章）。到 20 世纪 80 年代，新的观点认为宇宙由各种奇异的、迄今未知的物体组成，并且在宇宙的许多地方已知的物理学规律完全崩塌。这些新的观点正不断唤起公众的想象力。《星际迷航》等流行科幻作品也拓展了公众的想象力。

　　20 世纪 50 年代末 60 年代初，许多天文学家报告观察到了异常的类似星体的物体，它们似乎具有独特的属性。1963 年，荷兰天文学家马尔滕·施密特（Maarten Schmidt）研究了其中一个物体的光谱，结果显示它的光谱发生了高度的红移，这意味着它处在距离非常遥远的地方，也意味着这个物体一定释放着巨大的能量。进一步的观测结果表明其他的这类"射电星"也有相同的特点。它们很快被重命名为"类星射电源"，简称"类星体"。如我们所见，它们似乎距离很远这个事实本身就具有重要的理论意义，它让人们更加质疑宇宙稳恒态理论的合理性。宇宙学家开始研究这些类星体释放的大量能量的来源是什么。在 20 世纪 60 年代末期，宇宙中又增加了另一种神秘的能量物体。1967 年，在剑桥大学射电天文台工作的剑桥毕业生乔斯琳·贝尔（Jocelyn Bell）注意到一系列来源未知的有规律的间断信号。她描述道，它们像"黄色指示灯"（英国人行横道橘黄色指示灯的俗称）一样闪烁。在排除了地球上可能的干扰源（以及一些地外的干扰源，如"小绿人"）之后，她和她博士期间的导师安东尼·休伊什（Anthony Hewish）得出结论，发出信号的是一种迄今还未知的星体，他们称之为"脉冲星"。1974 年，休伊什和剑桥射电天文台的负责人马丁·赖尔因贝尔的发现获得了诺贝尔奖。

1968 年，稳恒态论者托马斯·戈尔德认为，脉冲星可能是快速旋转的中子星。理论宇宙学家曾预言，随着时间的推移，特定质量的恒星向外辐射的速度减缓，恒星在引力的作用下塌缩，由此形成中子星。在真实的天文宇宙中似乎能观测到与宇宙学家的假设相对应的一些奇异物体。1916 年，德国数学家卡尔·史瓦西（Karl Schwartzchild）提出了爱因斯坦相对论场方程的一个解，其中存在时空曲率为无穷大的点。在这样的点上，引力也将变得无穷大，没有光可以逃脱。之后的几十年中，史瓦西的猜测被视为一个有趣的数学怪解。直到 20 世纪 60 年代，美国物理学家约翰·惠勒（John Wheeler）开始研究这些点在真实宇宙中可能的存在情况。1968 年，惠勒创造了"黑洞"一词来描述假设中的巨大星体，它在自身的引力作用下塌缩，并被压缩到可以形成史瓦西描述的奇点（singularity）的程度。黑洞的属性成为斯蒂芬·霍金等新一代理论物理学家越来越感兴趣的理论研究主题。1973 年，霍金最先提出黑洞可能释放辐射的假设（Hawking，1988）。

到 20 世纪 80 年代末，不仅是专业天文学家，甚至大部分的公众也越来越熟悉黑洞、中子星、白矮星和虫洞这些宇宙学词语。斯蒂芬·霍金的畅销书《时间简史》在提升公众对宇宙学理论的兴趣中发挥了重要作用。霍金的作品只是一系列类似书籍中最成功的代表，其他作品还有约翰·格里宾（John Gribbin）的《寻找时间的边缘》和保罗·戴维斯的《上帝和新物理学》。另一个影响因素是哈勃太空望远镜的（最终）成功。哈勃望远镜以天文学先驱埃德温·哈勃命名，它将迄今为止清晰度最高的遥远宇宙图像传输回地球。1990 年，美国国家航空航天局首次发射空间望远镜，天文学家很快就意识到，它的反射镜中存在重大的设计缺陷（它的形状不对），使得它根本无法达成最初的设计目的。一旦这些错误得到更正，西方世界的电视观众就会被遥远宇宙的壮观图像所震撼，这些画面可以与《星际迷航》中联邦星舰"进取号"看到的虚拟太空景观相媲美。其结果是，至少在欧洲和北美的公众中，一大部分曾经深奥难懂的理论宇宙学术语成了日常用语的重要部分。

结论

在整个 20 世纪，人类对宇宙的认识发生了翻天覆地的变化。19 世纪末，无论观测者的位置和速度如何，空间和时间一般都被理解为绝对的范畴，其属性不可改变也不会改变。几乎没有天文学家真的相信，至少在可观察的内容方面，宇宙远远超越当时的技术所能及的视界。总的来看，当时宇宙就是银河系的代名词。20 世纪的前几十年，人们的观点发生了剧烈的变化。新的技术和科学，以及新的理论世界观使天文学家有可能对恒星间的距离做出可靠的估计。最终，银河系被视为无数星系中相对普通的一个。爱因斯坦的广义相对论给宇宙形状的问题赋予了新的意义。从爱因斯坦理论中获得的思考，使理论宇宙学家以新颖的方式考虑宇宙年龄和持续时间的问题。大约在同一时间，新的观测证据促使天文学家反思他们关于宇宙是一个不变的、大体上静态的实体的看法。与20世纪相比，21世纪的宇宙已经变成了一个非常不同的地方，充斥着全然不同的星体。

那么再次提出那个我们熟悉的问题，这是一场革命吗？在许多方面，似乎难以避免这样的结论：是的，这是一场革命。毫无疑问，在20世纪，天文学家对宇宙的性质和人类在其中所处的物理位置的理解发生了彻底的转变。然而，与此同时，这里所概述的历史的复杂性也预示着把这一论断强加于过去是困难的。很明显，在20世纪或本章论述的时间范围里，天文学发生了重大的变化，但是我们很难将任何特定的阶段或时间点定义为决定性的时刻。确定哪一个特定的新理论观点、观察性发现或技术是促使世界观发生如此变革的决定性因素，也同样困难。像本章这样详细叙述宇宙观念的转型时，我们需要考察天文学、物理学研究机构和专业体系的发展，以及观念和实践的变化。我们还需关注新一代天文学家受到什么样的训练，获得了什么样的物质和文化资源。简而言之，如果真的存在一场宇宙学革命，我们既要把它作为内容的革命来理解，也要作为文化的革命来理解。

第 14 章

人类科学的兴起

人性和社会可以用科学的方法来研究吗？在 17 世纪，几乎没有人会承认这种可能性。基督教认为人类的灵魂拥有超自然的起源，其精神和道德机能在自然法则规范的范围之外，因此也不属于科学领域。笛卡儿主张机械论自然哲学，其基础是假设人的心灵与身体机制是完全分离的。这种二元论的立场，使对思维和社会交往的研究成为哲学家和道德家而不是科学家的任务。

还有其他的方法可以解释为什么在科学革命之后，人文科学或行为科学没有随之出现。历史学家米歇尔·福柯认为，只是在 19 世纪现代国家出现之后，人类的行为才可能被视为必须被理解和控制的。社会中的越轨者（根据国家的定义）必须被识别出来，并关押在监狱和精神病院。普通百姓必须被监督和教育，以适应新型工业社会。毫无疑问，心理学、人类学和社会学得以作为独立学科出现，在很大程度上是因为它们对工业和现代国家管理者而言具有潜在的利用价值。但是这些学科创立的过程很缓慢。作为颇受关注的领域，它们在 19 世纪中叶便得到了明确的定义，不过当时它们仍与其起源的哲学和道德理论密切相关。而它们具有科学面貌学科的基础要迟至 20 世纪初才得以确立。

问题在于，在科学地研究人类行为这一领域中存在许多竞争对手。笛卡儿心物二元论最显眼的攻击者是那些主张唯物主义的人，以及我们现在称为还原论者的人。科学研究的方法发现了身体运行的机制，受此鼓舞，他们期待能够以类似的方法理解神经系统和大脑。对唯物主义者来说，精神只不过是身体机能的副产品。通过简单地扩展研究机体的方法，将个人精神之间的相互作用纳入研究范围，他们便能理解社会。进化论也支持这一愿景：如果人类由动物进化而来，就可以用理解动物的方式来理解人类，或者至少可以扩展自然的范畴，将新智识等级的物种纳入其中，他们在进化的过程中发展出了更复杂的结构。这些观念令持传统思想的人深感不安，却被力图推翻或重新定义社会秩序基础的激进分子所采纳（见第 18 章）。

在现代人文科学或行为科学建立的早期阶段，还原论肯定起了作用。在 19 世纪，哲学家赫伯特·斯宾塞（Herbert Spencer）利用进化的观点为心理学和社会学做了重要贡献。斯宾塞也注意到神经生理学的新发展。然而，还原主义观点的问题在于，它们很容易被用于否认人性研究中的任何自主权。如果我们只是机器，那么就没有必要建立独立的学科来研究人类心理和社会活动。人文科学建立的最后阶段并非由还原主义发起，而是始于对还原主义的驳斥。在 19 世纪晚期，研究心理过程的实验技术得到了发展，而不需再参考脑中的相应生理过程。1900 年以后，心理学家很快开始拒斥进化论提出的模式，坚持认为对行为的研究应成为一门独立自主的学科。心理学在学术体系制度化的进程中，对生物学的拒斥也发挥了重要作用。与此同时，人类学家和社会学家也驳斥了生物学，他们坚持认为进化论的模式不能为人类文化和社会的运作提供相关洞见。社会科学作为独立学科出现的过程也是有意识地拒绝上述模式的过程，从而避免了这些研究只能通过从属于生物学，并最终从属于物理和化学来获得科学性。（现代的研究，参考：Smith，1997；Porter and Ross，2003）

心理学成为一门科学

对心理过程的研究最初是哲学的一部分。了解人类思维活动依赖于内省，即哲学家自觉地尝试分析自己的想法和感觉。人们假设，许多精神运作的机制不受自然法则管辖，如道德能力和良知取决于自由意志，这显然与物理世界的确定性机制相对立。但这并不意味着哲学家不能得出关于心灵本质的结论，只是这一领域不断地有新的哲学学派出现，并提出截然不同的观点。在 17 世纪末期，约翰·洛克（John Locke）的"感觉论"哲学将科学革命的经验主义发展成一套关于心灵如何运作的颇具影响力的理论。对于洛克及其追随者来说，婴儿的头脑像一块白板，写在其上的经验让人发展出对自然法则的理解，并习得参与自然和社会活动所需的习惯。通常一同出现的感觉与"联想"相连，让经历它们的个人获得习惯性的思维和行为模式。这种经验主义哲学将心灵视为一种学习机器，但没有具体说明负责这些心理过程的相关头脑机制。

到 18 世纪晚期，杰里米·边沁（Jeremy Bentham）等政治哲学家正在建立一种基于联想主义心理学的改良主义社会体制，即功利主义（Halévy，1955）。这一理论主张，个人将依据自身对快乐的渴望和对痛苦的厌恶，按照统治者期望的方向调整自己的习惯，以适应所处的社会环境。如果统治者开明，他们会调整法律，鼓励社会中个体行为为"大多数的最大幸福"服务。联想主义心理学由此与新兴的中产阶级青睐的放任自由企业管理制度相联系。政治经济学的"悲观科学"试图界定自然界施加于社会进步的限制。托马斯·马尔萨斯（Thomas Malthus）提出人口论的目的就在于此，他综合了我们今天称为心理学、社会学和经济学的知识，并且令达尔文印象深刻。

感觉论或联想论传统并非没有反对者。包括笛卡儿在内的一些哲学家认为，个人心灵在创造出来时已经包含了天赋观念，它们不需要通过经验习得。这与许多博物学家的研究形成了奇异的照应，他们相信动物天生带有本能的行为模式以适应它们所处的环境（就好像它们被设计有恰当的物理适应能力）。心灵远远超越了被动的学习机器，哲学家康德更进一步发展了这个观点，他认为心灵实际上给它接收到的感觉加上了空间和时间的范畴。这个观点催生了流行于 19 世纪的德国唯心主义哲学。在唯心主义中，精神在创造其经历的外部世界的过程中发挥着积极作用。感觉主义和唯心主义给出了两种截然不同的对精神的解释，在接下来的几个世纪，人们将继续就此争论不休。一方认为，精神只是被动的学习机器；另一方更为积极，主张精神拥有特定结构，可以预先决定将如何感知外部世界及如何与之互动。

生物科学的新发展提供了解决这一冲突的新方法，而保守思想家付出了他们不愿意支付的代价。激进的唯物主义者援引了还原论的观点，主张精神只不过是在大脑和神经系统中进行的身体活动的副产物。如果真的如此，个体大脑从其父母那里继承来的结构中可能具有一些预决的模式，但也能够从经验中学习，这一过程是通过程式化地相伴出现的相关神经冲动实现的。在 19 世纪初，颅相学（phrenology）的活动利用大脑是精神的器官这一说法的影响，提出了激进的社会主张。我们将在第 18 章看到，他们尝试将心理学带入自然法则的世界，这一企图在精英的科学界被边缘化，但对大众依旧有相当大的吸引力。赫伯特·斯宾塞是受颅相学启发的思想家之一，他决心为富有进取精神的自由资本主义时代创造一种新的社会哲学。斯宾塞很快意识到，拉马克的进化理论为打破哲学心理学的僵局带来了更多的希望。他在 1855 年所著的《心理学原理》（比达尔文的《物种起源》早 4 年）中提出了精神的进化论，将个体的自我完善与生物和社会进步的普遍观念相联系（Richards，1987；Young 1970）。斯宾塞意识到，如果拉马克的获得性状遗传理论可以应用于精神，那么习得的心理特征，即一代人养成的习惯，可能转变为他们后代自动继承的本能。通过个人活动和主动性发展出来的新习惯和新心理能力都将成为该物种的永久性特征。因此，心理，乃至最终的社会进步，将是数百万个体自我完善行为的必然结果。

尽管达尔文试图让人们关注他的理论，即自然选择可以改变本能和外形特征，但斯宾塞秉持的拉马克的精神进化观依旧在 19 世纪晚期占主导地位（见第 6 章，参考：Boakes，1984）。达尔文在心理进化领域的后继者乔治·约翰·罗马尼斯采纳了拉马克对本能的解释。罗马尼斯也赞同在广义上与拉马克主义相关的另一种理论重演说，即个体发育是在重演种族进化史（Gould，1977）。依据这个模式，儿童心理发展的经历大致等同于动物物种在向人类进化的漫长过程中经历的一系列心理提升。

进化论由此为心理学提供了机会，让它可以被视为科学而不是哲学的一个分支，但前提是这门新的学科必须遵循生物学的引导。美国心理学家格兰维尔·斯坦利·霍尔（Granville Stanley Hall）在他写的《青春期》（1911）一书中，将青少年的心理创伤解释为与人类心理进化相当的关键阶段。动物成了研究人类心理过程的模型，然而动物的心理特征常常被夸大，因为它们往往来自未经训练的观察者所提供的传闻般的证据。人类和动物的行为都被从本能的角度来解释，包括在进化过程中形成的社会本能。通过理解这些本能，心理学家可以向行业和国家管理者提供控制其劳动力的新方法。在 20 世纪早期，美国心理学家利用新开发的智力测试，提供了似乎令人信服的证据以证明下层阶级中存在大量心智有缺陷的人（Gould，1981）。这个证据被广泛引用，以支持优生学运动的主张，即国家应该限制基因"不健康"的个体的繁育（见第 18 章）。

传统心理学史（如 Boring，1950）往往对整个进化论阶段闪烁其词，而更倾向于关注同时期心理学在德国的发展，认为这一阶段为以实验方法研究人类行为奠定了基础。在 19 世纪中叶，德国生理学家已经开始研究感官神经系统的运作。1879 年，威廉·冯特（Wilhelm Wundt）在莱比锡创建了一个实验室，致力于"生理心理学"研究。在实验室中，他使用机械设备控制感官刺激的呈现，并记录被试时的反应，以此来研究人类被试的心理过程。冯特本人宣称心理学终于成为一门独立的科学，他的学生将实验方法传播到其他国家，特别是美国。然而，传统叙事将他的实验室视为现代实验心理学的基石时，忽略了一个事实：冯特仍然鼓励将内省法作为研究较高级人类官能的有效方法。许多其他心理学家则公开地保留了更为哲学的方法，我们在斯宾塞和进化论者的著作中仍然可见。一个值得注意的例子是威廉·詹姆斯，他在1890 年出版的《心理学原理》（*Principles of Psychology*）是那些欢迎新技术又不希望看到它们清除旧方法的人的经典文本。

　　结果出现了长期的斗争，斗争的一方主张保留心理学与哲学和道德理论间的传统联系；另一方是年轻的革命者，他们努力建立一个具有真正科学属性的新学科。到 1900 年，心理学开始获得区别于哲学的身份认同，但是关于二者在知识与方法论层面上应当分离到什么程度，心理学界人士并没有达成一致。期刊、学术团体和大学院系都在建设中，而存在利益冲突的各个团体则在争取对新兴学术权力机构的控制权。部分由于这场冲突，心理学作为科学的制度化经历了一段时间才得以完成。在美国，克服阻碍的进程更加迅速，因为 1900 年前后大学体系的扩张让建立新的学科部门更为容易。美国心理学实验室的数量不久就超过了德国。在英国，创建心理学的学术体系的过程是缓慢的。到 20 世纪 20 年代，英国只有 6 个心理学教授的职位。美国心理学协会成立于1892 年，比德国实验心理学会的成立早 12 年，比英国心理学会早9 年（Cravens，1978；Degler，1991）。

　　最终，心理学得以作为一门独立学科创立，其基础是主张自己是一门实验科学，而不是哲学或进化论生物学的分支。从 1910年左右开始，充满实验严谨性的表述开始主宰心理学教科书。这一时期最突出且最具争议性的文本之一是约翰·布罗德斯·华生（John Broadus Watson）1913 年所写的文章《行为主义者心目中的心理学》。华生是美国行为主义心理学的开创人，他拒斥心理学原初的内省法，坚持认为整个意识的概念都应被排除在心理学之外，只考虑观察得到的行为。华生也驳斥了进化论模型。虽然他和他的追随者喜欢将动物用作人类行为的模型，但他们完全排斥进化序列的观点。在经典的小鼠迷宫实验中，获得新习惯的小鼠只是学习机器，它或许比人类简单，但是与人类遵循着相同的原理（图14.1）。用于提供奖励和惩罚的生物驱力（如食品等）对于所有生物（包括人类）来说是共通的，而且对心理学家没有吸引力。即使在美国，行为主义的影响也被夸大了。不过到20世纪30年代，普遍的实验主义方法已经驱除了心理学中残留的哲学和道德理论元素。新的方法主导了科学心理学，因为它强化了以下观点：该学科提供了解释和控制人类行为的手段。1920年，华生在丑闻（他和学生发生了关系）之后结束了学术生涯，随后转向麦

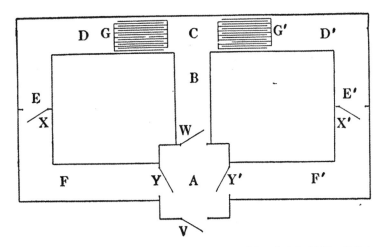

图14.1 动物行为实验的迷宫图解，来自约翰·布罗德斯·华生的《行为：比较心理学导论》（1914），第87页。动物从C点出发，必须前往A点的窝。它将根据给予它的刺激选择路线，在这一案例中，刺激是音叉发出的两种声音。如果动物选择了正确的路线，则将在到达窝之前在F点获得食物；但是如果选择了错误的路线，则会在G点的惩罚铁丝格处遭到电击。毫不奇怪，动物很快就明白了实验者将哪条路与哪种声音相连

迪逊大道上的广告业。对人性的了解让他能够在广告中科学地设计刺激物，有效地影响消费者。阿道司·赫胥黎（Aldous Huxley）在小说《美丽新世界》（*Brave New World*，1932）中讽刺地描绘了这一画面。小说中未来的人类受到行为主义式的心理操纵而认同严格的社会等级。

另一种可与行为主义心理学匹敌的"新"心理学同样地急于摆脱旧传统，但它的证据来自精神病学和对精神疾病的研究，而不是实验。情况于是变得更为复杂。这种"新"心理学就是精神分析心理学，它由西格蒙德·弗洛伊德开创，并被他的学生（也是最终的对手）阿尔弗雷德·阿德勒（Alfred Adler）和卡尔·荣格（Carl Jung）进一步发展。在职业生涯之初，弗洛伊德主要研究动物的神经系统，但很快就转向了医学心理学，并且对偏差行为出现的原因产生了兴趣，认为这或许是意识的思维与潜藏的无意识内驱力及欲望相互冲突的结果。他后来确信无意识中蕴藏着人格的黑暗面，它由受到意识思维强烈压制的性冲动驱使。神经症是单纯的心理疾病，其中不存在任何神经系统的病变基础：它们仅仅是由心理的意识和无意识层面之间的冲突引起的。弗洛伊德曾尝试通过药物和催眠术来解决心理冲突，最终他创造了自由联想的分析方法。在分析师的沙发上，患者得以适度放下彬彬有礼的谈话中的心理戒备，透露自己深藏内心的感受。

像行为主义者一样，弗洛伊德和他的追随者坚持认为他们挣脱了生物学的枷锁，创造了一门独立的心理学。这种精神分析方法之所以"科学"，并非因为它使用了实验，事实上它完全没有否认意识的概念。它声称自己是一门科学，是因为它愿意挑战传统的人性观念，并且能直面潜意识的严肃研究中揭示的令人不悦的真相。事实上，正如第 18 章所述，它是进化论模型的另一个产物，并伴随一个悲观的假设，即心理的意识层次进化得越高级，可能越无法控制仍然保留在无意识中较原始的动物本能。当时精神分析心理学是否是真正的科学还有待商榷，甚至今天这仍然是一个有争议的话题（Cioffi，1998；Webster，1995）。弗洛伊德的无意识概念对 20 世纪的思想产生了深远的影响，被广泛用作精神治疗的基础，但它没能在学术的心理学院系中占据一席之地，因为这些院系更倾向于实验主义的学科前景。一些评论家认为，弗洛伊德的观点是他将自己的想象力投射在病人的失常行为上的产物。没有客观的方法能够验证他有关无意识的独特观点，阿德勒和荣格对我们隐藏的驱动力和欲望进行了不同的解释之后，弗洛伊德发现他发起的运动很快被瓦解。在今天的许多评论家看来，精神分析是一种非常不科学的研究人性的方法，只是由于它对人类处境的悲观态度与 20 世纪初的文化焦虑相呼应，才能获得人们的支持。

人类学与非西方文化研究

进化论范式深刻影响了西方思想家对其他文化和社会的看法。在 19 世纪初，人们普遍认为现代欧洲社会是由原始的社会发展而来的。依靠狩猎和采集的早期部落发明了农业，并最终发展成了伟大的帝国，现在它们又被现代工业文明所取代。在斯宾塞这样的自由主义思想家看来，社会和文化的进步归功于几代人的主动性和进取心。18 世纪 60 年代，史前考古的发现极大地强化了这种文化进化观。这些发现证明，在更高度结构化的社会出现之前，存在历时长久的石器时代。但是，如果除了石质工具外没有任何其他证据，欧洲考古学家要如何重建自己远古祖先的文化呢？

对于在世界各地传播影响力的欧洲（以及之后的美洲）商人和殖民者来说，答案似乎显而易见。他们在像印度这样的国家见到了伟大的帝国，让他们想起在自己更为熟悉的埃及和罗马帝国。在较偏远的地区，如澳大利亚，他们发现仍然生活在石器时代的"野蛮人"。作为研究其他文化的学科，人类学由此可以被用来证实这一进化序列："野蛮人"是古老文化的遗产，停滞在欧洲人数千年前经历过的发展阶段（Burrow，1966；Stocking，1968，1987）。对于第一位在英国（牛津大学）授课的人类学学者爱德华·伯内特·泰勒（Edward Burnett Tylor）和研究美洲印第安语言的路易斯·亨利·摩根（Lewis Henry Morgan）来说，文化的进化似乎明显存在线性的阶段，白色人种提升发展的速度更快，"低等"种族则留在序列的较早阶段。对于考古学家约翰·卢伯克（John Lubbock）这种狂热的达尔文主义者来说，文化上处于原始状态的种族在生物学上也更为原始，他们只比猿人稍好一些。猿人的遗骸最终将在化石记录中被发现，并用于填补人类起源的"缺失环节"（图 14.2）。这些人类学家随意贬低其他民族的文化，而他们之中很少有人愿意冒险到外国去了解这些文化。他们依赖商人、士兵和传教士的报告，而这些人的观点自然地反映出白人殖民者的偏见。这时的殖民者正在征服，甚至在某些情况下几乎消灭所有他们遇到的"野蛮人"。

由此，人类学作为一个学科获得了一些知名度，但它仍然只是一个分支，归属于被进化论现代化了的旧哲学传统。詹姆

图 14.2　澳大利亚原住民的婚礼，约翰·卢伯克《文明起源与人类的原始状态》（1870）的卷首插画。这个仪式包含象征性地"捕获"另一部落的女人的环节，这对卢伯克来说标志着原住民依然保留着原始祖先的本能

斯·乔治·弗雷泽（James George Frazer）撰写了经典著作《金枝》（*The Golden Bough*），1900 年该书的三卷本减缩版出版后，引起了热烈反响。该书将古希腊和古罗马的经典神话解释为早先时代的遗留物，并由此将进化论模型推广到更广泛的公众中。当时几乎没有专业的人类学家，大多数研究北美原住民的科学家来自美国民族学局，该机构由美国地质勘探局的约翰·韦斯利·鲍威尔（John Wesley Powell）创立。

　　与心理学一样，人类学向独立学科的转变是有意摆脱进化论束缚的结果。这在美国表现得最为突然。德裔人类学家法兰兹·鲍亚士（Franz Boas）在哥伦比亚大学创建了一个强大的研究所来培训专业的人类学家（Cravens，1978）。鲍亚士坚持现代的田野调查方式：人类学家必须生活在自己研究的文化中，通过直接的经历理解其复杂性。他反对进化序列的观念，坚持认为所有文化都是对人类的基本需求做出的复杂回应。他也反对文化是由生物本能预先决定的这种观点。像心理学中的行为主义者一样，他坚持认为学习胜于生物遗传。文化属于独特的行为层次，不能从生物学的角度来解释。用鲍亚士的学生汉斯·克罗伯（Hans Kroeber）的话来说，文化是"超机体现象"。鲍亚士最著名的学生之一玛格丽特·米德（Margaret Mead）在《萨摩亚人的成年》（*Coming of Age in Samoa*，1928）中明确质疑了霍尔的观点。霍尔认为青春期创伤是普遍的生物学原因造成的。米德则称，在萨摩亚的青少年中没有发现这样的创伤，这表明霍尔所述的现象是西方文化性压抑的结果。鲍亚士和他的学生也与生物学家发生了冲突，后者当时仍然在维护非白人种族在基因上劣于欧洲人的观点。

在 20 世纪初的英国，线性进化模式遭到了类似的驳斥，其结果是人类学功能学派的诞生。功能学派的领袖人物是波兰裔人类学家布罗尼斯拉夫·马林诺夫斯基（Bronislaw Malinowski），20 世纪 20 年代，他在伦敦政治经济学院任教。功能学派通过大量田野调查研究社会，研究文化如何帮助人们应对自己所处的自然和经济环境。他们让人类学更接近新兴的社会学（将在下文讨论）。他们的人类学形式特别受到限制，因为它不仅拒绝引入生物学的观点，而且对所研究文化的历史也不感兴趣。英国的社会人类学也因此切断了与考古学的联系。美国的人类学则保留了这种联系，鲍亚士鼓励学生了解各地的历史是如何塑造它们的文化的。（有趣的是，这是十足的达尔文式观点。人类学家否定线性进化序列，而不排斥达尔文的进化论本身对环境的关注。）英美人类学的另一个区别是，鲍亚士和他的学生强调，需要记录受到现代工业扩张威胁的文化的情况；而英国的人类学为殖民地行政人员提供了培训场所，帮助他们理解"本土"文化如何运作，以便实行更有效的管理（Kuklick，1991）。

社会学：关于社会的科学

人类学家相信不能单纯用心理学或生物学来解释文化，但对于它们是否可以解释社会活动的法则，人类学家则不那么确定。最终，社会学成了在许多方面与人类学非常相似的独特的研究领域，但社会学更难以摆脱进化论范式的影响。在 19 世纪初期，那些研究人类机能的人还不清楚，社会活动的某些法则可能无法转化为支配个人行为的法则。功利主义的政治经济学家，包括边沁和马尔萨斯这样有影响力的思想家，都在个人主义和自由放任的意识形态下工作。这种意识形态主张通过理解个人在集体内部的行为来理解甚至规范经济和社会活动。个人行为将反映社会和经济压力，但其方式需要通过结合联想论与经济学的铁律（包括马尔萨斯人口原理）才能理解。即便在今天，这种思维方式仍然压制着以下观点，即社会是按照超越个人心理的法则运行的。20 世纪 80 年代英国保守党首相玛格丽特·撒切尔（Margaret Thatcher）发表了著名的言论：没有所谓的"社会"，只有大量追求自身利益的个人。

法国哲学家奥古斯特·孔德（Auguste Comte）创造了"社会学"一词，并且坚持认为它是一个具有自己规则的科学领域。他的著作《实证哲学教程》(*Course of Positive Philosophy*)定义了一种新的科学方法，该方法不再探寻原因，转而主张唯一的目标应该是确定可观察现象遵循的法则。他承认虽然生物明显地受到物理和化学法则的驱使，但生物学仍然有自己的法则，它们不能约化到次一级的法则中。社会学也必须寻找人际互动遵行的法则，而且不能简单地假设这些法则可以用身体的生理学来解释（孔德反对类似个人心理学这种中间程度的概念）。

在 19 世纪中期，许多逐渐可行的技术展现了孔德所设想的新科学将如何获取信息。比利时的统计学家兰贝特·凯特尔（Lambert Quetelet）开始整理从整个人口中收集的数据信息，包括犯罪率、自杀率等，数据表明此类活动在所有社会中都有显著的规律性。凯特尔的成果给达尔文留下了深刻的印象，他展示了如何从平均值的变化来理解人口的特征（凯特尔创造了"平均人"的概念）。在该世纪末，达尔文的表弟弗朗西斯·高尔顿收集了大量关于人类心理和身体变化的信息，并开始探索用于数据分析的统计工具。他的工作在现代达尔文主义的创建中发挥了重要作用，但更直接的影响是为主张性格差异具有遗传基础的优生学运动提供了根据。

真正的社会学的出现最终依赖于对强调生物学因素的高尔顿理论的否定，以及孔德建立独立社会科学的目标的实现。这种变革的第一步源于 19 世纪对历史发展或进化思想的痴迷。卡尔·马克思和赫伯特·斯宾塞以不同的方式详细阐述了社会科学，随着时间发展，更高层次组织的出现被视为社会动力的必然结果。马克思的革命观认为，无产阶级（新型工业化经济的劳动力）是社会历史的产物，他们将通过剥夺曾发起工业革命的资本家的财产，最终将社会变成社会主义的天堂。到20世纪末，他的"科学社会主义"已经成为左派思想家热情的来源。在20世纪中期，苏联和其他地方的苏维埃政权也主张马克思主义是唯一一个符合科学方法的对社会动力的解释，对于那些反对盛行的资本主义意识形态的人来说，仍然是重要的论据来源。

赫伯特·斯宾塞把孔德的计划付诸实践，并为资本主义提供了自己的科学框架，但他是通过遵循进化论实现这一目的的。斯宾塞承认，存在超越个人心理学层面的社会活动法则，但是他认为，这种更高层次的行为是在世界发展的更一般性的规律的影响下，从低层次的行为中产生的。斯宾塞的社会动力观将旧功利主义传统下的个人主义视为理所当然，但将个人的努力和主动性视为变革的动力。因为他将竞争视为刺激因素，推动了个人的自我完善和社会进步。斯宾塞和他的追随者也被他们的对手认为是"社会达尔文主义者"（见第18章）。他的社会学肯定受到了进化论的启发，但事实上它有着更多样化的生物学基础。这尤其体现在他强调的"有机体隐喻"中，该隐喻将个体有机体作为社会的模型：身体专门负责各种功能的器官无意识地互相合作，使身体能够进行更高层次的活动；同样地，社会中的个人会从事各自专门的职业来实现社会的整体利益（虽然他们的直接动机是为了自身利益）。1873年，斯宾塞在《社会学研究》中诠释一门独立的社会行动科学，此后他又在《社会学原理》中进行了更坚实的论述。

尽管有这些创见，斯宾塞的社会学仍被视为他的进化论哲学的重要组成部分。他关于社会学应该是独立于心理学和生物学的科学学科的主张，因此不可避免地受到削弱。与人类学一样，社会学专业规范，以及相伴的大学院系、期刊和学会等学术机构的

出现，有赖于对进化模式有意识的否认。在 19 世纪 90 年代的
欧洲，这一转变发生得非常突然。当时法国的埃米尔·杜尔凯姆
（Émile Durkheim）等学者主张，不能通过将社会活动分解为较低
层级的活动来解释社会法则。像孔德一样，杜尔凯姆对心理学没
有什么兴趣。他开始探寻有关社会条件如何塑造行为的规律。在
1897 年发表的针对自杀的研究中，他不理会个人的心理因素，利
用统计资料展示不同的社会环境是如何影响自杀率的。杜尔凯姆
是一位充满激情的世俗论者，他十分关心人们如何在社会中建立
自己的使命感。高自杀率意味着这个社会不倡导团结意识。到 19
世纪末 20 世纪初，杜尔凯姆已经在法国建立起一个有影响力的社
会学派，并于 1898 年创办了《社会学年鉴》期刊。1902 年，杜尔
凯姆离开波尔多，来到了法国思想和学术生活的中心巴黎。他自
己最初只有教育学教授的职位，后来在 1913 年加上了社会学教授
的头衔。不过，杜尔凯姆学派之所以势力强大，更多的是由于他
们对欧洲知识分子产生了广泛的影响，而不是因为建立了正式的
研究计划。当时社会学研究部门非常少，这一学科在许多欧洲国
家都依旧处于边缘位置。在 20 世纪 30 年代，纳粹和法西斯政权
在德国、意大利和西班牙上台，社会学受到了严重的打击。

　　与心理学和人类学一样，社会学在美国迅速扩展的大学体系
中找到了最安稳的位置（Cravens，1978；Degler，1991）。在这个
被移民和工业化快速改造的社会中，科学研究社会行为的宣言让
人们看到了能够控制复杂劳动力的希望。大学可以要求大企业和
政府支持这一学科的发展，因为它可能消除不满，甚至阻止革命。
社会学保留其作为政治行动工具的传统角色，但通过采用严格的
科学方法来收集和分析信息，这一工具的力量大大加强。正是由

于专业化的需要，才有必要强调学科的独特性，而不依赖于旧的进化模型。1894 年，美国哥伦比亚大学的富兰克林·亨利·吉丁斯（Franklin Henry Giddings）成为美国第一位社会学教授，他强化了社会学家作为管理阶层顾问的地位。芝加哥大学的校长威廉·哈珀（William Harper）让石油大亨约翰·戴维森·洛克菲勒（John Davison Rockefeller）资助社会学的发展，而约翰·霍普金斯大学的丹尼尔·科伊特·吉尔曼（Daniel Coit Gilman）也用新科学的魅力筹集资金。《美国社会学杂志》于 1895 年创刊，美国社会学学会也于 1905 年成立。

在 20 世纪的头几十年，社会学与人类学、心理学作为人类或行为科学领域坚实的合作伙伴，一同加入了美国学术体系。威廉·詹姆斯等思想家保留的旧人文主义传统与强调学科的科学性的需要（心理学强调实验，社会学强调对客观收集到的信息进行统计分析）之间仍然存在紧张的冲突。在某种程度上，大企业的资助给新科学施加了限制，也带来了学术自由的问题。那些资助者想要的是科学，而不是道德哲学，他们希望获得一种可以用作操纵社会的工具。从非常现实的层面上来说，在 20 世纪早期的美国，人类科学为了在学术生活中站稳脚跟而利用的意识形态，将继续定义相关学科，并决定它们面临的挑战。

结论

人类或行为科学绝不是现代科学出现带来的理所当然的产物。事实上，它们是很晚才对社会和职业机会做出的回应，福柯认为这些机会是由高度组织化的现代国家提供的。许多人都难以相信，人类的行为受到规律的支配，并且由此可以用科学的方法理解。即使有这种可能，还原论和进化论都充满诱惑地提供了解释人性的方式，而不需要创建独立的学科来研究心灵和社会活动。斯宾塞的开创性工作使心理学和社会学等科学的建立成为可能，不过他没有意识到有必要制订研究计划，以避免进化论和神经生理学新发展制造出更广泛的综合体。最终，正是为了在迅速扩张的学术体系中追求专业自主权，美国心理学家、人类学家和社会学家率先切断了与生物学的联系，而在这些学科发展的早期阶段，这些联系是不可或缺的。新科学可以借鉴科学生物学的方法，但不能借鉴该领域的理论范式。建立真正的人类行为科学的主张带来了资金和影响力，并让这些科学成为学术政治博弈中的重要参与者。新学科越是强调其科学性，强调它们独立于旧道德哲学传统的地位，就越有可能获得支持。相较而言，欧洲的人文科学获得美国同行这样的专业认同的速度较慢，抛弃与道德哲学问题的联系也较晚。

美国制度中的紧张局势在冷战时期达到了顶点，当时军事工业综合体的资金涌入了社会学，乃至物理学领域。其结果是，心理学和社会学等领域更坚定地倒向强调其科学性及其在社会控制领域的实用性的一方（Simpson，1998）。20 世纪 60 年代以来，可预测的激进团体的抵抗活动频发，这种现象在欧洲尤为显著，欧洲的人类科学终于开始效仿美国的专业化模式。

最后，最有趣的问题或许是：创造研究人性的科学方法这一目标真的实现了吗？尽管人们为建立这一课题的实用信息系统投入了大量资金和精力，但成熟学科的许多科学家仍然保持怀疑，指出其缺乏理论连贯性，这减少了它与"硬"科学的相似性。心理学至少是建立在实验可信度的基础上的，最近它又与正在发展的神经生理学相互融合，创造出如今的认知科学。它可能被视为一种新的颅相学，真正将精神与大脑联系在一起的科学，尽管它也被进化论的发展所预测。史蒂芬·平克（Stephen Pinker）等人所谓的进化心理学旨在识别大脑的各个模块，它们经过自然选择形成，各自负责特定的感知或认知任务。这些结论极具争议，因为它们重新开启了关于人类行为的生物决定论的辩论。人类学则在另一个极端上，它为自己研究非西方文化时的客观性感到自豪，但很少使用鲜明的科学方法。社会学处在这两极之间，它将自己视为卓越的社会科学，但这个观点并没能获得整个科学界的认同。美国科学促进会设有社会、经济与政治科学分会，但它的规模比人类学或心理学的分会小，与物理和生物科学的分会相比更是相形见绌。该协会的期刊《科学》例行公事地发表认知科学的研究文章，以及人类学乃至考古学的评论文章（很少有研究文章），但社会学很少得到版面。在一定程度上，作为早先道德和哲学话语的产物，人文科学早已出卖了自己与生俱来的权利，以换取科学的前景，这给它们带来巨大的好处，但在那些捍卫成为"科学"所需的必要条件的人看来，它们的身份仍然可疑。

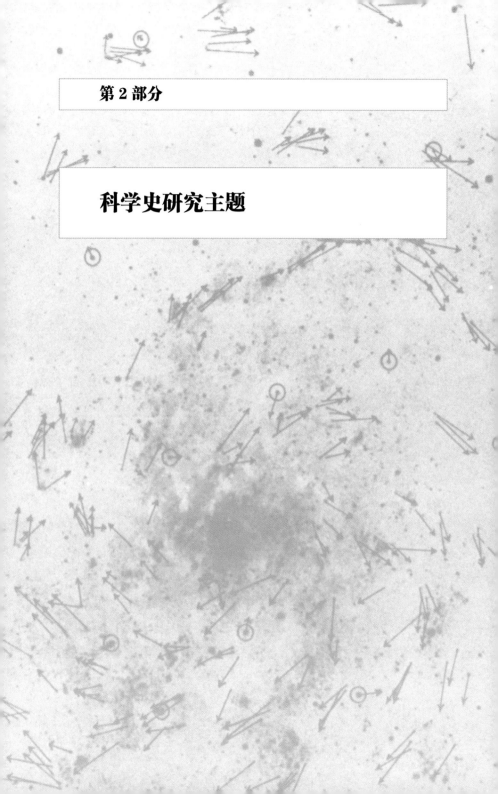

第 2 部分

科学史研究主题

第 15 章

科学组织

从某一层面来讲，科学其实是非常个人化的活动：让所有人一想到你就知道你是科学理论的发现者，这样科学家就建立了声誉。但是建立声誉的过程离不开社交活动，科学家必须把自己的发现告诉他人，并且说服大家接受这个发现和与之相关的理论结论。因此，科学家需要身处一个传播和裁定想法与信息的组织之中。自科学革命以来，科学的传播体系愈加正规，人们创建了许多科学学会，这些学会定期集会，并且通过公开发行的期刊推广科学新发现。除了传播交流之外，学会当然还有其他职能。科学学会经常充当守门人的角色，可以决定是否允许某人进入科学界或特定研究流派。正规学会的会员标准可以按需修改，足以将观点不合的科学家拒之门外；研究成果的发表则要经过主观的审查流程，只有符合学会要求的科学研究及成果才能发表。历史上，学会经常利用主观选择性孤立那些观点"不可被接受"的科学家，比如 20 世纪 80 年代，科学期刊都拒绝发表詹姆斯·洛夫洛克的"盖亚假说"（见本书第 9 章）。在这个案例中，科学界团结一致反对那些理论趋向神秘主义的科学家，但这也让不少人指责科学界固执专断，压迫不同的声音。现代科学研究界的科学学会高度专门化，它们同样强调专业认同，也就使得科学家难以研究更广泛的问题。不论科学组织有何益处，组织化的科学界的出现本身就不仅仅是促进科学知识传播的关键举措。

　　科学家也经常利用科学学会与自己感兴趣的或者自己正在关注的外部组织取得联系。其实这样做的目的是服务自己：科学研究所需的经费越来越多，科学界之外的人需要相信科学研究有价值，才会为科学提供必需资源。科学事业资助者从17世纪的皇室贵族变成了现代社会的政府、工业和大众，但"推销"科学研究的需要从未消失。科学家也尝试在学术界提高影响，逐渐扩大大学里科研活动专门部门的比例，并创建高度专业化的新部门来改变科学界结构。此举可谓一箭双雕，既可以为在任的科学家提供科研机会和薪水，又可以控制科学专业学生的教育。现代科学史的大部分注意力都集中在科学家专业身份的创造上，而忽略了大学院系和政府资助的专业学科的研究机构的建立。事实上，现在我们认为一些科学学科的存续依赖于上述学术框架的成功建立，而更广泛的不依附上述学术框架的科学理论则在一定程度上被边缘化。我们来试举一例说明这一层面的分析。直到20世纪40年代，"进化生物学"才被建立，这是因为19世纪晚期达尔文的追随者没有建立研究达尔文进化论的专门机构。关注点的转变当然可以帮助我们注意到科学家在研究什么，这与他们针对普通大众发表的花言巧语截然不同，而且可能会让我们忽略那些通过改变大量现行活动而获得影响力的更广泛的创新。

　　历史学家关注标志着现代科学界特色的机构的出现，也给我们在研究科学早期发展时制造了困难。科学的分类细化和研究专门化是科学成功发展的关键要素，然而今天我们心目中理所当然的科学分类和专门化程度是通过长时间的努力才最终定型的。19

世纪晚期，我们必须接受的事实是从事科学研究的许多人都不是现代定义中的专业人员。借用路德维克（Rudwick）描述 19 世纪早期地质学家的术语，他们都是"绅士专家"——也就是在各领域中的顶尖人才，但是他们不通过科学来谋生，而且还会质疑那些通过科学挣钱的人。纳森·莱因戈尔德（Nathan Reingold）称他们为"培育者"，以避免使用现代定义的"专业人员"和"业余人员"，因为现代定义中，业余人员听起来水平太低。达尔文是典型的家境殷实、不需努力挣钱的科学家，而他的主要拥护者 T. H. 赫胥黎则需要拼命才能在 19 世纪 50 年代的伦敦找到一份有收入的工作。赫胥黎这一代的科学家标志着专业人员代替了"培育者"这一变革，这些科学家需要从科学事业中获得薪水，也正因为这样，他们非常希望吸引政府和工业行业对科学的支持。起初，赫胥黎这一代的科学家和剩余的"绅士专家"一起进行研究，但他们的目标是加入并最终控制在背后操纵科学研究的精英阶层。

广义上，上述所说的发展是科学这个社交活动获得成功的必然结果。德里克·德索拉·普莱斯（Derek De Solla Price）在 20 世纪 60 年代指出，几乎所有的可衡量指标都表明 17 世纪以来科学一直呈现指数式发展，也就是"过去的科学家，有 80% 到 90% 在今天依旧健在。"（Price，1963，1）这种发展很大程度是因为科学对于政府和各个产业来说有了益处，科学组织应运成型，鼓励和影响政府及工业对科学的支持。于是科学的特性随之改变，普莱斯就把早期的科学称为"小科学"，现代的则为"大科学"。小科学是由个人完成的，通常出于个人兴趣，由个人承担其费用。大科学则是科研团队利用昂贵的科学仪器完成的，科研费用过高，只能由政府或与研究结果相关的工业企业（抑或是为了增长自身声望的企业）出资支持。科学组织的结构改变不仅反映了科学家希望把新技术与大众需求相结合的愿望，也回应了不同专门学科想要与其他学科交流且明确自己学科范围的各种需求。

本章以研究 17 世纪科学革命中科学如何有了组织结构开始，分析现代科学界的一些方面是如何在与后来几个世纪相去甚远的环境中发展起来的。18 世纪，这些发展得到了巩固，典型的科学界开始成型。19 世纪早期，在今天非常普遍的科学组织机构才开始形成。法国的革命政府和拿破仑政府对教育进行了改革，将更多的注意力放在了科学上；之后，德国境内出现了现代的研究性大学。科学家开始在全国的范围内团结起来，要求得到更多认可，要求政府提供更多的资源。到了 19 世纪末，教育改革大幅扩大了科学界的规模、加深了其专业化程度，同时，政府和各工业行业也都意识到支持科学研究是关乎整个国家的事。

科学革命

中世纪晚期的学者都会周游列国，拜访欧洲各地兴起的大学。当时的大学就是基于亚里士多德思想的经院哲学之中心，因此我们一般不会想到这些大学就是新科学的主要传播中心。其实，大部分在科学革命中举足轻重的科学家都在这些大学受过教育（见第 2 章），有些则曾在大学供职，度过了职业生涯的重要时期（Pyenson and Sheets-Pyenson，1999）。哥白尼就曾在意大利的几所大学学习医学和教会法，伽利略在比萨和帕多瓦的大学教授数学，牛顿也在剑桥大学度过了职业生涯的大半时光。解剖学家安德烈亚斯·维萨里（Andreas Vesalius）在比利时卢万学习，后在帕多瓦教书。当年的课程设置为学习科学设了限制，但已经被承认的学科，如药学、数学和哲学有广泛的诠释方式，为新科学提供了发展的空间。大多数医学院都开设植物学课程，因为绝大部分的药物都是植物制成的。因此，17 世纪的大学与新科学发展并非毫无关系（Feingold，1984）。对新科学发展同样重要的是新型教育机构的建立，它们让教育变得更加务实。一个著名的例子就是 1597 年格雷欣学院的建立。格雷欣学院是遵从伦敦商人托马斯·格雷欣（Thomas Gresham）爵士的愿望建成的，学院聘有天文学、几何学及药学教授。在罗马教廷中，耶稣会积极推动天文工作发展，不过耶稣会众刻意把自己和那些从事理论研究的哥白尼派天文学家区分开来。

虽然与科学革命相关的大部分伟人都在大学受过教育，但他们学习的课程有时却跟他们日后对自然哲学的兴趣毫无关联，而且他们的兴趣也不是大学教育的结果。有些科学家家境殷实，如化学家罗伯特·波义耳。有些科学家寻求富裕阶层资助，这些人资助科学家可能是因为对其研究的新理论真正感兴趣，也有可能只是想提高自己的声望，让自己的家族和领地与著名科学家扯上关系。1610 年，伽利略离开了帕多瓦，成为托斯卡纳大公麾下的哲学家和数学家。他同时也寻求教会中大人物的资助，这一举动导致了灾难性后果，后来伽利略失去了教皇的宠爱，被送到宗教裁判所审判（Biagioli，1993）。天文学家第谷·布拉赫在丹麦国王弗雷德里克二世（Frederick II）的资助下于汶岛建立了一座天文台。后来，弗雷德里克二世的儿子在父亲去世后取消了对第谷的资助，第谷便移居布拉格，在波希米亚皇帝鲁道夫二世的手下工作。开普勒起初在第谷·布拉赫手下当学徒，也随第谷一同效力鲁道夫二世。皇室的支持并不稳定，但是皇室支持科学家在文艺复兴时期是非常普遍的做法——领先民主政府大量出资赞助科学家几个世纪。即便到了 17 世纪末和 18 世纪，富裕阶层对科学家的支持依旧重要，尤其是对那些对动植物标本进行描绘和分类的博物学家来说。约翰·雷得到富有的弗朗西斯·威洛比（Francis Willoughby）男爵资助之后就离开了剑桥大学。

新科学依赖伟大科学家和利益相关者之间的互动。科学家进行研究，提出理论，利益相关者作为其资助者需要被说服，相信科学家的实验结果和理论创新。两方的沟通异常重要，这样两方才能达成共识（有时只有发生过严重分歧后才能真正达成共识），在这种情况下，需要建立一个由有威望的人组成的共同体，这些人能够做出可信的裁定。处在新科学饱受质疑的年代，新科学的支持者需要团结起来，相互扶持。自此科学家的组织便开始涌现，其成员一般是镇居在同一市的多位科学家，他们进行定期集会，或进行其他形式的交流。伽利略就以自己是林琴学院（Accademia dei Lincei，原意为目光锐利的山猫）的一员而自豪，他的追随者协助他创建了佛罗伦萨齐曼托学院（Accademia dei Cimento），著名成员包括 G. A. 博雷利和弗朗切斯科·雷迪（Francesco Redi）（Middleton，1971，关于 17 世纪学会的综合论述参见：Ornstein，1928）。然而上述组织并不是永久性的，第一个真正长久存在的科学组织是位于伦敦的英国皇家学会，它成立于 1660 年，1662 年获得皇家特许状（Boas Hall，1991；Hunter，1989）。英国皇家学会前身是牛津地区的科学家非正式集会，参会者包括罗伯特·波义耳、克里斯托弗·雷恩（Christopher Wren）和罗伯特·胡克等；成为广受认可的社会组织后，英国皇家学会获得了极高的地位（虽然查理二世不为学会提供任何资金，并且对新科学持怀疑态度）。托马斯·斯普拉特（Thomas Sprat）在《英国皇家学会史》（*History of the Royal Society*，1667）中提到，皇家学会的科学家重视弗朗西斯·培根的经验主义哲学，而非经院哲学，同时他们强调哲学和政治不应该入侵科学的领域（图 15.1）。英国皇家学会雇用管理者来做展示性实验，罗伯特·胡克就是其中一位管理者。英国皇家学会更重要的功能就是向大众汇报新发现和观察结果。学会的秘书亨利·奥尔登堡（Henry Oldenburg）一直与世界各国的科学家保持通信，同时，皇家学会的《哲学学报》也成了学术期刊的鼻祖。

以上史实听起来都非常正面，但皇家学会的成员们其实都非常焦急地想要证明自己是所谓"新科学"的仲裁人。科学家不能亲自做实验证明自己的理论正确，因此实验报告的可信度就非常重要，只有有名望的绅士被认为是合适的实验员——那些为波义耳测试空气泵的工匠的姓名从未出现在波义耳的报告中。那些挑战实验哲学的哲学基础之人，或者怀疑核心集团如何将哲学价值观强加到新科学上的人都被残忍地驱逐了（Shapin and Schaffer，1985）。由此，新型科学学会饰演了看门人的角色，把那些不认同科学的社会性和哲学性的人隔绝在外，不许他们参加科学团体。英国皇家学会成员并非在哲学和意识形态上持中立态度，相反，他们有着明确的社交日程表。据某些学者推测，不是所有英国皇家学会会员都是清教徒，但是他们宣称信奉自由主义的英国国教，支持重建君主制，同时为创造财富支持重商主义（见第 15 章）。学会无法得到政府的出资支持，所以，学会在一定程度上仰赖富

图 15.1 托马斯·斯普拉特《英国皇家学会史》(伦敦，1667) 的卷首图片。弗朗西斯·培根坐在皇家学会的资助者——英王查理二世的胸像的右侧，他的经验主义哲学被认为是新科学的基础。图片背景中出现了许多科学仪器设备，包括罗伯特·波义耳的气泵

有成员的恩惠，这些富有的成员对科学的爱好通常很肤浅。对英王查理二世来说，皇家学会只在一个领域有作用：天文学。因为天文学的研究可以促进航海技术的发展，英国的海外贸易又依赖高超的航海技术。在某个委员会（成员包括雷恩和胡克）的建议下，查理二世决定在格林尼治建立皇家天文台（落成于1675—1676年），并且任命了首任皇家天文学家约翰·弗拉姆斯蒂德（John Flamsteed）。即便如此，弗拉姆斯蒂德还是需要为天文台的设备投入巨额的私人财产。

在法国，高度集权的路易十四政府使得法国的科学组织和英国的非常不同。在地方科学集会屡屡失败后，法国科学家向路易十四的大臣 J. B. 柯尔伯（J. B. Colbert）上书请愿，希望得到政府的支持。1666年，在法国皇家图书馆，法国皇家科学院的成员举行了第一次集会（图15.2；Hahn，1971）。数学（包括天文学）和自然哲学（重心在物理科学）研究领域提供带薪职位，包括克里斯蒂安·惠更斯（Christian Huygens）在内的一批伟大科学家前来巴黎应聘了上述职位。在法国，我们可以看到国家对科学的大力支持，不过法国皇家科学院必须产出有用的结果，尤其是在航海等重要领域。1699年，因为天文台的建立，科学院进行了重组。起初，政府负担皇家科学院的全部费用，可科学家的活动高度受限，无法按自己的想法自由地做实验，并且随着路易十四的对外战争给法国带来了巨大的财政负担，拨给科学院的资金也随之减少了。即便如此，法国皇家科学院和法国政府的模式依旧为接下来的一个世纪的欧洲各国统治者提供了可复制的模板，与此同时，英国皇家学会成为松散型组织的代表，这种组织的利益和组织都更依赖于科学家本身。

图 15.2　法王路易十四莅临皇家科学院，出自德尼·多达尔（Denis Dodart）《献给植物史的一本回忆录》（*Mémoire pour servir a l'histoire des plantes*，巴黎，1676）。位于巴黎的法国皇家科学院依赖法国国王的资助，所以必须让法王相信科学院所做的研究都是对国家有益的。科学家向国王展示了多种科学仪器

18 世纪

在 18 世纪，科学教育获得了一定发展，但发展非常不平衡。荷兰和德国的大学成了研究和教育的活跃中心，尤其是在物理科学领域。荷兰莱顿市是对电的研究颇为重要的城市。1746 年，就是在莱顿，彼得鲁斯·范·米森布鲁克（Petrus van Musschenbroek）发明了电容器，又称莱顿瓶（Heilbron, 1979）。苏格兰的大学也在对药学的研究中表现突出，1776 年，爱丁堡地区的大学设立了自然哲学的教授职位。林奈在位于瑞典乌普萨拉的植物园中提出了一套植物分类的新系统，但是他只能担任药学教授，因为当时并没有教授博物学的学术环境。欧洲其他地区在将新科学引入教学课程体系的过程中表现平平，牛津和剑桥大学是其中代表，这两所大学直到 19 世纪才开始重视新科学的教学。格雷欣学院首创的实用的科学教学手段开始在欧洲广泛传播。德国各独立邦国通过采矿挣得大量财富，开始创办矿业大学，开设地质和工程课程。在德国弗莱堡，维尔纳公布了他的地球岩石水成论，吸引了欧洲各国的学生前来求学。

在法国，几乎没有大学教授科学课程，虽然政府为培养军事工程师设立了一所技术学校：法国路桥学院（Ecole des Ponts et Chausses）。法国皇家科学院依旧是国家支持的研究中心，同时为了容纳国王的收藏，建立了兼具植物园和动物园职能的法国皇家植物园（图 15.3）。作为皇家花园的管理人，布丰伯爵得以在这个绝佳的地点对自己的百科全书式著作《自然史》进行润色（布丰伯爵的推测有一点公开挑衅正统天主教思想，但《自然史》得到了妥善保管；见本书第 5 章和第 6 章）。英国皇家学会充满科学

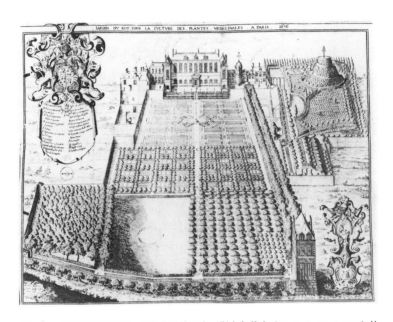

图 15.3　法国皇家植物园，出自弗雷德里克·斯卡尔伯奇（Frederic Scalberge）的
《法国皇家植物园》（巴黎，1636）。植物园最初起源于中世纪的大学，对训练医学
生辨别药用植物的能力有重要作用。在 17 和 18 世纪，植物园依旧是重要的科学中
心，因为当时全世界各地的新奇植物都被带到了欧洲。如今，我们依旧可以参观法
国皇家植物园，欣赏布丰伯爵和拉马克的塑像，参观居维叶工作过的大楼

热情的创始人纷纷离世，接任的官员对科学只是三分钟热度，因
此英国皇家学会的水平有所下降。但在 19 世纪稍晚的时候，得益
于约瑟夫·班克斯爵士的领导，英国皇家学会又焕发了新的生机。
班克斯爵士利用自己和英国海军部的关系，以自己和库克船长的
远航为蓝本，设计了全球性科学探索发现项目（Makay，1985）。
班克斯急于维护皇家学会作为英国科研中心的地位，积极阻挠科
学界发展需要的其他科学组织的建立。唯一的例外是 1788 年成立
的林奈学会，林奈学会设在林奈个人的动植物收藏园近旁，在林

奈过世后由班克斯的一位富裕学生詹姆斯·史密斯（James Smith）接手。林奈学会随后成为英国博物学研究和出版的中心，但林奈学会是富裕收藏家出资赞助成立的，这一事实表明，类似学会还是很像绅士科学家的俱乐部。接下来的几十年里，人们对博物学的兴趣不断增大，英国各地都出现了地方性的学会，通常是地方精英阶层领头建立，用来彰显他们文化主宰者的地位。

英国科学史专家把大部分精力都放在了研究 18 世纪 60 年代出现在新兴工业市镇伯明翰的全新科学学会上。它就是月光社（Lunar Society，其成员只在满月之夜集会，这样成员可以借助月光找到回家的路），成员都是把科学应用到工业技术方面的大腕，他们在此集会，交换想法。月光社成员包括：詹姆斯·瓦特（James Watt）；正在与瓦特合作制造蒸汽机的马修·博尔顿（Matthew Boulton）；制陶业大亨乔赛亚·韦奇伍德（Josiah Wedgewood），他的成功是工业革命早期的商业传奇之一；伊拉斯谟斯·达尔文医生，不过他把促进药学发展放在工作之前，热爱生命科学研究⋯⋯化学家约瑟夫·普里斯特利（Joseph Priestly）1780 年移居伯明翰之后也加入了月光社。月光社是富有但务实的科学家集会的地方，他们的共同兴趣是把科学变成有效知识的基础，为过去英国皇家学会的原则赋予新的生机，而真正的英国皇家学会现在已经变成了伦敦社交名流的俱乐部。月光社存在时间较短，但是它点出了在下个世纪变得愈发明显的一种紧张关系：真正使用新科学研究的人影响力增强，而把科学研究当兴趣的人逐渐被淘汰出局。

19 世纪

19 世纪，科学更多地参与到工业和政府中，同时，科学界不断扩展、专业不断细化，这些因素的共同作用造就了如今常见的科研机构。这些过程不是一夜之间完成的，因为当时很多有势力的社会力量限制着这种要求有效互动的发展。当时舆论认为科学只属于社会精英阶级，这种思想阻碍了科学的专业化和科学家寻求社会资助的行动。长久以来只面向精英阶级、只教授传统经典的大学都拒绝将科学课程和科学研究纳入课程体系。在英国和美国，自由放任思潮盛行，连新兴的实业家都质疑政府对科学的支持。自由企业社会中，人们普遍认为从研究中得益的人应该为科学研究买单，但是实业家只想资助立竿见影的研究，而对那些为后代造福、至少一代人之后才能看到成果的研究毫无兴趣。也因此，中央集权的法国和德国政府走在了政府资助科学的前端，而英国和美国政府在该世纪后半叶努力地想要赶上法德两国的步伐。最终，科学增加国家财富、提高国家声望的作用得到了认可，教育系统和科学界内部的工作也开始适应这一现实。

1789 年法国大革命爆发之后，法国的教育和科研机构经历了快速剧变。1793 年，新政府用法国自然历史博物馆取代了法国皇家植物园，新的博物馆可用于展览、教学和研究。J. B. 拉马克、乔治·居维叶和若弗鲁瓦·圣伊莱尔等有名望的教授供职于此，使得法国自然历史博物馆成为欧洲博物学教学和研究的中心。法国皇家科学院也进行了改组，建立了全新但同样中央集权的系统来对科学进行区分（Crossland，1992）。为进行技术性研究和教学服务，巴黎综合理工学院、巴黎高等师范学校等一批新的学术研究机构建立起来，这些机构都聘任了大量著名学者为教授。基于上述基础，拿破仑申明科学为一种实用性活动，并且必须为国家服务。19世纪的前几十年，上述的研究机构使得巴黎成为科学界的圣城。然而法国的新政府十分僵化刻板，在其他国家的工业高速发展、法国世界强国的形象不断被削弱时没能给出合宜的应对方案。

一部分德国大学在18世纪表现出彩，虽然在拿破仑入侵时不少大学都被关停，但是19世纪，德国又兴起了兴建新大学和复兴旧大学的浪潮。德语区被分割成数个独立邦国后导致了新局势的出现，每个独立邦国都想在科学研究成果和人才学术能力上和邻国一争高下（Ben-David，1971）。现代的研究型大学就起源于德国，在研究型大学，教授不仅需要自己做好学术，还要把自己的研究生训练成可以独立搞科研的专业人才。博士学位成了学生有能力独立进行科学研究的标志。19世纪20年代，尤斯图斯·冯·李比希在吉森大学的化学系首创了上述体系，随后，这套系统被其他学科和其他大学复制。到了该世纪中叶，德国取代法国成为欧洲科学的领军者，同时随着科学研究不断打开全新的研究领域（如化学着色剂的生产），德国的工业得到了长足发展。

在英国，苏格兰地区的大学依旧活跃在科学领域，但是老牌英国大学剑桥和牛津依旧不想把科学引入课程体系。剑桥大学提供数学学科的全方位培养，并且拥有地质学家亚当·塞奇威克和威廉·巴克兰等著名教授——虽然这几位教授不讲授本科课程。直到19世纪50年代，这些老牌大学在政府委员会的强制要求下，终于把科学课程添加到学位课程中。即便这样，在19世纪70年代的改革之前，老牌大学的科学课程发展还是远远落后。70年代，课程系统进一步改革，之后，剑桥的卡文迪许实验室很快成为物理研究的中心。同时，政府为不从国教者建立了伦敦大学学院（只有英国国教成员才有资格进入剑桥、牛津大学），此学院也在科学教育方面声誉卓著。受到李比希学生的启发，英国政府于1845年成立了皇家化学学院（Royal School of Chemistry）。作为英国地质调查局（下文会提到）的副产物，政府在1851年开办了皇家矿业学院（Royal School of Mines），年轻的 T. H. 赫胥黎就在这里找到了自己的第一份工作（Desmond，1994，1997）。19世纪70年代，赫胥黎引入了一个著名的针对学校教师的生物课程，并且让自己的年轻学生做示范。最后，这些皇家学院相互合并，成为今天的英国帝国理工学院（Imperial College of Science and Technology）。

　　19世纪后半段，美国开始猛力追赶科学教育的最新发展。位于巴尔的摩（Baltimore）的约翰·霍普金斯大学是仿照德国模式建立的研究型大学，随后，美国各地涌现了许多德国模式的大学。同时，中西部各州政府赠予土地的各学院提供包括科学教育在内的公费教育，获得资助的关切农业利益的生物学研究也得到了发展。到了该世纪末，科学研究和教育在发达国家的大学以及高等技术学院中的地位稳固下来。科学相关的职位大大增加，为年轻一代提供了许多益处，比如赫胥黎，他出身社会底层，但希望研究科学，所以需要一个有薪水的职位。快速发展期间，这些大学也为新研究项目提供了机会，并且让新学科的系所和教授席位得以设立，而这些都表明了学科的分类细化得到了认可。然而，女性想要接受科学教育需要付出大量的努力——就连赫胥黎都反对女性进入医学院。随着时间推移，性别的障碍逐渐消失，这一进程通常以建立专收女学生的专业学校为开端（Rossiter，1982）。

　　高度中央集权的法国和德国政府开创了一种机制，在统治精英阶层的允许下，政府资金可以注入科学研究和科学教育中。在英国和美国，自由放任思想盛行于新兴的实业家阶层，使得科学家很难向国家伸手要钱（Rupke，1988）。在这种统治方式下，政府无须参与科学活动：如果有人想把科学研究作为消遣，那么这些人必须足够富裕来支持自己的兴趣爱好；如果科学研究是有实用意义的，那么将会从中得利的工业企业应该出资资助这些研究。上述逻辑其实很没有远见，因为它忽略了一个事实：大部分的科学研究是在得出成果很长时间之后才被发现大有益处的。科学家开始争取政府出资支持一定程度的纯科学研究，这些研究虽然大有裨益，但是具有很大的不确定性，因此私人企业不愿意把资金投进去。查尔斯·巴贝奇（Charles Babbage）在其所著的《关于科学在英国的衰落及其某些原因的思考》（*Reflections on the Decline of Science in England*，1830）中哀叹了英国政府对科学的冷漠，他坚持认为如果一个学科想要得到持久发展，必须为这个学科建立对应的科学行业，由带薪的、研究资金充足的研究员组成。巴贝奇指出的想在科学领域发展的人面临的困难可以在英国地质调查局建立的过程中得到证实。19 世纪 30 年代，亨利·德·拉·贝施（Henry De la Beche）提出进行地质调查将利于矿业发展，但英国政府认为矿业公司应该承担调查费用，可矿业公司只热衷于发现可开采矿藏，对地质调查毫无兴趣。由于贝施坚持不懈地游说，政府对地质调查给予了暂时支持，后来，英国地质调查局得以建立且成为固定政府机构。然而在 19 世纪剩余的时间里，英国政府虽然出资支持科学，但其实非常不情愿（Alter，

1987）。1851 年的万国工业博览会在一定程度上加快了英国政府出资支持科学的进程。万国工业博览会取得的收益被用于建立科研机构，这些机构选址在南肯辛顿（当时算是伦敦郊区）。

美国和英国遇到了类似的问题（Dupree，1957）。美国的几个州建立了地方地质调查机构，少数几个进行了意义重大的地质研究，但大部分机构都饱受当地有关部门的压迫折磨，因为这些贪婪的政府官员要求地质调查机构给出能立即助力当地工业发展的成果。美国地质调查局于 1879 年在军中建立，主要任务是调查西部地区的潜在资源。美国地质调查局取得了许多成果，尤其是在第二任局长约翰·韦斯利·鲍威尔的领导之下。鲍威尔带领团队调查了大峡谷地区（Manning，1967）。在联邦政府层面，中央总是要求科学研究节约经费，并且政府一直不愿意资助所谓的"纯科学"，例如对化石的研究。1886 年，美国国会设立了艾利森委员会（Alison Commission），此委员会批判地质勘探等一系列活动，要求大力削减政府的资金支持。接下来的几十年，美国政府设立了一些科学部门，但是依旧没有出台与科学相关的政策。这些政府科学部门主要负责调查环境或者药物领域的工作，不过美国国家标准局（Bureau of Standards）建立了一个物理实验室。

科学家都非常清楚自己研究领域扩张的潜力，因此急于获取政府、工业产业和教育机构提供的资源。科学家明白科学在许多方面的实用价值，同时他们也把自己看作现代社会的引路人——面对社会问题，人们过去都去寻求教会的意见，而现在，科学会为人们提供适宜的专业意见。专业细化的科学组织和科学期刊的不断增多表明了科学在不断发展进步。"科学家"这个称谓是惠威尔于 1833 年创造的，不过它在很久之后才推广开来。许多科学家认为科学可以获得更大更快的发展，只要社会各界重视科学，并为科学提供充足的资金支持。因而，需要设立国家机构去游说政府和各工业组织为科学投资，并且确保科学家自己能够决定如何使用资金。与此同时，科学的扩张使得科学界的特性发生改变。科学研究越来越需要各方协力，科学不再是个人活动，并且"大科学"研究所需的资源越来越超出个人的能力范围，不论这个个人多么富有。19 世纪最初的几十年，统治科学界的还是富有的绅士这些业余爱好者，大部分的科研活动还是个人出资赞助，虽然有人寻求政府的支持，但是这些社会精英还是希望把科学掌控在自己手中。然而，希望掌控科学研究的科学精英的本质在不断变化。社会精英阶层之外的聪明人努力争取受教育的机会、努力找到一份既可以满足研究需求又可以养家糊口的工作。精英正在变成现代意义上的一种职业，不再是业余爱好科学的绅士，而是那些有薪水的政府公务员和社会公仆。

19 世纪早期科学的发展已经得到了广泛研究。在英国，科学界的扩张体现在专业学会和期刊的出现上，它们是为了满足有共同研究兴趣的科学家的需求而建立的（Cannon，1978；Cardwell，1972；MacLeod，2000）。班克斯去世后，英国皇家学会日渐衰落，一些专业学会取而代之，成为英国科学的领头者。其中最活跃的当属 1807 年成立于伦敦的伦敦地质学会（Geological Society of London）。据说，很多年间，这里的辩论都是整个伦敦最令人激动的。19 世纪 30 年代晚期，查尔斯·达尔文成为伦敦地质学会的秘书，他在此创立了一个非常现代的制度——把论文寄送给协会外的专家学者进行审查，从而决定哪些值得发表。伦敦地质学会其实是由路德维克所谓的"绅士专家"领导的组织，和达尔文一样，其成员都非常富有，属于社会精英阶层（贝施失去了家族财产，所以他非常急于组建政府出资支持的地质调查）。伦敦动物学会（Zoological Society）成立于1826年，同样是绅士的俱乐部——在大众被允许进入如今的伦敦动物园之前，这里曾经进行了许多尖锐的辩论。随后的1840年，伦敦化学学会（London Chemical Society）成立，在这里，支持科学的实际应用的人将发挥更大的作用。

科学的实践维度也塑造了科学界对公共关系的考虑。在英国，皇家研究会是1799年由喜爱科学的富有出资人赞助成立的，其任务是推动科学技术进步（Berman，1978）。汉弗莱·戴维在此担任化学和电学研究员以及公共课讲师，获得了很高的声望。一代人之后，皇家研究会被一群激进的精英接手，他们拥护功利主义，希望改变社会。皇家研究会还支持了一个研究实验室。迈克尔·法拉第从戴维手中接管了研究实验室，就是在这里，他进行了电磁学研究并因此盛名远播。皇家研究会的公共课程一直是向大众普及科学发现的重要渠道，同时也在说服上层社会，让上层社会相信科学在解决社会问题上扮演了重要角色（图15.4）。英国的科学家试图让全国人民都对科学抱有兴趣，而不是只让伦敦社会名流喜爱科学。巴贝奇抱怨英国的科学衰落，起因是他参加了德国科学家和医学家联合会（Societies of German Scientists and Physicians）的一次会议。德国科学家和医学家联合会成立于1822年，任务是团结德国各邦的科学家。受巴贝奇批评的刺激，英国绅士专家认定英国也需要一个类似的机构来提升科学的影响力。1831年，英国科学促进会在约克郡召开了第一次会议（Morell and Thackray，1981）。科学促进会每年召开一次集会，会议地点设在不同的城市——伦敦一开始就被排除在外。集会相当于论坛，科学家在此交流，共同规划怎样向政府讨要各种形式上的支持。英国科学促进会也激发了各地人民对科学的兴趣，学会的集会也提供了机会，使得各地的科学家得以和全国知名的大人物见面交流。最终，英国科学促进会得到了政府的一定支持，可以用政府资金资助学会资深成员的研究项目。

英国科学促进会的精英领导阶层想影响事物的发展方向，实际上学会大部分的工作都是不被大众所知的。当时有一个非正式组织，名叫"红狮"，是英国科学家核心集团的集会。后来，英国科学的发展也被另一个非正式组织极大影响，此组织名为"X俱乐部"，赫胥黎和他的支持者在此组织中尝试去影响政府和学术机构人员的名单，希望能够让忠诚的科学家获得有影响力的地位（Barton，1990，1998；MacLeod，2000）。19世纪70年代，科学期刊《自然》创刊，X俱乐部功不可没。在那个年代，社会精英在科学界的领导地位逐步被这一批新专业科学家取代，这群专业人员决心让科学在社会发展中成为知识和专业技能的新来源，同时他们也非常希望科学专业得到政府的承认和支持。赫胥黎等人物时常陷入近乎崩溃的境地，因为他们把自己的日程排得太满了，兼顾研究、教学、公共演讲和在政府委员会中的工作，经常超负荷工作（Desmond，1994，1997）。

在美国，科学同样出现了大发展。美国的地理分隔显著，地方性的科学团体应运而生，推动了科学发展。为了协调全国科学研究，1848年，美国科学促进会成立（Oleson and Brown，1976）。美国最著名的科学家之间存在非常严重的分裂。有一个被称为"流浪汉"（Lazzaroni）的科学团体，其地位与英国的X

图 15.4　英国皇家研究会所属戴维-法拉第实验室成立，绘于 1897 年。来自《伦敦新闻画报》（*Illustrated London News*，1897 年 1 月 2 日）。此实验室的资助人是化学家、实业家路德维格·蒙德（Ludwig Mond）教授，以皇家研究会早期最著名的两位科学家的名字命名。实验室的成立仪式非常隆重，由威尔士亲王亲自揭幕，詹姆斯·杜瓦（James Dewar）教授致开幕词。詹姆斯·杜瓦在研究会中工作，研究气体的液化，并且在研究过程中发明了保温瓶

俱乐部类似，但是"流浪汉"对科学的影响却被不在其中的一群著名科学家所厌恶。美国内战期间，包括史密森研究会的约瑟夫·亨利（Joseph Henry）和美国海洋测量处的 A. D. 贝奇（A. D. Bache）在内的一批"流浪汉"成员鼓励政府成立了美国国家科学院（National Academy of Sciences），科学界的领军人物可以通过科学院为政府提供建议。战后，政府撤销了对美国国家科学院的资金支持，但是美国国家科学院成功转型为一个基础更广泛的精英组织，从而得以存续。在 19 世纪剩下的几十年里，美国国家科学院的个人的研究项目和调查对政府的政策影响微弱，但是国家科学院在 20 世纪对美国科学的重塑产生了巨大的影响（图 15.5）。

图 15.5　到 20 世纪早期，美国的科学已经得到了大幅发展。图片是美国解剖学学会一次集会的官方照片，本次会议于 1937 年在多伦多举行（加拿大科学家加入美国科学团体是非常容易的）。图中大约有一百多位男性，但女性则寥寥无几

结论：科学和现代社会

20世纪的前几十年，现在为我们熟知的科学界开始萌芽。当时，大部分的科学家都是带薪的专业人员，供职于大学、政府研究机构或者各行业中。同时，教育系统也得到发展，纳入了纯粹的应用研究，并将研究成果用于训练其毕业生，这些毕业生也将进一步助力科学的发展。20世纪初以来，来自"发达"国家以外地区的天才科学家在全世界科学家中占据了越来越大的比例，这些天才被吸引到欧洲或者美国，在更先进的教育机构接受教育和进行研究。科学发展的资金一般来自政府和各工业行业，他们关注的重点是对社会有实用效果的研究。由富有的个人设立的研究基金也开始取得一些影响，并最终极大影响了科学研究的发展。比如1902年实业家安德鲁·卡耐基（Andrew Carnegie）设立了卡耐基基金会，该基金会支持了新的科学——遗传学的研究。不过科学的未来还是日益与政府和应用工业研究相连。

科学研究的扩张一般都没有什么创新性，可能是因为很大一部分研究都是为了尽快解决产业中出现的实际问题。据预测，平庸科学家的人数增长速度是真正有创造思维的科学家人数增长速度的平方（Price，1963，见第2章）。与此同时，合作研究迅速增长，也就带来了多作者论文的爆炸式增长（在论文上有多位作者署名的情况并不罕见）。新专业涌现的速度不断加快，通常相关的小团体和专业期刊也会同期出现，有时也以非正式社交网络的形式出现，其中的研究员比起自己研究，更加重视与他人合作。

毋庸置疑，影响现代科学界发展的主要动力之一就是科学界与军队及相关工业的联系（见第20章）。第一次世界大战前，大多数国家对科学研究的支持十分有限，而且全球发展不平衡，导致第一次世界大战初期很多人指责各国白白浪费了自己的科学力量。第一次世界大战期间，科学成果应用于军事还比较少见，但是各国还是建立了一些研究机构来保证科学和军队有一定程度的合作。第二次世界大战的情况与第一次世界大战完全不同，美国尤其明显。大科学终于得到了肯定，政府和各工业产业都让科学家参与大型项目，比如开发无线电探测器、发明原子弹等。第二次世界大战后，由科学家改行做科学顾问的万尼瓦尔·布什（Vannevar Bush）提升了政府对科学的需求，使得政府持续对科学的资助，也推动了1950年美国国家科学基金会（National Science Foundation）的设立。由于美苏冷战的紧张局势，科学与军事活动高度结合的情况一直持续到了20世纪后半段。很多物理学家直接或间接受雇于军方资助的项目。那些以重大研究项目主管身份结束科研生涯的资深科学家必须同时担任科学家和行政管理人员，他们需要具备必需的政治素养以便和项目资助方——政府保持良好互动交流。

19世纪早期的科学家希望通过合作把科学成果最大限度应用到工业生产和政府管理中。他们的愿望已经实现，虽然方法可能和他们设想的不同。科学界不断发展，为了在这个科学研究需要得到政府或者大企业支持才能发展的时代里生存下去，科学组织也形成了许多相对应的功能。早期的科学家可能会感到沮丧，因为科学组织的功能是在战争的压力下最终形成的，并且科学领域很大一部分的研究是为了军事技术的发展而存在的。这些早期科学家的担心在现代社会复兴，很多民众质疑科学是否已经完全被军队和大企业掌控。科学高度专业化的一个结果就是抛弃了19世纪的"理想"——科学家是社会的知识精英，他们可以通过撰写非专业性文章或发表公开演讲去影响公共舆论。到了 20 世纪早期，许多研究型科学家认为参与公开辩论不符合科学的客观性精神。但如今情况又发生了改变，其原因就是挑战科学权威性的一些活动的影响力正在扩大。美国科学促进会和英国科学促进会等全国范围的科学团体，再次承担了激发公众对科学的兴趣和信心的重要任务。科学家曾经退缩到公众视野之外潜心搞科研，然而现在他们发现让普通民众了解科学对于科学的健康发展尤为关键。从这方面来看，前几代科学家曾经领悟到的教训现在要被这一批科学家重新学习一次了。

第 16 章

科学与宗教

　　同时提到科学与宗教，你的脑海中可能会立刻浮现出一幅科学和宗教不断冲突和对抗的画面。我们所有人都记得伽利略受到宗教裁判所的审判，达尔文的进化论也曾引发宗教人士的众怒。但是静下心想一想，科学和宗教之间的关系不可能只有冲突和对抗。过去的很多著名科学家都是虔诚的教徒，也总是有神学家主张宗教信仰必须开放包容，要去接纳科学的新发现。詹姆斯·R. 穆尔在分析人们对达尔文学说的争论时提到，科学与宗教永久处于"战争状态"这一印象是 19 世纪的理性主义者故意制造的，他们想要让科学成为自己的伙伴，把宗教信仰当作过时的迷信思想并将其扫除出去。J. W. 德雷珀（J. W. Draper）的《历史上科学与宗教的战争》（*History of the Conflict between Religion and Science*，1875）就是这种传统的奠基之作。T. H. 赫胥黎也把科学塑造成持续稳定打击宗教信条的一种力量。然而作为一个不可知论者（事实上赫胥黎就是这个术语的创造者），赫胥黎又同意科学无法证明世界上不存在造物主。穆尔对关于达尔文的争论的分析证明，许多科学家都是有宗教信仰的，他们的信仰要求他们在接受新理论前认真思考，许多自由派神学家也非常愿意把进化视为造物主创世计划的展开。更具自由倾向的神学家的传统

现在依旧存在，目前由约翰·坦普尔顿基金会（John Templeton
Foundation）等一批组织积极推动。

　　科学涵盖许多不同领域，其中一些领域更容易挑起科学与
宗教信徒之间的问题。但同时宗教信仰也有许多形式，有一些很
乐意接受自然、宇宙科学的新理论。东方的宗教，如佛教和印度
教，展示的天文学理论不同于基督教《圣经》的造物主创世论，
这些东方宗教也不假设人类和万物之间存在根本的精神区别。犹
太教、基督教和伊斯兰教都是有神论宗教，它们塑造了各自的创
世主神，主神与他创造出的万物紧密联系。它们的经典所定义的
天文学理论很难与科学新发现所证明的事实相容。上述三个有神
论宗教认为，唯一主神不仅设计和创造了这个世界，而且能够运
用超自然的力量达成自己的目的。一些科学家曾是自然神论者，
他们相信在遥远的过去确实有一个神创造了宇宙，不过这个神并
不关心这个宇宙中发生的具体事情。即便是基督教之中，各派别
的理论也大有不同。罗马天主教依赖精心编选的传统福音书，一
些新教教派关注的是《圣经》的原文，还有上文提到的自由主义
传统。科学和宗教可能会因为某个特定理论或者宗教传统产生冲
突，但是在这些短暂的冲突之外，两者进行的是更具有建设性的
对话。在某些情况下，科学和宗教并不会以什么特别的方式进行
互动，只是安静地共存。然而如果把这种"共存"模式当作范式
的话，我们其实就忽略了基督教确实就上帝与他的造物的关系及
人类本质做了特殊的论断。即便不去阅读《圣经》原文，我们也
能发现基督教的这些论调必将导致科学在一些领域与宗教之间的
紧张关系，而这种紧张关系至少需要大量的对话才能消弭。从以
上这些事件得出的重要结论是，历史学家必须将科学与宗教的

关系置于特定语境下讨论，探究各个历史时期和场所中两者互动的不同模式（综合性研究参考：Brooke，1991；Lindberg and Numbers，1986，2003）。

神学问题在决定大众和其他科学家如何接受科学理论的过程中显然扮演了重要角色。可是历史学家也应牢记，科学家的信仰可能会塑造他们研究的科学。斯坦利·亚基（Stanley Jaki）称，基督教把上帝定义为立法者的观念在自然法观念树立的过程中起到了重要作用，而自然法是可以通过理性分析认识的。开普勒探寻行星运动中和谐的数学模型，这很明显是因为他相信上帝给这个世界设定了理性的规律。这个例子告诉我们宗教对科学家的影响可好可坏，我们必须谨慎对待那些过分简单化的假设，如能够维护宗教信仰的科学理论肯定是坏科学。历史学家曾经将很多理论，尤其是在地球科学领域的理论，定义为对科学进步有害的理论，认为这些理论之所以大受欢迎只是因为它的支持者太想用这些理论来维护自己的某些特定宗教信仰。后来的研究发现，这些曾经被定义为"被神学思想扭曲"的理论，实际上对我们今天依旧认可的许多观点的发展有着极大助力。

在本章，我们将把关注点放在科学史学者关注的几个问题上。《圣经》直译主义（biblical literalism）的问题非常重要，不过我们不是以那种暗示《圣经》文本与理论简单对立的方式来研究。我们也会研究以下观点，即某些种类的宗教信仰（通常与特定的社会价值观相连）会更加支持科学发展，而另一些则不太支持。一个主要的关注点是，科学可能有助于"自然神论"——通过研究上帝创造的世界来了解上帝的一种方法，而一些理论可能给这种观点带来潜在威胁。在此，达尔文的进化论十分重要，因为即便

自然进化是上帝造物的方式，自然选择的随机变化看上去也像是
上帝没有计划的试验和错误。达尔文的理论和许多其他理论一样
影响了人们对人类本质的看法，从而引起了科学与宗教的争端。
如果人类的思维只是大脑机械运转的副产品，那么道德责任的观
念和原罪的概念就受到了极大挑战。物理学的发展一直被认为支
持机械论世界观，而在 20 世纪，一些新的物理发现直接挑战了机
械论世界观并广受宗教思想家的欢迎，他们认为这标志着科学唯
物主义只是一个过渡阶段。

直译主义的问题：天文学

和许多宗教一样，基督教有自己的经典——《圣经》，据说是
在神圣的感召下写成的。但是和其他一些宗教经典不同的是，《圣
经》讲述了一个精神意义深远的历史故事。《圣经》的目的是让信
徒找到真正的信仰并且行善事，但它也谈到了与科学有关的不少
事情，不论是明确提出还是偶然提到。它所描述的事件大多是神
迹，以及通过超自然力量公然违背自然规律的事。这些奇迹可以
被视为正常规则之外的例外，让科学家能够专心研究没有被扰乱
的自然法则。然而，随着科学为自然规律的一致性建立起了信心，
随着更激进的科学家对《圣经》中提到的例外事件的合理性产生
怀疑，冲突就有可能发生了。说实话，一些自由派的宗教思想家
其实也对上帝（造物主）在现代不太愿意参与这个世界的运行这
一假设感到不快。因为这一原因，科学与宗教在神迹合理性上的
争端出现在了许多科学与宗教的辩论中。

　　更重要的是宗教经典中有对宇宙结构和宇宙起源的直接描述。如何解读这些描述将决定宗教是否会与科学的一些领域产生矛盾冲突。现代人可能会认为早期的基督教学者一定坚持要从字面上理解经典的描述，因此给自己套上了枷锁，陷入了某个特定的世界模型和世界起源假设之中。然而，罗马天主教会一直都通过博学的学者团体深入解读《圣经》，并且这些学术的解释在几个世纪中不断发展。很多早期的教父都不是直译主义者——他们知道几个世纪甚至上千年前成书的宗教经典是为了供普通民众阅读而写的，作为学者，他们可能需要从更灵活的角度解读经典。这并不是说当科学家证明直译《圣经》是错误的时候，宗教经典的解释也可以随之轻松转变，伽利略的遭遇就是一个生动的例子。但是重新解释经典也并非不可，前提是教会能够被说服，认同改变经典阐释非常有必要。进行宗教改革的神学家拒绝了这种解释的传统，他们将注意力更狭隘地集中到上帝的话语上，因为上帝的话语应该由个人自己阅读，所以必须重视上帝的话语，逐字逐句地阅读。

　　科学与宗教潜在冲突的第一个战场出现在中世纪的地心说转变到哥白尼的日心说时（见第 2 章）。伽利略受到的宗教裁判被认为代表了这段转变期的残酷性，也有很多人认为伽利略的遭遇证明教廷为保卫宗教正统性决心阻挠科学的发展（图 16.1，参考 De Santillana，1958）。这其中肯定有《圣经》直译主义的影子，因为保守的神学家只是焦急地想用《圣经》偶然提到的故事来证明地球是静止不动的中心，尤其是《约书亚记》第十章第十三节中提到的约书亚让太阳站住别动。在伽利略的《给克里斯蒂娜大公夫人的一封信》（*Letter to the Grand Duchess Christina*，1615）

里，他坚称《圣经》并非天文学著作，只是一本用平实通俗的语言写给一般民众的经典。伽利略想通过这个论点回应科学和宗教之间的争端。实际上，他表明，科学应该在重新解释经典的过程中扮演重要角色，然而这一想法肯定不会在反对他的保守神学家那里讨喜。对伽利略的敌意不只是思维狭隘的直译主义的结果。几个世纪以来教廷一直贯彻亚里士多德的世界观，认为地球是这个层级宇宙的中心，诸天体按照完美的顺序围绕地球运动。如果地球只是围绕太阳运转的一颗普通行星，那么人类才是造物主创造的精华与核心这一美好的愿景就会受到严重威胁。日心说还引起了另一个问题，如果我们的行星和其他行星是非常类似的，那么其他行星上是否也有和人类相似的理性生物？他们的精神层次

图 16.1　伽利略在梵蒂冈会议上。此图为罗伯特·弗勒里（Robert Fleury）的油画（法国国家博物馆联合会，卢浮宫，巴黎 / 艺术藏品，纽约）。此图表现伽利略被迫服从于权力滔天的教廷，反映了当时神学的势大。伽利略的受审成了科学与思想自由之间的联系的象征

及其与造物主之间的关系又是怎样的？彼得罗·雷东迪（Pietro Redondi）有一项充满争议的研究，他声称对伽利略的审判其实是一个表象，遮掩着对伽利略更深层次的敌对行为，而伽利略被敌视是因为他信奉机械论世界观。当伽利略和其他哥白尼派科学家努力尝试说服神学家，让他们接纳新的宇宙理论之时，所带来的麻烦不只是重新阐释区区几段《圣经》文本而已。

现代的评论都同意伽利略的受审不能简单地被解释成科学的客观性和宗教的蒙昧主义之间的冲突。教会内部有许多派别，有一些支持伽利略，另一些敌视伽利略。教廷告诉伽利略他可以传播哥白尼学说，但是必须用"假设"的名义。也就是可以说哥白尼学说是预测行星运动的数学方法，但绝对不能说现在已经证实其物理真实性。在伽利略的《关于托勒密和哥白尼两大世界体系的对话》中，他不仅拒绝了教廷的提议，还写了一些嘲笑教皇的段落。在这种情况下，教廷只能采取行动，逼迫伽利略取消前言。伽利略并未受到拷打（虽然教廷警告过会使用暴力），审判之后伽利略也只是被软禁在他自己的房子里，所以大家可以忽略那些耸人听闻的伽利略受刑的故事。很多历史学家相信，如果伽利略当时能够处事老练一些，他也许能够让教廷减少对科学的敌意，甚至可以为教廷和新科学发展更加积极的关系铺路。

也有许多新教徒反对哥白尼的宇宙系统。马丁·路德和约翰·加尔文都发表过蔑视哥白尼宇宙系统的言论，但是他们的言论都只是一时的，并没有建立起持续反对科学的战线。新教徒享有思想自由，因而更容易去接纳新的天文学理论。开普勒就是一个新教徒，他把上帝看作这个理性宇宙的创造者，使得哥白尼宇宙在新教徒中更有说服力（见下文）。同时，我们也不能忘记罗马

天主教廷，他们也支持科学发展，尤其是在那些不会挑起冲突的
领域。耶稣会会士在天文学和其他一些科学领域表现积极，虽然
他们更认同地心宇宙。一个更流行的观点认为，在一个多世纪的
进程里，科学的重心从欧洲南部转到了欧洲北部，也就是转向了
新教统治的区域。在法国，据说科学团体从信奉新教的少数人那
里得到了更多的支持和帮助，而占大多数的罗马天主教信徒则给
予了相对少的帮助。17 世纪英国的发展充分证明了新教为科学提
供了更加意气相投的发展环境，使科学能够在其中发展。

新教与科学

宗教改革带来的社会变革在英国清晰可见。17 世纪，一批
依靠贸易起家的富裕中产阶级兴起，他们急切地想要挑战国王和
贵族的权威。贵族阶级和富裕中产阶级之间的分化导致了英国内
战，英国的自由民众暂时由克伦威尔统治，英王查理一世则被砍
掉了脑袋。宗教也卷入了内战之中，原因是那些保守的政治力量
在宗教上也十分保守，公开或暗中推崇罗马天主教。而新兴的中
产阶级都是新教徒，许多人信奉当时被新教思想称为"清教"的
福音派。很长时间以来，人们都推测新教有助于资本主义的兴起，
这与所谓的新教伦理有一定的关系。这种想法被罗伯特·K. 默顿
（Robert K. Merton）应用到了科学领域，他认为英国清教徒非常
愿意支持新科学的发展，还成了所谓"看不见的学院"的核心，
该组织最后发展成为英国皇家学会，获得了极高声誉（Merton，
1938；Cohen，1990；Webster，1975；Westfall，1958）。默顿的

分析可以与一个更广为人知的观点联系起来，即基督教参与科学和技术发展，该观点推测人们可以利用科学重新夺回对自然的控制权。根据《圣经》，人类始祖亚当和夏娃在犯下原罪时失去了对自然的控制权（Noble，1997；见第 16 章）。

"默顿理论"在科学史学家中有比较大的争议，现在能够被接受的也只是一个改良版的默顿理论。默顿理论的逻辑源于他推测清教徒愿意支持科学发展有两方面原因，一是清教徒认为科学是认识造物主所创世界的一种方法，二是科学可以促进技术发展，能够达成清教徒期待工业和社会发展的愿望。毋庸置疑，上述动机是清教徒支持科学的重要因素。但是历史学家对将默顿理论具体应用到 17 世纪的英国社会提出了质疑，他们指出英国皇家学会的许多早期成员并非真正意义上的清教徒——尽管这是一个判断什么才是真正意义上的清教主义的问题，尤其是在一个为安全起见最好不要公开自己观点的年代。不过在更广泛的意义上，一些科学家已经准备力挺"新教价值观确实有助于创造利于科学（尤其是实用科学）发展繁荣的环境"这一论点。查理二世复辟之后，稳健的英国国教徒为推广牛顿理论做出了最大的努力，他们把牛顿理论放在了世界观的核心，这一世界观主张，社会阶层足够灵活，允许个人的创造力充分发展。

再谈直译主义：《创世记》和地质学

然而，新教的学者还做出了另一项重大努力来限制科学理论的范围：他们要求人们关注《创世记》的字面真理。这一举措对地质学的发展产生了巨大影响（见第 5 章），并影响了人们对进化论的看法。17 世纪中期，大主教詹姆斯·厄谢尔公开了现在看来是一派胡言的计算结果——地球是在公元前 4004 年左右被创造的。一方面，这个计算结果肯定建立在对《创世记》的字面解读之上，《创世记》中推测上帝创造宇宙只比创造亚当早了 7 天。但是另一方面，厄谢尔对古年代学的研究也为宇宙本质的学术争论做出了值得肯定的贡献，所以当年厄谢尔的计算结果获得了广泛关注也无可厚非。我们可以看到在 1700 年前后提出的地球理论都刻意地把相关时间点落到了厄谢尔推测的时间范围内，然而在下一个世纪里这个宗教的屏障就渐渐消失了（Greene，1959）。

　　另一个《圣经》直译主义研究途径的重要假设认为，挪亚洪水肯定是真实发生过的历史事件。解释地表所出现的明显变化的理论常常借鉴这一假设。托马斯·伯内特、威廉·惠斯顿和约翰·伍德沃德都曾经用挪亚洪水解释高山的起源和有些岩石里有化石的原因（图 5.1，129 页）。但是在宗教信徒看来，这三个人之间有很大区别。伍德沃德相信传统说法，即挪亚洪水是上帝利用超自然力量给人类降下的神圣天罚。然而伯内特和惠斯顿使用了新唯物主义的角度看问题，他们认为挪亚洪水是宇宙中发生的物理变化导致的自然现象。也就是说他们二人的理论并非与《创世记》中的故事完全吻合，而且伯内特不希望建立和《圣经》联系过密的科学理论，认为此类理论很有可能是错误的："用《圣经》的权威性判断关于自然世界的争论是十分危险的，有违理性原则。时间将会揭开一切真相，我们唯恐时间最终证明《圣经》所言并非事情真相。"［Burnet，（1691）1965，16］伯内特遭到了神学家的猛烈抨击，因为如果大灾难都是自然原因引起的必然结果，那么这种大灾难怎么会是上帝给罪孽深重的人类降下的天罚呢？他不得不回应说无所不能的上帝可以预测人类发展的历史，并据此设计了物质世界，这样自然法则就会让大灾难在预定的时间点降临人间。伯内特此举没能给类似理论带去支持，在随后的一个世纪里，挪亚洪水对地质学发展的影响大大减小。18 世纪启蒙时期的博物学家，如布丰等人，很明显不喜欢附和《创世记》里记载的故事。

然而，1800 年前后，保守派采取措施对抗启蒙的激进主义，挪亚洪水的故事再次进入了科学家的视野。启蒙激进主义被认为是法国大革命的催化剂。在英国，斥责科学再次成为保守派里的流行趋势，他们认为攻击科学可以拯救《圣经》的创世观。詹姆斯·赫顿提出均变论，否定上帝创世和《圣经》记载的地球大灾变的存在，也因此成了保守派攻击的焦点。让－安德烈·德吕克和理查德·柯万两位地质学家表现激进，通过修改完善岩石水成论反击詹姆斯·赫顿（Gillispie，1951）。这两位地质学家都认为海退理论能够兼容类似《圣经》记载的地球形成理论（上帝创世论）。而且这两位都致力于向世人证明这个理论可以解释相对较近的大洪水时代。特别是德吕克，他认为古代海洋退入巨大的洞穴，覆盖洞穴的地表塌陷，进而不仅导致了一场大洪水，还有地壳的彻底重组。德吕克的理论很容易被人看作他对抗科学发展的疯狂之举，但其实他的理论成功解释了一些赫顿没能解读的现象（后来的地质学家将用冰河世纪的理论解释）。此外需要强调的是，德吕克的理论与当时主流的 A. G. 维尔纳及其追随者的水成论不同，后者不曾设想曾消失的大洋有一天能卷土重来。

我们在评价地质学家支持全球性大洪水的最后一个重要理论时也要注意上述问题。这个重要理论发表在威廉·巴克兰 1823

年的《大洪水遗迹》中。巴克兰是牛津大学地质学系的学生，而
牛津大学的保守性广为人知。巴克兰必须证明自己的科学研究不
会对基督教产生威胁。和德吕克一样，巴克兰也研究均变论无法
解释的现象——可观测因素没办法把泥土运送到高山上并填满巨
大洞穴（见图 5.6，140 页）。巴克兰错在推定这个变化的影响是
全球性的，就像是《圣经》中的大洪水，然而在接下来的十年
里，巴克兰本人也不得不承认他的预测超出的界限。巴克兰的理
论绝不是拙劣的科学，他对柯克代尔出土的土狼遗骸的研究是新
时代比较解剖学的典范。此外，他的地球历史理论把大洪水推定
在广泛的、持续的地质变化之后，而《圣经》并没有记载这种
地质变化。也因此，巴克兰被极度保守的一群人公开批判。到了
19 世纪 30 年代，人们逐渐认识到地球历史广博复杂。那些想让
科学与《创世记》和平共处的人们遵从上个世纪里布丰给出的想
法，也就是将创世论中的"日"与各地质时期相对应。1859 年，
达尔文发表进化论时，地质学界发生的变革保证了几乎没人能从
《创世记》的文字理解层面反对达尔文的进化论。不过 20 世纪
20 年代，神创论以"年轻地球创造论"的形式复兴，成了继续抵
制达尔文进化论的基地。

自然神论

人们很容易把《圣经》直译主义视为不断给科学制造麻烦的
因素。但是彼得·哈里森（Peter Harrison）指出科学与宗教的历
史还有另外一面。新教徒希望所有人都能自己解读《圣经》，为了

实现这个目标，他们刻意把天主教廷给出的解释从《圣经》文本中删除。他们的行动导致的一个结果就是，天主教从《圣经》故事和想象中解读出的象征和讽喻意义消失了：现在《圣经》里的文字就只有字面含义。这也导致了《创世记》被人们直译。但哈里森也提出，此举的另一个效果是一种趋势的出现——把人们强加在自然身上的象征性抽离出去。人们不再像中世纪那样，在描述每一种动物的同时还要描述它在纹章学、占星学中的地位，以及它出现在哪些神话和民间故事中，或者它与某些人类发明的联系。《圣经》直译主义可能也因此让博物学家集中注意力，在描述一种生物时只描述它在自然中的样子，这个作用也引导了科学的博物学的出现。

然而这并不意味着此后描述自然时可以忽略其宗教意义，因为人们认为地球是神圣的产物，是理性且仁慈的上帝亲手设计创造的。大家的关注点逐步放在了自然神论之上，也就是通过研究上帝的创造物来研究上帝。所有领域的科学家，不论是研究天体宇宙的还是研究显微镜下的微生物世界的科学家，都能被纳入自然神论领域。在天文学方面，开普勒尝试总结行星运行的理性模型，充分证明了这场运动的重要性；牛顿也把宇宙看作神圣的产物。博物学寻找上帝设计的研究自成一体。解剖学的新实验和显微镜的发明帮助人们揭开了生命体的复杂结构，机械论哲学鼓励博物学家将这些生命结构看作精密机械。当时还没有地质时期划分的概念，人们不知道如何界定生物进化的过程和阶段，而认为《创世记》应该从字面解读的理论，又鼓励了人们去相信生物被上帝创造时就是我们现在看到的样子。在这种环境中，解读生命结构的复杂性和实用性就等于展示伟大造物主的智慧和仁爱之心。

　　17 世纪的天文家继承了前代的天文学思想，同样相信宇宙是由数学规律支配的规律系统。哥白尼希望把自己的日心宇宙体系塑造成更能代表神圣规律的体系，而且那些认同日心说物质真实性的人，也急需向世人展示哥白尼的日心宇宙可以帮助大家更好地理解上帝的创世模式。伽利略寻找物理论据去支持日心说，而开普勒则认为天文学家最重要的职责是完善行星运行的数学研究，从而揭示行星运行的规律。作为一个新教徒，开普勒信服上帝是宇宙的创造者，同时作为一个柏拉图学派学者，他也相信宇宙神圣的规律会通过数学表现出来。在开普勒数十年对行星运动的研究中，他的信念起到了不可忽视的推动作用。开普勒的研究中最具启迪作用的是他"发现"的一种运动模式，尽管这一模式将被现代天文学家斥为妄想。在他的《宇宙的奥秘》一书中，开普勒认为，可以这样解释哥白尼宇宙系统中的 6 个行星运行的轨道：轨道所在的球面刚好被柏拉图的 5 种正多面体分隔（包括四面体、立方体等 5 个正多面体，见图 16.2）。这种模式的存在没有任何物理解释，尽管开普勒本人并不反对物理力量推动行星绕轨道运行这一观点。只有把宇宙看成造物主的作品才能解释开普勒模式的意义，造物主特意这样设计，留着人们去发现并且感慨造物主对宇宙的设计充满理性。开普勒从未失去对此模式的兴趣，这一模式也因此成了开普勒的信仰体系的有利证明，推动他去研究发现行星运行的法则。

　　开普勒的几何太阳系在笛卡儿提出的天文学理论中没有一丝价值，因为笛卡儿认为行星只是漂进了太阳引力的旋涡并且随机排列运转。但是牛顿探寻掌控行星运转的力时也把自己的研究建立在"宇宙是造物主的神圣作品"这一推测之上。牛顿认为无法描述行星进入现有运行轨道的物理过程，所以太阳系的结构一定是上帝设计成这样的，不过他也准备承认偶尔需要奇迹去矫正累积的轨道偏差。到了 18 世纪中叶，笛卡儿学派对天体演化论（一个能够创造我们现有宇宙的物理过程）的探求活动已经为太阳系结构提出两种可能解释。第一种是布丰 1749 年的理论，认为一颗彗星撞击太阳后产生的能量把行星从太阳身边冲开。另一个是由伊曼努尔·康德提出、皮埃尔－西蒙·拉普拉斯完善的"星云假说"。星云假说认为太阳和其他行星都是广阔的、旋转的星云在自身重力的影响下坍塌形成的。这两种情况下，行星进入轨道时遵循的就是数学规律，而且行星运行的模式也不能用任何几何假设来预测，因为其轨道是由原始星云体积和组成决定的。自然神论家最多也就是惊叹地球和太阳之间刚刚好的距离，让地球有合适的气候来孕育生命。但是更理性的思考者早已开始怀疑其他行星上是否有其他形式的生命存在，这一假设可以启迪那些自身信奉的神学足够开放、可以包容多种创世学说的人，但是对于基督徒来说，这一假设非常惹人讨厌。

　　不出意料，之后自然神论者的重点越来越多地放在地球而不是整个宇宙上。对于 17 世纪的思想家如罗伯特·波义耳和约翰·雷来说，新科学提供了大量机会去驳斥唯物主义者和他们提出的"宇宙的形成不是规划好的，而是粒子无序运动的结果"。波义耳是促进英国新科学发展的"名家好手"，为物理和化学的发展做出了巨大贡献。他本人是机械论哲学的热情拥护者，他用机械论哲学驳斥主张自然物体具有魔法力量的传统世界观。对于波义耳来说，这些传说中的力量是对上帝真正创造力的否定：如果物体是惰性的，粒子只是在运动规律下运动，那么物体自身

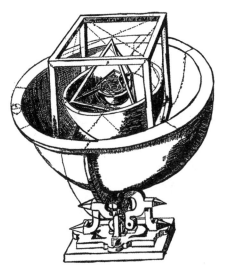

图 16.2　开普勒的太阳系几何模型，出自《宇宙的奥秘》。开普勒只知道太阳系 6 颗肉眼可见的行星（包括地球），于是把太阳系联系到了"世界上只有 5 种完美的正多面体"这一观点上。完美的正多面体意思是各个面完全相同的多面体。他认为理性的上帝利用正多面体去确定行星轨道的间隔，并且建立了模型展示圆形轨道是如何被正多面体分隔的：土星（立方体）、木星（正四面体）、火星（正十二面体）、地球（正二十面体）、金星（正八面体）以及水星——最中心的运行轨道，其正多面体太小了，在此图示中无法看清

就没有任何力量，所有有意义的物体结构肯定都是上帝设计创造的。他不情愿地承认其他神祇时不时通过神迹干预我们的世界——毕竟，基督教的基础就是《圣经》上记载的神迹故事——可是波义耳坚持说除了这些少见的例外现象，上帝创造的自然法则对整个世界有着绝对控制力。自然法则只保护本初的超自然创造形成的结构；物体自身没办法创造任何东西。虽然波义耳在博物学上涉猎不多，但他承认只有通过对生命体的研究我们才能看到造物主创造的最清晰证据。

约翰·雷才是在博物学中为论证设计论做出最大努力的人（见第 6 章，参考：Greene，1959）。在他的《造物中展现的神的智慧》一书中，约翰·雷用人体和动物身体结构的许多实例证明，肯定有一个智慧的创造者才能造出如此精密、如此高效运转的身体结构。眼睛和双手是他最喜欢的例子，这两个器官对人来说是必不可少的。约翰·雷并不打算声称其他所有的物种都是为了造福人类才被创造的（虽然有些明显如此，比如说马）。每一物种都被设计成在自己的特定环境中生活，这证实了上帝的智慧与仁慈并存。把重心放在结构的实用性或者可用性上，极大影响了人们对自然的态度，让人们对适应论产生极大兴趣，在达尔文的进化论中也有适应论存在（虽然很大程度上有所改变）。我们也能看到，约翰·雷相信造物创世依存于一个神圣的规划，这一信念也推动他探寻能够对纷繁众多的物种进行分类的理性系统。现代分类学的基础就起源于一个信念，即人类的头脑可以理解并表述创世的神圣计划中暗含的规则。

在接下来的一个世纪里，启蒙时代的激进思想家再次挑战设计论，他们重新振兴了唯物主义世界观：世界是盲目的自然法则把物质随机组合起来而形成的。但不是所有人都认同这一说法，伊拉斯谟斯·达尔文的进化理论认为自然法则具有创造性，因此，自然法则不断往高层次发展时，整个宇宙也会达成某个目标。但是这个理论对于保守派来说也太过新潮了，尤其是在法国大革命给他们带来了巨大的阴影和创伤后。设计论再次复兴，尤其在英国，同时人们也倾向于用《圣经》的观点来看待地球历史。伊拉斯谟斯·达尔文成了威廉·佩利在《自然神论》一书中再次申明创世学说时针对的主要目标之一。此时，创世说的机械论基础也通过钟表和钟表匠的比喻被明确阐释出来：用复杂的机械系统去适应一个目的，而这个目的需要智慧的设计。

由此而起的设计论热潮有时被人们误认为是科学发展的死胡同。设计论带来了无数的环境适应的例子，这些例子无疑是世界起源的证据，在19世纪30年代8卷本的《布里奇沃特论文集》中也有类似观点。但是在对"达尔文革命"的讨论中我们也可以看到自然神论并不是完全停滞的。古生物学家如巴克兰等人使用了适应的概念去理解和描述它们发现的化石和化石中物种的生活环境，并想象了一系列其他生物，每一种都适应了某个特定地质时期的气候。对设计论更有想象力的用法来自路易斯·阿加西斯和理查德·欧文等博物学家，他们试图研究上帝的无数作品是通过怎样的模式融合成一个完整的整体。欧文认为世界由一个雏形变成大量不同而又独特的生命形式，这个概念为达尔文提供了有力论据，并且也让欧文本人接近了进化论的大门。罗伯特·钱伯斯的匿名作品《创造的自然史的痕迹》将进化的概念阐释为神圣画卷逐渐展开的过程，被公众广为接受。钱伯斯将从星云假说到人类大脑的发展的万事万物与一个遵循法则的发展系统相联系，强调万事万物都是由造物主在宇宙之初赋予自然的法则带来的。

达尔文学说的挑战

达尔文的理论独树一帜（见第6章）。达尔文理论也确实建立在许多遵循法则的发展过程之间复杂的互动之上，但是很难想象这个有机整体如何被视为上帝神圣目的的展示。他的理论似乎复兴了先前唯物主义对设计论的挑战，尤其是关于自然选择带来的变化应是"随机的"，也就是说自然选择会给生命带来许多不同的修改，而且这些变化并没有什么特定目的。自然选择本身是否就是造物主最终目的之源呢？人们很难相信，因为自然选择通过让大量不知名的不适应个体死亡和受难而实现。最终，不少人选择相信钱伯斯的理论，即物种进化必须遵循一定的方向。一定存在着某些关于变异的法则，从而保证进化一直朝着正确的方向前进。但是对于那些希望通过纯粹的自然法则来理解这个世界的科学家来说，把上帝设计作为生物进化的唯一解释未免太过时了。与其把超自然现象添加到自然法则中，我们不如来看看进化过程中支配一切的趋势，虽然它们只是类似法则的复杂互动的间接产物，但也可以被视为神圣计划的表达。设计论的元素变得模糊，其后续理论也很难与唯物主义者的理论区分开，因为唯物主义者也理所当然地认为这个宇宙最终肯定会推动进步。

达尔文本人开始也是虔诚的教徒，并且在读到佩利的《自然神论》时被深深迷住了。即便是最初提出自然选择理论时，他也在想自然选择是一个符合神之仁慈的过程，因为少数物种的受难带来了其他物种的适应，所以所有物种将会在未来享受幸福（Ospovat，1981；Gillespie，1979）。当达尔文开始真正理解马尔萨斯的人口论时，他的思想发生了转变。马尔萨斯认为即便一个物种已经进化良好了，这个物种的许多个体依旧必须死亡。达尔文逐渐清楚了自然的残酷，同时，也就不再认为自然选择是神之远虑的媒介——虽然达尔文并未成为彻底的无神论者。他忽略掉一些进化的死胡同，依旧相信从长远来看，进化确实创造了更高级的生命形式，如人类。达尔文用一首赞美神的诗篇作为《物种起源》的结语，既是鼓励自己在困难中也要不断前进，也是暗示物种进化也是造物主计划的一部分。从上文的观点看，这种结语也不是特别讽刺。

虽然许多人在努力达成和解，但是唯物主义者给进化论赋予的含义过于明显了，由此导致的辩论也是情绪化的。一个经典的冲突是"达尔文的斗犬"托马斯·亨利·赫胥黎和塞缪尔·威尔伯福斯主教在 1860 年英国皇家学会会议上的争论。虽然大部分人都认为是赫胥黎赢得了辩论，但我们现在知道这场辩论其实并没有明确结论。在接下来的十多年里，许多受过教育的人逐渐接受了进化论，只有极少数人能够接受自然选择（Durant，1985；Ellegård，1958；Moore，1979）。如何调和达尔文理论和设计论是很多人脑海中最头疼的事，说实话，赫胥黎和赫伯特·斯宾塞为达尔文学说的辩护肯定会激发这些人的恐惧。赫胥黎和斯宾塞两人支持的是"科学自然论"，在这个学说中只有遵照法则的发展过程可以用来解释世界万物，一切超自然的力量都必须被排除在外，即便是创世时施加的原初计划也是如此。纯粹的自然主义进化论是上述科学自然主义的必要一环，虽然赫胥黎和斯宾塞对自然选择的合理性还有保留意见，但是他们还是支持自然选择，把它作为他们支持的自然主义理论的一个实例。对于威尔伯福斯等一批更加保守的学者来说，达尔文理论彻底否决上帝创世这一点就是他们无法接受达尔文主义的理由。备受尊重的天文学家 J. F. W. 赫舍尔爵士认为达尔文理论是"杂乱无章的法则"，并且号召大家把进化视作在神意之下发展的过程。理查德·欧文曾经给《物种起源》写了批判性书评，所以他一直被认为是进化论的坚定反对者。欧文和他的学生天主教徒、解剖学家圣乔治·杰克逊·米瓦特也表明了与赫舍尔爵士相似的观点。这师徒二人推崇"有神论进化论"——物种演化在创世神事先设计好的超自然法则的影响下进行,通过这些法则,创世神可以保证进化过程朝着预先设计好的目标发展。

　　达尔文理论制造的紧张气氛可以通过一个表面上自称达尔文支持者的人反映出来。这个人就是美国植物学家阿萨·格雷,虽然他明白建立在适应过程上的理论为支持它的科学带来了益处,但他内心是一个虔诚的教徒。在他 1867 年的《达尔文文集》(*Darwiniana*)

图 16.3　塞缪尔·威尔伯福斯主教(左)和 T. H. 赫胥黎(右)的卡通形象。这两个对手在 1860 年英国皇家学会会议上关于达尔文主义发生了争论,分别出自《名利场》1869 年期和 1871 年期。在后来那些喜欢科学的人口中传述的这次辩论故事里,赫胥黎攻击主教过于取悦流行观点,浅薄至极,并因此赢得了辩论。而这只是个传说

中，我们可以看到格雷在努力探究，自然选择是否可以被视为一个旨在创造复杂的、适应环境的生命结构的神创造的神圣过程。他试图提出"只要能得到结果、达成上帝的目的，那么过程和方法并不重要"。但是进行更深刻的思考后，他被迫承认一个需要无数无用变化（"创世的渣滓"，用他形象的语言说就是那些一开始就注定失败的变化）的过程肯定会遇到各种困难。到最后，格雷建议达尔文承认变化并不是随机的，而是"沿着某条有益路线"前行（Gray，1876，147—148）。达尔文本人反对格雷的说法，因为这样的话自然选择就多余了。更重要的是，格雷的理论重新引入了超自然力量，并且认为超自然力量早就存在于自然法则之中，科学家研究时一定能发现。这种说法让很多科学家感到不安。

走出格雷制造的迷境的方法之一就是接纳另一种唯一的适应性进化机制——获得性状遗传学说，现在被称为"拉马克学说"。19世纪晚期拉马克学说的热潮是让达尔文主义衰落的重要原因之一，并且拉马克学说热潮的出现在一定程度上是因为人们对自然选择理论的结果有宗教和伦理方面的担心。拉马克学说中，某物种的生活环境发生变化时，所有个体都努力去适应新的栖息地，然后整个物种就能够适应新环境（如长颈鹿吃树叶）。整个过程非常自然，在孟德尔遗传学出现之前的那个年代里听起来也十分有道理，而且拉马克学说没有"适者生存，不适者灭亡"的说法，因为他认为一个物种的所有个体都会逐渐了解新环境，并且努力让自己适应新的生活。新拉马克主义古生物学家爱德华·德林克·科普在他的《进化神学》（*Theology of Evolution*，1887）中写道，生物通过自身努力直接进化的能力可以被看成上帝的创造性被注入生命力中从而推动了生物进化。小说家塞缪尔·巴特勒（Samuel Butler）从道德层面而非神学层面提出了类似论点，他后来成为达尔文的主要反对者之一。对于巴特勒来说，自然选择代表了无灵魂的唯物主义，这种唯物主义主张生物是死是活依靠的是它们自己的运气。拉马克主义也就得到了那些不认同自然选择的人的喜爱，即便它缺乏能够证明获得性状确实能够遗传的直接证据。

那些想要把物种进化看作造物主意图的表达的人也强调了进化的渐进性，同时暗示人类的思想和精神其实是造物主预想好的产物。上述学说在 20 世纪早期依旧广受欢迎，因为当时一些科学家和神学家采用上述学说和其他一些观点来证明维多利亚时代的对手已被打败了（Bowler，2001；Livingstone，1987；Turner，1974）。20 世纪 20 年代，英国生物学家 J. 阿瑟·汤姆森（J. Arthur Thomson）写了一本畅销书，名为《进化福音书》（*The Gospel of Evolution*）。和许多同时代的人一样，汤姆森也受到了法国哲学家亨利·贝格松（Henri Bergson）"创造进化"（creative evolution）观点的影响。贝格松的"创造进化"认为进化是由努力打破物质实体限制的生命力量推动的。基于这个理论，进化的过程不是预先设计好的，但是进化过程的最终目的——进化出思想——是既定的。心理学家康维·劳埃德·摩根（Conwy Lloyd Morgan）提出了"突发进化"（emergent evolution）观点，认为生命、思想和精神等新特性是低级向高级进化过程中的某些关键点上突然出现的。对于许多包容性比较强的基督教徒来说，以上这些观点似乎让进化的基本概念变得可以接受了。但是在教徒中间依旧有人激烈反对达尔文的自然选择论以及机械论自然观。然而 20 世纪，随着时间推移，达尔文主义和机械论很明显成了生物学界的主导力量。现代的神学家依旧在试图寻找生物进化背后蕴藏的意义。

　　即便是在拉马克学说热潮使得达尔文主义黯然失色之时，还有一些保守的基督教徒质疑这种以假定进化有目的为基础的妥协。在基督教徒看来，物种进化理论的问题就在于这个理论破坏了基督教的传统信念——人类是堕落的、有罪的生物，需要耶稣基督的拯救。类似的担忧在 20 世纪早期的美国更加明晰可见，尤其是在美国南部，基督教徒担心现代的理论和价值观正在破坏基督教社会的基础。基要主义运动［因一系列名为《基要主义》(*The Fundamentals*) 的小册子而得名］得到了广泛支持，人们限制教授达尔文学说的呼声也水涨船高，因为他们眼中的达尔文学说是现代主义舞台上一块重要的材料。一些州开始制定法律法规限制进化论的教学，最终引发了臭名昭著的 1925 年 "猴子审判案"：约翰·托马斯·斯科普斯 (John Thomas Scopes) 违反田纳西州的法律教授进化论 (图 15.4)。围绕着这次审判写成的传奇故事描述了愚蠢的神创论支持者在全世界媒体面前出尽洋相，但真实的故事要复杂得多 (Larson, 1998; Numbers, 1998)。基要主义者并不是《圣经》直译主义者 (有些人甚至接受进化论)，他们关注的主要是达尔文主义唯物内涵带来的真实忧虑。基要主义运动中，"年轻地球创造论" 重新被提起，乔治·麦克里迪·普赖斯 (George McCready Price) 等一些学者提升了原有理论，即所有蕴含化石的岩石都是挪亚洪水冲来的 (Numbers, 1992)。基要主义运动很大一部分都是孤立的地方运动，直到 20 世纪 60 年代，现代达尔文综合理论的巨大成功激发了一些人的恐惧，也让基要主义运动获得了一批新的支持者。在公立学校里教授这种 "创世论科学" 的努力遇到了阻碍，一部分是因为这个 "年轻地球" 的论点明显与《创世记》的故事相关联。创世论者的注意力现在集中在了 "智慧设计论" 上，这一理论

图 16.4　斯科普斯审判，1925。图中，克拉伦斯·达罗（Clarence Darrow）因为太热所以脱了外套，他正在向陪审团团员陈词，为斯科普斯辩护

重新引用了佩利的设计论，认为有些生物进化过程太过复杂了，逐步的自然进化无法得到那么复杂的成果。

唯物主义和人类本质

基要主义者的论调提醒我们进化论的问题还有另一面：进化论不仅激发了人们对"上帝如何管理这个宇宙"的怀疑，还威胁了人类灵魂的传统概念。基督教一直宣传人类与动物不同是因为人类有永恒不灭的灵魂，创世神则可以审判人的灵魂。进化论认为人类是由动物逐渐进化而来的，严重威胁了基督教的信念，并且鼓励人们去认同，人类本质是动物早就拥有的精神力量的拓展。在这一点上，进化论与更普遍的唯物主义联系起来，因为唯物主义认为人类的思想最多就是大脑物理运动的副产品而已。更大的大脑意味着更强大的精神力量，但是这些力量还是由遵循自然发展的物质系统产生的——思维是大脑决定的（推翻了精神自由的概念），同时，人死后大脑停止运转，思想也随之消失。许多宗教信徒可以认同人类的思维或许是物种进化的产物，但是他们拒绝相信唯物主义的思想，因此辩称进化是由思维决定的，也有可能是动物自身的愿望力量决定的。

笛卡儿曾经把机械论哲学应用到动物身上，提出动物实际上是复杂的机器。但他也坚持称人类是物质的身体与非物质的灵魂相结合的。启蒙时代的唯物主义学家大胆地发展了笛卡儿的观点，称人类的思想是大脑物理运转过程的副产品。J. O. 德·拉梅特里（J. O. de La Mettrie）的《人是机器》（*Man a Machine*，1748）明确阐述了上述观点。19 世纪早期，所谓的颅相学告诉人们每个心理功能都是由特定的大脑部位产生的，并提出颅骨形状可以揭示人的性格特点。颅相学很快就被人归为伪科学，但 19 世纪晚期神经生物学（研究大脑和神经系统运行的科学）得到极大发展，证明了大脑正常运转对于心理功能的运行确实十分必要。完全自然主义的人类思想解释学说的出现，成为许多宗教信徒的心病（见第 18 章）。

在《创造的自然史的痕迹》中，钱伯斯利用颅相学证明自然进化带来的大脑的拓展引发了精神力量的增长，人类的思维从而诞生。达尔文用唯物主义的理论看待思维，他用自己的理论去解释特定的心理功能为什么或怎么样在人类进化中产生。对达尔文来说，我们的道德观是自然选择赋予人类的社会性带来的。赫胥黎进一步发展了这个观点：他对人类是如何进化而来的过程不感兴趣，但是他支持动物是重要的自动机器，并且他从不掩饰自己认为人类的思维也可以用机械论解释。唯物主义观点在德国得到了极大的发展，恩斯特·海克尔还将唯物主义观点与进化论联系在了一起。海克尔表面上是个一元论者，认为思维和物质只是某种基础物质产生的两个平行产物。同时他也明确鄙视灵魂的传统观点，他认为人类只是自然的一部分，也受同样的自然法则支配。思维只是大脑的作品，在人死时思维也消失了，所以永恒不灭的灵魂是不存在的。海克尔的《宇宙之谜》（*Riddle of the Universe*，1900 年被翻译成英文）是一本广受欢迎的书，该书阐释了上述哲学，是对宗教的有力挑战。海克尔否定超自然的创世神，但他相信进化必然是进步的，是自然法则而不是什么神之计划保证动物进化成了人类。

由于反对唯物主义，许多虔诚的宗教信徒选择去接纳拥有不同生命和思维观的科学理论或者哲学思想。拉马克主义得到众多支持的原因是：如果拉马克理论是正确的，那么生物就有能力去选择新的栖息地，也因此可以规划自己的进化路径。贝格松的创造进化也基于类似的反唯物主义思想。19 世纪末，汉斯·德里施在生理学界领导了一次短暂的反机械论浪潮，随后出现了支持整体论和有机生物理论的浪潮。整体论和有机生物论认为，复杂的系统可以拥有组成整体的各部分所不具有的特性。但是支持上述科学浪潮的神学家面临着和唯物主义者观点相似的风险，即因为拒绝承认人类与动物之间有绝对区别而被责骂。因此，突发进化论才受到大家的欢迎，因为劳埃德·摩根假设存在几个有新特性出现的关键步骤，在这些步骤中出现了新的属性，产生了生命、思想和精神，而后者仅是人类进化的最后阶段的特征。

反对唯物主义的物理学

20 世纪初期，反机械论生物学发展缓慢滞后，神经生理学和认知科学的不断发展也只会让那些维护传统灵魂概念的人更加烦恼。但是这些人在意想不到的领域得到了安慰：物理学本身开始违背机械论自然观，由此一些哲学家和神学家重燃希望，认为人们会再次相信思维是一个独立的存在。物理学家是否真正认同过唯物主义者提出的简单的、撞球式的世界模型还不为人知——甚至牛顿学说本身都赋予了物体近乎神奇的远距离相互吸引力。到了 19 世纪末，一个自觉的机械论替代理论从以太理论中发展出来（人们认为以太是一种精妙的流体，它遍布宇宙，是光和其他射线传播的媒介）。也许以太为思维和物质的原始形式之间的互动提供了一种媒介。20 世纪早期物理学界著名的革命发生后，以太声名扫地，但与此同时，量子力学的出现似乎破坏了唯物主义者的传统观点——我们的宇宙完全遵照法则运行、独立存在，与能够认知它的人类思维相分离。

在瑞利勋爵和 J. J. 汤姆逊等 19 世纪晚期最具创造性的物理学家的理论中，以太理论占据了绝对支配地位。对他们来说，这种精细媒介的存在是不言自明的，因为没有这个媒介的话能量无法传播。以太在他们的脑海中有着哲学、神学甚至意识形态领域的重要意义。以太挑战了唯物主义者的传统理念，表明我们的世界其实是统一的、连锁咬合的宇宙，而不是在太空中随机运动的原子的集合体，也因此把物理学拉回了自然神论的阵营。然而，在奥利弗·洛奇的研究中，物理学又一次让思维和精神变得真实，根据该理论，思维和精神活动可以被理解为既独立于人的实体之外，又与人的实体相互联系。洛奇是对唯灵论和超自然现象极其感兴趣的几位著名科学家之一，他用一系列著作去论证在以太位面上人的肉身死亡后精神不灭（Oppenheim，1985）。他还将进步进化论应用到了有机界和精神世界。

到了 20 世纪 20 年代，相对论的出现让洛奇的以太物理黯然失色，但是物理学界的另一个变革似乎让物理与唯物主义更加疏远了。量子力学和不确定性原理向人们展示了粒子的运动是由统计学规律支配的，并且无法被绝对准确地预测出来，这就打击了机械论的观点（见第 11 章）。即使思维是大脑物理运动的产物，这个特定的大脑运动也不是被预先严格设定好的，于是一些笃信宗教的思想家借此宣称精神的自由不用再向科学屈服。此外，一个系统的最终状态似乎只有被观察到的时候才能真正确定下来，所以那些观测者在创造现实中起到了一定作用——他或她不只是一个被动的旁观者。这意味着人类思维是物理学家新现实观里必不可少的一部分，一些人预测说宇宙在某种意义上依赖一个超脱于所有个体观测行为的"思维"。A. S. 爱丁顿在他大受欢迎的《物理世界的本质》（*The Nature of the Physical World*）一书中写道："大约在 1927 年，拥有理性科学思维的人第一次接纳了宗教。"詹姆斯·金斯在他的《神秘的宇宙》（*Mysterious Universe*）中更进一步提出，在新物理观点中，宇宙最好被描绘为数学家造物主脑海中的一个想法。看起来，开普勒的柏拉图式自然哲学似乎复兴了。神学家纷纷高呼支持新物理学的行为也就不足为奇了,这些人把新物理当成调和科学和宗教的新基础,但并非所有物理学家都认同这些神学家的想法。

金斯和爱丁顿都是天文学家兼物理学家,他们也清楚地知道最新的科学进展证明我们的星系不是宇宙中唯一的星系。宇宙的广袤几乎超越了人类认知的极限,但是这是否意味着宇宙中还有其他有生命的行星?金斯带头反对星云假说,认为形成行星的物质是一颗险些和太阳碰撞的星体从太阳周围吸引来的(这几乎是复原了布丰的理论)。金斯提出星体和太阳如此接近却又没有相撞的现象非常罕见,所以整个宇宙中不会有几个星系。他的想法意味着人类再一次成了创世的中心,这意味着我们可能是创造我们的系统中唯一一批思维清醒的观察者。天文学家也非常了解宇宙历史之长超乎想象,并且有证据表明宇宙是从起源的一点开始向外扩张的(宇宙起源后来被诠释成大爆炸)。自由神学家还能从这个宇宙学说中找到和上帝创世故事的关联点。人们为尝试了解大爆炸本质所做的努力最终刺激了一种学说的产生:大爆炸是经过"微调"的,从而保证了一个能够承载智力生物的宇宙诞生。因此,自由神学家发现物理学和天文学都是丰沛的灵感源泉,但生物学界达尔文学说的复兴威胁了神学,使得基要主义者拒绝把天文学和地质学作为认知世界历史的指南。

结论

对科学和宗教之间历史关系的研究显示,两者不能被看作天生的同盟，也不能被看作天生的敌人。面对自然神论的传统以及自然神论实际上经常为科学家的思考提供正面的支持，科学和宗教之间"长久战争"的说法不攻自破。但是那些坚称科学和宗教能够一直和谐相处的人也必须看到，历史上许多时段里宗教谨遵教条故步自封，拒绝向科学进步低头。对于每一个愿意让自己的思想跟上最新的科学发展的包容型宗教信徒来说，身边总会有一个保守派，坚信自然和人类本质是不能被抛弃的信仰。科学和宗教两者之间没有唯一的、自然的关系，因为世界上有许多宗教（包括基督教的众多分支），科学也有众多领域，它们之间有不同的问题。就算是关于同一个问题的争论，也常常可能对一种理论或神学原则做出不同的解释，这种理论或原则将鼓励和解或冲突。历史学家感兴趣的问题是：谁选择了冲突或是和解，又为什么这样选择？

　　科学史并非支持那些提倡单一的和解或敌对政策的人，科学史证明，科学与宗教之间的互动是因情况而定的，而且是地方性的。在不同的国家、不同的团体，两者之间的关系也不同，此外还会随时间变化而不断变化。历史学家的工作就是去理解在每种情况下，科学的、神学的和文化的因素如何影响两者之间的关系。如果研究两者之间的关系可以给我们带来一些经验教训的话，这些经验教训肯定包括：必须清楚认识现代信仰系统的复杂性，必须认识冲突的两方用不同策略阐释历史的行为蕴含了怎样的价值观。通过强化一系列经过仔细选择的历史事件，任意一方都可以使自己的立场看起来符合历史的大潮。综合性的研究显示，我们需要使用不武断的、更精细的研究方法。

第 17 章

通俗科学

　　从我们现代人的角度看，"科学"和"通俗"两个词放在一起好像很不协调。我们经常把科学看作通俗的对立面，它是非常高深的、专业性的活动，非经多年专注的训练不能从事科学事业。人们脑海中的通俗科学可能是电视节目里的"惊奇科学"环节或者《星际迷航》系列电影。然而，面对最新科技催生的小玩意儿发出啧啧惊叹，似乎和我们所知的科学活动相去甚远。从这个角度看，通俗科学似乎是科学家真正工作的附属品——仅仅是向大众传播简化过的事实、理论和应用，不会将"真家伙"告知大众。科学和科学家也经常被认为是远离大众的。科学发言人公开表示担心"大众对科学的认知"，然而这句话大部分时候只意味着大众需要更多地了解科学，以便让真正的科学家可以安心工作而不是被要求参与社会事务。每当科学成为流行文化的一部分时，总有人批评科学堕落成了俗事。科学家参与大众事务似乎会影响他们的本职工作。当像布莱恩·科克斯（Brian Cox）或尼尔·德格拉斯·泰森（Neil deGrasse Tyson）这样的科学家成为名人时，有时似乎要以牺牲他们的科学研究为代价——他们可能在我们的屏幕上是熟悉的人物，但有多少观众真正了解他们的科学工作呢？

　　从历史的角度看，科学脱离通俗文化的观点是完全错误的。

科学从未淡出大众视线，现在也是如此。为了守护自己的领域，科学家一直都注重积累除了同僚和后继研究者之外的受众。无论如何，科学是（或应该是）相对少数的、文化上与世隔绝的一批高级技术专业人员从事的活动这种观点是相对晚近才出现的。进入 19 世纪后的一段时间里，大众还在认识并在一定程度上参与最新科学研究，这被普遍视为文化的标志。文学杂志和报刊定期撰写关于最新科学发现的报道，评论最新的科学畅销书，就像在谈论狄更斯和陀思妥耶夫斯基的作品一样。文化批评家 C. P. 斯诺（C. P. Snow）在他的争议性作品《两种文化》（*The Two Cultures*）中对上述普通文化语境的衰落有一段著名的描述。然而，关于普通文化语境的范围则还有待讨论。大众参与科学从来不是大规模的活动。我们也需要注意，斯诺所谓普通文化涵盖着各种观念，如什么是科学、科学活动应该如何进行，以及科学和大众文化之间关系应该如何。

史学家习惯把通俗科学当成正统科学之外的活动。通常的研究模式就是研究传播。科学是专家的心血结晶，它通过各式各样的媒体，如书本、讲座、博物馆展览以及现代的电视等媒体传播给大众。这样看的话，科学传播的过程对科学本身和科学研究的方法没有任何影响。更近些时候，史学家开始重新考虑科学和通俗文化之间，以及科学家和科学受众之间的关系。我们现在认为受众对新科学知识的产生有主动的影响，他们并非被动地接受。科学家选择用什么方式给不同受众呈现自己的成果，用什么语境表达成果，会极大影响人们对科学的理解，不仅如此，受众自己也会主动地阐释、重新定义自己积累的科学知识。从这个角度看，研究通俗科学绝对会涉及科学的真实内涵以及创造新知识的过程。

史学家在不同语境下研究通俗科学。他们把目光放在那些公开展示科学活动的地点，如演讲厅和展览馆。他们着眼于科学与大众沟通的媒介，如书籍、期刊和电视节目。他们研究科学知识传播给大众的诸多方法，以及不同的受众接受科学知识的不同方式。史学家也研究某些特定的科学在不同时代使自己变流行的方法。接下来我们会深层次讨论的案例包括19世纪上半叶广为流行的催眠术和颅相学。从现代的观点看，上述科学活动可能是伪科学——根本不是科学；但是对于许多人来说，上述两种科学在其全盛期拥有极大影响力。这两种科学的支持者摇旗呐喊，声称它们是真正的科学活动，那些认为它们是假科学的反对者明显是想让科学远离大众。从各方面看，通俗科学可以帮助我们明白科学是如何被隔离于其他文化之外的，以及在不同的时代和地点人们如何不同地划分科学和文化的界线。

讲堂文化

在前面的章节里我们看到16、17世纪所谓的科学革命的一个重要特征就是，自然哲学活动的中心从大学转移到了更通俗、更文雅的环境之中。弗朗西斯·培根等哲学家认为自然哲学家必须是世俗中人而不是山林隐士（见第2章）。为了跟上这种将科学视为市民文化一部分的潮流，自然哲学家积极地扩展自己工作的新受众。在英国、法国和意大利，如伦敦的英国皇家学会、法国科学院和林琴学院等一批科学团体成立，并表明它们的目的就是让科学融入市民社会（见第14章）。在公共场合为有名望的见证者演示实验成了新知识得到认可的重要一环。自然哲学的新受众在社会上层和中层中不断发展起来，公开讲座也因而成了新一代自然哲学家潜在的收入和名誉来源。英国牛顿派自然哲学家明确把自己定义为"大自然的传道士"，他们也肩负着将牛顿学说广泛传播的使命。对于这些科学家而言，讲座既有道德上的责任性，又有经济上的必要性。

到了 18 世纪初，自然哲学讲座的主要地点就是不断增多的咖啡馆。一项研究显示截至 1739 年，伦敦已经有了 551 家咖啡馆。在 17 世纪后半段，咖啡馆成为信息（一般是金融方面的信息）快速传播和交换的中心。科学家的资助人有银行家，也有各行各业的企业家、商人，甚至包括队伍逐渐庞大的雇佣文人。人们到咖啡馆去获取最新新闻、金融内幕消息，或者去说服潜在的赞助人某些新发明或新玩意儿很有价值。劳动者可能会到咖啡馆里读读报纸。来自各行各业的顾客成了新潮科学讲座的最佳听众，因为这些人渴望各种新知识和信息（Porter，2000）。进行巡回讲座的自然哲学家基本上会开展 12 次到 24 次的讲座，他们的演讲基于牛顿学说和机械论哲学，并且通过现场演示、使用最新科学设备（如空气泵和电气设备）来使自己的讲座充满趣味。关于机械论哲学的讲座和现场展示自己的实验操作能力同样可以展现他们的能力，吸引潜在的赞助人资助他们的新发明或者项目（Stewart，1992）。

约翰·西奥菲勒斯·德萨吉利埃就是通过公开讲座成名的实验派自然哲学家之一。作为忠诚的牛顿派哲学家，他在讲座上讲述电和自然的其他力量，以论证牛顿关于神和自然之间关系的理论。让自然的力量为人所见，也就是让人们看到上帝无处不在。德萨吉利埃充分利用最新实验技术去打动咖啡馆的听众，如制造震波、展示电磁的吸引力和排斥力、利用电气设备制造火花。这些出色的实验不仅让德萨吉利埃成为有名的自然哲学家，还为他吸引了不少潜在资助人的注意，如钱多斯（Chandos）公爵等。全欧洲各地的科学讲座相互竞争，展示自然力量的精妙实验也不断涌现。在法国，著名的巴黎科学公共讲座讲师让·安托万·诺莱（Jean Antoine Nollet）利用莱顿瓶制造了巨大影响，莱顿瓶制造的电流让加尔都西会修道士和王宫守卫都慨叹不已。德国电学家格奥尔格·马蒂亚斯·博泽（Georg Matthias Bose）以及英国咖啡馆讲师本杰明·拉克斯特罗（Benjamin Rackstraw）都宣称自己可以为观众"宣福"——就是让一位观众在黑暗中发光。如此这般神奇的科学实验吸引了欧洲各大城市的观众争相参加科学讲座（Heilbron，1979）。

在不列颠群岛，开展通俗科学讲座的热潮很快从伦敦扩散到各地。巴斯等赶时髦的城市很快也涌现了本地讲师开办的科学讲座，而且这些城市有许多有钱人，所以不少大城市的科学家也慕名前来这些城市开讲座。著名科学实验表演家詹姆斯·格雷厄姆起初就是一个科学讲座讲师兼实验表演者，他用许多精妙实验展示了电的神秘力量。到了 18 世纪 80 年代，格雷厄姆已经成为伦敦最著名的实验表演家之一，他对那些想要在他的婚姻与健康圣坛里使用"天之床"的人收费每晚 50 磅。在纽卡斯尔，曾任当地文法学校校长，后任英国皇家学会秘书的詹姆斯·朱林（James Jurin）从 1712 年起，开始做针对当地实业家的自然哲学讲座。18 世纪 40 年代，德萨吉利埃本人也在纽卡斯尔向实业家做科学讲座。本杰明·马丁（Benjamin Martin）等巡回讲师游历于各城镇，他们在当地报纸上刊登讲座信息，并且根据当地人的需求设计讲座内容。德萨吉利埃等科学讲座圈的大明星有时甚至会被邀请去国外开讲座，例如 18 世纪 30 年代，德萨吉利埃本人就一直在荷兰开办讲座。随着时间推移，科学讲师的讲座内容变得夸张，为了吸引新关注他们不断地改进自己的实验。此外，他们在讲座中更加重视自然哲学的实用性，这尤其体现在针对顽固的北方实业家的讲座中（见第 17 章）。

　　18 世纪末，通俗科学讲师为了吸引观众想出了各种办法，如詹姆斯·格雷厄姆和他的"天之床"。另一个例子是著名天文讲师亚当·沃克（Adam Walker），从 18 世纪 70 年代起他一直在伦敦的干草市场剧院（Haymarket Theatre）办讲座。在 18 世纪 80 年代，沃克的讲座中最吸引人的是一个叫"太阳系仪"（eidouranion）的仪器，这个巨型仪器 6 米多高，特色是以发光的星体模型代表太阳系行星。到了 19 世纪初，在伦敦等地进行的巡回演讲已经很成熟。越来越多的科学研究机构，如萨里研究院和伦敦研究院，有偿为大众开办通俗科学讲座。在英国其他地区，文学和哲学学会也为大众提供讲座。在 18 世纪的北美——不论是大革命前还是大革命后——人们都十分喜爱科学讲座。1749 年北美哲学学会（The American Philosophical Society）成立，其前身是本杰明·富兰克林周围的哲学狂热者组织的秘密社团。费城的富兰克林学院（Franklin Institute）成立于 1824 年，此学院特别为工人阶级设计了通俗科学课程。类似的机制也在不列颠群岛显现，技工学院（Mechanics' Institute）运动快速发展。上述学院、学会为从事科学的贫穷科学家提供了基本收入，也满足了公众对科学讲座的需求（Hays，1983）。

　　在英国，资历最老的通俗科学机构就是位于皮卡迪利大街旁阿尔伯马尔街上的英国皇家研究会。该机构建立于 1799 年，创始人是被驱逐的美国效忠派人士、拉姆福德伯爵本杰明·汤普森。在学院明星讲师汉弗莱·戴维和随后的迈克尔·法拉第的带领下，皇家研究会赢得了巨大的声望，成了给富人和名人传播科学知识的专门机构。戴维用夸张华丽的实验在皇家研究会获得了名声。他在实验中炫耀自己可以熟练掌控新发明的原电池，并且用火花和电火花等完成华丽的表演，从而打动了一大批观众（Golinski，1992）。法拉第遵从了他导师的传统。19 世纪 20 年代，法拉第开创了皇家研究会在圣诞节为儿童做科学讲座的传统（现在还在继续，图 17.1）。他同时创立了著名的周五课程，该课程很快成了上

图 17.1　迈克尔·法拉第在皇家研究会给孩子们进行著名的圣诞节讲座。（来自伦敦威康医学图书馆）坐在观众席第一排正对法拉第的两个观众分别是女王的丈夫阿尔伯特亲王和年轻的威尔士亲王。请关注观众中有多少女性

流社会的伦敦社交季的一大特色。在社交季的每周五晚上，法拉第或其他特邀讲师都会进行科学讲座，为迷上讲座的伦敦上流人士展示最新的科学成果及发明（Berman，1978）。在英国的其他地区，英国科学促进会的会议总是能吸引成百上千的观众参与其科学讲座。英国科学促进会成立于 1831 年，其会议每一年都会在不同的英国郡县或城市举办（Morrell and Thackray，1981）。

　　整个 19 世纪里，通俗科学讲座讲师都称得上公众人物。以法拉第为例，他既以电学理论享誉全球，还以大胆华丽的讲座展示闻名于世。另一个典型是 T. H. 赫胥黎——人称"达尔文的斗犬"，最为人所知的事迹是他在 1860 年英国皇家学会会议上和牛津主教"油嘴的山姆"威尔伯福斯的激烈辩论（见第 6 章）。赫胥黎还因他为工人阶级所举办的有争议性的讲座而为人所知。赫胥黎从 19 世纪 50 年代起就定期为工人阶级开办科学讲座，继承了地质学家亨利·德·拉·贝施在皮卡迪利大街的经济地质学博物馆（Museum of Economic Geology）开办类似讲座的传统。到了 19 世纪 60 年代，赫胥黎的晚间讲座总能让成百上千的观众慕名而来（Desmond，1994）。赫胥黎没有把自己禁锢在大都市里，他游历全国，在各地技工学院和工人礼堂里为工人阶级带来激进的讲座。1868 年，赫胥黎在伦敦南部拥有了自己的工人学院并出任校长。赫胥黎的讲座虽然标榜平民主义，但其实都隐含着严肃的政治目的。他希望通过讲座让观众认识到科学才是人们应该相信的权威，宗教则不是（见第 15 章）。

　　赫胥黎的讲座活动也没有仅停留在一国之内。1876 年他出发赴美，搭上了英国通俗科学讲师北美巡回演讲大潮的末班车。地质学家查尔斯·莱尔 19 世纪 40 年代在美国全境巡回演讲。物理

学家威廉·汤姆森（即后来的开尔文勋爵）在 1884 年开办北美
讲座。通俗科学讲座的浪潮不仅席卷了英国，在欧洲其他国家和
美国，每次通俗科学讲座都有大批观众蜂拥而至，知名讲师也被
认为是重要的公众人物。赫胥黎和汤姆森是 19 世纪下半期最著名
的英国通俗科学讲师。德国的赫尔曼·冯·亥姆霍兹和法国的路
易·巴斯德（Louis Pasteur）也同样享有盛誉，在各国观众眼里这
两位和赫胥黎及汤姆森一样声名赫赫。科学家在各国都享有盛名
也证明了科学可以轻松地跨越障碍进入其他文化领域。因此自 17、
18 世纪开始，自然哲学家都把这种公共表演当成是他们科学实践
的固定组成部分。公开讲座成了自然哲学家、科学家及观众之间
沟通的纽带。公开讲座不仅仅是谋生的手段（虽然确实也有谋生
的成分），更是一心投入科学之人的心血结晶。

科学展览

　　收藏科学设备及科学产品的行为有很长的历史。自文艺复兴
以来，对奇物珍品的收藏陈列越发流行。富有的藏家收集奇特或
罕见的自然、人造物品，并将它们公开展览从而吸引或震撼观众
（见第 2 章）。很多科学设备和仪器就是为了展览而设计的，比如
存世的 17、18 世纪望远镜和显微镜，它们中的每一件都精美绝伦
（Morton，1993）。到了 19 世纪初，收藏并展览样本或科学产品
的产业开始高度商业化。参观陈列不再只是那些有特权进入藏品
所在私人宅邸或研究机构的人的专利，任何愿意在门口付几便士
门票钱的人都可以进入参观。19 世纪中期之后，科学博物馆和科

学展览遍地开花。这一类收藏展示在当时（现在也是同样）对人们看待科学和自然世界的态度产生了巨大影响。不论是恐龙化石、科学仪器还是蒸汽机，博物馆对这些展品的陈列方式也极大影响了人们对这些展品的理解。通过这一类展览，维多利亚时代及之后的观众得以理解很大一部分科学。

19 世纪初，艺术家查尔斯·威尔逊·皮尔（Charles Willson Peale）开办的费城博物馆（Philadelphia Museum）刚好迎合了早已被有趣和神奇的物件迷倒的美国观众。皮尔的博物馆以自然历史为特色，陈列的展品包括纽约州出土的乳齿象骨骼化石、皮尔的历史主题画作、古物，还包括新的机械发明和装置等。著名的展览经理人 P. T. 巴纳姆（P. T. Barnum）也利用公众对科学的喜爱和需求，组织了华丽的异国藏品展览。从很多方面来看，巴纳姆成功的秘诀就是他敢于挑战观众辨别展品真伪的能力。费城企业家、发明家雅各布·珀金斯（Jacob Perkins）1832 年在伦敦河岸街旁的阿德莱德街上开办国家实用科学展览馆（National Gallery of Practical Science）时，可能把皮尔的博物馆当作参照物。珀金斯的展览馆同样把自然历史展品和机械科学展品结合在一起，还加入了各种来自异国的展品。在展览馆门口支付几先令的门票之后，普通观众就可以看到最新的科学技术发明、聆听科学讲座或者音乐表演，甚至可以观看喂食电鳗的场面。珀金斯的阿德莱德展览馆不久之后就有了一个竞争者——坐落在伦敦摄政街（Regent Street）上的英国皇家理工学院（Royal Polytechnic Institution），那里也为观众提供类似的展品和体验活动（图 16.2；Morus，1998）。

阿德莱德展览馆和英国皇家理工学院等机构在为维多利亚时

图 17.2 伦敦的英国皇家理工学院大厅一览。皇家理工学院是伦敦通俗科学的中心之一。在图片的背景里，我们可以看到学院主要展品之一——潜水钟，旁边还有一位潜水员

代早期的伦敦居民阐释什么是科学这件事上发挥了重要作用。比起威严的英国皇家研究会，上述两种机构才是喜欢科学的普通人能够接触科学的最佳地点。在展览馆，科学的物质文化比理论成果更加重要。当时观众接触的科学包括机械、技术创新产品和相关娱乐项目。上述科学展览机构也在和伦敦展览业竞争。这些机构与戏剧作品、全景画、魔法灯笼秀争夺观众。伦敦其他的展览则把自然哲学融入自己的展品中。摄政街公园（Regent Park）的大剧场标榜自己拥有世界上最大的电机。这些展览也为自然哲学家提供了工作机会。电气技师威廉·斯特金（William Sturgeon）在阿德莱德展览馆开办讲座，而化学家威廉·莱特黑德（William Leithead）则在大剧场的自然魔法部门担任监督，负责那台巨大的电机。自然哲学家是未来发明家的主力军。在 19 世纪 40 年代，爱德华·戴维（Edward Davy）等科学家在电报系统领域一争高下，他们把自己的发明放到展览中，吸引投资者注意的同时争取获得发明活动的资金支持。维多利亚时代的人们第一次知道电报的时候，电报既是一种新兴通信手段，还是表演者吸引观众的秘密武器之一（见第 17 章）。

1851 年，在伦敦海德公园（Hyde Park）举办的首届万国工业博览会成了维多利亚时代科学表演的一个分水岭。万国工业博览会由英国皇家艺术学会（Royal Society of Arts）及女王丈夫阿尔伯特亲王联合主办，意在向世界展示英国工业称霸全球的水准和高超的技术创新水平。阿尔伯特亲王为万国博览会的成功举办发挥了重要作用。万国工业博览会会馆水晶宫也是维多利亚时代建筑和工程技术的集大成之作。水晶宫由庭院设计师约瑟夫·帕克斯顿（Joseph Paxton）设计，整个建筑事实上是一座由铸铁大梁

图 17.3　充当 1851 年第一届万国工业博览会会场的水晶宫，位于伦敦的海德公园

和厚玻璃板建成的庞大温室（见图 16.3）。英国民众以及数千外国游客慕名而来，入馆参观了超过 10 万件独立展品。最新的科学和技术在馆内清晰可见。参观者可以利用两侧走廊上的电子钟表把握参观时间。各种各样的电报设备都在馆内公开展示。丹麦发明家瑟伦·约尔特（Sören Hjorth）因其发明的电磁马达而在万国博览会中获奖。英国伯明翰的艾尔金顿公司展示了种类多样的电镀银器。英国和其他国家的设备制造商摆出了不同种类的电池、电磁铁、照片和照相设备，以及望远镜和其他科学仪器。展出的照片中包括哈佛大学天文学家威廉·克兰奇·邦德（William Cranch Bond）拍摄的令人震撼的月球表面照片。

　　万国工业博览会的巨大成功和大众对于科学技术展会似乎无穷无尽的胃口，帮助推动了建立新科学博物馆的大潮，甚至在一定程度上帮助科学博物馆获得了必要资金。万国博览会获得的部

分盈利被投入到南肯辛顿"科学城"的发展计划中。科学城的画
龙点睛之笔是 19 世纪 60 年代末开办的自然历史博物馆，其馆长
理查德·欧文利用这个博物馆展示自己脑海中自然世界的过去和
现在。欧文是"恐龙"一词的发明者。作为馆长，欧文需要决定
古代化石如何布展，因此欧文也拥有天然优势，可以向博物馆参
观者推销自己对这些远古生物外表及行动的看法。类似的博物馆
在 19 世纪下半期大受公众欢迎。市民自豪感很大一部分来源于城
市拥有的优秀博物馆。在欧洲和北美的城市和乡镇，博物馆的内
饰和外观都体现了科学进步和科学价值，同时暗示了当地社区及
其领导者在科学进步中扮演的重要角色。

　　万国博览会的成功也拉开了 19 世纪后半叶直至 20 世纪国内
和国际展览大潮的序幕。在 1853 年，都柏林组织了自己的万国博
览会，急切希望能够胜过自己的宗主国。随后的 1855 年，法国
也在巴黎举办了一次国际展会，吸引了超过五百万参观者。其他
国家在 1862 年和 1867 年也举办了几次国际博览会。这时，英国
制造商已经开始担心他国的展会显示了世界其他国家正在逐渐赶
上英国的工业水平。1862 年，英国伦敦举办了第二届万国工业博
览会。1853 年，纽约也尝试举办了一次国际工业展览会。不过第
一个成功的美国国际展会是 1876 年的纪念美国独立一百年的费
城世界博览会（Philadelphia's Centennial Exhibition）。在费城世
博会的主要成就中，不得不提的就是亚历山大·格拉汉姆·贝尔
（Alexander Graham Bell）在此第一次向公众展示了电话。1888
年，澳大利亚为纪念库克船长发现大洋洲 100 周年而在墨尔本举
办了自己的国际展会。到了 20 世纪初，展览会真正成了大规模
的盛会。1901 年，美国纽约州布法罗市举办的泛美博览会（Pan-

American Exposition）接入了新建的尼亚加拉大瀑布发电站产生的电，用于驱动其主场馆"电力宫殿"里的展品、点亮遍布展厅的20多万盏电灯（Beauchamp，1997）。

　　维多利亚时代晚期的评论家认为19世纪是属于展览的世纪。这些展览代表了科学和技术的自信和进步的公众形象。电和展览似乎是天生一对。到了19世纪末，布法罗博览会标榜的大型、精妙的电气设备展示已经成了国际展会上的常见项目。大型的电气公司，例如美国的西屋公司（负责布法罗展会的设备安装）、爱迪生公司和欧洲的西门子公司之间激烈斗争，都想拿出最华丽壮观的展示与表演。这些公司为电灯举办大型展会；这些公司以最先进的电动实验系统闻名；这些公司也称霸发电机制造业。1893年，纪念哥伦布发现新大陆的芝加哥世博会（Chicago's Columbian Exposition）以9万多盏明亮耀眼的弧形电灯而被世人瞩目。这届世博会的桂冠花落主场馆电力大楼正中展览的25米高的爱迪生"光之塔"（Marvin，1988）。展览会就是维多利亚时代晚期把科学和技术销售给公众的展示场合。这些展览会无疑展示了科学和技术最好的面貌，还为奖项发放、科学家之间相互鼓励和国际科学会议提供了环境。标准电单位就是在19世纪80年代展览会中的电气科学会议上确立的。

　　20世纪，国际级的世博会把科学展会传统发展到了更大规模。举办世博会是举办城市市民自豪感的来源，也造就了举办城市的国际形象。为了得到举办世博会的资格，各个城市之间激烈竞争。1933年芝加哥举办世博会来庆祝"进步的世纪"，也就是庆祝芝加哥建市一百周年。纽约世博会从1939年持续到1940年，刚好是美国宣布参加"二战"的前夕。英国为庆祝"二战"胜利和成功的战后重建，特意选在享誉全球的首届万国工业博览会举办一百周年之际（1951）举办不列颠节（Festival of Britain）。不列颠节场馆的"发现穹顶"寄托着当代人民的愿望，希望进步科学和技术能够成为英国战后经济社会恢复的主要动力。不列颠节的主办人员齐心协力把科学和艺术结合在一起。参观者可以购买由印有晶体材料图案的纺织物制成的纪念 T 恤和领带。直至今日，在美国史密森研究会的国家航空航天博物馆（National Air and Space Museum）和英国伦敦的科学博物馆等一些地方，科技展览依旧是重要的生意。位于美国旧金山的探奇博物馆（Exploratorium）使用的技术和一个半世纪之前在阿德莱德展览馆等地展出的科学玩具所使用的技术仍然十分神似。

科学出版物

科学革命的开端恰逢出版印刷业的大变革（见第 2 章）。因此，一些历史学家认为印刷革命是科学革命的先兆之一（Eisenstein，1979）。到了 18、19 世纪，书籍和报刊把自然哲学传播给更多的人，使得自然哲学爱好者激增。同时，我们可以发现通俗科学出版物不仅仅是为了把预先确定的知识传授给听话的读者。科学作者和出版者有无限的兴趣和动力，可以出版各种各样的科学书籍和报刊。赚钱当然是重要的动力之一。一些 19 世纪的科学出版物，例如罗伯特·钱伯斯著名的《创造的自然史的痕迹》，在当时绝对算是畅销书（见第 6 章）。不过作者们也有自己对科学的独特看法想要与公众分享。事实上，钱伯斯《创造的自然史的痕迹》一书之所以畅销完全是因为它完美契合了中产阶级读者的想法（Secord，2000）。同时，这些读者绝对不是什么乖乖的接受者。19 世纪的读者对什么是好科学有着自己的一套见解。最新的科学图书与最新的乔治·艾略特小说或者麦考莱的历史书一样，就算没能达到预期的销售额，也希望能在知名的书评期刊上受到热烈讨论。

17、18 世纪的印刷文化尚未定型，还有可塑性（Johns，1998）。强大的书籍出版经销同业公会掌控了 17 世纪的英国印刷行业。这家公司被置于都铎王室的管制下，负责监管和规范伦敦的印刷品生产。只有书籍出版经销同业公会和其他少数几个实体，如大学和皇家学会，可以批准印刷。作者对自己的著作几乎没有控制权，图书经销商和出版商（在当时大多都是同一家）可以任意修改图书内容。在其他欧洲国家的首都，如巴黎，情况也与伦敦类似。到了 18 世纪初，有偿写作已经成了在伦敦等大城市谋生的一种可行手段，催生了格拉布街文化。17 世纪见证了杂志和报纸的诞生。半吊子的平庸作家大量炮制可靠性各不相同的新闻报道、剧本、哲学文章、小说以及任何可以吸引顾客付费的作品。色情文学（牛顿著作的发行人就是一个色情文学作家）以及政治煽动性作品有着稳定的市场。到 18 世纪中期，科学已经拥有了足够的商业价值，与此同时科学作品出版业也逐渐发展繁荣。

17 世纪自然哲学著作的一个特点就是它们都没有使用学术界和教廷规定的官方语言——拉丁语，而是用作者各自的母语写成，如伽利略的《关于托勒密和哥白尼两大世界体系的对话》和《关于两门新科学的对话》。这也暗示了伽利略希望普通大众都能阅读他的著作。在 17 世纪，科学还是那些有文化、有公德的绅士的专属领域。为了与 17 世纪的科学精神保持一致，自然哲学家的著作普遍都不只针对有科学素养的读者（如果可以证实这一时期内这种读者真实存在的话）。18 世纪早期出现了一大批支持和阐释牛顿学说的出版物，为广大无法理解牛顿数学理论的识字群众解释说明牛顿学说包含的高妙知识。约瑟夫·普里斯特利的两本著作《电学的历史和现状》（*History and Present State of Electricity*，1767）和《各种空气的实验和观察》（*Experiments and Observations on Different Kinds of Air*，1776）把他对牛顿学说的理解传播给了意见不同的中产阶级读者，这些读者赞同普里斯特利"牛顿科学为道德和社会改革铺路"的看法。在理性的法国哲学家狄德罗和达朗贝尔编纂的覆盖全科知识的《百科全书》的宏伟计划中，科学占据了核心地位。

　　不仅科学书籍极大发展，科学报刊也逐渐繁荣。即便是英国皇家学会的权威期刊《哲学学报》也不是纯粹针对有科学知识的人。《哲学学报》的供稿人希望各行各业的绅士都能读到这些文章。欧洲其他国家的科学学院也发行了目标读者群相同的类似科学出版物。更重要的是，科学成了 18 世纪新兴种类杂志的主要内容。阅读《绅士杂志》（*Gentlemen's Magazine*，1731 年创刊）的绅士或者阅读《淑女杂志》（*Lady's Magazine*，1770 年创刊）的女士能够获取最新的科学知识和小道消息。上述杂志和其他许多报刊都瞄准了（相对）休闲、知识水平高、主要来自城市中产阶级的读者，而这些读者最期待的内容之一就是科学。在法国和北美，讨论政治和社会丑闻的大小报刊也都或多或少地加入了科学文化内容。自然哲学和自然哲学家的主张正逐渐成为流行的文学文化，并且进入了讽刺作家的作品，如乔纳森·斯威夫特的《格列佛游记》。

　　19 世纪，科学出版体系已经日趋完善，作者的目标读者群也各不相同。简·马舍特（Jane Marcet）出版了针对儿童的《化学谈话》（*Conversations on Chemistry*，1806）等书籍。玛丽·萨默维尔（Mary Somerville）的《物理科学之间的联系》（*Connexions of the Physical Sciences*，1834）为有修养的中产阶级读者忠实描绘了科学家的最新发现。查尔斯·莱尔的《地质学原理》和威廉·罗伯特·格罗夫的《论物理力的相互关系》等书的目标读者群更加广泛。各种组织机构，如实用知识传播会（Society for the Diffusion of Useful Knowledge）、其对手英国国教基督教知识促进会（Anglican Society for the Promotion of Christian Knowledge）和后来福音教派的伦敦圣教书会（Religious Tract Society）都出版了许多针对工人阶级和下层中产阶级的科学图书。19 世纪上半期出版业的大事件是罗伯特·钱伯斯匿名出版的《创造的自然史的痕迹》，这本书成为当年最畅销的图书，同时也因为其直言不讳地为自然和社会发展辩护而引发了巨大的争议（Secord，2000）。亚历山大·冯·洪堡的《宇宙》（*Cosmos*，1845—1862，共 5 卷）等书也行销欧洲和美国。19 世纪的大半时间里，美国出版商都依靠翻版欧洲作者的科学图书度日。到了 19 世纪末，爱德华·利文斯顿·尤曼斯（Edward Livingston Youmans）等美国作家用自己的著作赢得了声誉。尤曼斯是促成 19 世纪 70 年代早期"国际科学系列"通俗科学图书的关键人物。

　　通俗科学出版的热潮贯穿了整个 20 世纪，并且延续到 21 世纪。天文学家阿瑟·爱丁顿和物理学家詹姆斯·金斯等科学家用著作向普通大众介绍了爱因斯坦相对论的观点和主张，这些著作也成了畅销书。爱丁顿的《物理世界的本质》和金斯的《我们周围的宇宙》(*The Universe around Us*，*1929*)等图书都在公众认识新物理学的哲学内涵的早期发挥了巨大的作用(见第 11 章)。由于科学发展得越发专业化和高深化，许多科学家选择通过写作通俗科学的文章来阐述自己在学术期刊中无法提及的观点和想法。比如说科学和宗教之间关系的大讨论，这个话题一般都出现在通俗科学出版物而不是专业的学术出版物中(Bowler 2001)。奥利弗·洛奇爵士等和主流物理学说背道而驰的物理学家也转投通俗科学出版物，为自己的观点寻找载体。阿伯丁大学教授亚瑟·汤姆森(J. Arthur Thomson)撰写了大量文章，捍卫自己的观点：进化是一个有目的的过程。与此同时，其他科学家也在普及与之对立的观点。托马斯·亨利·赫胥黎的孙子朱利安·赫胥黎与科幻小说家 H. G. 威尔斯(H. G. Wells，下文将讨论)联手宣传唯物主义生物学和新达尔文主义。20 世纪中期，通俗科学写作中出现了明显的社会主义倾向。例如兰斯洛特·霍格本(Lancelot Hogben)在其著作《市民科学》(*Science for the Citizen*)中就明确提出科学和科学规划应该在进步的社会中发挥主要作用。

　　科学报刊在 19 世纪发展繁荣。发展到 19 世纪末，就连法国的《科学院报告》(*Academies's Compets Rendus*)和科学杂志《自然》(*Nature*)等高端科学学术期刊都把目光投向了除专业人员之外的读者。在美国，《科学美国人》(*Scientific American*)明确表现出成为通俗科学代言人的决心。在欧洲和北美，各种科学杂志和期刊都想从通俗科学的市场中分一杯羹，包括阿德莱德展览馆的《通俗科学杂志》(*Magazine of Popular Science*)。《发明家之声》(*Inventor's Advocate*)以及更为成功的《机械师杂志》(*Mechanics' Magazine*)等出版物都努力将自己打造成脱离科学主流的科学家的喉舌。英国中产阶级喜爱的周刊《文学公报》(*Literary Gazette*)和《雅典娜神殿》(*Athenaeum*)在自己的专栏中刊登科学会议的新闻和科学的最新小道消息。同样,那些久负盛名的英国季刊,如自由派《爱丁堡评论》(*Edinburgh Review*)和保守的《每季评论》(*Quarterly Review*)也都收录了对最新科学进展的评论。在法国,耶稣会神父弗雷德里克·穆瓦尼奥(Frederic Moigno)既担当《新闻报》(*La Presse*)的科学版块通讯员,又创办了自己的通俗科学报纸《宇宙》(*Cosmos*)并担任编辑。对于畅销杂志,如《小百科全书》(*Penny Cyclopedia*)和伦敦圣教书会等机构出版的期刊都把科学新闻和信息当作长期稳定的杂志内容,并且这些期刊都致力于向读者推销自己对科学的一套见解。在19世纪,重大的科学事件,如英国科学促进会一年一次的会议,都在著名的大型日报中占据大幅版面。

科学也越来越多地渗入了虚构小说之中。查尔斯·狄更斯在《匹克威克外传》中虚构了和英国科学促进会非常类似的"麦佛促进一切协会",代表他的读者狠狠嘲弄了英国科学促进会。乔治·艾略特在她的小说中也讲了很多科学笑话。到了19世纪后半,科学推测开始成为一种文学体裁——我们今天把这种体裁叫作科幻。儒勒·凡尔纳的小说,如《八十天环游地球》(1873)是基于当时科学技术水平进行的思维发散,而《从地球到月球》(1865)则设想了未来的种种可能。H. G. 威尔斯在小说《时间机器》(1895)中使用了小说化的科学来批判19世纪末工业化社会的社会分化,爱德华·布尔沃·利顿(Edward Bulwer Lytton)在他的《一个即临种族》(*Coming Race*,1871)中也使用了类似手法。科学乌托邦和反乌托邦小说对科学进步所带来的道德和社会后果的推测越来越流行，上述图书属于其中较受欢迎的（Fayter，1997）。20 世纪初，H. G. 威尔斯通过著作《世界大战》（*War of the Worlds*，1895）成为有名的"科学思索者"，并且通过《未来事物的面貌》（*The Shapes of Things To Come*，1933）变成了社会先知。

科幻在 20 世纪上半期成为越来越重要和流行的文学体裁。尤其是在美国，科幻杂志《惊奇故事》（*Amazing Stories*）等读物为热切的读者和粉丝带来了许多科幻小故事，同时也为处于事业萌芽期的科幻作者，如艾萨克·阿西莫夫（Isaac Asimov）和罗伯特·海因莱因（Robert Heinlein）提供了生活来源。到了 20 世纪 50 年代，科幻也出现在了电视这个相对新兴的载体上，出现了《闪电戈登》等太空题材的电视剧。20 世纪 50 年代，苏美冷战持续升级，科幻电影和电视节目表现出了人们对外敌入侵和与政治背景无关的邪恶王国（看起来好像是这样）的恐惧。从 20 世纪 60 年代末开始，吉恩·罗登贝瑞（Gene Roddenberry）用著名的《星际迷航》连续剧打破了新的屏障，批评了越南战争，为观众呈现了第一个在电视上播出的跨种族之吻（发生在遥远的宇宙中），还为观众呈现了星际舰船"进取号"。被主流文学批评家疏远、轻视的科幻作者保有了（现在也保有着）稳定的读者群。20 世纪 70 年代后期开始，大获成功的超级大片《星球大战》在好莱坞重新掀起了宇宙题材剧作的浪潮，同时也让罗登贝瑞的《星际迷航》系列重获关注。就像许多 19 世纪早期的科学展览一样，科幻在文学、电影和电视中的成功也是因为考虑到并且扩充了观众的科学知识量及观众对当代科学的期望。

类科学

通俗科学从来都没有被那些自称主流或者专业科学人员的人完全掌控。在讲座、展览、著作和后来的电视节目中，总是有一股重新定义、重新划分所谓科学的趋势。科学的读者和观众从来都不是被动的。相反，他们积极参与科学问题和科学事业，用科学解决自己的议题和当务之急。从这个角度看，广义上的通俗科学一直是个战场，在这个战场上，不同的群体为了什么样的活动才是真正的、合法的科学你争我抢。我们看到，不论历史上通俗科学通过怎样的方式被呈现，其呈现者都试图让通俗科学符合自己的所思所想，仿佛通俗科学就该是那个样子。有些通俗科学的出品人曾经创造出许多被主流科学从业者排斥的科学活动。在许多方面，现在我们认为正统的、可接受的科学都是过去这些辩论和争斗的结果。18 和 19 世纪晚期是这种"类科学"的大丰收时期，我们在这里将会讨论其中两种：催眠术和颅相学。（图 17.4）

催眠术（mesmerism），或称动物磁力（animal magnetism），起源于 19 世纪晚期维也纳医生弗朗茨·安东·梅斯梅尔（Franz Anton Mesmer）的工作。梅斯梅尔认为他找到了操纵人和动物身体中固有磁流体的方法，能够在被实验的动物和病人身上激发一些生理反应。通过把手放在病人或动物身体特定部位上来回移动或者直直地盯着病人的眼睛，梅斯梅尔可以让实验对象产生身体或精神上的反应和活动。他们的肢体可能会非自发地挪动，或者麻痹，他们可能会变得歇斯底里，或者陷入昏睡。梅斯梅尔甚至可以在这些实验者无意识的状态下指挥他们的身体做出特定动作。为了躲避国家对他的哲学和宗教信仰的迫害，梅斯梅尔逃离了维也纳并在巴黎定

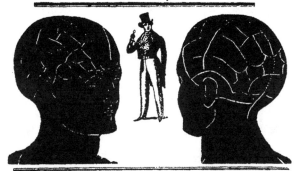

图 17.4　1846 年的一张宣传催眠术和颅相学讲座的海报。类似这类的讲座在新科学观点的传播中起到了重要作用

居了下来。在巴黎，动物磁力说很快掀起了热潮。大批人蜂拥到催眠沙龙里，等着被梅斯梅尔或者梅斯梅尔的学徒催眠。狂热支持者把动物磁力说尊称为革命性的新精神科学。批评家指控梅斯梅尔是个江湖骗子，甚至强行让催眠术和法国大革命扯上了关系。由法国皇家科学院建立的科学委员会（成员包括本杰明·富兰克林）公开指责梅斯梅尔是个彻头彻尾的骗子。

19 世纪 30 年代起，催眠术在不列颠群岛复兴。因此，梅斯梅尔的一些学徒来到了伦敦，准备在新环境里试试运气。催眠师在英国全国巡演、开讲座。在他们的表演中，一些观众会被邀请到台上体验人体磁性。中产阶级的女士在自己的家里开展私密的催眠仪式，催眠她们的仆人、女儿和邻居。记者兼作家哈丽雅特·马蒂诺（Harriet Martineau）声称动物磁性治好了自己的顽疾，成了当时的丑闻。*19 世纪 30 年代，催眠术在伦敦大学学院医院（University College Hospital）激进派医生约翰·伊利奥特森（John Elliotson）手中发展成了轰动性事件。伊利奥特森认为催眠术可以为新唯物主义的精神科学提供基础，向大众展示所有的精神状态都只是身体状态的结果。医院里，伊利奥特森在受邀而来的旁观者（包括迈克尔·法拉第在内）面前在病人身上进行催眠实验。他在年轻的女工伊丽莎白·欧凯身上进行的实验尤其臭名昭著。†他的主张使得他与其他激进分子，如《柳叶刀》（Lancet）

---

* 1844年，马蒂诺接受了一段时间的催眠疗法，并在几个月后恢复了健康。这里的催眠就是指"动物磁性"。她后来在作品《关于催眠术的书信》中发表了自己的病例，此举引发了颇多争议。——编者注
† 1837年，欧凯姐妹为了治疗癫痫来到伊利奥特森的医院，伊丽莎白是其中的姐姐。伊利奥特森在催眠时将"一根穿过丝线的大号串线针"插入伊丽莎白的脖子，因为几乎没有痛感，她甚至没有察觉到。他以此向公众展示催眠的更高境界：透视、感官转换、思想传递、共感神知，等等。让伊丽莎白相信她拥有透视能力后，伊利奥特森在深夜将她带入病房接受诊断和处方治疗。——编者注

主编托马斯·威克利（Thomas Wakeley）等人之间产生了嫌隙，也最终导致他被伦敦大学学院医院开除（Winter，1998）。在 19 世纪 40 年代，催眠术甚至被尝试当作麻醉剂使用。

伊利奥特森的主张为催眠术在欧洲和北美的广泛流行提供了证据。催眠术是一种激进的科学，它为公众提供了另一种解释精神与行为的方法，既不同于正统科学家的论调，也不同于宗教的观念（见第 15 章）。这也阐释了为什么遵从正统科学的人会用恶毒的言语攻击催眠术这一新兴的事物。催眠术使得关于精神的科学变成物理科学。人们的行为举止和社会地位能够用磁流体流过大脑的运动来解释，而不是必须用遗传或神圣天意来解释。催眠术大获成功的另一个原因是其实践的平等性。从事正统科学的绅士强烈主张只有极少数训练有素的人才能从事真正科学，但是催眠师认为所有人都可以进入催眠术的领域。女性、工人阶级男性和中产阶级的绅士一样，可以成为出色的催眠师。工人阶级的政治激进分子需要唯物主义的基础来支持他们的政治理论，因此他们大力支持催眠术。更常见的情况是，虽然中产阶级的科学家极力反对催眠术，大批中产阶级的人还是被催眠术吸引，他们把催眠术简单地看成一种猜想、一种娱乐。在一定程度上，催眠术是超越了阶级和性别壁垒的科学（见第 21 章）。它为工人阶级男女提供了途径，让他们作为智力平等的人接近中产阶级。

和催眠术类似，颅相学也起源于 18 世纪晚期建立唯物主义精神科学的尝试之中。颅相学是另一位维也纳医生——弗朗茨·约瑟夫·加尔（Franz Joseph Gall，1758—1828）努力的成果，当时的他正在尝试理解大脑的物理结构和不同的精神状态之间的联系。加尔的新科学建立在几个看起来非常直白且没有争议的原则上：大脑是精神活动的器官；精神活动包括许多不同的功能；每个功能都和大脑的特定器官相关；特定器官的大小决定了与其相关的精神功能的能力大小；大脑的体积和形状是由不同的大脑器官的体积和形状决定的；颅骨的轮廓是由大脑的体积和形状决定的。上述这些原则意味着人们可以通过颅骨的大小和形状来解读大脑的形状、各个大脑器官的体积以及相关精神功能的能力大小。19 世纪初，加尔和他的门生 J. C. 施普尔茨海姆（J. C. Spurzheim，1776—1832）游历了大半个欧洲，在各地宣讲颅相学及其内涵。

这门新科学最初在不列颠群岛成名，此前《爱丁堡评论》在1815 年刊登了粗鲁批评加尔的心血的书评。在爱丁堡大学，面对台下充满敌意的医学界人士，施普尔茨海姆勇敢地为自己老师的工作辩护。他的行为赢来了许多人的同情，不少人也因此开始关注颅相学背后的原则。颅相学很快成了流行的科学（Cooter，1984）。颅相学在爱丁堡的主要支持者——从大面上来说也是全国范围内的主要支持者，就是乔治·库姆（George Combe）。库姆的颅相学著作《人的结构》（*Constitution of Man*，1828）是当年的超级畅销书，到 19 世纪末该书售出了 35 万册。库姆的著作主张，人类在自然和社会中的位置是自然法则作用的结果，并将颅相学置于努力建立这种自然科学的语境中。库姆协助创办了颅相学学会（Phrenological Society，1820）及其会刊《颅相学期刊》（*Phrenological Journal*）。类似的颅相学学会在 19 世纪 30 年代风靡不列颠群岛、其他欧洲国家以及北美。与催眠术类似，颅相学表演者为广大观众提供颅相学的读物；畅销书为读者提供了"自己动手"的颅相学指南。19 世纪后半期，美国颅相学家 L. N. 福勒（L. N. Fowler）在全美国和欧洲进行巡回讲座，宣传颅相学。

这些巡回讲座为颅相学重新找回了名气。

与催眠术类似，颅相学成功的一个关键原因就是其平民主义。一方面，颅相学是谁都可以实践的科学。它的指导原则相对直白、便于理解。一旦掌握了这些原则，那些颅相学新手就只需要一张示意图，告诉他们不同的大脑器官的位置以及器官对应的颅骨凹陷，然后他们就可以表演颅相学了。颅相学暗含的唯物主义使得它受到政治激进分子的欢迎，其受欢迎程度甚至超越了催眠术，因为颅相学传递了平等主义和反等级的信息。如果性格和才能是由大脑器官的大小和形状决定的，那么人的社会地位和机遇也应该由大脑器官的特性，而不是由继承来的头衔和家族财产来决定。这个观点深深打动了中产阶级下层人士，他们蜂拥到颅相学讲座，或者饥渴地阅读库姆的著作。颅相学似乎为他们因不满精英政治而要求进行政治和社会改革的呼声提供了科学基础。政治和社会权力应该被分配给那些经颅相学分析适合这些工作的人。大受欢迎的颅相学讲座为父母提供了阅读材料，帮助他们了解自己孩子可能的职业能力；这些讲座也为那些忧虑的一家之主们提供了材料，帮助他们辨别待雇用的仆人是否值得信赖（图 16.4 和图 18.1，后图见 500 页）。

科学家和科普作家

在 20 世纪，大众对类科学的关注并没有停止，部分原因是科学界的专业化程度越来越高，相关人员并不总是有空余时间为公众撰写文章。大众市场出版商希望科普作品不仅仅具有教育意义，还能兼具娱乐作用，这有时意味着推广那些被专业科学家质疑的观点和发现。然而，这个界限从来都不清晰：朱利安·赫胥黎通过报纸夸大他的生长激素研究的医学意义，从而受到公众的关注。爱丁顿等物理学家和 J. 亚瑟·汤姆森等生物学家则在捍卫已经不再被大多数科学家接受的哲学立场。大众读到的内容往往是出版商认为有助于销售的，以及科学作家能够提供的。有人认为，专业科学家越来越觉得写作科普作品是在浪费时间，不愿动笔，这就给了记者乘虚而入的机会。事实上，仍然有一些科学家愿意参与其中，无论是为了推广自己的观点，还是出于教育公众的希望。在 20 世纪初，具有教育意义的普及作品风靡一时，许多科学家为这一运动做出了贡献（Bowler，2009）。

还有一些流行作家出版了关于科学的书籍和文章，不过起初这些作家往往是与科学或技术界有一定联系的人，他们受到科学界或技术界的信任，可以将最新的科学发展描绘成美好的图景。然而，慢慢地，出现了一批独立的专业科学作家和科学记者；随着公众自学欲望的减弱，他们的工作成为人们获取科学信息和评论的主要渠道。20 世纪后期，由于原子弹爆炸和环境污染，人们对应用科学的影响疑虑越来越多，科学作家越来越多地反映公众的关切，而不是科学界的利益。电影、广播和电视等新媒体使科学家更难保持对形势的控制（Boon，2008；Kirby，2011；La Follette，2008）。这催生了科学家对于让"公众更好地了解科学"的需求。

这些变化在不同国家的发展速度各不相同。在欧洲，科学界在 20 世纪中叶在普及其研究成果方面发挥了一定的作用。然而，在美国，人们对专家不那么信任，更愿意从其他途径获取知识；科学家们失去了将他们的工作介绍给大众的兴趣，后来他们努力拿回一些控制权，方法是加大力度宣传科学会服务于国家（La Follette，1990；Tobey，1971）。科学家失去影响力，而科学作家的力量日益壮大，这加剧了人们对科学在公众领域庸俗化的抱怨（Burnham，1987）。历史学家发现，在世界其他国家，科学与更广阔的社会之间可以通过许多不同的方式建立起纽带。

结论

通过考察上述类科学（催眠术和颅相学）携带的文化动力，我们可以认识到通俗科学对人们理解科学与社会的关系产生了多大的影响。这些类科学活跃在各种传统媒介中，如讲座、展览、通俗读物和期刊。类科学的狂热支持者为这些新兴科学成立学会促进其发展，如同人们建立学会促进天文学或者地质学的发展一样。这些类科学的历史证明，在历史上，大众和科学的公众形象如何极大地影响对科学实践的定义。只有通过类似的与广大观众的互动，或者至少是与同行的互动，科学家们才能定义什么是科学。以 19 世纪的催眠术和颅相学为例，它们的拥护者尽一切努力把这些学科变成真正的科学。这些人的所作所为也重新定义了什么是科学、应该如何实践科学，以及什么人可以实践科学。从本质来讲，上述争论应该在公共领域进行，既在专业媒体上也在大众媒体上讨论。因为在这些例子中，是公众最终决定了什么是科学，至少决定了他们想要关注的是什么科学。

塑造公众形象对于我们眼中的正统科学和科学家同样有意义。在本书涉及的时间段内，科学家和自然哲学家尝试着与大众搞好关系，不再把大众当成无关紧要的部分，而是把大众看成关乎他们科学性质的核心因素。我们可以看到，为此他们的身影出现在各种场合中。同样在这段时间内，观众并不觉得科学家想让自己也参与科学的努力是反常的。与此相反，观众早就用这种方式或那种方式热情地参与科学。从这种角度看，C. P. 斯诺说得很对，分裂成"两种文化"确实是一个现代现象。这并不是说我们过去都生活在同一文化背景中。不同的群体、阶层和性别对通俗科学有着不同的体验，对通俗科学和通俗科学的使用范围也有不同的期待。通俗科学丰富的类别呼唤着更多支持者和参与者，他们可能是科学从业者、雇佣文人、表演者、政客或宗教信徒，也可能是科幻作家和电视制片人，所有人都有着自己的目标和抱负，并且对科学到底是什么持有不同观点。

第 18 章

科学与技术

　　从近现代观点来看，科学和技术似乎是密不可分地联结在一起的。它们二者之间的联系也好像是越来越紧密。仅仅在 10 年前，政策制定者和科学家还理所应当地认为纯粹的科研和应用型研究之间、科学和工程之间，甚至是理论和实践之间都有着明显的界限，虽然这些界限正在越来越模糊。现在他们更有可能拒绝这种区分，因为在他们设计科学和工程学科在实践中如何工作时，这种区分往好说是人为的，往坏说是绝对具有误导性的。在更大众的语境中，科学和技术一般都是相互联系着出现的。如电视上展示的科学大多属于科学技术产品。而这个感觉实际上是相对晚近才出现的。科学和技术两者之间的关系在历史、哲学和社会学中一直存在不少争论，并且两者到今天还在相互竞争。主流的哲学思想认为科学和技术之间的关系是直截了当的等级关系。科学家遵循科学方法提出新理论，工程师和技术人员采纳这些新理论并寻找应用这些理论解决实际问题的方法，比如如何建造桥梁，如何引爆核弹。如我们所见，这种看待科学和技术关系的角度也有自己的历史。

　　近代社会学和社会史认为科学和技术两者之间是相互交织的，甚至是无法完全区分的活动。社会学家布鲁诺·拉图尔（Bruno

Latour）就将两者纳入了同一个标签"技术科学"之下，并且认为两者是完全相同的（Latour，1987）。他认为从社会学家（或者历史学家）尝试理解科学和技术的角度来看，它们两者其实并没有实际的区别。这里要提三点原因：第一，过去50年历史学家对科学和技术关系的研究发现，科学和技术的历史关系明显远比等级关系复杂；第二，同样很明显，过去几十年曾存在于科学和工程之间的学科界限已经变得越发脆弱；第三，研究科学的历史学家和社会学家现在都倾向于认为科学是（至少部分上是）一种实践性活动而不是抽象理论。因此，这些历史学家和社会学家就更容易把关注点放在科学的实践性特征上，这些实践性特征正好是科学与技术最相似的地方。科学史的文化转向，也意味着历史学家更有兴趣研究科学和其他文化领域之间的关系。

历史学家现在非常清楚，不仅科学和技术的历史关系不断发生改变，历史上的人物对两者之间的关系或者应有关系也持有相互冲突的观点。理解那些冲突的观点是理解科学和技术之间关系的重要一环。这种冲突一般依存于更广泛的辩论，比如科学的本质是什么、如何追寻科学的本质，以及谁来追寻。如我们所知，对科学和工业之间紧密关系的辩论通常出现在维多利亚时代，由那些主张国家应提高对科学活动的资金支持的人发起，他们声称科学对经济生产率有重大贡献（这符合他们的自身利益），而反对派否认科学和工业之间的联系。在更早的时候，关于科学和实用性的辩论通常都是那些为自己的科学活动寻求资助的人发起的。除了专业利益，这些争辩还关乎某些政治利益。关于科学和技术之间关系的争论通常是关于科学的文化产权归属何方的争论。我们将看到，当代许多关于科学与技术关系的史学立场，与历史人物自己对科学与技术关系的主张具有相似性。

本章开头将回顾近现代一些关于科学和技术之间关系的观点，同时也介绍一些历史人物对于两者之间关系的评论。大约从弗朗西斯·培根开始，之后的自然哲学家都会周期性地提出关于科学实用性的一些观点。至少在培根看来，实用性是区分新科学和旧的经院哲学的重要特征（见第 2 章）。在革命时代和拿破仑时代，法国全国齐心协力利用科学获取国家利益。英国科学评论家查尔斯·巴贝奇和惠威尔一直在争论科学和艺术之间的关系。20 世纪早期，左翼科学家 J. D. 贝尔纳（J. D. Bernal）等人希望用科学为国家谋利。我们来看两个案例——蒸汽机和电报，以此来了解 18、19 世纪科学和技术之间关系的一些动态。还有许多其他案例，比如 19 世纪的化学工业和 20 世纪的电子工业，也都可以让我们了解两者之间的关系。最终，我们可以看看那些辩论中对于科学和技术之间关系的看法——技术是科学的产物还是科学是技术的产物，这些看法通常与对科学家社会身份的争辩相互联系。

鸡和蛋

上个世纪的大半时间里，史学家都认为新兴的历史学科科学史完全独立于技术史。科学史是关于思想和思想起源的，不是关于技术应用的。认为科学可能在一定程度上源自技术实践活动的观点也几乎没人认同。历史学家乔治·萨顿是《Isis》杂志（1912年创刊，是最早的科学史专门期刊之一）的创办人。他认为对于科学史学家来说，技术应用是与科学史关系不大的干扰项。科学是为了找寻真理，而不是产出技术（Sarton，1931）。科学可能确实带来了有益的实际应用，可这些应用只是探寻真理时偶然出现的副产品，来源于科学家"冷静的好奇心"。萨顿的观点并非不同寻常。法国思想史学家亚历山大·柯瓦雷也有相似的观点。伽利略或者牛顿等科学史上的大人物都与工程师或者手工艺人没什么共通点，他们的科学是理论而不是实践的产物（Koyré，1968）。同样，英国历史学家赫伯特·巴特菲尔德和他的门生也有类似观点。科学很显然有其技术应用，但是都是偶然的，不属于科学史的范围，科学史更关注的是思想和观点（Butterfield，1949）。

在一定程度上，科学史的许多奠基人自觉的唯心主义思想以及不愿研究科学和技术关系的态度，是对新兴的马克思主义历史学的一种回应。马克思主义历史学认为科学是经济和技术发展的衍生物。苏联历史学家鲍里斯·赫森（Boris Hessen）在他 1931 年的文章《牛顿原理的社会和经济根源》（The Social and Economic Roots of Newton's "Pricinpia"）中明确阐释了上述观点，这也是最广为人知的马克思主义科学观点。赫森认为，牛顿和同时代科学家提出的数学科学只是将工匠、手工艺人和工程师在经济和技术活动中得到的实践知识用理论语言进行加强巩固而已。现代科学兴起背后的驱动力是其潜在的实用性。现代科学是弹道、防御工事、导航系统和造船的科学。这显然是马克思主义阵营的论点，把经济活动看作所有历史发展的最终根源。社会学家埃德加·齐尔塞尔（Edgar Zilsel）也采纳了相似的观点。齐尔塞尔认为科学的兴起和现代资本主义的兴起密不可分。和赫森相似，齐尔塞尔也表示科学的出现应该被理解成学者擅自调用木匠、仪器制造工和矿工的工艺和技术知识的行为。

那些唯心主义传统之外的科学史学家向来避免参与这类争论（这类争论被称为外在论与内在论的争辩），他们把自己的注意力放在应用科学，尤其是在工业革命之中及之后的应用科学发展上（Cardwell，1957）。例如卡德维尔（Cardwell），他清楚16、17世纪的经济和技术发展显然在16、17世纪的科学革命中产生了一定影响，但他否认赫森和齐尔塞尔等人的论点里暗含（有时是非常明显的）的经济和技术决定论。无论如何，卡德维尔主张这些人的论点最终是不可验证的。卡德维尔的主要兴趣是为18世纪晚期之后科学和工程学之间的联系绘制统计表格，尤其是两者工业上的联系。因为卡德维尔既有"纯粹"科学的背景，又有"应用"科学的背景（卡德维尔本人是这样分类的），他急切地坚称"纯粹"科学和"应用"科学之间有效的互动会给双方带来好处。从这个角度看，卡德维尔的工作是近现代研究科学和技术之间关系的历史学的典型研究工作。历史学家经常理所当然地认为科学和技术是两码事，然后尝试找出某个特定历史节点上科学和技术关系的特征。一种质疑上述研究方式的办法就是看看历史人物对科学和技术之间的关系有什么话说。

许多16、17世纪的早期新科学评论者都坚称，实用性是新科学最典型的特征，弗朗西斯·培根便是其中之一。就像我们之前看到的，培根坚决主张自然哲学应该由社会上的绅士而不是隐居山林的学究来研究（见第2章）。他的一个理由是科学应该为大众服务。通过系统地探寻新知识，我们可以期待的一个好处就是：人们更有能力操控大自然来达到功利性的目的（见图17.1）。就像培根在他最著名的格言中所说，"知识就是力量"。那些寻求国家财政支持或者个人资助者赞助的17世纪自然哲学家开心地把培根的名言说给他们潜在的资助人听。英国皇家学会和法国皇家科学院成立的潜在原因之一就是这些机构可以提高科学的实用性（见第 14 章）。有些历史学家将这种实用性转向定义为科学革命的重要特征之一（Merton，1938；Webster，1975）。如 J. T. 德萨吉利埃等 18 世纪的著名讲师游走在伦敦的咖啡馆之间，寻找听众和资助者，在此过程中他们一直都强调自己的自然哲学知识有着技术潜能（Stewart，1992；见第 16 章）。

18 世纪晚期，改革派的法国最早采取协调一致的方式来利用科学的技术潜能，这种技术潜能在不少大革命支持者看来是不言自明的。在大革命前夕，许多法国军官就非常有兴趣把科学应用到完善武器设计和提高武器产量中（Alder，1997）。大革命后法国的教育和科研机构很快进行了重组，新的机构，如巴黎综合理工学院（École Polytechnique）等的建设目的很明确，就是为学生（尤其是军校生）提供自然哲学教育，以期学生得到技术或工程领域的专业知识。革命派将军拉扎尔·卡诺（Lazare Carnot）等科学革命的拥护者宣称几何分析等科学工具非常适合解决工程学问题。在革命派的统治下，巴黎综合理工学院的主要发起人加斯帕尔·蒙日（Gaspard Monge）也表示几何学是工程学知识的基础。随着拿破仑时期巴黎综合理工学院的改革重组，以及数学物理学家皮埃尔-西蒙·拉普拉斯权力的增长，物理学在课程设置中的比重大大增加。类似这种的改革并不意味着人们不再相信科学能为技术带来益处。大家的分歧在于哪种类型的科学才能够最好地造福技术。

那些支持法国拿破仑政府的英国人嫉妒地看着法国政府支持科学发展，他们中的大部分都认同法国自然哲学家的推断，相信

图 18.1 弗朗西斯·培根的著作《伟大的复兴》(*Insturatio Magna*) 的卷首插画。图中展示了发现之船将从赫拉克勒斯之柱间起航,穿越知识之海。图中的拉丁语标签翻译过来是"许多人出发了,他们的知识增长了"

自然哲学教育将会带来可观的工业回报。查尔斯·巴贝奇的《关于科学在英国的衰落及其某些原因的思考》一书就狠狠责骂了英国皇家学会的科学领导地位以及英国政府对待科学自由放任的态度，而正是这两个原因导致英国在科学发展上与法国（法国政府支持科学发展）相比情况堪忧。巴贝奇和其他的拿破仑支持者，如约翰·赫舍尔，都固执地认为科学是工业发展中必不可少的工具。只有系统地应用科学原理——不仅应用到技术发明过程中，还要应用到工业企业里，才能保证工业稳定发展（Ashworth，1996；Schaffer，1994）。巴贝奇在《1851 年的博览会》（*Exposition of 1851*）中再次发起攻击，他批评 1851 年万国工业博览会的组织者没能利用合适的、科学的原则组织这次博览会。巴贝奇的观点得到了许多人的支持，包括化学家莱昂·普来费尔（Lyon Playfair）。普来费尔也十分固执地认为化学科学是化学工业的先决条件。如我们所见，巴贝奇和他的支持者都不赞同"工匠和手工艺人的技艺和知识对科学有贡献"这种观点。事实正相反，技术革新就是依靠用硬科学替代工艺而开展的。

　　19 世纪上半期的英国科学家之中没有几个人赞同巴贝奇的热情，不论是对拿破仑统治的热情还是对国家出资支持科学机构的法国模式的热情。然而，英国的科学发展中有着很强的功利主义倾向。威尔士的自然哲学家威廉·罗伯特·格罗夫声明英国的伟大依赖于其工业和经济，而工业和经济依赖科学。他的观点就非常典型。当然也有一些反对的声音。剑桥大学三一学院院长、博学者惠威尔就对科学的实用性持怀疑态度。惠威尔彻底否认科学是工业发展的先决条件。他认为，工业技艺和科学都是根据自身内在的发展原则发展的；如果这两者之间真的有什么关系，那么这种关系一定与巴贝奇及其同盟主张的完全相反。技艺（如技术）和科学之间的关系与诗歌和批评的关系一样，换种说法，技术先于科学。科学可能试图理解技术生效的自然过程，但是科学绝不是技术创新的稳定来源。惠威尔与他的朋友乔治·比德尔·艾里（George Bidell Airy，反对国家出资资助先进科学发展）一样，都认为巴贝奇主张的国家资助对技术稳定发展十分重要的观点毫无益处。

其他国家的评论家同样对科学实用论持怀疑态度。美国物理学家、史密森研究会第一任主席约瑟夫·亨利就急切地想让美国的科学受人尊敬，他非常担心自己的同胞更喜欢发明家而不是发现者，他也对科学和技术之间的联系半信半疑。到了 20 世纪初，倡导国家资助科学的功利主义观点支持者的呼声越来越大。在英国，自由派和社会主义科学家坚信科学发展与经济繁荣不可分割。这意味着科学需要服从国家的统一调控和拨款，科学家应该积极参与经济政策的制定。到了 20 世纪 30 年代，马克思主义科学家 J. D. 贝尔纳与鲍里斯·赫森一起宣称科学和技术是共生的，经济力量是促使这二者发展的关键。科学和技术发展需要中央调控来为大众造福。就像贝尔纳所说，"科学有意识地指导，而不是盲目地发展，可以几乎无限地改变生活的物质基础"。贝尔纳的科学和技术理想主义也得到了认同，尤其是在战时科学规划取得了可观成效之后（见第 20 章）。实际上，唯心主义科学史学家一直尝试分割科学与技术，很大程度上是在回应贝尔纳和赫森等马克思主义者和技术决定论者对科学史的"劫持"。

蒸汽文化

贝尔纳等人肯定会认为蒸汽机是科学在技术革新中发挥作用的典型例子。事实上，从 18 世纪末起，主张科学是工业进步推手的人一直把蒸汽机作为他们的铁证。19 世纪，主张国家资助科学活动——尤其是科学教育的人明确指出，詹姆斯·瓦特和他对蒸汽技术的贡献展示了科学原理和技术革新之间有直接联系。瓦特对蒸汽机的改进被认为是他对热科学的理解的直接产物（图 17.2）。20 世纪，马克思主义科学史学家贝尔纳等人把上述论点上升了一个层次，宣称不仅瓦特的创新是应用科学

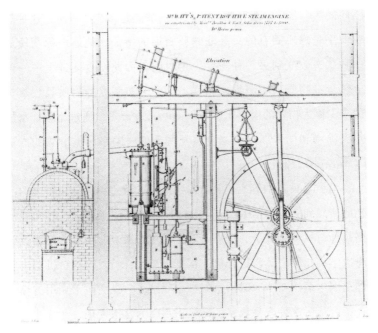

图 18.2　图解詹姆斯·瓦特对蒸汽机的改进

的产物，而且被瓦特用来提高蒸汽机效率的热科学本身就是蒸汽技术的成果。贝尔纳认为，17 世纪晚期及 18 世纪早期纽科门（Newcomen）等人对用于矿下抽水的蒸汽机的改进，再加上越来越多的工业活动需要热能，才使得科学的关注点转移到了热传递的问题上。

热科学最主要的发展出现在 18 世纪后半叶的苏格兰。在爱丁堡和格拉斯哥两地教授药学和化学的威廉·卡伦注意到压力和液体沸点之间有明显联系，并研究了蒸发的冷却效应。他的学生约瑟夫·布莱克进一步研究了热能。布莱克发现要想改变不同种类物质的状态（固态、液态、气态）所需的热量似乎是不一样的，他对此非常感兴趣。布莱克表示他的实验展示了不同物质有不同的热容量——改变物体状态所需的热量多少——而且这种热容似乎是物质固有的，并非物质密度的特征。他还声称物质从一种状态改变到另一种需要一定时间，因此在改变过程中一部分热量被物质吸收但物质温度不上升。布莱克把物质吸收热量的多少称为物质的潜热（latent heat），并开发出通过比较把水加热到沸点和把水加热到完全蒸发所需的时间来测量潜热的方法（Cardwell，1971）。

这就是贝尔纳等人把瓦特对蒸汽机的改进称为应用科学的范例时所想到的科学（Bernal，1954）。詹姆斯·瓦特，一位年轻的格拉斯哥仪器制造工，受雇于约瑟夫·布莱克并负责修理格拉斯哥大学的纽科门蒸汽机样机。根据记载，瓦特发现这台机器出问题是因为蒸汽在冰凉的活塞气缸中凝结了，随后布莱克用潜热为瓦特解释了这种冷凝现象。据说正是因为这次发现，瓦特才开始发觉如果蒸汽机中的蒸汽可以在单独的冷凝装置中凝结的话，蒸汽机的效率将会大大提高。上述故事的来源是《大不列颠百科全书》（*Encyclopedia Britannica*）收录的一篇 18 世纪晚期关于蒸汽机的文章，该文章的作者约翰·罗宾森（John Robinson）是布莱克的门生之一。瓦特本人在晚年否认了上述记载的真实性，但这个故事在整个 19 世纪甚至 20 世纪初都一直被当成科学为技术做贡献的典型例子。卡德维尔曾指出瓦特的传奇故事本身看上去根本不可信，因为这个传奇故事不符合已知的瓦特各项发明的时间顺序（Cardwell，1971）。

　　不管传奇故事如何描写，我们都清楚 18 世纪中期的许多发明家、自然哲学家和企业家从事的活动其实没有太大的实际区别——他们都属于同一个文化。瓦特早年在格拉斯哥当仪器制造工，后期成为英格兰的工程企业家，在这两段生涯中，他所在的圈子认为自然哲学和技术创新之间几乎没有实际区别。瓦特早年所在的格拉斯哥圈子里，像是约瑟夫·布莱克或者其门生兼友人约翰·罗宾森等人都能随意地在实际问题和自然哲学抽象问题之间转换。瓦特受雇修理的那台放在教室里的纽科门蒸汽机样机就展示了大学课程设置的实践性本质。瓦特的知识最初由何而来——是科学还是技术？要回答这一问题，只需理解瓦特的工作语境里科学和技术几乎没有实际区别。瓦特搬到英格兰之后情况也同样如此。瓦特是月光社的成员之一。月光社是伯明翰地区志同道合的自然哲学爱好者的非正式集会，成员包括瓦特的商业伙伴马修·博尔顿，实业家乔赛亚·韦奇伍德，医生、进化论早期倡导者伊拉斯谟斯·达尔文，以及激进的化学家约瑟夫·普里斯特利。月光社对严格区分我们心目中的科学和技术没什么兴趣，因此普里斯特利对约瑟夫·布莱克分离"固定空气"（二氧化碳）

的回应就是开发出一种新的工业技术来生产苏打水，这也从侧面展示了月光社的观点。

　　我们之前曾经讨论能量守恒定律的起源，从中我们可以发现萨迪·卡诺在 19 世纪 20 年代发展理想热机理论的努力也是为了找到提高蒸汽机效率的实际方法（见第 4 章）。萨迪·卡诺从小接受他的父亲、一位共和党派工程师的教育，后来在巴黎综合理工学院求学。我们知道，巴黎综合理工学院是致力于把自然哲学应用到法国的技术、军事和经济发展上的教育机构。有着这样的教育背景，我们就不难理解为什么萨迪·卡诺为了促进技术发展而开始研究自然哲学。19 世纪三四十年代，寻找提高蒸汽机效率的方法对所有法国工程师和自然哲学家来说都是同等重要的大事。他们找寻法国工业转型的方法，以便法国能够与老对手英国比肩。工程师马克·塞甘（Marc Seguin）1839 年的影响深远的论文《论铁路的影响》（De l'influence des chemins de fer）大篇幅讨论了蒸汽机效率和提升效率的方法。维克托·勒尼奥是 19 世纪 30 年代冉冉升起的法国物理之星，他奉法国公共工程建设部（French Ministry of Public Works）之命研究如何提高蒸汽机效率。直到 1870 年，勒尼奥努力的成果才被完整地出版。与此同时，勒尼奥在巴黎的实验室逐渐被越来越多的人誉为欧洲最有名望的系统物理实验中心之一。

　　1845 年从剑桥大学毕业后，威廉·汤姆森来到勒尼奥的实验室，希望得到和他接受的先进数学教育相匹配的实验技能培训。鉴于汤姆森格拉斯哥出身的背景以及对自然哲学领域的兴趣，他为何选择勒尼奥的实验室也可想而知。在格拉斯哥，汤姆森和他的父亲、哥哥一道进入了实用科学的圈子。在格拉斯哥哲学学会等机构里，大学学者和实业家和平共处，都把科学看作经济发展的媒介。汤姆森和他的哥哥并不把他们对热科学的研究看作为了改进蒸汽机设计而进行的研究，他们把自然哲学研究和技术进步两者看作了同一枚硬币的两面（Smith，1999）。和包括 W. J. M. 兰金在内的其他 19 世纪中期的英国工程师和自然哲学家一样，汤姆森兄弟没有对技术和科学进行系统的区分。在瓦特和卡诺的例子中，我们不应该找寻哪些自然哲学原理直接被用来引出新的技术进步，或者哪些技术改进是服从于科学原理的，而应该着眼于当时的文化背景，在那样的背景之中，人们的工作既是科学也是技术。

　　毫无疑问，在 19 世纪早期和中期的英国，蒸汽机被普遍视为经济发展的主要载体。蒸汽机象征着英国工业称霸全球的地位。政治经济学家和其他评论家努力阐释蒸汽机和其他工业机械在推动经济发展中扮演的角色。通俗科普作者用书籍和文章为读者解释这些新机器背后的科学原理。那些倡导新“工厂系统”的人，比如化学家安德鲁·尤尔（Andrew Ure）和查尔斯·巴贝奇等在他们的著作《工厂哲学》（*Philosophy of Manufactures*）及《论机器和制造业的经济》（*Economy of Machinery and Manufactures*）中赞美工业机械。蒸汽将会代替人和动物的劳动力，成为动力的主要来源。机械也可以管控工人的工作。尤尔期盼的未来是人和机械和平共处、受同一个中心机械管辖的未来。和尤尔观点相同的评论家想当然地认为科学是技术创新的终极来源。他们认为，19 世纪英国工业发展的主要原因是人类可以控制自然科学来达成实际目的。就连迈克尔·法拉第这个否认科学的主要目标是改进技术的自然哲学家都同意科学最终将会带来上述益处。

电网

1829 年在利物浦至曼彻斯特的铁路段进行的雨山测试中，斯蒂芬逊（Stephenson）的"火箭号"取得了胜利。在此后的 19 世纪 30 年代，蒸汽机开始更多地被用来给机车提供动力。然而那时就已经有评论家开始预测蒸汽机的衰落。蒸汽机的竞争来自电力——维多利亚时代进步的另一个伟大标志。19 世纪 30 年代早期，人们就开始研究如何让电力为机车或者其他装置提供动力。电力的支持者乐观地认为电力超越蒸汽，成为工业和交通的主要动力只是时间问题（并且不会很久）。他们期待着有一天，人们能够仅仅依靠几加仑酸和几磅锌（制造电池）做燃料就可以成功横渡大西洋。到 19 世纪 40 年代末，这些评论家已经掌握了一些成功故事，可以证明 19 世纪将会成为电力的世纪。他们会提及电冶金工业的发展，人们能运用电化学技术电镀金属。他们也会特别指出电报的兴起，电报的兴起证明自然哲学可以带来巨大的技术进步。

尽管大部分人认为电报可以证明自然哲学能够为技术革新做贡献，但在大西洋两岸，电报的起源还是一直被一个问题笼罩，即科学发现和技术发明的关系到底是什么。1837 年，伦敦国王学院的自然哲学教授查尔斯·惠斯通（Charles Wheatstone）和威廉·福瑟吉尔·库克（William Fothergill Cooke）共同获得了英国第一个电磁电报装置的专利。在海德堡学习解剖学建模期间，库克偶然发现了利用电力实现长距离信号传输的可能性。他尝试建造一个能真正运转的模型机，但失败了。后来，库克联系了惠斯通并且向他寻求建议，惠斯通告诉库克自己也一直在尝试解决长距离电力通信的问题。两个人聚到了一起，在成功申请到专利之后，他们开始游说各个铁路公司的老板采用他们的电报系统来通信。到了 19 世纪 40 年代中期，库克和其他几个发明家成立了电报公司（Electric Telegraph Company），那时惠斯通早已把自己手中的合伙权出售给了库克，用来换取定期的特许权使用费。他们的合作因为无法决定谁可以宣称自己发明了电报而分崩离析。

库克和惠斯通尝试说服对方，但最终只得由一个受双方信赖的仲裁小组仲裁他们对电报发明的所有权。这种情况展示了想要区分科学与技术是多么困难。在很多方面，库克和惠斯通的问题在于他们无法达成评判他们专利所有权的一致标准。库克声称最初制造电报机的点子是他提出的，在接触惠斯通之前他早已着手制造模型机；他早就研究出了电报机实际上如何工作的一套复杂系统（或者按库克的原话，"一个复杂的设计"），他才是将电报机投入实际运用的功臣。惠斯通反驳说，与库克接触之前他也早就想出了电报的点子并且进行了可能性实验。他还冷酷地表示如果不是他对电学原理的高妙理解，库克的模型机永远不可能完成长距离通信。最终仲裁结果小心翼翼地分割了他们对电报发明所有权的要求。库克被称为电报机系统的第一个"设计者"，惠斯通被承认确实为电报机的发明提供了科学原理知识。事实上，仲裁员尝试区分了发明和发现，使得库克变成了电报机的发明者，而惠斯通则是电报的发现者（Morus，1998）。

同样，对电报起源的争论也笼罩了美国。在美国人的认知里，电报的发明者既不是威廉·福瑟吉尔·库克，也不是查尔斯·惠斯通，而是塞缪尔·莫尔斯（Samuel Morse），一位贫困的艺术家。19 世纪 30 年代初，莫尔斯在欧洲旅行的途中观看了电学表演，他从中看到了用电进行长距离通信的可能性。回到美国之后，莫尔斯开始建造电报系统的模型。最终，遵照纽约大学化学教授、莫尔斯的未来生意伙伴伦纳德·盖尔（Leonard Gale），以及普林斯顿新泽西大学自然哲学教授约瑟夫·亨利的建议，莫尔斯成功了。1937 年，莫尔斯在美国为自己的发明申请了专利，并且开始展出他的发明，吸引潜在的资助人（图 18.3）。1843 年，他成功说服美国国会奖励他 3 万美元来改进他的系统，包括将字母变成

图 18.3　塞缪尔·莫尔斯把手放在他发明的电报机上，摆出了一个英雄的姿势

条形纸上一系列点和破折线的组合来传输信息的编码方式。一年之后，他将第一封电报（"上帝创造了何等奇迹"）从巴尔的摩发送到了华盛顿特区。

和库克与惠特斯通的情况类似，莫尔斯和他昔日的伙伴伦纳德·盖尔、普林斯顿的教授（后来成为史密森学会的主席）约瑟夫·亨利之间也有了争论，争论的焦点是科学到底为这个新技术做了多少贡献。这场争论至少部分上源于两位学者想要推翻莫尔斯专利权的企图，他们认为莫尔斯发明的电报是建立在已知的自然哲学原理的基础之上的。盖尔和亨利坚称他们为莫尔斯提供的科学建议与电报系统的运行密不可分。当然，莫尔斯不同意他们的说法，声称他们的建议只是电报的成功运行的次要因素。两位自然哲学家提供给莫尔斯的建议主要是在电报机所需的电磁铁上缠绕线圈的最佳方法。亨利最早通过实验确定了取得不同电磁效果所需的最佳线圈分别是怎样的，并因此确立了他自然哲学家的名声。亨利还声明他早就在课堂上使用了莫尔斯采用的那种继电器来周期性地增强长距离电子信号，早于莫尔斯采用这种继电器发明电报机的时间。上述的两个争论都表明，虽然绝大多数人同意电报是科学应用于技术进步的典型实例，但是确定科学具体贡献了什么可能困难重重。

后来的 19 世纪，电气工程这个新专业和物理学在谁才有实力正确理解电报系统这个问题上依旧剑拔弩张。应用型电报工程师，例如英国邮政局电报办公室负责人威廉·亨利·普利斯（William Henry Preece），认为那些和他一样长期与电力系统打交道的人的经验，才是解决电报系统日常运行问题的最佳答案。奥利弗·亥维赛、奥利弗·洛奇和美国的亨利·罗兰（Henry Rowland）等物理学家则认为事实正相反，他们对苏格兰物理学家詹姆斯·克拉克·麦克斯韦提出的电磁学理论有深刻了解，因此他们才是电报的专家（见第 4 章）。1888 年，理论家利用德国物理学家海因里希·赫兹发现电磁波这件事来辩称麦克斯韦的电学和磁场理论十分有益，而电报工程师愚蠢的实用观点（电在电线中的运动就像是液体流经管道），明显逊于麦克斯韦的理论（Hunt，1991）。这使得电气工程和物理学之间的冲突上升到了最高点。同样，这个冲突部分是关于科学和技术手段在开发新技术中都扮演了什么角色。电报在 19 世纪末维持帝国主义统治上扮演了越来越关键的角色，因此关于电报的争论也更重要（Headrick，1988）。

在整个 19 世纪里，区分发现者和发明者都是一个难题。即便到了该世纪末，托马斯·阿尔瓦·爱迪生（Thomas Alva Edison）这样负有盛名的大人物也认为这两者之间几乎没有实际区别，至少在大众的眼中是这样。爱迪生精心地营造了一个自学成才的公众形象，展示他的成功是因为他有发明的天赋，而不是因为接受过科学的训练（Millard，1990）。在这个公众形象的背后，爱迪生其实充分地利用了那些在他的门洛帕克实验室里辛勤工作的员工的科学素养。对于 19 世纪末 20 世纪初的大众来说，爱迪生绝不是一个孤独的科学和发明天才。爱迪生用他的方式在公众场合尽可能华丽地展示自己和自己公司的新发明（Marvin，1988）。就像技术史学家托马斯·休斯（Thomas Hughes）所说，至少到了 19 世纪末，想要发展与爱迪生有关的工业，例如快速扩张的电力行业，你必须有一个涵盖各行业专业知识的"天衣无缝的网"来战胜爱迪生。20 世纪大规模技术系统的发展向我们展示了任何科学与技术之间的区别都是无意义的。

"看不见"的技术人员

　　关于科学和技术各自作用的争论一直都围绕着脑力劳动和体力劳动之间的关系展开。科学家用自己的大脑劳动；工程师、技术人员和手工艺人则用双手劳动。类似这种争论也经常含有重要的政治意义，因为他们是在讨论各自的社会地位。传统上——大概是从古希腊文明开始——那些靠双手劳动的人被认为在社会地位上低于那些靠大脑劳动的人。在早期奴隶社会，如古希腊或古罗马，任何形式的体力劳动都有着鲜明的社会烙印——体力劳动是奴隶才干的事。中世纪，两种观点在社会上共存：一种观点认为体力劳动对于尊贵的绅士来说太不体面；而另一种，也就是修道院的传统观点，则把体力劳动奉为自我救赎之路。到了近现代早期，不少主张体力劳动同样有尊严的言论出现了。不过，绅士们还是排斥体力劳动。如前文所述，虽然近现代早期自然哲学家模仿绅士的行为准则，但是他们对自己用双手工作和他人用双手工作持有矛盾的看法（见第2章）。

　　如科学史学家史蒂文·夏平所说，近现代早期技术人员（那些在实验中从事体力劳动的人）一般都是不为人知的，除非他出现什么差错。不少实验需要大量专业技术劳动和体力劳动才能成功进行，比如罗伯特·波义耳用空气泵做的实验。空气泵本身必须由技艺高超的工匠制造。然而在波义耳实验成功后发表的文章中，幕后的技术、手工劳动几乎（或者根本）没有被提及。读到这篇文章的读者很容易误以为空气泵实验是波义耳独自进行的。很明显，没有技术人员（或者那个时代对他们的称呼，"实验员"）享有科学知识的著作权。即使是在非常罕见的情况下（比如波义耳曾经注明了一个实验助手的名字，丹尼斯·帕旁），波义耳明确指出曾有一位技术人员事实上做了大部分工作，然而整个实验仍然完全属于波义耳。原则上，17 世纪的经验主义观点认为自然哲学家应该亲力亲为，去从事最不体面的体力劳动。然而实际上，几乎没有自然哲学家愿意这么做（Shapin，1994）。

自然哲学实验、手工技术技能与体力劳动之间的矛盾关系清楚地体现在波义耳同时代的人——罗伯特·胡克的身上。早年，胡克是波义耳实验室的实验助手之一，曾为波义耳的初版空气泵做出了一定改进。1662 年，胡克被任命为英国皇家学会实验管理员。据胡克自己估计，他已经走上了成为自然哲学家的正途。胡克在这方面遭遇的困难反映出从技术人员到自然哲学家的转型有多困难。雇用胡克的英国皇家学会认为胡克依旧是一个技师，他的工作就是依照学会的指示进行实验，而不能自主进行自己的实验。他依旧是一个靠双手劳动的人，特别是他的研究因为体力劳动获得报酬，这些事实使得胡克很难被认可为自然哲学家。人们对工匠和技工在工作中的行为方式和对自然哲学家的行为方式有着不同的期待。那些绅士派头十足的自然哲学家认为，技术人员的可信程度一直都值得怀疑。

19 世纪早期的自然哲学家对技术人员和科学家做事方式的差异有着相似的看法。比如约翰·赫舍尔就认为自然哲学家习惯于做事开放、透明，而工匠倾向于把自己的活动隐藏在迷雾之中。赫舍尔说，如果工匠和技工想要成为科学人员的话，他们必须抛弃自己偷偷摸摸的习惯，学着像自然哲学家一样做事。相反，工匠和技工一直将自然哲学家划分技术和科学的行为，视为剥夺自己劳动果实的非法行为。《机械师杂志》（图 18.4）的创刊

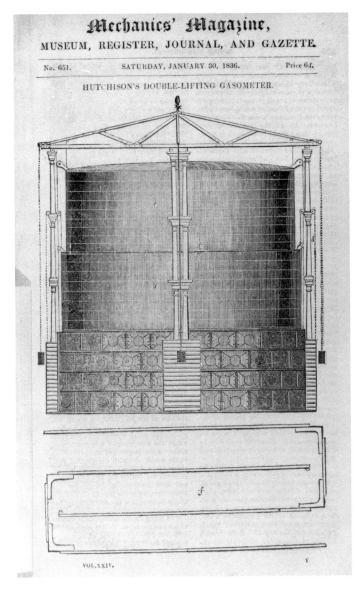

图 18.4 《机械师杂志》1830 年某一期的首页。类似《机械师杂志》的期刊在向受众传播新的技术信息方面扮演了重要角色

人兼编辑约瑟夫·罗伯逊（Joseph Robertson）和托马斯·霍奇金（Thomas Hodgkin）认为，工匠密切接触并且非常熟悉机械和自然发展，因而看待自然运行时有着独特的洞察力。相比赫舍尔这样的绅士，技工更应该被称作真正的科学家。以《机械师杂志》的观点看，自然哲学家经常通过剽窃工艺技术知识来提出新的科学发现，然后宣称他们是新发现的所有者。这本杂志的编辑支持早期技工学院运动的原因之一就是他们希望这次运动可以帮助技工凭自己的本事成为科学人员，不能任凭别人利用他们的知识。

　　《机械师杂志》自称是技工发明家的战士，将对抗科学领域的绅士。有几次，杂志编辑发动了公众运动来保护那几个认为自己对一项发明或发现的所有权受到寡廉鲜耻的自然哲学家威胁的人。苏格兰钟表匠亚历山大·贝恩（Alexander Bain）就是其中一员。贝恩声称查尔斯·惠斯通剽窃了他的电子表，《机械师杂志》因此开始为贝恩辩护。杂志把惠斯通描述成一个单纯的剽窃者，想利用自己自然哲学教授的社会声望来否认一个工人对其发明的所有权。在另一个与此类似的关于电冶金学的争议中，一方宣称电冶金学并不是新发明——只是把已知的自然哲学原理应用到了工业进程中。与此相反，《机械师杂志》准备把这个"发现"与牛顿发现引力相比较。他们肯定没有认识到约翰·赫舍尔和查尔斯·巴贝奇口中科学家和技工实践操作的不同之处。在他们看来，这种争论只是关于谁有权向社会宣布拥有某项发明或发现的所有权而已。

　　相反，巴贝奇和赫舍尔都准备好去宣称科学与技工和工匠的工作实践不仅在原理上不同，而且为了保证持续稳定的经济和技术发展，科学原则应该被应用到那些工作实践中。为了保证经济和技术一定会进步（不再仅仅是一种可能性），人们的工作必须服从精细的、持续的科学监管。从这个角度看，科学和技术的关系似乎是一种等级关系，科学和科学家牢牢地控制着这种关系。整个 19 世纪直到 20 世纪初，科学家一直要求国家出资支持科学和教育，他们的要求一般是这样：科学是技术进步的唯一真正来源；为了保障技术进步，科学和技术之间必须保持严格的等级关系。20 世纪初，泰勒主义和福特主义等新型管理哲学刚刚出现时，也拥有与科学家要求相似的特质。让工作更加高效就应该严格地把科学原理应用到工作中。这意味着把工人对如何完成一项具体工作的操作和想法替换成经过科学培训的经理的操作和想法，正如赫舍尔曾经坚持认为工匠隐蔽工作的传统需要被科学的透明方法替代。

我们应该从上述例子之中看到，历史上，确定科学和技术的关系比确定哲学或认知论的正确程度要更困难。西方社会传统上认为那些用大脑劳动的人——在本文的语境里特指科学家——在文化地位上要高于那些用双手劳动的人。正如我们所见，脑力劳动一般在认知论上被认为比体力劳动更优越——换句话说，人们认为脑力劳动级别高于体力劳动。这可能就是赫舍尔或者巴贝奇在用等级论论证科学和技术的实际关系时所想到的。这也是波义耳在界定他和实验助手的关系时所想到的。因此，这种哲学上的等级关系带有一些重要的文化和政治内涵。对波义耳来说，一个人做的事（或者不做的事）是其社会地位的重要暗示。波义耳的想法也适用于 19 世纪的情况。《机械师杂志》编辑和其他一些人强烈主张科学和技术最终是可以互换的活动，而他们如此强烈主张的原因就是他们希望重新界定传统上科学和技术的等级关系。也就是说，重新定义科学和技术的界线，曾经（现在也是）等同于重新定义科学和技术从业者的社会地位。

结论

关于自然科学和技术，以及它们两者之间关系的争论至今都没有停止。回顾历史，我们可以知道这种争论没有所谓的正确或错误答案。不同的年代里，不同的人会从各种角度看待科学和技术的联系。弗朗西斯·培根和其他的 17 世纪的新科学支持者认为，自然哲学经过合理组织的话可以成为发现和发明的源泉。这种观点其实是为了把他们的科学和其他学者的科学区分开来。新科学支持者也只是世俗之人，他们希望自己的科学在社会上享有重要地位。19 世纪，支持国家资助科学的英国人声明科学是技术进步的关键。根据这种观点，科学和技术之间其实有明确的等级关系。科学家发现新知识，这些新知识又可以为经济所用。查尔斯·巴贝奇认为，只有对发明流程进行科学管理才能保证国家进步。反对国家资助科学的人，例如惠威尔，否认科学和技术之间存在任何联系，认为它们两者对对方的发展没什么作用。20 世纪，科学既是学术学科又是工业行业，许多大学的科学家认为比起工业领域的科学，他们研究的科学才更"纯粹"。

我们还可以发现，过去历史学家对科学和技术关系本质的观点经常能够反映他们对于时事的看法。例如，科学史学家乔治·萨顿、亚历山大·柯瓦雷或赫伯特·巴特菲尔德都急切地想摒弃科学和技术之间的联系，因为他们想要为现代科学树立独特的形象。和他们的学术科学家同事一样，这三位认为科学是纯粹的智力成果，更像是人道主义者而不是技术人员或者官僚关注的活动。他们还希望让科学远离马克思主义的经济决定论，如历史学家鲍里斯·赫森和 J. D. 贝尔纳等人所持的"科学和技术紧密相连"的观点。作为马克思主义者，赫森和贝尔纳想要证明科学是与现代资本主义发展相关的特定经济形势下的产物。科学是特定历史环境而不是个人才智的产物的观点令很多智慧的历史学家厌恶，历史学家（如惠威尔）认为科学跟随其内在的逻辑发展，不是对特定的文化进步做出的反应。在他们看来，要保护科学免受文化污染，就必须把科学和技术分割开来。在现代的背景下，科学家、工程师和政策制定者越来越怀疑科学和技术之间的界线，历史学家也正在重新思考科学和技术关系的历史关系。

第 19 章

生物学与意识形态

　　在现代，大家都知道生物知识可以应用到人类身上，但每一次试图创造一个基于生物学的人类本质的解释，都会引起争议。"我们的行为是由生物学过程决定的"这一观点被认为侮辱了人类的尊严和道德责任感。如果思维只是大脑物理变化的反映，那么我们反而应该向神经学家而不是哲学家寻求道德甚至政治问题的答案。而且如果大脑是自然进化的产物，那么对进化过程的研究应该可以解释为什么我们被编程成现在的行为模式，或者可以向我们展示达成社会进步的最佳方式是什么。不可避免地，这些问题不仅引发了道德和神学问题，还引发了政治或意识形态问题。科学家或者哲学家宣称大脑是思维的器官，反而是空想家利用上述观点证明一些社会行为的合理性，如限制据说有智力缺陷的或者天性危险的人的生育等。自由主义者认为几乎所有想要把科学应用到人类的尝试都值得从政治角度进行质疑，并且他们经常用历史来解释他们预见的危险。自由主义者警告人们小心"社会达尔文主义"和早期为种族主义提供科学依据的活动留下的毒瘤，由此，他们似乎想要把现代形式的生物决定论定义为保守政治动机的产物。于是，历史成了对立意识形态的战场，人们为了捍卫各自的现代观点布下雷区，科学史学家不得不在其中工作。

　　历史学家把大量精力放在了一些重要领域中，在那里生物被应用于社会事务，他们清楚地知道自己的所作所为颇具有争议性（Bowler，1993；Smith，1997）。大量文献记载了他们如何尝试证明人类的天性是由大脑结构、智力或行为模式的遗传限制，或者进化过程的本质决定的。在一些较早的文献中，他们还尝试按照习惯把科学刻画成客观的、不涉及价值观的知识的来源，他们仅仅承认，产生于科学的观点和理念可能会被想把它们用于现实世界的人故意歪曲。比如说，达尔文理论是好科学的产物，但是社会达尔文主义是从达尔文理论中歪曲剥离出来的、被用于社会事务的错误理论。最近，历史学家开始从意识形态的角度来解读科学领域的争议。过去的科学提供客观理论的观点已经在许多方面失败了，社会达尔文主义领域是其中最明显的，在社会达尔文主义领域内，科学知识蕴含的人类企图十分直接。我们越来越确定，不同历史阶段中什么理论会被认定为科学知识实际上受到了当时社会价值的影响（虽然并不是决定因素）。在这场运动中，一个权威的观点认为"达尔文主义是社会的"（Young，1985a）。问题并不是达尔文主义被应用到社会，而是社会想象进入了科学结构本身。颅相学是对大脑定位的早期理论，其兴衰被"爱丁堡学派"的先锋人物作为案例进行研究（Shapin，1979）。爱丁堡学派非常积极地支持科学由社会构建的理论，然而科学家反对这个理论，认为它是在挑战科学家的客观性。如果历史已经告诉我们早期尝试把生物学用于人类天性研究的行为是受到了社会价值的影响，那么参与现代讨论的人不应该忘记这一教训。

　　本章重点放在那些历史学家特别关注的话题上，从精神功能的大脑定位讲起。我们还会关注达尔文主义这个复杂的领域，注意非自然选择论的进化论者在推广所谓的"达尔文主义价值观"的过程中的重要性。最后，我们将会关注断言种族之间有生物学区别的理论，以及打着"优生学"（弗朗西斯·高尔顿为人类选择性生育的计划发明的专业术语）标签的各种基因决定论的实际应用。但上述领域并不总是那么界限分明，它们都依赖"大脑决定行为"这一推论，可这个推论在人们关注特定行为模式的进化起源时总是被遗忘。所谓种族之间的智力差异就是人类性状由遗传决定、不因后天学习而改变这一普遍理论的证明。决定论本身就经常建立在对进化如何影响遗传性状的推测之上。关于"先天"和"后天"因素哪个更能决定人类行为的争论，引发了有关生物科学和社会科学关系的不少问题。社会生物学这样的现代理论可能因此把不同来源的影响因素融入了生物学发展中。科学史学家（唯一的例外是鲍勒）还非常不了解研究人类起源的古生物学，虽然这可能也没多大影响；不过古生物学家倒是非常清楚自己学科的历史，以及这段历史在多大程度上揭示了科学思潮会被社会主流价值观所影响。

思维和大脑

18 世纪启蒙时期的唯物论者挑战了灵魂的正统概念，宣称人类的思维只是大脑和神经系统运转的副产品。如果笛卡儿可以把动物看作纯粹的复杂机器，那么为何不能把人类也看作相同的机器呢？J. O. 德·拉梅特里和狄德罗等唯物主义者认为，生病期间大脑的变化会让思维发生相应的改变，一个患有黄疸的人看所有的事物都偏黄。但是即便引用了医学和其他方面的证据，唯物主义者依旧没有尝试建立一个关于大脑运转的精密科学。他们的计划更多地在哲学方面得到了发展，不过他们攻击传统宗教信念的计划背后有着明确的社会目标——大革命前的法国，教廷牢牢地掌控了政治。

另一次对"思维只存在于精神层面"观点的集中攻击出现在 19 世纪早期，也就是颅相学萌芽之后（Cooter，1984；Shapin，1979；Young，1970）。这次运动由弗朗茨·约瑟夫·加尔和施普尔茨海姆领导，却在英国引起了广泛关注。通过研究大脑的解剖结构和人类的行为，加尔和施普尔茨海姆假定了一系列独立的精神功能，并把这些功能分别定位到大脑的特定区域上。个人的行为实际上是由大脑结构决定的，而大脑结构被认为可以通过颅骨的表面形状来判断。所以，一个人的天性可以通过对其头部的研究来"解读"（图 19.1）。19 世纪 20、30 年代颅相学开始流行，即便当时的哲学家和解剖学家都公开反对颅相学。在英国，颅相学的代表人物乔治·库姆把颅相学与改良主义社会政策相联系，该政策的基础论点是，人们只有了解自己的精神强项和弱点才能更好地掌控自己的人生。库姆的《人的结构》是 19 世纪早期最畅销的书籍之一。

颅相学经常被人们归入伪科学，因为解剖学家说得很对，大脑的结构并没有反映在颅骨的形状上。历史学家现在把这种简单的否决看作后见之明的产物，它忽视了颅相学最基本的主张最终是符合正统科学的。19 世纪后来对于大脑定位的研究就成功证明了一些精神功能是在特定大脑区域里发生的，因为特定区域的损伤的确影响了对应功能。在这种情况下，我们需要提出一个更复杂的问题：谁来决定什么能算作科学知识？夏平和库特（Cooter）

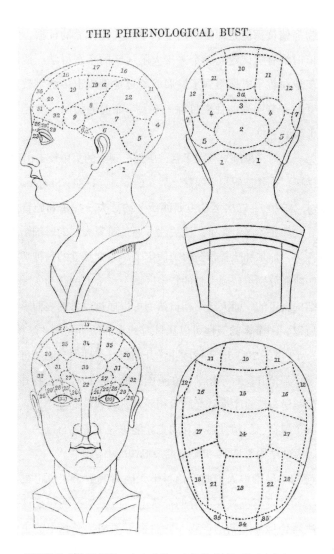

图 19.1　颅相学的大脑示意图，出自乔治·库姆的《颅相学元素》(*Elements of Phrenology*，1841) 卷首图。头部被分成许多部分，每个部分都对应一个特定的精神功能，也就是这部分颅骨正下方的大脑区域直接控制的精神功能。颅相学家通过触摸颅骨的轮廓来找出突起部分——证明那个部分下方的大脑比较发达，从而解读一个人的个性。后来的批评家把颅相学称为伪科学是因为颅骨并不能反映出大脑的轮廓

表示那些从改良主义社会政策（库姆等人把颅相学和改良主义社会政策联系在了一起）中获益的人认可颅相学。但保守派的思想家拒绝颅相学，他们偏爱人类灵魂与身体是相互分离的传统理论。颅相学影响了许多著名思想家，包括一些后来为大脑解剖学做出贡献的人。颅相学第一次被排除出学术科学的事件不仅为我们展示了客观评判理论的过程，更为我们揭示了影响科学界的态度的社会进程。

神经生理学的进展最终证实了某些精神功能的确依赖于大脑特定区域的正常工作。1861 年，保罗·布罗卡（Paul Broca）发现了如果某块区域受到外力击打的损伤，那么人会丧失语言能力。19 世纪 70 年代，大卫·费里尔（David Ferrier）等人继续了布罗卡的研究。费里尔深深受到哲学家赫伯特·斯宾塞的影响。斯宾塞 1855 年的著作《心理学原理》提出了关于精神能力的进化观点，并利用这个观点宣称人类天性会自行适应社会变化。对斯宾塞来说，个人的思维早已被其祖先的经验所影响：习得的习惯通过遗传变成了天生的行为模式。斯宾塞的心理学建立在拉马克的获得性状遗传理论之上，但他对习得习惯可以被遗传的推测是基于一个信念：习惯是由大脑既定结构决定的，而大脑结构可以通过生物学的遗传传递给下一代。斯宾塞的心理进化论也与他所谓的社会达尔文主义（下文会介绍）相关。

费里尔的工作后来被查尔斯·谢灵顿（Charles Sherrington）爵士扩展到了对神经系统运动复杂性的解释之上。但查尔斯·谢灵顿对精神状态避而不谈，保证了神经生理学与心理学的相互区别，但这可能阻碍了心理学作为一门科学在英国的未来发展（Smith，1992）。科学自然主义的支持者在思维和大脑的争论中扮演了更重要的角色。例如 T. H. 赫胥黎和约翰·廷德耳就认为精神活动只不过是大脑物理活动的副产物。他们承认精神世界不可能还原成物质实体，但还是坚持认为思维无法对物质世界施加决定性影响。1874 年，廷德耳在他著名的贝尔法斯特演讲中宣称，科学寻求从自然主义角度解释包括思维在内的万事万物，因此把宗教边缘化了。20 世纪，大脑定位的发展证实思维和大脑之间的关系拥有真实但复杂的本质。但是这些发展成果并没有被历史学家记载在册，即便它们已经万众瞩目。

颅相学也在进化论争议中扮演了一定角色。进化学家自然欢迎"当动物的大脑变大，它们的精神能力就随之增强"的想法。著名作家罗伯特·钱伯斯 1844 年匿名出版了著作《创造的自然史的痕迹》，书中明确指出颅相学和进化的联系（Secord，2000）。到了 19 世纪 60 年代，达尔文已经向大众普及了进化论，所以许多人就理所当然地认为动物大脑的体积和动物的精神发展水平大致成正比。达尔文可以继续探索一个明显的事实：按照时间顺序，地球上的生命的大脑容量的确不断增大，就如化石所展示的那样。但是进化和大脑定位之间的联系被应用到人类自身的进化上时产生了更加深远的影响。

体质人类学和种族理论

早在 17 世纪，解剖学家彼得鲁斯·坎珀（Petrus Camper）等人就已经比较了人和猿的身体结构，并声称有色人种是人和猿的过渡阶段（Greene，1959）。坎珀提出了"面角"（facial angle），即水平面和下颌、鼻子、前额连线之间的角度。面角小的人有后倾的额头，是人们的偏见里智商低的证据。猿拥有非常小的面角，但是坎珀和其他体质人类学家也把有色人种塑造成面角介于猿和白种人之间的形象。到了18世纪末，人类学家 J. F. 布卢门巴赫（Blumenbach）等人开始根据颅骨形状特征（布卢门巴赫拥有来自世界各地的颅骨藏品）在人类中区分出不同的种族。这些描述经常被刻意扭曲，使得有色人种看起来劣于白种人（图19.2）。颅相学能帮助理解这种观点：如果思维是大脑的产物，那么大脑大的人应该更聪明。看起来，布卢门巴赫的论点只是宣称一些人种的颅骨更大所以智力更高的其中一小步而已。

19世纪早期，体质人类学家决心证明有色人种在智力上弱于白种人，因此开始利用颅骨测量法（测量脑容积的方法）来支持他们的论点（Gould，1981；Stanton，1960）。塞缪尔·乔治·莫

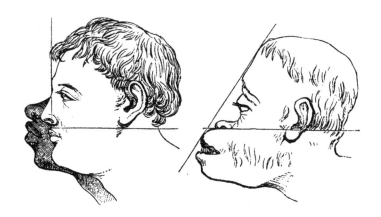

图19.2 欧洲人、黑人和猿的面角图，出自罗伯特·诺克斯（Robert Knox）的《人种论》(*The Races of Men*，伦敦，1851)，第404页。面角由从前额到嘴的连线与水平线决定，尖锐的面角意味着前额后退，是人们观念中脑子小智商低的特征。诺克斯显然希望他的读者相信黑人的大脑体积和智力程度介于猿猴和欧洲人之间

顿（Samuel George Morton）使用体积测定技术，用鸟食或铅粒测量颅脑容量。他宣布有确凿证据证明白种人的颅骨是最大的——古尔德认为这种粗糙的测量方式会轻易受到科学家潜意识里的歧视的影响。布罗卡也把颅骨测量法应用到了体质人类学之中，之后他开始相信人类被分成了几个不同的物种，每个物种的精神力量都不同。他在巴黎创办了一个人类学社团，积极地推广各人种生来就不同的观点。在英国，解剖学家罗伯特·诺克斯也阐述了相似的观点。他曾因为从伯克和海尔——这两个盗墓贼兼杀人犯手里购买尸体用于解剖而名声败坏。诺克斯把重点放在他认为的人种之间先天的智力和体质差异之上。在他的《人种论》（初次出版于 1850 年）中，诺克斯写道："对于我来说，人种，或者说遗传血统，是最重要的。这两者彰显了一个人的全部。"他对黑人和爱尔兰人的天性尤其贬低。诺克斯的门生詹姆斯·亨特不久后在伦敦建立了一个和布罗卡的社团目标相同的科学社团。达尔文发表进化论之后，人们几乎理所应当地认为"低等人"是人类进化的前几个阶段的遗留产物，"低等人"的原始天性也可以从他们较小的大脑和不太发达的智力中推测出来。据传，达尔文在其《人类的由来与选择》（*Descent of Man*，1871）一书中收录的数据支持了上述观点。体质人类学一直繁荣发展到了 20 世纪初，并且经常因为其推测"低等"人种是人类进化前几环的产物而被与进化论相连（详见下文；Haller，1975；Stepan，1982）。上述观点此后基本上被排除在科学之外，至少表面上是这样，但是其遗留产物还在影响着大众的争论。

优生学运动（下文讨论；见图 19.3）的发起人弗朗西斯·高尔顿积极倡导把颅骨测量法用在活人身上。高尔顿希望通过测量颅骨来区分人种——他也通过大量实际测量创立了一套系统的精神力量测量方法。20 世纪初，智力测试被用来证明有色人种智力低下，这种智力测试其实也是基于大脑质量测量的。在美国，智力测试的问题都是从中产阶级的知识储备中选取的，因而黑人或者刚刚移民美国的人无法彻底展现出他们的智力水平（Gould，1981）。

文化和生物学发展

进化论对维多利亚时代人们的自然观和社会观产生了巨大影响。达尔文在他的《物种起源》避而不谈人类的起源，因为他意识到这个事情必然会引发巨大的争议。但不久之后赫胥黎证实了人和猿的相似性，尤其是在大脑结构方面。不过引起争论的不仅是这两者解剖学上的关系。理性能力和道德能力曾被认为是区分人类和其他动物的证据，那么人类相对猿猴来说增大的大脑容量是否证明了人类思维以及理性和道德能力是由脑容量增大产生的？在达尔文出版他的著作之前，哲学家赫伯特·斯宾塞已经建立了一个关于人类思维的进化论观点。考古学家和人类学家也提出了文化和社会从原始起源开始发展的观点。1871 年，达尔文出版《人类的由来与选择》的时候，已经有许多探究进化论对人类思维出现和社会发展的影响的研究可供达尔文参考。19 世纪后半期，人们对人类科学中的进化模式非常感兴趣。其中一些进化模式强调生存竞争是人类发展的动力，这一理论被许多人称为"社会达尔文主义"。但另一些进化模式中的一些元素并非直接引用自达尔文学说，所以我们首先应该探讨社会进步论者的进化观的巨大影响力。

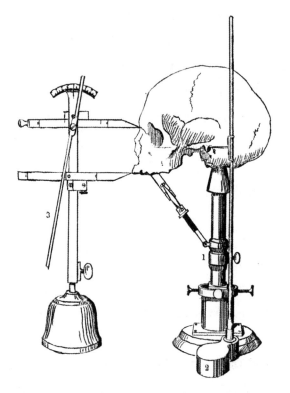

图 19.3　测量颅骨的颅脑测量仪器，可以测量包括面角在内的数据。出自约翰内斯·兰克（Johannes Ranke）的《人》（*Der Mensche*，莱比锡和维也纳，1894），卷1，第 393 页

　　几乎所有的心理和社会进化模型都认为，发展在于不断地成熟。类似的模型都是 19 世纪晚期的人类学家提出的，他们希望解释他们从世界各地看到的不同文化和社会（Bowler，1989）。虽然人类学的旧作曾经假设进化论视角是由达尔文革命刺激产生的，但现代的研究还是倾向于把这两者看作同一文化价值观的平行产物。支持进化论的人类学家，如英国的爱德华·B. 泰勒（Edward B.

Taylor）和美国的路易斯·H.摩根认为现代"野蛮人"是白色人种的祖先史前时代就经历过的文化发展阶段的遗留物。他们的观点来自考古学家 19 世纪 60 年代以来的新发现，这些新发现证实人种区别有着悠久历史，并且首次提出了"石器时代"的概念。地质学家查尔斯·莱尔在他的《人类的古老历史》（*Antiquity of Man*，1863）中总结了上述证据。人类学家根据发展程度对所有现存文化进行了分类，从石器时代的野蛮状态开始到现代的工业文化结束。他们并没有用相异的进化来解释文化差异，而是用同一进化的不同发展阶段来解释文化差异。最初，人类学家反对文化上更"原始"的人智力上也逊于白种人的观点，但是达尔文主义的出现使得他们越来越不知道如何把精神发展和文化发展区分开来（见第 13 章）。

　　在达尔文的理论发表前，赫伯特·斯宾塞的进化哲学就已经把精神、文化和社会发展紧紧联系在一起（Richards，1987）。斯宾塞的心理学强调"人类天性"并非只有一种——人类的思维被社会环境左右，社会环境越具有刺激性，人的智力发展程度就越高。反过来，人的智力发展程度越高，社会发展得就越快，在智力和社会发展之间建立了一个反馈环。根据这个模式，那些保持了原始技术水平（被认为是原始社会结构的证据）的人种肯定是卡在了智力进化的较低阶段。原始人从生物学和文化上都算是过去的遗留物，保持了仅仅稍高于猿猴的智力水平。

　　达尔文一开始研究进化的时候就秉持着唯物主义者对思维的看法。达尔文对人类本能的起源非常感兴趣，他认为本能是进化过程中烙印在人类大脑中的行为模式。斯宾塞吸收了拉马克的观点，认为习得习惯可以通过获得性状遗传转化为遗传本能。但是达尔文意识到自然选择也会影响本能，因为行为模式中有一些变量。在

《人类的由来与选择》中，达尔文从拉马克主义和群体选择（group selection，在不同群体的竞争中，拥有最强社会本能的群体最终存活）过程两方面解释了社会本能的起源。在达尔文看来，人类在努力合理化控制着社会互动的本能，让它成为所有道德系统的基础。

达尔文承认从长期来看，进化过程逐渐提高了动物的智力水平——虽然他知道许多生命之树的分支并没有向着更高水平发展。达尔文认为，人类能发展出远超猿类的智力水平是因为我们的祖先做出了正确的选择：搬出森林来到非洲的平原上，并因此而开始用双手制造原始工具。然而，绝大多数进化论者都对人类和猿类可能在一个关键转折点而走上不同进化之路的观点不感兴趣。他们建构了一条精密但属纯猜想的从动物王国到人类的精神发展轨迹，并且推测这种进化过程毫无疑问地将会沿着原来的方向稳定发展（Richards，1987）。该观点可以从乔治·约翰·罗马尼斯的作品中找到，罗马尼斯后来成为达尔文在精神进化领域的重要门生。在美国，思维的进化模式是由詹姆斯·马克·鲍德温（James Mark Baldwin）和 G. 斯坦利·霍尔提出的。

19 世纪末的发展理论中，一个重要元素就是重演概念。重演论主张物种进化的历史会在个体发育的过程中重演（Gould，1977）。在生物学领域提出重演论的是德国的达尔文主义者恩斯特·海克尔和法国的新拉马克主义者爱德华·德林克·科普等人。重演论给出了一个必然不断成熟完善的进化模式——进化就是正常向前发展，就像胚胎发育一样。进化心理学家坚信个人的思维发展经历了与动物进化模式相似的精神进化。罗马尼斯以不同的动物智力水平为标准明确测定了特定年龄儿童的智力水平。此模式支持了原始人种（被推测是从猿进化到人的早期阶段的遗留产物）的智力水平大致相当于白种人的儿童，稍稍高于猿类的观念。在意大利，切萨雷·隆布罗索（Cesare Lombroso）提出了一个"罪犯人类学"理论系统，该理论认为罪犯的思维能力和原始人类的类似——这些罪犯也可以被归入人类进化早期阶段的遗留物。

通过重演论，进化论对西格蒙德·弗洛伊德的分析心理学——最具争议的对人类思维的看法——产生了影响（Sulloway，1979）。弗洛伊德起初研究的是神经系统，但后来他放弃了这种研究精神功能的途径，开始把精神疾病看作纯粹的心理压力的产物。弗洛伊德将无意识思维状态形象化，那是人类进化过程中的动物阶段的遗物，主要由性冲动激发。早期进化论者认为后期形成的、进化程度较高的精神功能控制着我们的人格，但是弗洛伊德认为有意识的思维在努力应付那些无意识产生的、无法被社会接受的冲动。19世纪的乐观进步主义败给了一个更残酷的、影响了整个20世纪的人格观点。弗洛伊德坚称他排斥生物学因素，可他的理论却建立在思维是由不同的进化层组成的观念之上。他急于让自己摆脱达尔文主义的根源，这吻合20世纪人类科学的普遍趋势，当时实验心理学、社会学和文化人类学也都主张生物学因素并不能提前决定人类行为模式，并进而确立自己独立学科的地位（见第13章；Cravens，1978）。

社会达尔文主义

精神和社会进化的驱动力是什么？根据达尔文的自然选择理论，在生存竞争中，不适者被淘汰，那些最好地适应环境的个体得以生存繁衍。当然，许多"社会达尔文主义者"声称生存竞争就是进步的动力。如果像一些历史学家那样假设达尔文的理论是从生物学领域转化到社会领域，其实是颠倒了前后顺序。我们知道达尔文本身受到了托马斯·马尔萨斯的人口扩张理论的直接影响，而马尔萨斯理论则是自由放任经济思维的典型产物（见第6章）。这使得罗伯特·M. 扬（Robert M. Young）等历史学家认为意识形态价值被根植在科学进化论的中心。达尔文的思想显然反映了当时的个人主义社会哲学，虽然他早已超越马尔萨斯，愿意把斗争看成一种创造力。不过如果科学理论本身就折射了社会价值观，那么科学家宣称社会应该建立在竞争的"自然"原则之上，从而用科学理论为作为它基础的意识形态辩护也就不奇怪了。

有不少关于 19 世纪晚期"社会达尔文主义"浪潮的文章，其中，斯宾塞带头支持自由企业体制通过生存竞争得到发展的论调。成功资本家运用适者生存的比喻来支持自由企业体制。霍夫施塔特（Hofstadter）的文献研究（1955）和最近霍金斯（Hawkins）的研究（1997）支持的传统理论则认为上述观点受到了达尔文学说的启发。然而，一些历史学家则非常谨慎，指出"社会达尔文主义"这个术语是由一些作家提出的，他们自己反对生存竞争应该在人类事务中发挥作用的观点。清楚的是，许多不同社会政策都可以用所谓的达尔文原则来辩护（Bannister，1979；Jones，1980）。自由企业运动中的批评家广泛使用"社会达尔文主义"这个术语，显示达尔文理论蕴含在这场运动之中。同时，自然选择理论无疑是自由企业意识形态的一部分。自然选择并不是唯一一个以这种方式被利用的生物学机制。其他理论，尤其是拉马克主义，也陷入了"竞争才能带来发展"的解释之中。社会达尔文主义可能是这场运动一个方便的标签，但这个叫法也很容易让人误以为，现代生物学家选出的达尔文最重要的洞见为19世纪晚期社会思想提供了主要灵感。

　　自由企业体制处在19世纪资本主义的核心，人们广泛探讨的一种社会达尔文主义模式就是该理论为自由企业体制辩护的实际方法。自然与社会的相似性似乎很明显：如果自然通过选择生存竞争中适应性最强的个体而实现进化（推测应该是不断向前发展进步的），那么社会可以通过相似的竞争选出每一代人中最优秀的人类，保证社会的进步。建立这种社会达尔文主义模式的人据说是赫伯特·斯宾塞，他的进化哲学在英国和美国（尤其是美国）受到了普遍欢迎。不少最成功的、也是最残酷的美国资本家都自认为是斯宾塞的支持者。

　　斯宾塞绝对是无节制个人主义的支持者，因为是他而不是达尔文创造了描述自然选择过程的术语——"适者生存"。他的哲学和生物学达尔文主义之间的联系看起来非常明显。但是有分析假设达尔文的自然选择理论（通过斯宾塞）为资本主义发展服务，这其中存在一些问题。首先，我们可以看到自然选择理论在19世纪晚期的生物学家中并不受欢迎——那么为什么自然选择理论被当成了社会政策的科学基础呢？斯宾塞本人虽然肯定支持自然选择理论的作用，但他一生都是拉马克主义者，会在科学批评家攻击拉马克理论时积极反击。拉马克理论同样呼应了斯宾塞的社会进化论：对斯宾塞来说，竞争的作用不仅是淘汰不适者，还迫使所有人进一步适应环境。当受到竞争的刺激时，大多数人将学着提高自己（虽然一些不幸之人可能没办法从中获益并最终付出代价）。如果拉马克的获得性状遗传理论是正确的，那么这些人的进步肯定会传递给下一代，并使全人类获益。不论是当年还是现在，少数几个自由企业制度支持者总是宣称所有人必须倾尽全力去保证社会进步。他们认为国家的福利使得人们变得懒惰，不愿意学习新的技能来替代过时的技能。所以，被称为社会达尔文主义的内容可能是社会拉马克主义的一种形式。更恰当地说，达尔文主义和斯宾塞的拉马克主义都是资本主义意识形态在科学领域的反映。不过，拉马克主义的内容才是更受欢迎的，至少 19 世纪 60、70 年代斯宾塞还具有强大影响力的时候是这样。

部分是因为人们过分关注斯宾塞思想中的达尔文主义内容，拉马克主义随即成为反对残酷社会政策的人惯用的理论。拉马克主义者，如美国的莱斯特·弗兰克·沃德（Lester Frank Ward）等人，相信他们的理论提供了一条通往社会进步的高尚道路：如果教育孩子学会合宜的社交行为，那么孩子形成的行为习惯最终会成为遗传本能；人类会因此而变得更加社会化。上述观点当然是利用拉马克理论的一种可行方式，不过我们不应忽视拉马克主义在斯宾塞对自由企业的支持中扮演的角色。对斯宾塞来说，"人生学校"比任何国家支持都有效，因为支撑其课程的是失败后受惩罚的苦难。我们也需要注意到拉马克主义在推广重演论时发挥了重要作用，它有力地强调了"原始"心智的低等性。19 世纪的许多思想家都想当然地认同种族等级论，而此理论事实上建立在社会进步论者的进化观上，就像斯宾塞主义那样，这些理论既依赖于拉马克主义又依赖于达尔文主义。达尔文并没有摆脱他那个年代典型的进步观，不过他明白，在大部分进化的例子之中，"适应性"必须单独定义成适应当地的环境。因此这不能证明世界上存在一种绝对的身体、精神或者文化完美程度的衡量标准。

　　进化论被应用到了种族问题上，这将我们引向了社会达尔文主义本质的另一复杂面：在同一种群中，除了个体竞争之外，在其他层次上应用竞争概念的可能性。19 世纪的思想家一定程度上承认自然选择的作用，不过在他们看来，它的作用大部分是消极意义上的。他们不相信竞争可以创造新的生命形式，但是它应该可以淘汰进化过程中不太成功的产物。拉马克主义和其他更积极的机制才能创造新生命形式。如果进化已经创造了几个不同的人种（所谓的不同种族类型），那么这些人会处于相互竞争之中，从而决出哪个人种才是最先进的。这场竞争对输家的惩罚就是灭绝。几乎没有欧洲或者美国的科学家怀疑白种人的优越性，他们认为"低等"种族是活化石，是居住在至今都没有被高等种族入侵的地区的一批人类进化早期阶段的遗留物。现在，成功的白种人正在殖民整个地球，那些低等人种就必须在种族生存竞争中出局。19 世纪正在成为帝国主义的世纪，达尔文主义也因此被用来为白种人的行为辩护，他们正征服甚至灭绝生活在自己垂涎的全球各处土地上的原住民。达尔文主义者和帝国主义者卡尔·皮尔逊曾写道，没人需要为"能力强又健壮的白种人替代了那些既不能充分利用自己的土地为全人类谋福祉、又不能把自己的知识贡献给人类智慧宝库的深色皮肤的原住民部族"感到遗憾（Pearson，1900，369）。更具适应性的黑人只能存活在热带地区，在新世界秩序中被天然的优等种族统治。到了 20 世纪早期，大肆杀害或者潜在性灭绝美洲和澳大利亚原住民的行为，被与石器时期的现代人祖先消灭尼安德特人的行为相提并论——都是向前进化的过程中不幸但必要的征服行为（Bowler，1986）。

　　甚至欧洲各国之间的对抗都可以被视为白色人种内部为了统

治世界而进行的生存竞赛。早在 1872 年，英国的政治作家沃尔特·白哲特（Walter Bagehot）就在《物理和政治》（*Physics and Politics*）中把自然选择的逻辑用在国家对抗中。他传达的信息是：任何支撑国家权威的事情都可以极大地提高国家凝聚力，从而抵御外国的威胁。19 世纪，国家之间的敌意不断升级。到 19 世纪末，人们普遍认为一场决定谁才能称霸欧洲的战争在所难免（Crook，1994）。德国的军旅作家坚持认为一场证明德国文化更优秀的战争是正义的，甚至是必要的。这些国家斗争带来的必然结果就是第一次世界大战。当美国生物学家弗农·凯洛格（Vernon Kellogg）到比利时的德国防线上参观时，他发现德国军官团都信服上述国家主义社会达尔文观点。恩斯特·海克尔的进化哲学在其中扮演了关键角色，也有人认为海克尔影响了下一代德国人纳粹意识形态的发展（Gasman，1971）。不过这个观点很具争议性，部分上是因为海克尔只是清晰表述了当时广为传播的偏见，包括非达尔文论者在内的许多人都相信这种偏见。海克尔肯定支持种族等级论，并且设想了人种之间的竞争。不过和斯宾塞一样，他的进化论也既属于拉马克主义又属于达尔文主义。

斯宾塞主义一直被认为是最基本的社会达尔文主义形式，然而国家竞争的观点与斯宾塞主义完全相悖。斯宾塞本人讨厌军国主义和爱国主义，认为它们是社会进化的封建时期遗留下来的早已过时的产物。面对外部威胁，这些提出了国家控制的意识形态，把重心从斯宾塞提出的社会中个人自由竞争转移到几个政府的竞争之上。相互敌对的意识形态可以各自利用社会达尔文主义的不同方面来为自己辩护，这显示社会达尔文主义显然不是一个统一的体系，并且使得人们很难把自然选择理论看作社会或政治思想

发展中的积极参与者。一般的进化观点和解释进化如何发生的具
体理论——比如达尔文主义和拉马克主义——为人们提供了一个比
喻和修辞的宝藏，等待着当时的政治写手去挖掘。而且毋庸置疑，
达尔文、斯宾塞，以及其他许多人的生物学理论都受到了文化价
值观的影响。把 19 世纪流行的各种社会达尔文主义形式看作达尔
文自然选择论的副产物的话，你就夸大了科学界的影响——是这
些科学家反映了当时的意识形态，而他们的想法充其量只是为已
经实施的政策提供合理性。我们必须注意到，19 世纪晚期流行的
达尔文主义提出了进步进化的一般性理论，在其中自然选择作用
有限。事实上，随着遗传决定性状的僵化观点的兴起，生物学与
关于人类本质的观念的交汇之处还将发生重大变化。

遗传和基因决定论

19 世纪，一些思想家宣称人的能力水平是由他的种族起源预
先决定的，实际上他们是在推广一种生物或遗传决定论。自由主
义思想家回应道，社会背景和教育在人的性格和能力的形成中扮
演了重要角色，不论这个人是什么种族出身。这两种不同观点为
一个显然没有尽头的争论注入了动力，它就是"先天"（遗传）和
"后天"（养育）谁更能决定人的性格。19 世纪晚期，人们对遗传
的关注点发生了重大改变。以前人们一直不愿意承认"家族"有
精神病史。现在，科学家声称人与人之间的差异都是血统预先决
定的。能力的水平和性格等都是通过遗传由亲代传递给子代的。
所以那些生来就带有"不好"的遗传的人不论后天受到什么教育

和培养都注定要低人一等。社会观点的这种发展与生物学家的关注点转向遗传几乎是同时发生的，这引得历史学家思考：如果科学知识本身不能决定其优先关注点，那么意识形态在塑造科学优先关注点方面又扮演了什么角色？

遗传论的科学支持主要来自达尔文的表弟弗朗西斯·高尔顿。在游历非洲期间，高尔顿逐渐相信黑人是劣等的。随后，他开始声明遗传论原则可以用在白种人内部：聪明的人生育聪明的子女，同时暗示愚蠢的人只能生出愚蠢的孩子。忽视这些所谓的生物学不平等性可能会引发社会危险，在 1869 年《遗传的天才》（*Hereditary Genius*）一书中，高尔顿为预防这种社会危险提供了科学基础。他认为现代社会中"不适者"已经不能由自然选择来淘汰了，因为他们可以栖身大城市中的贫民窟。而在贫民窟里这些"不适者"迅速繁衍，提升了人类整体的不良遗传水平。高尔顿计划通过限制不适者的生育同时鼓励适者生育更多子女来提升人类整体的天性，他把这个计划命名为"优生学"（Kevles，1985；Mackenzie，1982；Searle，1976）。

到了 20 世纪早期，高尔顿已经成了一场重要社会运动的领头人物。优生学在发达国家广受欢迎，因为发达国家的人担心种族退化，并且对"科学引领人们走向高效管理的社会"这一观点抱有极大热情。1901 年，高尔顿的门生卡尔·皮尔逊警告英国国民正面临"退化"，这体现在南非布尔战争期间应征入伍的英国年轻人"质量"很差（英国取得了布尔战争的胜利，但是损失惨重）上。他认为优生学计划对于提高种族质量和保卫大英帝国是十分重要的。如上文所说，皮尔逊想当然地认为白色人种优于各个被殖民国家和地区的原住民。支持优生学的运动几乎与生物学家把关注点转向遗传同时发生。皮尔逊开发了统计技术来评价一个人群中选择对遗传性状起到的作用,并在 1900 年"重新发现"了孟德尔原理(见第 6 章和第 8 章)。历史学家将这些科学进步与社会观点的变化联系到一起,其中一些激进观点认为,遗传理论的结构取决于它们如何被用来支持优生学。跟种族问题类似,证明社会压力迫使科学家把关注点转移到特定问题上相对容易,但是证明这些理论本身反映了某些社会价值观不太容易。事实上,相互对抗的理论也可以被用来支持同一个社会态度,这破坏了决定论者的论调,而科学问题很可能改变一般遗传学框架之中的思想细节。

皮尔逊支持达尔文的自然选择理论,达尔文主义也就因此被视为优生学的一种模式,只是自然选择被人类的人工选择替换。皮尔逊为许多现代统计学技术打下了基础,他对优生学的大力支持让唐纳德·麦肯齐(Donald Mackenzie)认为那些统计技术都是为突出遗传在人类社会中的作用而设计的。最近对皮尔逊的数据的研究表明,他的许多统计技术都是被生物学问题驱动的;当他转向人类遗传领域时,他使用了许多不同的分析方法(Magnello, 1999)。优生学与达尔文主义的联系必须被谨慎对待:高尔顿本人强调了消除选择压力造成的负面影响,但并不相信自然选择是进化中新的人类性状的来源。E. W. 麦克布莱德(E. W. MacBride)是一位英国极端优生学家,号召强制让爱尔兰人不孕不育。他是拉马克主义最后的捍卫者之一。

对遗传的研究热潮带来的最典型产物无疑是孟德尔的遗传学。尽管格雷戈尔·孟德尔的遗传定律早在 1865 年就面世了,但是直到 1900 年胡戈·德弗里斯和卡尔·科林斯重新发现了这些定律之前,孟德尔的遗传定律一直都没有得到重视。不久后,孟德尔主

图 19.4　1929 年美国堪萨斯州自由市场上的优生学展览。类似这种的展览是用来说服人们许多身体和精神的缺陷都是以单位性状的形式遗传而来的，因此可以通过禁止有这些缺陷的人生育后代来彻底消灭这些缺陷

义就成了高尔顿和皮尔逊的非粒子遗传学模型的强大对手，这一现象展现出相互对抗的科学如何能够受到同一种社会压力的刺激。尤其是在美国，人们将人类性状的基因基础过分简单化，进而将遗传学与优生学联系在一起。每个身体或者心理性状都被认为是一个独立基因的产物（图 18.4）。查尔斯·本尼迪克特·达文波特（Charles Benedict Davenport）认为低能就是一种孟德尔性状，完全可以通过消灭该基因的携带者而把这种缺陷剔除出全人类。其实孟德尔主义和优生学之间并没有自发联系。顶尖的英国遗传学家威廉·贝特森（William Bateson）就不支持优生学。而贝特森在科学领域最大的对手皮尔逊不相信遗传学。皮尔逊认为遗传学是过分简单的理论，可能会损害优生学的可信度。因此，在科学

上表达对遗传思想的支持的确切方式取决于相关的科学家所在的环境。例如，人口遗传学（population genetics）的先锋之一罗纳德·艾尔默·费希尔就深深地被优生学所影响，不过他的工作帮助人们认识到从人群中消除有害基因是多么困难。J. B. S. 霍尔丹也曾经对选择理论进行了相似研究。霍尔丹是一位社会主义者，他对优生学运动想要消除人类多样性的努力表示怀疑。

优生学家在各国表现出的关注点也有很大不同。例如在美国，优生学运动与反对"低等"种族移民美国的运动紧密联结在一起，因为许多反对"低等"移民的人担心这些"低等"人会把他们的遗传特征散布到全美人口中。美国和德国的种族主义科学家也联系频繁，即便在德国纳粹当权之后这种联系也没有断。在英国，种族问题并没有十分严重（除了麦克布莱德对爱尔兰人的谴责和厌恶）。值得注意的是，虽然一些生物学家承认了优生学和种族理论，但是在 20 世纪早期，社会科学家和人类学家就放弃了自己的遗传学观点（见第 13 章；Cravens，1978）。在苏联，也有人从意识形态角度反对优生学，质疑人类性状无法通过社会进步而提高的观点。20 世纪 40、50 年代，T. D. 李森科（T. D. Lysenko）提出了拉马克主义的一种新形式并且得到了斯大林的支持。斯大林想让遗传学滚出苏联科学界（Joravsky，1970）。虽然李森科提供了农业科学进步的希望（最后发现只是幻想），但马克思主义者对遗传学的敌意主要还是来自他们对遗传决定论的痛恨。李森科事件经常被看成是强行施加意识形态控制必然会适得其反的例子之一，不过决定论的批评者反感西方生物学家对优生学的热情这一事实证明，意识形态的偏见并不是单方面的。

纳粹的残忍行为使得遗传学运动在美国和西欧声名扫地。纳粹党人对犹太人的敌意在大屠杀中充分显露，与纳粹党人坚决消灭雅利安人内部的"缺陷者"的行为同时出现。到 20 世纪 40 年代，反对纳粹极端行为的浪潮兴起，迫使包括科学家在内的许多人重新思考他们对种族主义和优生学的支持（Barkan，1992）。科学因素依旧在发挥作用：自然选择的基因理论削弱了曾被用来凸显人种差异的类似的进化理论；同时，基因理论也强调了所有现代人类之间的紧密基因关系。遗传学的发展否定了每个性状都是一个单独基因的产物的论调。不过即便这样，有些生物学家还是拒绝遗传学，历史学家也继续辩论科学为社会观念做了多少贡献，以及这些科学在多大程度上受到社会观念的影响。

结论

纳粹犯下的恐怖罪行导致社会科学领域里兴起了一股新的自由主义思潮，人们开始支持一个观点，即生活在更好的环境中时人会进步。20 世纪 70 年代，由于爱德华·O. 威尔逊的社会生物学观点，"先天"和"后天"的争论再次爆发（Caplan，1978）。威尔逊率先从自然选择创造本能的角度，以新的方式，阐释社会活动，尤其是昆虫的社会活动。当他表示人类的行为也可以由自然选择决定时，自由主义者感到愤怒，并且回击称一种新的社会达尔文思潮产生了。更近一些时候，许多神经科学家开始支持基因遗传在大脑结构的形成中起了重要作用，也因此可以决定智力和本能行为。有些人重申不同的人种智力水平也不同。人类基因组计划的发现支持了每个身体或情绪的失调状况都有一个对应的基因"节点"。生物技术的最新发展加深了人们对优生学复苏的恐惧——这一次，优生学不再是国家控制人口繁衍，而是父母有能力选择他们子女的性状。人们再一次对进化和遗传影响我们性状的可能性产生了极大兴趣，因此人们的注意力必然放到早些年代的历史研究上去，那时这些意识形态还有重大影响力。

历史学家研究科学曾使用了什么方法，为西方社会中非白人种族和下层阶级智力低下的假设正名。毫无疑问，科学曾被这样利用；我们真正面对的问题是，这样的事在多大程度上影响了科学本身的发展。社会学观点认为，科学知识反映了那些创造科学知识的人的意识形态。理论被精心创造，使它们获得了巨大能力来支持诸如白种人高人一等的偏见。种族区别理论的热潮恰逢帝国主义时代，帝国主义意识形态几乎毫无疑问地影响了那些将别的种族斥为"次等"的科学家。然而，历史学家更谨慎，不愿轻易从决定论角度认定特定意识形态肯定创造了特定的科学理论。许多不同的科学理论都产生于同一个社会目的，而这也让历史学家开始研究为什么相关科学会选择特定科学理论。19 世纪末 20 世纪初的绝大多数进化理论都为种族科学做出了贡献，不论它们属于达尔文主义还是非达尔文主义的学说。

科学被卷入类似争议的事实提出了关于科学本质和科学的客观性的问题。当我们回顾过去时，我们发现了原初的思想观念，它们今天依旧影响着各种有关人类本质的观念。历史被用来为现代理论贴上标签，突出它们所谓的社会含义，就像把社会生物学定义为社会达尔文主义。对过去的回顾证明历史依旧与现代相互关联，不过也揭示了那些试图深入研究这些争议的科学家可能面对的危险。我们应该警醒他人不要滥用历史，包括特定意识形态必定与特定科学理论相互联系这一过分简单的观点。但是历史学家掌握了大量的知识，可以确定过去科学家的理论发展是与当时的社会时事相互联系的。在掌握社会知识的情况下分析历史，我们获得了提醒自己的有效方法：在一定程度上，科学可能会再次受到相同社会因素的影响。

第 20 章

科学与医学

　　医学突破和发现如今被人们认为是现代科学最杰出的成就之一。我们认为医生和科学家差不多是同一类人——冷静的、穿着白大褂的、在各种实验室里工作的人。人们普遍认为科学是医学实践的核心。科学为医生提供核心知识，例如人体功能运行和疾病发展等。科学为迄今为止的绝症提供新的治疗方法，比如通过新的药物，或者利用人们对基因对人类健康作用的进一步理解。科学源源不断地提供新的诊断技术，从19世纪末期的X光到20世纪末的核磁共振成像扫描仪。20世纪，公共卫生和人类寿命方面的实际发展——至少西方社会中的发展——都归功于科学医药。科学家预言他们即将破解人类基因密码，而这将带来对疾病理解和治疗的前所未有的革命。我们认为科学和医学之间的关系不证自明，平淡无奇。毕竟，离开科学的话医学如何发展呢？

　　然而，今天我们认为理所应当的医学和科学的关系有着相对晚近的历史渊源（Porter，1997）。300年前，或是仅仅150年前，自然哲学或科学对医学实践的价值并非不证自明。相反，医生和病人对此有着非常大的争议。直到相对近代的时候，都只有极少数医学从业者接受过较为正规的科学教育。医学被认为是一种技艺，是通过跟随经验丰富的执业医师做学徒得来的。即便是执业医师中最厉害的精英——内科医师，也只获得了自然哲学方面的基础教育。重要的是经过多年亲身实践得来的诊断疾病的知识和技能，以及对他们每一个病人的小毛病和特异反应的熟悉掌握。倡导新科学的 17 世纪自然哲学家，比如笛卡儿（见第 2 章）等人可能会宣称实际应用对身体的新认识可以带来人类健康和寿命领域的巨大变革。但是绝大多数医生和患者都不相信上述言论（Shapin，2000）。即使在 19 世纪后半叶，当"科学医学"已经逐渐成形的时候，许多医生依旧认为对于医学来说重要的是亲身实践的知识，而不是科学地学习书本知识。

　　如今我们心中理所当然的医学与科学之间联系的形成可以被看作重大的文化成就。从历史的角度看，直到非常近代的时候，医学与科学的关系也并不是不言自明。它们两者如今的关系是通过一个令人忧虑且非常偶然的历史过程形成的，需要进行仔细的历史考察。按照过去医生的标准，他们曾有足够的理由怀疑科学。比如，他们认为把医学变得科学会带来重要但不一定有益的变革，这不仅关系到他们实践医学的方法，还涉及他们和患者之间的关系。今天，医学和科学之间的关系也并不是无人质疑。事实上，如今对两者关系的质疑甚至要比上个世纪的还要严重。各种非西方医学的支持者指控科学医学过于唯物主义，只关注身体而忽略了灵魂。科学医学也被指责过分地将人体看作患病部位的集合体，而忽视了人体其实是统一的整体。所谓的新时代医学方法的支持者也提出了相似的批评。社会评论家指控科学医学是"从医学的角度"处理人体，把非常正常的人体状况和体验变成了需要医学介入的疾病。

　　本章开头将回顾现代早期的医学实践情况，着眼医学专业的结构、执业医师与患者的关系，以及人体知识。本章将关注一些史学家口中 18 世纪末期的"临床医学的诞生"。接下来，我们将看到 19 世纪实验室医学的兴起，以及许多医学支持者坚称的"医学不仅要成为一门科学，更应该成为一门实验科学"。把基于实验室的科学教育变成医学培训的中心环节就是让医学成为实验科学的一环。路易·巴斯德和罗伯特·科赫（Robert Koch）等先驱者认为实验是他们治愈疾病的核心。然后，我们将介绍 20 世纪伴随着新药品传入而出现的治疗手段革命。新的抗生素，例如青霉素，对许多人来说似乎是科学医学获得成功的最终证据，并且为未来的治疗方法发展提供了蓝图。20 世纪，物理医学的地位也不断稳固。物理医学就是把 X 光或者射线应用到疾病的治疗和诊断之中。很明显，这一过程中科学是医学发展的唯一关键。

临床医学革命

过去 50 年医学史上最重要的著作之一就是历史学家、社会批评家米歇尔·福柯的《临床医学的诞生》（*The Birth of the Clinic*）。书中，福柯记述了 18 世纪末对现代医学诞生极其重要的医学实践变革（Foucault，1973）。据福柯所说，建立医院成为医学实践的主要关注点使得现代医学成为可能。另一位医学社会学家把这一转变描述为"病人从医学的宇宙里消失了"。这句话意味着随着医院的发展，医生不再完全把注意力集中在特定的病人身上，而是把疾病看成独立的整体。朱森（Jewson）认为直到近代早期，医学实践的重心都放在特定病人的身体之上，而随着医院兴起和大量病人入院，病人就被看成特定疾病症状显现的场所。执业医师越来越把医院里的病人看作不同疾病发展的信息来源，当然同时也是他们必须治愈的人。从这个角度看，就像福柯所说的，疾病分类学——对疾病分类的学科——就是关键的医学科学。

18 世纪的医学职业广义上分为三类：内科医师、外科医师和药剂师。这三类人中，只有内科医师，也就是治疗人体内部小病小痛的人，一般被要求取得学士学位。而治疗人体表面疾病的外科医师和制备药剂的药剂师，一般都是通过在经验丰富的前辈手下做学徒来学到必需技能。绝大多数执业医师都是独行侠，少数人是医院一类大机构的成员。需要治疗的病人根据医生的可获得性、自身疾病的本质以及自己的财力联系不同医生。一位富有的病人如果不满意一位医生的治疗可以很容易地找到另一位医生。从这方面看，医生和病人之间的关系很大程度上取决于病人一方——很多医学历史学家喜欢引用这一特点来解释 18 世纪医学的病人中心性（Porter and Porter，1989）。然而对于很多人来说，请一位有名医师看病的花销是无法承受的。这些人就只能请其他人看病，比如接骨师、草药医生，甚至聪明的女性。虽然药剂师被官方禁止开药（开药是内科医师的权利），但是绝大多数药剂师还是经常给病人开药。到了 18 世纪末期，药剂师–外科医师，也就是后来的全科医生，变得越来越多。全科医生是可以胜任这两个职业领域的医生（Waddington，1984）。

这些执业医师对人体和疾病了解多少呢？ 许多医生都排斥疾病的气质理论，该理论认为人体是由四种流体或者液体支配的：血液、黄胆汁、黑胆汁和黏液。在健康的身体中，这四种液体是平衡的。在不健康的身体中，它们则失衡。医生的任务就是重新调整这四种液体使得它们再次平衡。这就是现代早期针刺放血等医学实践的基本原理。自然哲学家之间争论应该如何理解人体。牛顿理论的热情支持者，比如荷兰的大学教授赫尔曼·布尔哈弗，就声称身体应该被认为和机械一样，都是泵、滑轮和机械装置组成的（图 20.1）。而其他人，例如格奥尔格·恩斯特·施塔尔等万物有灵论者，认为人体不只是机械部分的集合体。包括阿尔布雷希特·冯·哈勒在内的自然哲学家尝试对不同动物身体组织的特性进行分类，比如他们就认为肌肉组织是急躁的，而神经组织是敏感的（Hall，1975）。现在还不清楚机械论者和活力论者（历史学家是这样称呼辩论双方的）之间的争论多大程度上对医学实践产生了明显作用。大部分医生可能都忙着治疗自己的病人，没多少时间关注他们之间的争论（Bynum and Porter，1985）。

如同福柯所说，因为一些原因，医院的地位越发重要；18 世纪，医院成为医学实践和教学的中心。许多 18 世纪的医院的历史都可以追溯到中世纪。初建时，这些医院都被当作慈善组织，一般都在修道院的领导之下去为穷苦人提供医疗关怀。在 18 世纪的法国，尤其是法国大革命后，这些慈善机构逐渐被国家管控（图 20.2）。医院被纳入国家管控以及医院医学实践的重组与福柯脑海中"临床医学的诞生"相互吻合。有抱负的医生越来越把医院当成职业发展的中心，在此过程中，医院转变了医生对患者和疾病的看法。不过福柯的理论在法国之外就没什么说服力了，比如在英国或者美国，因为这两个国家的官方在建立医院的过程中很少或几乎没有发挥作用。但在其他国家，医院逐渐发展成医学学习的中心，伴随而来的一些变化也同样明显。助产士等传统的治疗师发现自己被新的、受过医院教育和认可的执业医师所取代（比

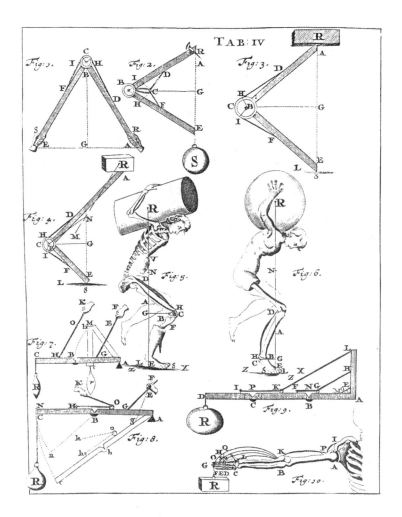

图 20.1 把人体描画成机械，出自 G.A. 博雷利的《动物的运动》（1680）。认为人体可以被理解成一个机械系统的观点在现代早期医学中非常常见

图 20.2　一所 19 世纪的巴黎医院中的场景（伦敦威康医学图书馆）

如男助产士）。这些新执业医师更受到逐渐壮大的城市中产阶级的喜爱（Wilson，1995）。

　　18 世纪，疾病分类学——根据疾病的特点和症状对疾病进行分类的学科，变成了医学的主要关注点。在很多方面疾病分类学都算得上启蒙时期核心的医学科学。提出新的分类系统绝对是 18 世纪的一种潮流，如植物学家林奈的博物学分类系统，以及法国哲学家达朗贝尔和狄德罗努力对《百科全书》的知识进行的分类。物理学家、蒙彼利埃大学教授弗朗索瓦·博西耶·德·绍瓦热（Francois Bossier de Sauvages）是最早探索疾病系统分类的人之一，他的著作探讨了疾病分类。绍瓦热列出了 10 类不同疾病，下分 295 属 2400 种。苏格兰外科医生、格拉斯哥大学医学教授威廉·卡伦在其著作《医学实践的第一原则》（*First Lines of the Practice of Physic*）中进行了 18 世纪最有影响力的疾病分类探索。逐渐地，对疾病分类探索的重心从基于病人叙说的主观症状转到了辨别客观症状上。解剖病理学开始成为辨别疾病的重要手段之一，它可以辨明特定的器官机能损伤对应的特定疾病阶段。疾病分类学也越来越依赖于来源于大型医院的大量可供检验的病人。这样，医院开始被看作医学研究中心，同时也是医学教育和治疗中心。

福柯认为临床医学革命最重要的特点之一就是他口中所说的医学"注视"的出现。福柯认为，随着临床医学的出现，医生开始从不同的角度看待自己的病人。以前医生把病人看作单独个体，每个人都有自己的特殊需要和症状，现在医生开始把病人看作不同疾病显现的场所。病人开始被认为是实验对象。这其实也是大型医院兴起成为医学教学和研究中心的一个方面。来医院的病人大体上都来自比较贫穷的阶层，中产阶级和上流社会人士可以以平等甚至更高的社会地位直接联系医生，但贫穷的人没有这种能力。贫穷的病人惧怕医院，认为医院代表着死亡和穷困。1832 年，英国通过了《解剖法》（Anatomy Act），这使得医生能够将无人认领的穷人尸体用于解剖和实验。这些贫穷病人的尸体就是 19 世纪初出现的新的疾病分类系统和同期医学教育大规模扩张的原材料。"注视"，如福柯所说，让病人处于客观的现代医学权威的监视和控制之下。

福柯描绘了一幅科学医院医学出现的图景。从这个角度，临床医学革命应该被看成给病人的身体强加新的控制和管理，而非改善人类健康的努力。不过我们可以从许多方面来鉴别这种对 18

世纪末期医学实践领域变化的分析，并且不需要把医学演讲和实践看成另一种权力关系。医学知识变得有组织，并且对疾病分类学的兴趣不断上升，这确实和新的组织机构出现是并行的，例如医院变成医学教学和研究中心。大部分医学史学家现在可能都认同，福柯从法国大革命时期的法国这一特定例子中总结自己的理论是操之过急了。欧洲其他国家和北美的医学变革并没有与法国的同期发生，方式也并不相同。比如在英国，直到20世纪国家在医院的发展中都没有发挥什么作用。在美国，国家也不怎么参与医院发展。在19世纪的进程中，这些国家也从来没有积极地采用临床医学观点。

实验医学

实验室现在是医学研究的重要地点。我们期望实验室科学为我们提供更多的治疗方法。实验室的药品和样品检测现在成为一项真正的产业，没有这项产业，现代医学根本无法发展。实验室工作对医学实践的贡献是相对近些年才开始的。19世纪初，人们开始努力把医学引入实验室。支持者认为只有积极地将实验科学的方法应用于医学，医学才能获得发展，并且得出新的、更有效的治疗方法。将实验室科学应用于医学并不是无人反对。整个19世纪的反对者（其实直至今日也有反对者）一直抵制活体解剖，而活体解剖好像是科学医学研究必然的伴随物。许多医生也感觉科学医学是偏离医学实践应有任务的歧路。他们认为医学依靠的是通过实践得到的技术和经验，而不是技术知识或者实验室科学

（Lawrence，1985）。把身体理解为机械部件的集合体偏离了把人体当作一个整体的正确认识。不过，科学医学的支持者成功地把实验室训练变成了医学教育必不可少的一环。重大的治疗突破，例如路易·巴斯德和罗伯特·科赫等的新发现，都很大程度上归功于实验科学。

在许多方面，19 世纪早期的基于实验室的医学模式是由尤斯图斯·李比希发展起来的。李比希曾经在波恩、埃朗根和巴黎接受教育，1824 年他被任命为吉森大学化学教授，并且在吉森大学建立了一个化学院。历史学家公认李比希是最早一批化学研究院的创始人之一（Brock，1997）。他在确立化学和医学研究的一项传统中扮演了关键角色，这一传统就是在研究生理功能时把这些功能看成体内化学或物理过程的结果，而不是内在活力的结果（见第 7 章）。相似地，克洛德·贝尔纳也在把实验室科学发展成法国医学的一部分中发挥了重要作用。和李比希一样，贝尔纳也负有盛名，不仅是因为他培养的学生为医学做出的贡献，以及他为科学医学所做的哲学辩护，同样也因为他本人的实验工作。贝尔纳的开创性著作《实验医学研究导论》为实验室科学在医学培训和研究中的作用提供了有力辩护。贝尔纳认为住院观察是一个不确定的、被动的过程，无法提供疾病如何发展的可靠信息，他把疾病发展的方式称为"病理生理学"（pathophysiology）。因此，在可控的实验室环境下对活体动物进行实验看起来是必须的（Holmes，1974）。

克洛德·贝尔纳被认为是法国最有名望的医学科学倡导者，不过很快这个名声就被冉冉升起的新星路易·巴斯德夺去了。巴斯德以化学家的身份从巴黎综合理工学院毕业，之后在各省大学担任了一系列职位，直到 1854 年被任命为里尔市（法国制造业中心）一所大学的教授。就是在这里，巴斯德开始了他对发酵的化学过程的研究，回应了里尔啤酒酿造工业的需求。他成功判明发酵过程需要微生物的参与才能实现。在研究过程中，巴斯德还发明了防止啤酒（或者牛奶）变质的方法，也就是我们今天所说的"巴氏消毒法"。巴斯德通过与激进派医生费利克斯·普歇（Felix Pouchet）的一系列辩论而声名鹊起，两人争论的焦点是生物自然发生说——生命体是否可以从非生命体中自然产生（Latour，1988）。激进的唯物主义者普歇认为自然发生说是真的。而保守的天主教徒巴斯德则认为自然发生说是假的。在一系列特定的实验中，巴斯德证明，在实验仪器经过彻底消毒杀菌、同时不受外部环境污染时，不论何种情况下生命体都没有出现。换句话说，符合自然发生说的明显观测都只是实验仪器被外部微生物污染的结果。1862 年，巴斯德被选为法国科学院院士，确立了他的声名（Geison，1995）。

巴斯德在 19 世纪 60、70 年代开始研究微生物，并成了疾病病菌理论（germ theory）积极活跃的支持者。（图 20.3）他表示疾病和发酵、腐败过程一样，都是由微生物引起的过程；如果可以确定特定疾病是由何种微生物引起的，那么应该可以通过接种疫苗来预防疾病。1879 年，巴斯德为了检验自己的理论，给鸡注射了"灭害"的霍乱细菌，并且证明接种过病毒的鸡在后来接触恶性的霍乱病毒时没有被感染。随后的 1881 年，巴斯德在普伊堡进行了一系列更惊人的炭疽病实验——炭疽病是牲畜和人类的主要致死疾病之一。他为 24 只绵羊、6 头奶牛和 1 只山羊注射了炭疽疫苗，几周之后再一次为这些动物注射疫苗，然后他把这些动

图 20.3　路易·巴斯德在他的实验室工作

物和没接种过疫苗的动物一起养殖在有炭疽病菌的环境下。注射过疫苗的动物都存活了，而没有接种的动物大批死亡，这一事实被许多人称为巴斯德理论的最佳证明。1885 年，巴斯德实现了又一次壮举。这次，他给 9 岁的约瑟夫·梅耶斯特注射了疫苗。小约瑟夫被一条患狂犬病的疯狗咬伤了，注射疫苗后，他活了下来。1888 年，巴斯德研究所在巴黎成立，此研究所成为巴斯德毕生致力于研究和发展的那类医学研究的中心。

　　巴斯德的实验大大推进了疾病的病菌理论（Geison，1995）。另一个重要的且极具影响力的病菌理论支持者是巴斯德的对手、德国的实验者罗伯特·科赫。科赫曾经在哥廷根大学学习医学，1866 年取得医学博士学位后去柏林学习化学，同学包括鲁道夫·菲尔绍等。普法战争后，科赫在沃伦施泰因担任地方医药官员。在这段早期职业生涯中，科赫因为对炭疽传播方式的研究而声名鹊起。1880 年，科赫被任命为位于柏林的帝国卫生局的成员（Brock，1988）。在这里，他继续探索培养用于研究的纯净培养菌的方法，包括利用皮氏培养皿（Petri Dish）——科赫的同事里夏德·尤利乌斯·彼得里（Richard Julius Petri）发明的培养皿——来繁殖细菌。科赫的四项基本条件尤其有名，它们确立了建立某个微生物和特定疾病之间联系所需的实验步骤。这四项基本条件分别是：（1）特定微生物在该疾病的每个病例中都可以被发现；（2）从身体中提取出来后，该微生物可以在干净的培养基中进行培养，并且可以繁衍数代微生物；（3）从身体中最初提取的微生物在干净的培养基进行无数代繁衍之后，后代微生物依旧可以让实验动物感染同样的疾病；（4）这个微生物可以从刚刚被注射了微生物并且染病的实验动物身上提取出来，再次提取的微生物依旧可以被培养繁殖。

这四个基本条件最初是在 1879 年一篇传染病病因学（疾病的起因）的文章中提及的，在 1882 年被完善。同年，科赫也向柏林的德国生理学会（Berlin Physiological Society）上报了一项重大成果，他确定了名叫结核杆菌的细菌是结核病——当时最主要的致死病之一——的发病原因。1883 年，科赫被派往埃及，作为德国霍乱研究团的一员去调查当地霍乱爆发的原因。科赫成功地发现导致霍乱的是"弧菌"（一种细菌），并从当地获取了一些纯净的弧菌样本带回柏林用于研究。1885 年，科赫被任命为柏林大学卫生学教授、柏林大学新成立的卫生学研究所所长。在 19 世纪 80、90 年代，科赫和他的学生在他享有盛誉的柏林传染病研究所（科赫 1891 年成为该所所长）不断地进行研究，确定了许多 19 世纪最可怕的致死病的病原，如白喉、伤寒和肺炎（Brock，1988）。然而并不是所有人都信服科赫的发现。一个德国医生曾经把科赫送给他的一烧瓶霍乱致病微生物一饮而尽，以此表示他蔑视疾病是由肉眼不可见的微生物引起的这一观点（Porter，1997）。这个医生活了下来，可能是因为他的胃酸足够强烈，让这些微生物失去了致病性。科赫曾经尝试基于他对结核病的发现提出治疗结核病的方法。虽然他的宣言十分有抱负且乐观，但是他的治疗方法却基本上没有任何效果。1905年，科赫获得诺贝尔生理学或医学奖。

巴斯德和科赫等人取得的突破对当时还无法攻克的疾病带来了可见的、立竿见影的治疗方面的益处，这些医学突破为实验医学做了充分的铺垫。如我们所见，即便是在上述例子之中，人们也不是自动地就接纳了实验室科学为医学带来的必然益处。对于19世纪的大部分民众，甚至是许多医生来说，活体解剖都是他们接纳实验室科学的主要障碍。在19世纪，实验医学的支持者坚持认为在活体动物身上做实验是他们医学实践的关键特点之一。克洛德·贝尔纳就表示实验动物在实验期间必须一直活着，这样才能保证整个实验过程中疾病发展的过程可以被很好地监控。反对者针锋相对地提出，不仅让其他生命蒙受苦痛的行为令人在道德上厌弃，而且实验动物在极度痛苦下对特定刺激物的反应无法为人们提供有关它们在普通状态下对该刺激物会做出何种反应的任何可靠知识。1874年英国医学会（British Medical Association）集会上，一个法国医生在两只未经麻醉的狗身上进行了公开实验，成为当时的丑闻。随后反对动物活体实验的运动在英国尤其活跃。紧随其后，英国召集了一个皇家委员会去研究活体解剖一事。委员会研究的结果就是1876年的《反虐待动物法案》（Cruelty to

Animals Act），这一法案禁止无执照的动物实验（French，1975）。尽管公众对活体解剖感到不适，反对之声不断，但到了 20 世纪初，越来越多的人接受了实验室科学是医学发展关键的观点（Bynum，1994）。

抗生素革命

亚历山大·弗莱明（Alexander Fleming）爵士的名字可能是医学史上最广为人知的名字之一。弗莱明爵士在伦敦圣玛丽医院的实验室中偶然发现青霉素的故事经常被称为科学和医学关系史上的里程碑：突然之间，在他的实验室里，穿白大褂的科学家弗莱明偶然的一个发现改变了现代医学的面貌。当然这个故事远远没有这么简单（MacFarlane，1984）。我们已经知道即便弗莱明工作的地方——医院的实验室——都不是偶然出现的。这类地方的存在得益于科学医学坚定支持者数十年的努力工作和游说。即便这些医院实验室的存在已经理所当然，里面也有像弗莱明一样经过训练的研究员在工作，但是要想把一个有趣现象的观测结果变成成熟的药物还需要大量的工作。为了大量生产青霉素及后续出现的抗生素，科学医学必须变成生产规模庞大的产业。制药公司是 20 世纪主要的工业和科学成功故事的主角之一。在医学研究从个人或资源有限的小团体相对小规模的活动转变为从业人员成千上万、产值高达数十亿的大型产业的过程中，这些制药企业发挥了不可或缺的作用。

19 世纪晚期，研发新药品的医学研究员和化学工业公司之

间的联系已经变得越来越密切。保罗·埃尔利希（Paul Ehrlich）
从 1899 年起就担任普鲁士皇家实验医疗研究所（Royal Prussian
Institute of Experimental Therapy）所长，他与德国化工产业联系
紧密，这也是埃尔利希希望从化学染料（一种化工产品）中寻找
疾病治疗方法的原因之一。正如染料只能附着在特定的布料上，
新开发的药品也可以只杀灭特定的微生物。类似研究的早期成果
包括撒尔佛散（salvarsan），即一种用于治疗梅毒的砷化合物。另
一位德国研究员，也就是 1927 年开始担任法本公司（另一家染
料生产商）研究室主任的格哈德·多马克（Gerhard Domagk）进
行了一系列实验，发现磺胺类药物可以治疗链球菌感染。到了
20 世纪 30 年代，基于多马克的工作成果，制药企业早已开始大
批量生产新一代的磺胺类药物。然而一些研究员声称这些化学产
品的治疗效果是极其有限的。巴斯德和科赫在细菌学领域的工作
已经展示了生物学制剂而不是化学制剂才能获得最大疗效。他们
需要的就是一种方法来找出新的所谓"抗生素"——用生物学方
法离析出来的药物，针对导致特定疾病的微生物。这种方法也是
亚历山大·弗莱明心中最有前途的方法，特别是在他通过弗雷德
里克·特沃特（Frederick Twort）及费力克斯·德赫尔雷（Felix
d'Hérelle）的研究知道可能有一种吞噬细菌的微生物存在之后。

　　就像广为人知的传奇故事所说，1928 年 8 月，弗莱明意外地
发现了青霉素。当时的他正在自己的实验室里研究葡萄球菌，一
种导致从败血病到肺炎等各种疾病的细菌。一次放假归来后，弗
莱明发现一块霉菌明显破坏了他放在某个皮氏培养皿中培养的葡
萄球菌。他立即着手研究这一情况，判定这块霉菌是青霉菌，并
且确信青霉菌会对许多种细菌产生巨大杀伤力，同时还不会影

响白细胞功能。第二年，他把自己的研究结论发表在《英国实验病理学杂志》（*British Journal of Experimental Pathology*）上（MacFarlane，1984）。当然实际上这个故事要更复杂一些。弗莱明发现青霉素之前已经在相关研究上投入了数年时间。他发现人的眼泪中有一种酶（溶菌酶）可以杀灭微生物，因此，弗莱明早就已经坚信抗生素才是抗击疾病的关键，化学药品并不能达到这种效果。虽然青霉素在杀灭特定种类的细菌——即"革兰氏阳性菌"（*gram-positive bacteria*）时大获全胜，但青霉素对于革兰氏阴性菌（*gram-negative bacteria*）却没有一点作用。此外，青霉素效果并不稳定，同时也非常难以大批量生产。因此大多数研究人员认为弗莱明的发现的确非常有趣，可是却很难带来巨大的临床效果。弗莱明自己没有对这个发现进行任何的后续研究，在接下来的 10 年里也没有任何人从事青霉素的后续研究。

1938 年，生物化学家厄恩斯特·钱恩（Ernst Chain）在自己研究抗菌剂的过程中重新发现了弗莱明的论文。和来自牛津大学邓恩病理学学院（Dunn School of Pathology）的霍华德·弗洛里（Howard Florey）一道，钱恩着手重现弗莱明的实验，并且大量培养青霉菌。他们两人至少算是在临床实践上获得了部分成功，因为一位患有败血症的患者服用了两人积攒下来的青霉素，并且在服药的几天之间病情持续好转，直到他们两人用光了库存的青霉素。最终这位病人还是死去了，而他的死也反映出批量生产青霉素的困难。当时英国国内制药企业的所有资源都为战争服务了，所以这个牛津二人组转而向美国的制药企业寻求支持，希望能产业化批量生产青霉素。到了 20 世纪 40 年代早期，英国和美国的制药企业都拥有了大量生产青霉素的完善方法。1945 年，弗莱

明、钱恩和弗洛里因发现青霉素而共同获得诺贝尔奖。青霉素这
个新的神奇药品被盛赞，因为诺曼底登陆和 1944 年盟军进攻欧洲
期间，它在拯救盟军士兵生命上起了关键作用。同时，这也证明，
大规模的工业生产与科学研究一样，是广大民众能够轻松得到抗
生素的必要条件（图 20.4）。

　　青霉素的成功促使更多科学家开始致力于寻找新的抗生素
（Spink，1978）。1939 年，出生在法国的细菌学家勒内·杜博斯
（Rene Dubos）正在纽约的洛克菲勒医学研究所医院（Rockefeller
Institute Hospital）工作，他成功地从实验室培养的土壤微生物短杆
菌中分离出一种透明物质，被他命名为短杆菌素。短杆菌素是一种

图 20.4　早期的青霉素生产设备（威康医学图书馆）。注意设备中使用的简易奶桶

强效的抗菌剂，对于许多革兰氏阳性菌有效。在杜博斯成功后不久，俄裔移居者赛尔曼·瓦克斯曼（Selman Walksman）开始研究土壤微生物的药用特性。1940 年，瓦克斯曼分离出了抗生剂放线菌素。和之前的抗生素不同，放线菌素对革兰氏阴性菌有效，包括伤寒、痢疾和霍乱的致病菌。但是，放线菌素毒性过大，不能用在人身上。4 年后，瓦克斯曼分离出了治疗结核病的特效抗生素链霉素。1952 年，瓦克斯曼因为对抗生素的研究获得了诺贝尔医学奖。1948 年，刚从威斯康星大学退休的植物生理学兼经济植物学教授本杰明·M. 达格尔（Benjamin M. Duggar）从金色链霉菌中分离出了金霉素。金霉素也被称为氯四环素，是第一种被发现的四环素抗生素，也是第一种应用广泛的抗生素。据估计，金霉素可以对 50 种致病微生物产生效果。抗生素似乎开始成为医生手中的神奇子弹，使得医生可以对抗许多种之前无法治愈的疾病。

　　这些抗生素研究先驱的一个重要特征就是他们的职业生涯横跨了学术和工业领域。制药企业对于青霉素的推广起了重要作用（Weatherall，1990）。这些企业提供了资源和专业技术，使得青霉素的量产成为可能。美国制药企业默克公司就是第一个青霉素生产商。霍华德·弗洛里在牛津大学的一位同事诺曼·希特利（Norman Heatley）到美国寻找批量生产商用抗生素的机会，后来他加入了默克公司，帮助默克公司开发青霉素生产技术。赛尔曼·瓦克斯曼也在默克公司担任顾问，他派自己的学生 H. 博伊德·伍德拉夫（H. Boyd Woodruff）去协助青霉素的生产。理所当然地，默克公司很快也开始生产瓦克斯曼的链霉素商用药品。金霉素的发现者达格尔在另一家制药企业——莱德利实验室（Lederle Laboratories）担任顾问。学术科学家在制药企业任职的现象变得越来越普遍，因为第二次世界大战之后制药企业很快意识到医学研究带来的新药品具有巨大盈利潜力。如宝威公司（Burroughs Wellcome）这种大型制药企业越来越注重建设自己的大型实验室，并且投入大量资金用于科学研究。其结果就是医学的变革：大量的资源被投入医学实验，然后实验发明新药品，为公司带来巨额利润。

抗生素革命一开始，一些观察家就警告人们这些新的神奇药物并非具有无限可能性。勒内·杜博斯就是最初指出微生物抗生素抗药性危险的人之一。事实上，杜博斯最终停止了对抗生素的研究，因为他担心抗生素的无节制使用将会导致具有抗生素抗药性的菌种出现。早在 1940 年，恩斯特·钱恩和他在牛津大学邓恩病理学学院的同事就发现了一种金黄色葡萄球菌无法被青霉素杀灭。这种细菌只是最初被发现的具有抗药性的细菌而已。到了 20 世纪 50 年代，更多具有抗生素抗药性的菌种不断出现，到了 20 世纪末，一个越来越严重的医学问题出现：对所有已知抗生素具有抗药性的菌种正在变得更普遍。许多人开始认为抗生素革命事实上是一条幸运但是短命的医学歧路，而不是什么医学史上的永久性成就。不过抗生素革命的一些制度特色鲜明地保留了下来。到了 20 世纪后半叶，医学和科学（以及大型企业）之间的联系似乎已经变得难解难分。

物理医学

我们通常认为科学对医学所做的主要贡献在于提供了硬件，

就如同科学对药物的贡献一样。其实，它们两者的联系是相对晚近才出现的。许多19世纪的医生都对将科技引入医学的发展前景感到不悦。他们担心这些科学设备会疏远医生与病人之间的关系。从这个角度看，一个医生的技术有赖于医患关系的实践性本质。法国医生何内·希欧斐列·海辛特·雷奈克（Rene Theophile Hyacinthe Laennec）发明的听诊器在推广使用时也因为上述原因被一些医生拒绝。不论如何，在一些方面，新技术确实被认为是治疗发展的关键。从18世纪中期起，许多热情支持科学医学的人就宣告电器和其他设备会给疾病治疗带来一场革命。到了19世纪中期，电力医疗部件已经开始普及，例如电池、感应线圈、便携磁电发电机和电热带等。在19世纪的法国，电疗法很快被人们接纳，成为一种受人尊敬的医疗形式。在英国，人们对电疗法的接纳比较滞后。许多医生认为电疗法只不过是庸医的骗术。但是到了19世纪末，电疗部门已经更普遍地出现在了大型医院中。虽然依旧有人抵制科技，不过越来越多的医生开始承认科技或许可以成为有价值的医学发展助力。

20世纪的许多关键医学技术最初就是在医院电疗部门产生的。1895年11月8日，德国物理学家卡尔·威廉·伦琴有了一个惊人的发现。伦琴自1888年起在德国维尔茨堡担任物理学教授，他对阴极射线十分感兴趣。阴极射线是高压电通过密闭的玻璃管时发出的奇怪亮光。伦琴发现，在他进行实验的过程中，近旁一个涂满铂酸钡的屏幕发出了亮光，似乎玻璃管中某种不可见的射线影响了屏幕。后续实验证明这些射线可以穿透许多种物质（见第11章）。最终，伦琴甚至试图用这些射线给自己妻子的手拍摄内部结构图（很成功）。他在1895年12月28日向维尔茨堡物理－医学协会提交了一篇名为《关于一种新的射线》（A new kind of ray）的论文，阐述了自己的实验结论，不久这篇论文就被发表在了《维尔茨堡物理－医学协会学报》上。这个新闻很快被大众媒体报道，并传到了全世界。很快人们也认识到了新发现的 X 射线用于医学诊断的潜力。如果这些 X 射线可以被用来给人体内部结构拍照，那么人们就可以利用 X 射线拍摄的相片找到骨折部分或者身体内部的固体异物。

　　第一张被实际用于诊断目的的 X 光片大概是 1896 年 1 月由 A. A. 坎佩尔·斯温顿（A. A. Campell Swinton）拍摄的那张。坎佩尔·斯温顿是一位电业承办商，不过很快就树立了自己医学界 X 射线顾问的名头，并且在伦敦维多利亚街 66 号成立了英国第一个 X 射线实验室。在加拿大，麦吉尔大学物理教授约翰·考克斯（John Cox）1896 年 2 月利用 X 射线，完成了从伤员腿部取出子弹的手术。短短几年间，X 光设备就成了医院电疗部门的标配。之后，X 光设备一直从属于电疗部门，直到 20 世纪二三十年代电气成为过时的治疗手段（Burrows，1986）。X 射线既被用于治疗也被用于诊断。很快医生就开始用 X 射线来诊断皮肤病、癌症和结核病。第一个系统地利用 X 射线治疗方法的执业医师是来自维也纳的列奥波德·弗罗因德（Leopold Freund），1896 年 12 月，他利用 X 光射线为一个 5 岁的女孩摘除了后背上的毛痣。最初人们根本没有意识到 X 射线治疗法的危险性。不过不久之后，医生和患者因 X 射线受伤甚至死亡的事件使得人们认识到，如果没有做好保护措施的话，X 射线是极其危险的。到了第二次世界大战时，X 射线早已不可或缺。（图 19.5）。

　　19 世纪末发现的放射是另一个被快速应用于医学的物理学

成果。1896 年，法国物理学家亨利·贝克勒尔发现金属铀会发射出某种高能射线。因此，一个在法国学习的波兰学生玛丽亚·斯克沃多夫斯卡（Maria Sklodowska）——也就是后来的玛丽·居里，选择将放射现象作为自己的博士论文题目。和她的丈夫、同为物理学家的皮埃尔·居里一起，居里夫人对新的放射进行了大量研究，并在 1898 年宣布发现了新的放射性元素——镭（见第 11 章），就像 X 射线一样，镭的医学价值也很快被发现。最早在 1904 年就有实验证明镭射线显然可以摧毁病变细胞。镭疗法迅速成了流行时尚。电话的发明者亚历山大·格拉汉姆·贝尔认为用手术将一小瓶镭注射到癌变中心可以治愈癌症。边缘执业医师对镭和放射性投入了巨大热情。放射性腰带、放射性牙膏及放射性饮用水（售卖时标榜为"液体阳光"）都大受公众欢迎。在放射性元素丰富的洞穴和矿洞里进行的疗养也受人追捧。"那些关节炎、鼻窦炎、偏头痛、湿疹、哮喘、花粉症、牛皮癣、过敏症、糖尿病，以及其他一些小病的患者"都被邀请到"风流寡妇健康矿"或者"阳光氡健康矿"等地治疗疾病（Caufield，1989）。

　　放射现象和 X 射线对人体产生的影响似乎是相似的。放射现象被纳入正规医学之后很快就和 X 射线一起进入了医院的电疗部门。和 X 射线（以及 10 年前的电疗）一样，镭也被用于治疗许多种疾病，包括心脏疾病、癌症、勃起功能障碍等。早期的镭疗手段包括：将扁平的镭容器绑在患者患病部位；将氯化镭注射到体内治疗体内深处的伤病；把盛有镭的胶囊嵌入人体空腔或者直接嵌入患病组织。医生和其他一些人也开始担心放射现象本身可能就是一种健康危害。1928 年，国际 X 射线和镭保护咨询委员会推荐人们把镭牢牢包裹好，使用时用镊子操作，不用时存放在铅制

图 20.5　20 世纪早期的 X 射线医疗仪器（威康医学图书馆）

保险柜里。1934 年，美国 X 射线和镭保护咨询委员会建议应该出台限制条款帮助人们安全地暴露在放射中。在那个年代，镭和其他放射性物质已经被大量用于医学领域。虽然人们逐渐了解了放射现象所带来的健康风险，不过人们还是广泛认为用在医药里的放射性物质剂量太小，不会对人体造成永久性伤害。到了 20 世纪后半叶，人们开发出了复杂的技术，可以将放射现象只瞄准特定的身体部位，而且使用剂量也得到规范。

　　20世纪的最后几十年里，执业医师探索用核物理新成果窥探人体内部的新方法。电子计算机断层扫描术（CT）最初是在1972年由英国工程师戈弗雷·豪恩斯菲尔德（Godfrey Hounsfield）在EMI实验室发明的（Kevles，1997）。CT扫描仪使用X射线信号来建立身体内部横截面的图像。到了1974年，临床CT扫描仪已经开始使用，不过直到20世纪80年代才被普及。早期的扫描仪仅仅能拍摄头部的图像，后续的机器不断改进完善，能够拍摄全身各部分的图像。1979年，豪恩斯菲尔德因为发明了CT扫描仪而获得了诺贝尔奖。另一项在20世纪70年代发展起来的技术是核磁共振成像（MRI）。MRI最初是雷蒙德·达马迪安（Raymond Damadian）发明的。达马迪安当时在纽约的下州医学中心（Downstate Medical Center）工作，他利用不同原子核暴露在同一个磁场时可以释放出可预测频率的无线电波的特性发明了MRI技术。达马迪安表示肿瘤细胞射出的信号和健康组织射出的信号不同，并利用这一事实作为诊断癌症的新技术的基础。达马迪安和同事在1977年进行了第一次人体MRI扫描。CT和MRI扫描，以及PET（正电子发射X射线层析照相术）等技术的关键都在于电脑功能不断发展强大，可以快速并且可靠地处理信息从而转化出图像。

　　19世纪初雷奈克的听诊器和20世纪末豪恩斯菲尔德的CT扫描仪的共同点在于它们都提供了非侵入性地窥探人体内部的技术方法。传统上，医生利用自己的知觉在脑内将不可见的人体内部可视化。他们听体内的声音；他们摆弄肢体、按压皮肉去找到骨折的部分或内部炎症和挫伤。只有人死后，医生才能真正地看到病人体内，看看他们之前的判断是不是正确。X 射线和后来 20 世纪 70 年代的电脑扫描技术使得医生可以在不杀死病人的情况下看到病人体内的情况。同样地，X 射线和放射治疗为医生和病人提供了不动用手术刀就能治疗体内疾病的方法。抗生素革命让商业化制药公司进入了医学研究的核心，物理医学的发展也使得医疗诊断成了电气工程和电气公司的主要关注点。19 世纪末的电气工程师都对电疗法充满兴趣。到了 20 世纪末，IBM、西门子和东芝等公司都走在了医疗研究的前沿。

结论

就像本章开头所说，现在科学和医学似乎是难分难解。许多人在被问到科学给人类带来了什么可见的益处时都想到现代医学领域的例子。如上文所示，科学和医学之间不言自明的关系并不是必然的，它离不开那些致力于探索医学如何能更好地实践的群体和个人的努力。在此过程中，医生自身的文化认同经历了数个阶段。巴斯德和科赫的例子证明，获得牢靠的制度基础对这一过程而言十分重要。执业医师接受训练和实践医学的方式在 18、19 和 20 世纪大不相同。18 世纪的绅士阶层内科医师可能很难将今天那些穿着白大褂的人视为他的同行。医生自身文化认同发展的过程中，医生和他们的病人互动的方式，以及他们治疗病人的手段也发生了巨大的变化。20 世纪，科学医学和大型企业相互联系，这种关系在几十年前绝对是无法想象的（Porter，1999）。即便在 20 世纪 30 年代，早期的英国青霉素研究人员还被阻止给他们发明的青霉素生产流程申报专利，因为申报专利是"想赚钱的贪婪想法"。

现代科学医学的商业背景一直被人诟病。制药企业和其他一些企业及其研究人员经常被指控把商业利益放在治疗效果之前。制药行业通常回应说如果没有利润作为动力，他们绝不会像现在这样有动力投资拯救生命的新药物。另一种针对现代医生的批评声称如果从纯粹科学的角度看，这些医生是把病人的身体医学化了。米歇尔·福柯有关"临床医学的诞生"的作品在一定程度上来自这种批评传统。这里关注的问题是，如果把人体看成一种物体——就像科学家看待实验仪器那样——那么医生在一定程度上剥夺了病人的人性。从历史上看，类似的争论可以被看成关于恰当的医学实践和执业医师恰当的文化地位的争辩（贯穿整个医学史）的现代版本。过去关于科学和医学关系的争论一般表现为：使用科学工具如何影响医学从业者的文化形象，以及科学在多大程度上为医学提供了治疗方面的益处。回顾历史上两者之间的关系，为我们思考当代问题提供了一些方法。

第 21 章

科学与战争

　　17世纪科学革命期间，弗兰西斯·培根等人提出将对自然的新认识投入实践会获得实际好处。这些观点更关注新知识对工业和医学的益处，以及对航海技术等专业实践的益处。但很明显，上述原则也一直适用于战争和毁灭的艺术——它们也可以通过新科学得到发展。数学早已被实际应用于枪炮制造和防御工事设计；对抛物运动更深的理论理解尤其有益于枪炮制造。到了19世纪，与科学相互结合的产业已经开始进入炸弹和枪炮的设计制造领域，全新的武器也逐渐面世，如毒气。第一次世界大战期间，科学与军事共同加强了上述趋势，不过起初两者之间的有效互动因为缺乏直接沟通而受到了限制。到第二次世界大战时，这些障碍大部分都被克服了。第二次世界大战期间，声呐（探测潜水艇）和无线电探测器等新发明发挥了巨大作用。用科学思想思考复杂的实际问题促成了运筹学的出现。对于后来几代人来说，最明显的事实是第二次世界大战导致了一种新的杀伤性武器的发明，这种武器的破坏力过于巨大，以至于它对整个人类文明的基础都具有潜在威胁——它就是原子弹。制造出原子弹的曼哈顿计划最初源自物理学的理论创新，可是后来却促成了第一个真正意义上的大规模科学－工业－军事联合研究项目。此后，美苏冷战期间创造出一种更强大的武器（氢弹），科学与军事工业的互动开始影响整个环境。在其中，科学界将会占据重要地位。

一些科学家对于现代科学与军事工业之间的关系感到非常不快。他们知道科学与军事工业之间的联系被很多人看作科学本身对我们的社会具有危害的证据。"纯粹的科学产出公正的自然知识"这一过去的论调提供了可行的澄清方法——只有应用科学才可能带来坏结果，而且只有当国家危难把大家的努力集中到军事而不是和平行动上时坏结果才会出现。不过现代科学史学家非常怀疑上述把科学和科学应用分开而论的方法。我们知道在过去几个世纪里，只有极少数科学家完全脱离应用科学领域进行研究。检测理论层面提出的假设所需的科技仪器变得日益复杂之后，情况更是如此。许多 19 世纪最具创新能力的物理学家早就开始关注新的工业发展带来的实际问题（见第 17 章）。当这些联系被建立之后，科学家参与军事科技的发展就成了必然。

在一些案例中，和平科技和战争科技之间的区分本身就是人为的。更完善的航海技术造福了 18 世纪晚期所有的船员，然而其实是欧洲各国的海军军备竞赛促进了航海技术的发展，而且世界许多国家的原住民都不认为商人和殖民者的入侵是个和平进程。在现代社会，无线电探测器使得民用航空更加安全，但最初无线电探测器被用来探测军用飞机。青霉素等新药物和 DDT（双对氯苯基三氯乙烷，滴滴涕）等新杀虫剂最初也是在战争的压力下被发明的。被用于探测核潜艇的技术为板块构造论的提出提供了至关重要的深海海床信息（见第 10 章）。有些时期，科学家也会公然反对让他们参与军事实用工作的号召。但是当他们的国家或者生活受到威胁时，科学家也会和其他人一样履行自己的爱国义务。由于美苏冷战长久的紧张状态似乎预示西方民主社会的安全受到威胁，西方科学家几乎不可能划清自己跟军事发展之间的界限——苏联科学家在自己的国家似乎遭遇威胁时也同样做好了准备。历史学家理所当然地认为上个世纪大量的科学工作是在科学与军事合作期间完成的，因此我们必须探索这一事实如何影响了科学运作的方式。

为了简化这个问题，本章将主要关注科学直接应用于军事技术的情况。最初，科学家犹豫地尝试用科学改进武器，最后直接用科学开发新武器，高潮是第一次世界大战期间科学与军事权威之间断断续续的互动。两次世界大战之间的几十年里，有人还在试图加强科技与军事之间的联系，这类行为甚至在许多人希望避免第二次世界大战时也没有停止。后来，科学家在第二次世界大战中扮演了重要角色，为许多新技术提供了基础，其中包括声呐、无线电探测器，以及为后来的导弹设计项目奠定基础的 V-2 火箭。设计制造导弹的计划将会占据本章的很大篇幅，部分是因为这项计划挖掘了政府、军队、工业和科学团体之间紧密合作的新深度。不过这项原子弹计划也有利于我们关注科学家被要求设计大规模杀伤性武器时面临的道德难题。盟军争分夺秒地开发原子弹，却在第二次世界大战后才发现他们对纳粹德国开发相似武器的恐惧是毫无事实依据的。甚至有人声称，德国科学家积极抵制任何可能为希特勒带来原子弹的科学研究。后来，美国的原子弹被投掷到日本的广岛和长崎，让所有人都开始惧怕原子弹大规模使用可能带来的惊悚灾难。一些西方科学家开始犹豫是否该参与美苏冷战期间的军备竞赛；但是另一些则急切地想要协助改进武器，因为他们认为他们必须保卫民主。更令人烦恼的可能性是，现在科学家可能正在积极提议开发新武器，以便从研究基金中获益。现代社会中很多科学家面临的道德和政治两难境地将被清楚地展示出来。

化学家的战争

人们曾说，第一次世界大战是化学家的战争，第二次世界大战则是物理学家的战争。这种说法虽然过分简化，但还是点明了1914—1918 年投入军事应用的大部分科学工作都是为了生产力量更强的炸药和第一种真正的恐怖武器——毒气。事实上，第一次世界大战的交战双方都没能充分利用自己的科学知识，战争期间开发的所有武器都没能对战争结果产生决定性效果。不过，这至少表明，科学应用于军事具有巨大的潜能。在面临国家危难时，科学家也愿意为国效力，一些重量级的大科学家也开始直接参与军事研究。然而，军事机构一直不愿接受科学家的建议，直到战争期间，科学和军事的沟通桥梁才逐渐建立（桥梁并不完美）。最终，第一次世界大战最伟大的遗产要算是军事研究机构的创立，它们在后来的战争中发挥了重要作用（Hartcup，1988）。

科学和军事结合的最初几步的基础在上个世纪甚至更早就已经产生。自 18 世纪以来，军队已经开始招募科学家进行应用科学研究，不过军队并没有准备好接纳来自科学和工业的新号召。法国大革命政府处死了拉瓦锡，因为拉瓦锡为旧政府收税。不过很快法国就发现它还是需要化学家来研究生产火药所需的硝酸钾。19 世纪期间，新型的、威力更大的爆炸物被开发出来，一些科学家甚至提出了研究毒气的想法，但军队认为毒气有损自身尊严。不过到了 19 世纪末这种情况开始发生改变。炸药的发明者阿尔弗雷德·诺贝尔（Alfred Nobel）在建立科学和工业的联系中尤其重要。诺贝尔在柏林建立了一个研究中心，由军械制造商克虏伯公司的代表担任研究中心董事。再看英国，英国在南非进行的布尔战争暴露了英国军备的弱势。1900 年，英国军械局建立了爆炸物委员会，主席是著名物理学家瑞利勋爵，成员包括化学家威廉·克鲁克斯等。克鲁克斯呼吁把 TNT（三硝基甲苯，黄色炸药）作为烈性炸药使用，但英国直到第一次世界大战开始才接纳了他的建议。瑞利勋爵还担任了另一个航空委员会的主席，这个航空委员会主要研究新发明的飞机有何军事用途。

不论之前做过什么有限的准备，当 1914 年第一次世界大战爆发的时候，大部分欧洲国家还是花费了很长时间才承认科学具有帮助军事技术发展的潜力。比如英国政府是在 1915 年才成立了科学家咨询委员会；后来，在物理学家 J. J. 汤姆逊的领导下，这个咨询委员会转变成英国科学与工业研究部。随后，英国海军和英国军需品部也建立了科研团队。即便如此，著名作家 H. G. 威尔斯等人还是继续声称英国的科学知识被浪费了。1916 年，一群声名显赫的科学家谴责英军对科学的怠慢，要求大力发展科学教育——事实上，大多数政客和军官都对科学一无所知，因此也无从理解科学的潜力。法国政府则在一定程度上更加有效地利用了科学，建立了与大学相互联系的法国国防发明理事会。在德国，著名化学家弗里茨·哈伯（Fritz Haber，他发明了一种通过固定氮来生产肥料和爆炸物的技术）在军队的安排下将自己的物理和电化学研究所建在柏林的达荷姆地区。研究所很快就被军队全面掌控；1917

年，研究所变成了威廉皇帝科学与战争技术基金会。1916 年美国建立了国家科学研究委员会，原因是美国参加第一次世界大战的可能性逐渐上升。

这些科学家团队都取得了什么成果呢？虽然大多数团队都面临科学家、工业家和军方态度不同带来的难题，但一些项目中科学家还是完成了许多工作。化学家不仅研究了新的爆炸物，而且也为原材料不足时的军备生产提供了新方法。在英国，J. J. 汤姆逊和其他科学家研究改进收音机来帮助军事沟通。英国发明与研究委员会的一个科学团队协助开发了水听器来探测潜水艇，团队成员包括瑞利勋爵、欧内斯特·卢瑟福和 W. H. 布拉格（W. H. Bragg）等。

至今为止，最令人震惊的新倡议应该是把毒气用于战争；当常规战争在西线陷入停滞之后，弗里茨·哈伯积极地向德国推荐使用毒气武器。当时的《海牙公约》（Hague Convention）禁止各国使用装有毒气的投掷物，但是哈伯建议把氯放入气缸，这样风向正确的时候可以把氯气吹到敌方战壕中。德军不太情愿地同意了哈伯的想法。哈伯自己的研究所利用其与工业的联系实施了这个项目，同时德军建立了一个团来运送和操作气缸，这个团中的很多年轻科学家在战后取得了巨大声誉。1915 年 4 月 22 日，150 吨氯气被释放到寂静的伊普尔市，造成了敌方法国军队的恐慌（虽然伤亡很少）。不过德国在毒气领域没能获得多少先机，因为德军还没准备好继续这个重要突破。英国和法国的反应速度超出了德国的预期，因此第一次世界大战后期毒气武器不断发展，出现了毒气弹等武器和芥子气等新的化学品。交战双方也在毒气防护领域取得了进展，化学家和生理学家团队开发出了各种形式的防毒面具。

　　到最后，其实是协约国更协调地利用了它们的科学家——哈伯总是抱怨虽然他直接参与了军队行动，可高级军官几乎从不理睬他的意见。英国在索尔兹伯里近郊的波顿唐建立了一个专门机构来研究化学武器（后来还有生物武器）。但是化学武器领域最持久的科学项目来自美国化学战研究中心——到1918年，这个项目招募的有大学文凭的科学家人数超过了其他交战国的总和（Haber，1986，107）。对毒气的研究还在继续，第二次世界大战中的交战双方并没有使用毒气。两次世界大战之间，一些研究武器的新项目启动，这些项目开发的新武器对第二次世界大战的结果产生了重大的影响。

第二次世界大战

　　虽然第一次世界大战中被招募进行军事研究的大部分科学家很快回到了民用科学研究领域，但是少数科学家被留下，成为长期国防研究的基础，尤其是在空军和海军里。当时，更多的应用型科学家为工业工作，包括军火工业和航空业。在两次世界大战之间，许多学术型科学家看不起那些为工业工作的同行，并且不愿意为军事研究效力。在20世纪30年代的英国，一大群左翼科学家开始批评应用科学在很大程度上被军事目的支配了，人们对科学和军事的认识因此加深。不过这群激进分子也知道来自纳粹德国的威胁正在增强，因此当战争到来时，他们也愿意投入军事研究。战时空投炸弹的威胁变得非常明显，所以1934年英国政府成立了以亨利·蒂泽德（Henry Tizard）为首的防空科研委员会，该委员会对无线电探测器的开发起了重要作用。不过英国的研究并不是一帆风顺。马克思主义者、结晶学家 J. D. 贝尔纳领导了一场运动，批评政府的民事防御计划，可直到第二次世界大战爆发后他的观点才对政策产生了影响（Swann and Aprahamian，1999）。

掌握德国政权后，纳粹党将大量经费投入新的武器系统研究，其中包括无线电探测器和长距离火箭。同盟国收到了一份《奥斯陆报告》：因为反对纳粹党，德国科学家 H. F. 迈尔（H. F. Mayer）撰写了《奥斯陆报告》，警告同盟国小心德国的新武器发展。1939 年，这份报告被偷偷送进奥斯陆的英国大使馆后到达同盟国手中。但事实上德国雄心壮志的新计划并没有取得多少成果——希特勒喜欢新的军事科技，但是不懂得如何利用它们；同时，希特勒的政权是由几个不同派系组成的，这些派系之间会相互阻碍对方的新项目。1938 年，也就是第二次世界大战爆发的前一年，许多英国的科研项目重新振兴，为英国参战做了有力准备。在 1940 年的美国，麻省理工学院的万尼瓦尔·布什说服罗斯福总统建立了国家防御研究委员会，负责协调战争科研项目（Zachary，1999；关于"二战"中的科学，参考：Hartcup，2000；Johnson，1978；Jones，1978）。

第一次世界大战的最后几年里，法国科学家提出了一项通过分析潜水艇在水下反射的声波来探测潜水艇的技术。英国科学家继续了这个研究，虽然被称为潜艇探测器（后来的声呐）的新系统并没有在第一次世界大战中登场，但它在两次世界大战期间得到长足发展，第二次世界大战的大西洋海战时潜艇探测器已经可以投入使用（Hackmann，1984）。F. A. 林德曼（F. A. Lindemann）对潜艇探测器充满自信，他预言潜艇探测器将是终结潜艇的重要武器（Hartcup，2000，64—65）。然而事实无情地证明林德曼错了，虽然拥有最新的探测系统，但英国的战舰还是无法保护自己的护卫舰，英国差点因此被拖垮。要想战胜 U 型潜艇带来的威胁，反潜艇作战技术还需要进一步改进发展。

应用型科学最重要的领域大概是无线电探测器的开发（Brown，1999；Buderi，1997；Price，1977）。到了第二次世界大战初期，英国和德国都已经将无线电探测器引入飞机探测中，英国的系统更高效。如上文所说，英国 1934 年成立了航空研究委员会，该委员会最主要的任务之一就是开发系统，以探测飞来的轰炸机。无线电研究中心的科学家证明人们可以探测到很远之外的固体（如飞机）反射的无线电波。有趣的是，第一次计算无线电波是为了证明开发摧毁飞行器的"杀伤性射线"的想法不可行。20 世纪 30 年代末，许多来自剑桥大学卡文迪许实验室的物理学家被招募去为后来的海岸警戒无线电探测器打基础。这些无线电探测器被安置在英国南部海岸的巨大杆体上。1940 年德国空军发动"不列颠之战"，想要占领英国领空来为入侵英国领土做铺垫。在这场战役中，无线电探测器站发挥了巨大作用（图 21.1）。牛津大学物理学家 F. A. 林德曼（后来的彻韦尔勋爵）鼓励开发其他探测系统，包括利用红外线探测飞行器等。后来，林德曼成为温斯顿·丘吉尔的科学顾问，战争早期，他与蒂泽德在是否应该优先发展无线电探测器的问题上起了巨大争执。

海军和空军也需要一个短距离、高精度的无线电探测器系统，而这必须利用短波（微波）无线电才能实现。当时没有大量产生有效功率的微波的系统，直到 1940 年英国物理学家研发了空腔磁控管（cavity magnetron）。同年 8 月，蒂泽德领导的团队将一台早

图 21.1　1940 年英国南部海岸上的海岸警戒无线电探测器。这些巨大的高塔可以快速探测到从德军占领的法国向英国飞来的德军飞机,让英国皇家空军战斗机有充足时间升空对抗

期空腔磁控管样机送到美国,很快大西洋两岸的这两个国家都开始生产微波无线电探测器。夜间飞行的战斗机利用微波无线电探测器的协助包围敌军轰炸机,但是微波无线电探测器更重要的作用是被海上巡逻机用来探测潜艇——潜艇需要在海面上待一段时间以便启动柴油引擎。因此,无线电探测器和声呐一起成了大西洋海战中的重要武器。

　　大西洋海战也是科学管理方式可以带来巨大好处的典型例子,这种科学管理方式被称为运筹学。物理学家 P. M. S. 布莱克特曾经参与过磁性水雷等新武器的研发,他在英国皇家空军海岸指挥部建立了运筹学部门,并系统地调查了影响护卫舰队命运的各种因素。布莱克特不顾海军专家的建议引入了大型护卫舰队,同时成功证明护卫舰队规模越大，舰队损失就会越小；大型护卫舰队也在缓解供给问题上发挥了巨大作用。运筹学还被成功运用于对德防空战中。到了第二次世界大战末尾，来自各种领域的许多科学家都参与到运筹学中，为各种问题出谋划策，比如轰炸的有效性和反攻欧洲时如何最优地利用现有军队等。参与运筹学的不都是物理学家——第二次世界大战后期以及战后最具影响力的英国运筹学科学家是生物学家索利·朱克曼（Solly Zuckerman）（Peyton, 2001; Zuckerman, 1978, 1988）。

德国也调动本国应用型科学家开发了许多新武器，但是希特勒手下指挥系统混乱的状态（加之希特勒本人阴晴不定的脾气）经常阻碍新武器的引进。德国人拥有优秀的无线电探测器网络，但是却没有配套将无线电探测器信号传递给德军飞行员的系统。德国也开发了喷气式发动机，与英国的弗兰克·惠特尔（Frank Whittle）的相似研究几乎同时进行。到了"二战"的后半段，德国将大半注意力投入用于远距离打击的V型武器（"复仇武器"）。V-1是脉冲喷气发动机驱动的无人飞行器。V-2是更具创造力、更具未来发展潜力的世界上第一种远距离火箭，其开发团队由维尔纳·冯·布劳恩（Werner von Braun）领导（Neufeld, 1995）。在与英国的交战中V-2势不可当，但是那时V-2也早已无法扭转德国的颓势。冯·布劳恩和他的团队解决了许多技术问题，并且急切地想要继续他们的研究——就像当时的许多火箭科学家一样，他们的目光已经投向了探索外太空。第二次世界大战结束后，冯·布劳恩归降美国，不久后就领导了开发军事和太空探索两用火箭的项目。苏联也招降了一部分德国科学家，并且同样聘用他们参与太空探索项目。

原子弹

第二次世界大战期间始终困扰同盟国的问题是：德国是否已经开始基于放射性元素释放的能量来研发新型炸弹（原子弹）了？20 世纪早期的物理学革命揭示原子中蕴含着巨大能量（见第 11 章）。虽然大部分科学家都对此持怀疑态度，但是时不时地有人预测原子能量可以被释放，原子能炸弹可以拥有摧毁整个城市的威力。最初（1940）计算出原子能炸弹可以被制造的是逃离纳粹德国的犹太科学家。但还有很多著名物理学家选择留在德国，其中最有名的就是维尔纳·海森堡。海森堡对国家的忠诚使得他在反对希特勒和纳粹政策的情况下还是在战时帮助德国开发了新炸弹。同盟国担心希特勒会得到超级武器，所以把大量资源投入到后来的曼哈顿计划中去研发原子弹。和 V-2 不同，原子弹很可能会帮助德国翻盘，甚至是在最后时刻扭转战局。事实上，德国物理学家根本没有研发原子弹，他们唯一的核反应堆也毫无用处。海森堡及其同事后来被同盟国俘虏，同盟国审讯他们的过程中，发现他们大大高估了启动铀的链式反应所需的临界质量，并且早已告诉德国军方原子弹是不可能被制造的。后来，关于同盟国高估德军是否是一次单纯的失误，及同盟国加速原子弹研究是否是为了保证纳粹德国无法得到原子弹而进行的精密谋划，一直存在争议（Powers，1993；Rose，1998）。1941 年，海森堡似乎准备提出原子弹研发事宜，他的导师——丹麦原子物理学家尼尔斯·玻尔因此愤而与其对峙，知名百老汇歌剧《哥本哈根》就是根据这次著名的事件改编而成（Frayn，1998）。

在不知道德国没兴趣研究原子弹，且每天都被德军轰炸机威胁的情况下，英国首先迈出了研发原子弹的步伐（Gowing，1965）。到了1939年，玻尔和其他科学家开始意识到从放射性原子的核裂变中获得大量能量的唯一方法就是引发"链式反应"。通常情况下，这类原子的原子核会以缓慢的速率自行裂变，每一个原子核都会释放出少但意义重大的辐射。但一些放射性元素，特别是铀235和人造元素钚会释放中子，而且这些粒子轰击其他原子核时非常容易引发裂变反应。在少量的放射性元素中，大部分中子会在轰击其他原子核之前逃逸；但如果放射性元素达到一个"临界质量"，中子能够让足够多的原子核裂变，进而引发连环撞击——也就是链式反应。在核反应堆中，链式反应会保持在一个稳定水平之上，能够稳定地产生大量能量。但在无法控制的链式反应中，所有的原子会在不到一秒的时间里裂变，以爆炸的形式释放出巨大能量。最简单的原子弹就是用一种装置把两个亚临界质量的原子堆整合成临界质量的原子堆，它会瞬间爆炸。到了1940年，一部分物理学家开始思考这种情况，其关键问题在于：什么是临界质量？海森堡估计临界质量大约有几吨，如果这样的话原子弹是不可能被制造的——但如果临界质量其实很小，比如只有几千克呢？

临界质量的计算最初是由两个德国科学家奥托·弗里施（Otto Frisch）和鲁道夫·派尔斯（Rudolf Peierls）在1940年完成的，他们逃离了纳粹德国来到英国利物浦大学工作。最终他们确定的临界质量是大约5千克，重量足够轻，可以使用其制作炸弹；不过当时科学界还没有从自然资源中提取5千克裂变材料的方法。自然界大部分的铀是铀238，无法进行链式反应；只有0.7%的铀是重要的铀235，要想制造原子弹的话，科学家必须想出获得大量铀235的方法。弗里施和派尔斯的研究记录被送到了亨利·蒂泽德手中，很快，一个研究分离同位素和制造原子弹的委员会成立。该委员会名为"MAUD 委员会"——玻尔从丹麦发来一封电报，上面写了"Maud"四个字母，人们认为这是一个密语，但实际上 Maud 是玻尔认识的一个英国女人的名字。MAUD 委员会的成员包括著名物理学家 G. P. 汤姆森、詹姆斯·查德威克、马克·奥利芬特（Mark Oliphant）和 P. M. S. 布莱克特等。他们在牛津大学开始研究发明一种通过气体扩散分离同位素的方法，最终将该方法命名为"管合金"。

　　布莱克特和其他委员会成员认为随着德国入侵的威胁逐渐紧迫，实际制造原子弹的最佳地点应该是美国。奥利芬特 1941 年 8 月访问美国，与美国商讨无线电探测器探测问题，同时他也接到指示去向美国传达英国原子弹计划的重要性。当时，美国人表现得并不积极，虽然 1939 年阿尔伯特·爱因斯坦受到匈牙利物理学家莱奥·齐拉特（Leo Szilard）的鼓励，向罗斯福总统写信警告说如果不抢在德国之前制造出原子弹会有很大危险。奥利芬特引起了欧内斯特·劳伦斯（Ernest Lawrence）的注意，后来劳伦斯成功地让美国政府的主要科学顾问万尼瓦尔·布什和 J. B. 科南特（J. B. Conant）相信英国的原子弹计划很有可能成功。1941 年 12 月 6 日（日本偷袭珍珠港的前一天），罗斯福总统批准了原子弹研究基金。到了来年夏天，美国已经规划好了制造原子弹的试验工厂。同时，研究设计原子弹本身的工作也开始了（Hoddeson，1993）。

　　那个年代没人观测过链式反应，链式反应的理论也是 1942 年 12 月才被确立。1942 年 12 月，恩里科·费米在芝加哥大学足球场的地下室里建设了一个核反应堆，并引发了一次可控的链式反应。反应堆的一个功能就是将铀 238 转化成钚——另一种制造原子弹的裂变物质。事实上，建立核反应堆来制造钚是一种制造裂变物质的优秀方法，因为制造出的钚可以轻松地用化学方法提取，而分离铀 235 和铀 238 则需要利用气体扩散或电磁技术，并经过一个精密的物理过程才行。研究计划沿着上述两个方向并行，目的就是用铀 235 和钚制造炸弹。美国准将莱斯利·格罗夫斯（Leslie Groves）被任命担任后来的曼哈顿计划的指挥官。格罗夫斯有丰富的大型项目管理经验，而且他的组织技术对计划非常重要——当时他还不是一个科学家，曼哈顿计划招募的许多科学家也不喜欢他，因为他们认为格罗夫斯的军事角度和他们的科学角度八字不合。格罗夫斯还是个反英派，一段时间里英国科学家都不能参与计划。不过后来这种情况发生了转变，连玻尔逃离德国占领的丹麦之后也加入了曼哈顿计划。

曼哈顿计划的规模变得非常庞大——田纳西州橡树岭市的铀 235 提炼工厂和华盛顿特区汉福德市的钚制造厂各自的水电用量都超过了大城市（图 21.2；Hughes，2002）。科学家和设计设备的工程师的技术技能被利用到极致。同时，在 J. 罗伯特·奥本海默（J. Robert Oppenheimer）的领导下，原子弹的设计也在新墨西哥州洛斯阿拉莫斯市开始进行。奥本海默是美国物理学界的领军人物，当时的美国物理学界已经发展到了可以和历史悠久的欧洲物理学界相媲美的程度（Goodchild，1980；Kevles，1995）。奥本海默面临着一项新的挑战，在其中他卓越的领导能力真正发挥了作用。虽然曼哈顿计划在整体上是格罗夫斯和军方管理的，但是研究技术问题的科学团队都是普通市民，并且受科学家领导。这意味着他们不是简单地接受并服从军队命令，而是可以自由地思考他们行为的结果。最后，这种自由导致了研发原子弹的道德问题大辩论，不过很快纳粹德国的急迫威胁使得大部分科学家抛开疑虑投入了原子弹研发。

　　奥本海默是一个杰出的物理学家，但是他知道在这个实用结果至上的新环境中，科学家传统的个人主义将无法继续。他发现曼哈顿计划必须采用一种准军事化的管理方法，让整个团队一致集中到眼下目标的同时，还有空间发挥个人创造力来寻找解决问题的方法。奥本海默也逐渐变得善于与政府和军事委员会打交道，他成了新型科学领导者，既可以在权力中心发挥作用，也可以在

图 21.2　1944 年美国 Y-12 工厂的 Alpha-1 加速器 [美国陆军工程师团，曼哈顿工程区，橡树岭市，田纳西州。詹姆斯·E. 韦斯特考特（James E. Westcott）摄]。Alpha-1 加速器被用来分离铀同位素。这个设备展示了大科学在得到军工复合体的资源支持后可以以多大的规模运行。该设备用了来自美国国库的 6000 吨银

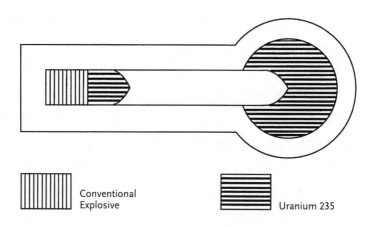

图 21.3   图解引爆铀 235 炸弹的"枪"。用普通炸药将小型铀子弹射进枪管，进入右侧的大型结构内，使得右侧结构超过临界质量并引发链式反应
竖线区域：普通炸药；横线区域：铀 235

实验室独当一面。在某种意义上，曼哈顿计划改变了科学的工作方式，要求顶尖科学家与军事和工业利益紧密结合。奥本海默意识到，如果科学家想对他们的工作发挥影响，就必须学会采用新的工作方式。

与此同时，技术问题的出现要求理论物理学家和工程师更加紧密地进行合作。这些新问题的解决需要新的理论概念，而新理论在没有生产原子弹硬件的情况之下无法进行检验。许多物理学家必须解决实际操作产生的新问题，科学家远没有把应用科学看作迫于战争压力不得不去做的杂事，事实上，他们发现自己迷上了这类理论创新。最初原子弹的设计以一种射出铀 235 子弹的"枪"为基础。这种枪从枪管里射出铀 235 子弹，然后子弹撞在同样材料的靶子上（图 21.3）。铀子弹和铀靶子加起来的质量超过临界点，所以会立刻开始不可控制的链式反应。但是在 1944 年春天，加入钚元素的实验证实上述方法不适用于钚元素，因为钚元素自动裂变速率很高，所以处于亚临界质量的两部分钚都会在与另一部分相撞之前就开始裂变。这会使得可裂变物质在狭小空间结合并在发生高效链式反应之前就扰乱其裂变过程。科学家需要设计一种"内向爆炸"的方法来制造原子弹，即用精心塑造的普通爆炸物压缩稍稍低于临界质量的裂变物质，使其达到临界状态。英国科学家（包括德国逃亡者派尔斯）重回曼哈顿计划，并承担了上述新设计的大部分工作。可是这种新设计太过激进，让科学顾问 J. B. 科南特等人怀疑它是否可行。这也解释了为什么 1945 年 7 月 16 日美国选在新墨西哥州阿拉莫戈多的沙漠上测试钚炸弹。钚炸弹爆炸释放出了等同于两万吨 TNT 炸药爆炸的威力，超过了科学家的预期（图 21.4 和 21.5）。看到这次爆炸后，奥本海默引用印度史诗《薄伽梵歌》的文字表达了自己的心情："我是死神，世界的毁灭者。"（这个情景后来成了奥本海默的著名事迹之一）另一位物理学家肯尼斯·班布里奇（Kenneth Bainbridge）则用了接地气的评论："现在，我们都成了婊子养的了。"（Schweber，2000，3）

　　很快，原子弹在"二战"末尾投入了实际应用（投到了日本，当时德国已经投降）。1945 年 8 月 6 日，B-29 型"艾诺拉·盖号"轰炸机用铀弹"小男孩"摧毁了广岛。3 天后，钚弹"胖子"被扔到长崎。使用原子弹的真正动机陷入了争议。官方态度是他们想用原子弹迫使日本迅速投降，这样可以拯救成百上千个可能会在入侵日本时战死的美国士兵的生命。但这显然是夸大其词，有些人怀疑是当时的美国新总统哈里·杜鲁门想要用原子弹来在战后谈判中获取比苏联更多的筹码（Alperowitz，1996；Giovannitti

图 21.4   第一颗原子弹的爆炸

图 21.5　第一颗原子弹爆炸后，J. 罗伯特·奥本海默和格罗夫斯准将在三一点（Popperfoto/Retrofile.com）。奥本海默是杰出的物理学家，但在大科学的新世界中，他需要学会和军队及大公司的领导层合作

and Freud，1965；Walker，1996）。

 与我们的主题更相关的问题是：科学家自己对参与研发具有如此毁灭性的武器有何想法。不用怀疑，最初提议研发原子弹的就是那些意识到可以用这种方法研究核裂变的科学家。如果科学家没有提出这种想法，那么原子弹研发计划也不会启动——这是发生在德国的真事。但由于担心纳粹党人也会朝着相同方向探索，几乎没有英国（以及后来的美国）科学家不愿意推动原子弹计划发展。毕竟战争是残酷的，城市也早已被常规的轰炸摧毁。当纳粹德国分崩离析，日本（仅仅有一个小型的核项目）成为仅剩的唯一目标时，关键时刻到来了。在那个时间点上，确实有一些科学家开始声明不应该使用原子弹，或者至少应该先把原子弹投掷到日本的偏远地区作为一次警告。莱奥·齐拉特，那个最初鼓励爱因斯坦给罗斯福总统写信谈论核武器可能性的人，变成了批评军方使用原子弹政策的领头人物。他向物理学家詹姆斯·弗兰克（James Franck）领导的社会和政治影响委员会施压，要求他们提交一份呼吁先进行原子弹投掷演示的报告（Giovannitti and Freud，111—115）。但是许多科学家拒绝接受齐拉特的提议，一些是因为接受了官方拯救美国士兵的说法，而另一些是因为他们还为最后的技术问题焦头烂额，没时间退一步思考自己的立场是什么。奥本海默本人认同拯救美国人生命的观点，并且不怎么鼓励在洛斯阿拉莫斯展开辩论——可是第二次世界大战后，奥本海默成了反对制造威力更大的氢弹的领头人物。

科学和冷战

"二战"后，国际局势持续紧张，苏联成为西方的新威胁。当冷战静默的敌意爆发出来，美苏双方的科学家很快重提老观点：参与军事研究是正义的。只有少数具有影响力的科学家选择旁观，他们还因此面临着因不忠于国家而被放逐的危险。但科学家参与现在我们口中的"军工复合体"还有其他原因。只有受到外部势力威胁的时候政府才愿意投入巨额资金给"大科学"领域进行必需的研究。在大科学领域，即便只是检验理论也需要建造非常昂贵的设备。投身军事应用，甚至促进军事技术发展的诱惑对于科学家来说是巨大的——很多时候，投身军事研究是获取大科学研究资金的唯一途径。原子弹计划也需要纯粹科学和应用科学相互贯通，所以难以分辨什么是理论创新，什么是实际应用。科学的许多领域因此与军工复合体结合在一起，有时候科学家会发起具有军事意义的项目来为他想做的研究获取资金（Mendelsohn，Smith，and Weingart，1988）。

苏联很快回应了美国原子弹的威胁（Holloway，1975）。第二次世界大战前，即便政府不感兴趣，苏联科学家还是在此领域做了很多研究。环境科学家 V. I. 韦尔纳茨基（V. I. Vernadskii）鼓励科学家寻找铀原材料，期望铀能够被用于和平目的。"二战"期间，苏联官员通过间谍获取了英国和美国原子弹计划的一些情报，但在知道德国没有研发原子弹之后，斯大林就失去了研究原子弹的兴趣。斯大林的亲信贝利亚甚至怀疑曼哈顿计划是虚构的，是为了引诱苏联在此领域浪费钱财。但当美国拥有原子弹的事实被确认之后，斯大林迅速断定美国原子弹是苏联国际影响力的主要威胁，或者就是可能被用在战争中的实际军事威胁，于是启动紧急措施开始制造原子弹。苏联科学家愿意参与原子弹研发，因为他们和斯大林都认为不能让美国独享使用原子弹的权力。部分归功于间谍获取的情报，苏联的原子弹研究进展迅速。1949 年 10月，苏联引爆了他们的第一颗原子弹，让美国人惊慌不已。20 世纪 50 年代，世界陷入了核僵局，因为美苏双方都掌握了足以彻底消灭对方的武器。

英国人感到自己好像被排斥在核团体之外了。是英国人首先开始此领域的研究，而且在曼哈顿计划中发挥了重要作用。"二战"后，英国丧失了大部分国际影响力，英国人认为独立制造出核弹至少是让英国在表面上还能保持其之前世界地位的途径。英国科学家开始独立制造原子弹及运载原子弹的飞行器，但是随着超级大国进入洲际导弹和核潜艇研究阶段，英国世界二流强国的地位变得越发清晰。即便如此，冷战还是让英国科学家获得了远超欧洲各国的军事研究资金（Bud and Gummett，1999）。科学家积极推进新军事计划一事随后得到了英国政府科学顾问索利·朱克曼的证实："我们的'专家'会通知并且劝说他们在行政部门和军队的同事——这不是什么难事，然后科学家的点子会以某种方式向上传达，大部分时候都能传到部长们的耳朵里。"（Zuckerman，1988，390）太多时候，把计划落实到实践需要的资源超过二流强国所能负担的极限——不过研究在操作限制变得明显之前就完成了。

在美国，苏联顺利引爆第一颗原子弹让一场争论受到关注。对于物理学家来说，他们很明显可以通过让氢原子发生核聚变来制造另一种更具威力的炸弹，这实际上复制了太阳本身的能量来源。但氢原子核聚变需要使用接近原子弹爆炸产生的超级高温高压才能进行，因此氢弹需要一颗原子弹作为引爆器。在此计划中担任"超级炸弹"设计师的是物理学家爱德华·泰勒（York，1976）。泰勒是匈牙利籍犹太人，他在欧洲的一些亲戚就生活在苏联统治下。他极其清楚苏联决心把自己的系统强加给世界各国所带来的威胁，并且认为美国在军备竞赛中保持优势地位十分必要。泰勒已经在洛斯阿拉莫斯开始了聚变核弹的物理研究，同时不遗余力地在军队和政府寻求支持。苏联第一颗原子弹爆炸的新闻让泰勒的游说变得更加急迫。1949 年 10 月，原子能委员会下属的总顾问委员会（由奥本海默领导）推荐改进原子弹，但拒绝了泰勒制造超级炸弹的想法。泰勒认为委员会的决定等于向苏联投降，于是他开始动用自己和政府的所有联系去打击奥本海默的地位。奥本海默不堪一击，因为他年轻的时候曾经和左翼组织有过关系，而当时正是参议员约瑟夫·麦卡锡（Joseph McCarthy）领导的反共产主义政治迫害时期。在耗时长久的调查之后，1954 年，奥本海默的忠诚证明被吊销，同时被驱逐出所有原子能项目。J. B. 科南特在氢弹问题上和奥本海默持同样的保守态度，因此他也被边缘化了。

　　1949 年，原子能委员会支持泰勒和他的"鹰派"，并拒绝了奥本海默领导的委员会的建议。第二年，杜鲁门总统听取国家安全委员会的建议，授权发展氢弹。氢弹的关键技术问题在泰勒-乌拉姆设备（在洛斯阿拉莫斯被发明）面前迎刃而解。第一颗氢弹于 1952 年年底在太平洋的埃尼威托克环礁上引爆，爆炸产生的威力相当于 1000 万吨 TNT 炸药爆炸——是摧毁广岛的原子弹威力的 1000 倍。不过美国的领先只是暂时的：苏联科学家用另一种方式解决了关键问题，并且在 1955 年引爆了他们的第一颗氢弹。核武器有能力摧毁地球文明（即便不是地球上的所有生命）的可能性现在变得越发明晰，公众受到了很大影响（Boyer，1994）。许多科学家对泰勒的鹰派策略感到不悦；鹰派策略仅仅让美国保持了暂时领先，还将军备竞赛推到了更加危险的层面。在某种程度上，奥本海默成了被隔离的大科学家，甚至在科学界也是如此，不过许多科学家还是被他的观点打动，即对科学探索必需的自由要求社会整体拥有相等的自由。康奈尔大学的德国流亡科学家汉斯·贝特（Hans Bethe）激烈地反对无限制地利用科学开发新武器。贝特后来因为研究出恒星内部核聚变的理论而获得诺贝尔奖（Schweber，2000）。虽然贝特也参与了核武器计划，但是他越来越担心核战争的后果，并且在1963年《禁止核试验条约》商定过程中担任了美国团队顾问的关键角色。

威力更大的核武器当然不是军备竞赛带来的唯一科学贡献。冯·布劳恩和他的团队在V-2火箭的基础上开发了新的运载火箭系统，也就是洲际弹道导弹，同时还为美国的航天事业奠定了基础。美国航天事业事实上是被冷战中美苏双方的较劲以及苏联在航天领域的早期成就所刺激才真正开始的，最直接的原因就是1957年10月苏联发射了人造地球卫星。很快，核动力潜艇开始携带发射导弹，这种核动力潜艇可以在水下潜伏数个月来逃避敌方探测。海军需要定位这些核潜艇的新方法，而这需要核潜艇可能藏身的深海海床的更多信息——这一需求的副产品就是为板块构造理论提供了决定性证据的海床新信息。关于原子弹的辐射如何提高人和其他动物的遗传变异率的研究是生物学家新发现的重要来源（Beatty，1991）。因此，科学和军事之间的联系开始在各个领域开花，信息的传递也并不永远是单向的，一个领域的应用科学有时可能会给毫不相干的另一个领域提供新证据和新灵感。

结论

20 世纪，科学和军事之间的联系得到巨大发展。早期两者的关系是试验性的：爱国科学家在国家危机之下提出武器改良（或发明新武器）的建议，但经常被军事高官敌视或嘲笑。第一次世界大战期间，两者之间开始了有组织的互动，不过新发明的武器都没有决定性效果。两次世界大战之间的几十年里，一些国家基于两者早期的互动发起了将科学与军事和工业联系在一起的综合计划，这些计划产出了无线电探测器等全新的武器系统，足以改变海军和空军（特别是空军）的战斗方法。第二次世界大战为冷战期间科学家参与军工复合体竞争打下了基础。上述发展的结果就是理论科学与工业、军事和政府的联系加深。纯粹科学和应用科学之间的界限更加模糊，特别是在需要巨额资金来购买研究设备的领域里。科学家也意识到技术问题有时可以激发出令人着迷的理论问题。顶尖科学家开始管理吸收了工业和政府大笔资金的大型项目，并且需要拥有与两个出资方互动的必要管理技能。

科学与军事的紧密联系一直被双方的互相怀疑所耽误：这两个专业南辕北辙，相互怀疑是难免的。但是两者之间的关系建立起来后，科学家很难不被两者结合带来的巨额资金所吸引，尤其是这些资金能让他们研究真正感兴趣的项目。到了 20 世纪 50 年代，美国大学里的物理研究资金有 90% 都来自原子能委员会，大部分资金都用在军事项目上（Hoch，1988，95；Forman，1987）。难怪许多科学家愿意把自己的研究方向朝军事领域倾斜，而且愿意学习与政界和工商界互动所需的必要管理技能。对那些担心科学与工业联系带来的道德后果的人来说，更严重的问题是，科学家仅仅为了打开政府的金库，获得对全新研究领域的资助，而开发改进新武器的尝试。泰勒确实是因为惧怕苏联的威胁，才想要研发出氢弹，但是后来开发"星球大战"导弹防御系统的提议让人们开始怀疑，武器制造者已经主导了方向。那些真正在国防工业工作的科学家事实上被拥有商业优势的工程师和管理者所控制。

第二次世界大战之后，西方有些人尝试重新建立理想化的、只为了得出新知识而进行的纯粹科学，部分是因为苏联鼓励了背道而驰的观点：那就是科学家和所有人一样都应该为大众的利益服务（与时代情况相一致）。美国主要科学顾问万尼瓦尔·布什在1945 年撰写了题为《科学：无尽的边疆》（Science：the Endless Frontier）的报告，试图重新描画科学无私地探寻自然真理的形象。纯粹研究打下的基础对于保证后续产生技术方面的副产品是必不可少的，这还是许多学术型科学家提倡的正统科学观念，但是这一观念没有意识到，纯粹科学的研究在多大程度上需要军事和工业的资金才能完成。最有效地应对新形势带来的道德困境的科学家并不是退缩到孤立主义中的人，而是那些参与现实世界，并主张科学家必须用自己的影响力控制他们成果的使用的人。这可能会引发反对开发新型军事科技的行动——这些项目之所以被提出仅仅因为它们将带来新的研究机会。但是这也可能促进科学有建设性地参与到军事和政治现实中，就像贝特对签署《禁止核试验条约》的贡献，它至少可以限制核武器试验带来的危险。

第 22 章

科学与帝国

现代科学的兴起在很大程度上与西方列强向全世界扩张影响力的时期相吻合。在被称为帝国主义时代的这一时期，欧洲国家建立了全球帝国，征服并殖民了从美洲到非洲和澳大利亚的广阔领土。其中一些领土实际上就是帝国；几位欧洲君主拥有相当于"皇帝"或"恺撒"的头衔，尽管维多利亚女王直到1876年才被册封为印度女皇。但帝国主义不再是个人野心的驱动力，它是社会、经济及文化力量相互作用的产物。即使是美国——最初是大英帝国的殖民地——也开始了在其西部乃至海外领土的征服计划。有些帝国是非正式的，基于贸易而非征服（尽管在印度，前者不可避免地导致了后者）。英国皇家海军"比格尔号"（*HMS Beagle*）被派去绘制南美洲海岸图并非偶然；英国在那里拥有相当大的贸易影响力，他们的船只需要准确的地图。还有非西方帝国：奥斯曼帝国在17世纪仍然是威胁东欧的力量，而日本最终也效仿了西方的模式。所有国家都不得不应对欧洲乃至美国的扩张势力。

西方势力和影响力的扩张在多大程度上源自现代科学的兴起？这个问题没有简单的答案，因为科学本身深深植根于西方不断演变的文化和经济之中。但显而易见的是，如果没有技术上的优势，欧洲列强不可能如此有效地实现他们对领土的野心；随着科学对于技术发展变得越来越不可或缺，它也发挥了作用。当然，西班牙和葡萄牙在美洲的征服是在科学革命全面爆发之前就已经完成的，但它们依靠海军优势跨越大西洋的能力已经显现。到了17世纪，科学已经在推动船舶建造和航海改进方面发挥作用。到了19世纪，基于科学发展的技术产物比如蒸汽船、速射炮和电报，让西方势力能够征服并管理全球广阔地区。医学也发挥了作用，使欧洲人能够进入原本因热带疾病而无法进入的地区。对于书中其他地方概述的一些主题，本章将考察它们在帝国主义扩张计划中各自发挥了多大作用，进而将对它们做出阐述，并将它们联系起来。

如果说科学和技术帮助欧洲人扩张海外，那么许多科学领域反过来也受到了从世界各地收集的信息的影响。自然史和地质学在应用于遥远地区时发生了变化，提供了必须纳入现有方法和范式的新事物。环境科学的出现——如前文第9章"生态学与环境主义"中所述——提供了这一影响的明确证据。如果没有像达尔文本人乘坐"比格尔号"进行探索性航行所获得的那些证据，那么促使达尔文提出进化论的那种生物地理学人们是想象不出来的。但这种关系是双向的：随着科学家们从国外获得信息，进而更加了解国外的情况，他们越来越能够利用他们的调查来提高自然资源的开发水平。在殖民地建立的植物园帮助人们将橡胶等有用植物引入新的地区，同时地质调查中也发现了新的矿产财富。欧洲人习惯了从国外进口奢侈品，但有些新技术还主要依赖在国内无法生产的原材料。

除了各种技术在西方势力拓展中所扮演的明显角色外，还有许多无形的因素。仅仅给某个区域绘制了地图，或对其进行了测量，那些征服计划的主导者就可以声称他们已经实现了征服，即使他们实际上并未控制这些区域，所谓征服只是象征性的。随着科学成为欧洲理性的关键，它在所谓的文化帝国主义中发挥着越来越大的作用。科学被描绘成欧洲文明优越性的显著证明，殖民地政府根据其他文化对科学方法的掌握程度来衡量其价值。这一文明使命的道德基础从一开始就含糊不清，但随着人类学家发展出前文第 14 章所讨论的种族科学，这一道德基础就变得更加值得怀疑了。到了 19 世纪晚期，许多欧洲人认为科学显示了他们与其他地区人民相比所先天具有的优越性。

科学经验向世界其他地方传播的方式，开启了备受讨论的殖民科学领域。随着欧洲人在其他地区定居，无论是作为永久居民还是管理者，他们开始创建组织，为当地的科学活动提供框架。在海外建立的调查机构、观测站和植物园为当地组织提供了核心，这些组织越来越渴望从欧洲的大都市中心获得某种程度的自主权。当然，美国一旦获得独立，就必须发展自身的科学文化，而在这种情况下，它最终获得了自身的主导地位。那些仍然是殖民地的地区发现创建自己的科学社群和教育机构并不容易。在一些地区，情况甚至更加复杂，西方人面对的是具有科学和医学传统的既定文化，这些根深蒂固的文化很重要，在当地人眼中可与西方科学抗衡。在这些文化中工作的人们必须决定是否接受西方科学作为现代化的推动力，如果接受，又该如何利用让他们越来越独立于殖民统治者的进程。

这些主题长期以来一直吸引着科技史学家，因此该领域在研究历史的重要转变之一——全球进程中处于有利的位置。历史学家们普遍意识到需要从对单个国家（通常是他们所在的国家）的研究中跳出来，转而采用全球视野。这推动了对非西方文化、不同地区之间的相互作用，以及能够揭示全球意义问题的比较研究。科学史学家很早就意识到除了西方之外，其他文化背景下的人们也会研究自然；近代以来，我们更加关注西方科学如何推动欧洲势力的扩张，也着眼于西方科学与其他文化的互动，这让我们可以站在有利的位置上参与全球历史的发展。

帝国的工具

科技的进步使得欧洲人在与世界其他地区的互动具有越来越大的优势，因此是"帝国工具"的重要组成部分。欧洲初期的扩张之所以能实现，是因为欧洲人发展出了远洋船舶，而征服美洲土地则是得益于火器的使用（Cipolla，1966）。从 17 世纪末开始，科学在航海技术的许多方面发挥了间接作用，并在解决全球海洋导航问题中发挥着关键作用。19 世纪，在像威廉·汤姆森（William Thomson，开尔文勋爵）等人物的工作中，科学与技术的互动催生了新的技术，如蒸汽船和电报（见第 18 章）。蒸汽技术的改进以及铁质船舶的建造使用，使得欧洲以及后来的美国完全实现了对海洋的控制。物理学在蒸汽船的发展中发挥了作用，并提供了技术，使得磁性罗盘能够安装在铁船上。曾经需要数月才能到达的偏远地区现在只需要几天就能乘船到达。

铁路让陆地交通发生了同样翻天覆地的变化，开辟了美国西部，并使曾经孤立在无法跨越的荒野中的殖民地得以统一。加拿大的太平洋铁路有效地使加拿大成为一个统一的国家。电报再次加快了通信速度，使政府和商人能够几乎即时地将信息和订单传输到世界各地。印度新安装的电报网络使英国能够有效应对 1857 年发生在印度的起义。跨洋电报使欧洲各国首都能够直接在大都市里管理其帝国，而不是将一切都交给地方行政官员。出生在阿尔斯特地区的苏格兰裔的威廉·汤姆森认为，他帮助创建的电报网将使爱尔兰自治的要求变得荒谬，因为伦敦现在可以直接与都柏林取得联系。

自欧洲帝国建立之初，欧洲人就开始寻求绘制和勘测所占领土，并收集和研究当地的动植物标本。随着詹姆斯·库克船长和其他先驱航海家在 18 世纪的大举开展远洋探险（参见第 9 章；Mackay，1985；Ballantine，2004；Williams，2015），勘测和地图绘制变得更加系统化。这些探险家通常被派去寻找此前未知的土地，这样一来他们的祖国就可以对新土地宣示主权，并且在这些地方持续寻找有具有经济价值的动植物。在伦敦，约瑟夫·班克斯爵士成为英国海军探险航行的非正式调度员，为探险船只提供设施和训练有素的观察员，使其成为漂浮的实验室（图 22.1）。后来达尔文乘坐"比格尔号"航行，其经历就是这种将科学活动与海军力量以及绘制海洋贸易航线的需求联系起来的范例。英国科学促进协会推动了一项绘制地球磁场图的计划，这是洪堡学派的经典表达，同时对依赖磁性罗盘的航运具有巨大价值（Carter，2009）。成立于 1829 年的皇家地理学会推动了全球范围的探险，并在地质学家罗德里克·默奇森爵士（Sir Roderick Murchison）的指导下表现得特别活跃（Stafford，1989）。

随着欧洲人在世界其他地区定居下来，科学活动在各个地区变得本土化。大英帝国为了做磁力测量在各地兴建了一些天文台，

图 22.1　英国皇家海军"挑战者号"护卫舰在 1872 年至 1876 年的首次海洋考察中携带了深海挖掘设备,这些设备记录在《"挑战者号"护卫舰科学考察报告:动物学卷》(伦敦,1880 年),第 1 卷,第 9 页。"挑战者号"被装备成一艘专业的测量船,配备了船上实验室。船上的科学家发现了大量新的海洋物种,并证明了广泛流传的海洋深处缺乏生命的理论是错误的。他们还在深海海床上发现了锰结核——现在被视为潜在的矿产资源

这些天文台成为后来科学活动的核心。殖民政府急于获取有关他们现在控制的领土的信息，商业利益集团迫切希望找到利用环境原材料的新方法。有时，这两项工作相互作用，因为政府急于建立一个框架，以提高殖民地的价值。在国外工作的科学家们非常清楚为他们的活动提供资金的行政和商业力量，但他们也希望进行研究，以在全球科学界赢得声誉。

在 19 世纪，随着殖民地管理者对其控制区域的信息需求增加，测量工作变得更加系统化。印度大三角测量计划为次大陆提供了首批准确的地图，其总测量师乔治·额菲尔士（George Everest）的名字最终被赋予了世界最高峰（Edney，1997）。以欧洲的地质调查为蓝本，地质调查在更大范围内应用了地层测绘技术。推动在澳大利亚进行地质勘测，因为他自己在最有可能出产黄金的岩石类型方面拥有相关的专业知识。起初，地方勘测的经费十分拮据，部分原因是控制权下放给地方行政部门而造成了混乱，另一部分原因是商业利益集团认为这些勘测不过是经过美化的探矿考察而已。有时，威廉·E. 洛根爵士（Sir William E. Logan）不得不自掏腰包资助加拿大的地质勘测以保持其推进（Zeller，1987）。然而，到了 19 世纪末，这些勘测已日渐成熟，成为新兴国家科学界的重要组成部分。

在正式勘测开始之前，欧洲人就已经他们的殖民地寻找有利可图的商品了；而迄今为止，涉及的最重要的科学领域是植物学。对于糖等奢侈品的需求改变了许多殖民地的生态，并推动了奴隶贸易，这种贸易将其受害者运送到全球各地。植物、寄生虫和疾病被也被带到陌生的环境中，它们有时产生了巨大的利润，但也导致了疾病和死亡。欧洲植物学家在寻找有用的植物新物种方面发挥了关键作用，并越发努力地将他们的发现移植到其他地区——他们可能会安家并开枝散叶的地区。这是在全球舞台上演的生物探索，它成为当时的"大科学"。有趣的是，一些外来植物的用途在欧洲并没有公开；当地收集者知道苏里南的孔雀花被奴隶用作堕胎剂，但这并不符合植物学家的性别道德价值观（Schiebinger，2004）。

18 世纪，法国政府积极推动植物收集工作，位于巴黎的皇家植物园负责协调相关工作（McClellan，1992），而不久之后英国也效仿了他们的模式。到了 19 世纪，位于伦敦附近克佑区（Kew）植物园成为收集和重新分配有用植物种类的中心（Drayton，2000）。这些植物园的主管约瑟夫·胡克管理着一个由帝国各地的收藏家组成的网络，所有这些收藏家都试图用当地的经历来换取大都市的学术认可（Endersby，2008）。一些原材料对于新技术的发展至关重要；早期的海底电报电缆用来自热带树种的树脂实现绝缘。植物学家使得像橡胶树、茶树和奎宁树（奎宁的来源）这样的植物被种植在远离其原生栖息地的种植园中。

尽管大部分活动都是在欧洲协调进行的，但许多殖民地都建立了植物园，并成为大型实验室，供实验人员观察哪些引进植物能够在其本土环境中生长茂盛。在这些帝国中，法国和英国政府在这方面很活跃，而荷兰人则在爪哇的茂物（Buitenzorg）建立了一个世界闻名的植物园。这座植物园在 19 世纪晚期被许多德国植物学家作为实验室使用（Cittadino，1990）。植物园的工作人员将园区视为纯研究中心，但是，和地质学家一样，他们很清楚，他们能否获得资金取决于能否提供有用的经济信息。随着殖民地逐渐稳固，他们需要建立复杂的关系，以使当地专家能够融入他们欧洲殖民者的计划中。到了 20 世纪初，英国政府试图在整个帝国范围内协调科学研究，但要将地方科技界的不同利益整合到一个连贯的计划中，却面临着越来越困难的任务。例如，南非的生态学家通过推广一个理论模型来挑战英国科学界，这个模型的实用主义意味不那么强（Anker，2001）。在非洲的其他地方，帝国协调的问题也变得越来越严峻（Tilley，2011）。

植物学家努力在新环境中培育奎宁树，旨在增加奎宁的供应量，这表明医药在帝国主义计划中发挥着重要作用。热带疾病是欧洲殖民者死亡的主要原因，正如欧洲疾病曾大量减少其他地区的人口一样。传教士为原住民提供医疗帮助的工作被视为西方文明使命的一个重要方面。但是，改良药物的真正目的往往是让劳工们少生病，他们的工作是提供现代工业日益依赖的原材料。无法抵御热病是欧洲人直到 19 世纪末才进入非洲腹地的因素之一。1898 年，印度医疗服务团的罗纳德·罗斯描述了疟原虫的生命周期，并确定了蚊子在疟疾传播中的作用（图 22.2）。他的工作受到广泛赞誉，被认为是一个突破，将会移除热带地区给欧洲殖民者设置的障碍。

文化帝国主义

欧洲人经常试图通过鼓吹他们对殖民地居民的文化优越感，来证明其政治和经济扩张是合理的。科学和技术是这种优越感的重要组成部分，表明西方不仅有力量，而且有权力指导世界事务。它们的传播可以被描绘成文明使命的一部分，即把理性推行到以

图 22.2 "科学能在热带殖民吗？"罗纳德·罗斯爵士邀请欧洲殖民者进入热带地区，因为疟疾已经被打败，亚瑟·米编著的《哈姆斯沃斯大众科学》（伦敦，1911年）第 1 卷第 233 这样描述

前被迷信和落后所蒙蔽的地区。科学探索和勘测使人们更好地控制了领土。按照西方惯例绘制并标有欧洲名称的地图，则为这种控制提供了象征意义。相互竞争的帝国列强竞相寻找象征其对全球其他地区统治权的方式。

测量和绘制地图显然是清点待开发地区的方法，印度大三角测量就是如此。通过绘制第一批精确的印度次大陆地图，英国宣布了他们统治印度的权利。在澳大利亚和加拿大等新殖民地，地质勘测和其他勘测往往为具有自我意识的欧洲文化社区创造了核心。勘测还可以让殖民者象征性地控制不在一国的地区，例如英国海军部绘制南美洲海岸图的任务。罗德里克·默奇森爵士对俄罗斯进行了地质勘测，这使他能够宣称象征性地征服了实际处于敌对帝国控制下的领土（Stafford，1989）。在他的领导下，皇家地理学会推动了对非洲中部的探索，与传教团体形成了复杂的关系，后者将大卫·利文斯通（David Livingstone）等探险家视为文明传教的先驱。至少在 19 世纪初，基督教福音派仍以科学为手段促进传教工作（Sivasundaram，2005）。在 19 世纪晚期，皇家地理学会通过鼓励对南极的科学探索，重新履行了自己更加世俗化的使命，而南极地区在通常意义上并不能被视为潜在的殖民地。1912 年，罗伯特·斯科特（Robert Scott）船长一行在从南极返回的途中不幸遇难，当时他们还携带着 35 磅（约 15.88 千克）重的地质标本。

科学被视为西方理性的象征，因此也是"文明使命"的一个组成部分，为帝国征服提供了道德理由。在对德国、荷兰和法国海外帝国的精确科学（天文学、物理学和地球物理学）进展情况的研究中，刘易斯-派恩森（Lewis Pyenson，1985，1989，1993）认为，由于这些科学没有受到帝国主义意识形态的污染，它们成为欧洲在全世界传播启蒙思想的最显著标志。如果说茂物植物园的工作人员不得不将大部分时间投入农业领域，那么在爪哇岛还有万隆理工学院，荷兰科学家则发表了与在欧洲无异的研究成果，还对当地学生进行了科学方法培训。德国物理学家在萨摩亚的大学开设了一个系，在阿根廷的拉普拉塔（当时不在德国控制之下）也很活跃。1930年，爱德华·德·马尔托内（Edouard de Martonne）的《殖民地学者》（*Le Savant Colonial*）一书强调了科学在海外文明使命中的作用，并坚称促进科学发展的努力为法国在帝国竞争者中赢得了声誉。派恩森的论点受到了批评，因为它忽视了科学运动的社会建构的功能，即使是最纯粹的科学也蕴含着思想价值。然而，如果我们认识到这些研究领域在当时被认为是毫无价值的，那么他的观点可能有价值。更普遍地说，欧洲大国之间的竞争本质上就是让自己的语言成为科研成果的发表语言，直到两次世界大战后，英语才获得了目前的主导地位（Gordin，2015）。

传播欧洲理性的文明使命的概念是帝国主义修辞的重要组成部分，往往掩盖了征服和剥削的现实。在帝国主义的早期阶段，传教士传播基督教价值观和科学理性，一厢情愿地认为殖民地的土著人民可以从他们所接受的教育中受益（Sivasundarum，2010）。在中国和印度等地，殖民者甚至愿意承认一些成熟的、极具竞争力的文化具有一定的价值。这种相对宽容的态度还体现在19世纪末传播理性主义益处的努力中。提出文化进化论的人类学家相信，其他种族最终也能在进步的阶梯上跃居最高级别。

然而，在19世纪，随着欧洲人开始相信他们天生优于他们所统治的民族，持不宽容态度的人越来越多。使用现代科学技术的能力被视为衡量一个种族精神力量的标准，一些白人教育家坚信他们的殖民地人民无法适应新秩序（Adas，1989）。我们在第 18章已经看到，体质人类学是如何成为公开宣扬种族主义观点的工具的，这种观点坚持认为非欧洲人脑容量小、智力低下，这些观点很容易被用来为奴役"低等"人种辩护，有些人认为他们是不同的物种，因此不是真正的人。乔赛亚·C. 诺特（Josiah C. Nott）等体质人类学家的工作受到了美国和其他地方奴隶主的热情欢迎，欧洲种族也未能幸免：例如，罗伯特·诺克斯把爱尔兰人贬为一个异类的、更像猿的种族。

这些种族主义态度在 20 世纪初还迟迟没有消退，但科学确实在削弱上述极端观点方面发挥了作用。遗传学和进化论的发展否定了人类各种族是不同实体的说法。由于相关的生物学家往往直接参与了利用应用科学促进殖民地经济发展的工作，他们的工作在削弱支撑帝国主义制度的白人天生优越感方面发挥了作用（Tilley，2011）。

殖民地科学

在帝国扩张的早期阶段，科学和技术被用来推动这一进程，但仍然牢牢地立足于欧洲。随着殖民者在海外定居的越来越多，科学活动开始在殖民地开展，在某些情况下，独立的、可以与殖民国的科学界并驾齐驱的科学界逐渐出现。科学专业知识和经验的转移过程受到了历史学家的广泛关注。"殖民地科学"一词是指科学在殖民地地区运作，但在技能、权威和其他资源方面仍依赖于母国的中间状态。虽然这一术语本身已经得到了一定程度的普及，但很明显，殖民地科学并不存在单一的形式，因为不同地区的发展环境各不相同。

乔治·巴萨拉（George Basalla）提出了一个描述欧洲科学向海外转移的模型。该模型设想了三个阶段，其中最后一个阶段涉及建立一个与初始殖民国相当的成熟的科学界。在第一阶段，殖民地被视为一种有利于本国的资源，科学工作主要是由到访的欧洲人完成的，他们做观察和收集工作，但把信息处理后带回本国。在殖民地，除了收集原始数据外，几乎没有什么科学活动。在第二阶段，欧洲人在殖民地定居得更稳定一些，一些收集和调查工作由当地居民而不是临时来访者来完成。起初，这些殖民地的科学家没有自己的社区，他们仍然依赖家乡的大都市中心来获得分析方面的帮助，让成果得以出版，以及在全球科学界树立权威。不过，科学界的结构随后逐渐开始出现：学会、期刊和教育机构建立起来，并最终凝聚到足以赢得国外的尊重（见第 15 章）。此时，向第三阶段的过渡就可以发生了，使殖民地被公认为拥有独立运作的科学界，与任何一个欧洲国家的科学界相当。

巴萨拉的模式是以美国为例的，在美国，大英帝国的殖民地在相对较早的阶段就实现了政治独立，因此被迫在文化和科学领域努力实现自给自足。这些殖民地都是"定居者"殖民地，移民在很大程度上取代了当地人口，因而可以忽视本土文化。在加拿大和澳大利亚等其他殖民地也可以看到类似的发展模式（Zeller，1987）。这此地方同样有可能出现一个自给自足的科学界，尽管由于资源更加有限，以及殖民国家在一段时间内加以密切监督，这一进程被推迟了。

　　然而，巴萨拉的模式受到了很多批评，因为它假定西方科学必须单向移植到世界其他地方。在许多情况下，欧洲人无法简单地取代原住民，他们虽然在政治上占主导地位，但仍然是少数。在整个南亚和非洲大部分地区，欧洲人数量有限，他们统治的民族还有着与他们同样复杂的文化，在某些情况下，还有独立的科学传统。在南美洲和中美洲，白人移民、奴隶和原住民的混合体更为复杂，尽管这里和北美洲一样，较早从欧洲获得政治独立。对殖民地科学的研究已经越来越让人确信，社会和政治环境的多样性要求研究者采用一种更加复杂的方法，运用这种方法要考虑到科学并不总是能够直接转移到新兴国家。我们还必须承认，一些独立的非西方国家也吸收了欧洲发展起来的部分科学和技术专长，但它们是根据自己的条件和目的来吸收的。

　　有人认为，即使在殖民地发展的早期，科学权威也并不总是掌握在帝国手中。虽然大部分活动仍集中在伦敦和巴黎等欧洲大都市中心，但一些殖民地机构在较早阶段就获得了尊重。罗伊·麦克劳德（Roy MacLeod）提出了"移动的大都市"这一概念来描述这种科学权威的传播。随着被殖民国实力的增长和独立性的提高，它们最终融入了由殖民国协调的全球研究和活动网络。

　　在一些殖民地，帝国势力的代理人仍然是少数，他们必须与不同的、有时是历史悠久的本土文化打交道，在这些殖民地，情况甚至更加复杂。印度就是一个典型的例子，对它的研究揭示了西方科学与当地社会之间经常发生曲折的谈判（Kumar，1997）。V. V. 克里希纳提出了一个模型，他认为我们需要区分几种不同类型的科学家。其中一些人是"科学战士"，代表着出于实际原因被殖民势力雇用的专家。高级官员可能是欧洲人，但他们可能使用当地训练的人员来担任较低级别的职务。其他欧洲人有一些科学上的独立性，但同样决定着当地员工获得认可的程度。这些人是西方文化的"守门员"，他们在地质勘测机构、植物园和自然历史博物馆等机构中确立了地位。同时也有一批逐渐崛起的本地专家，他们能够发展起独立的科学文化（如 J. C. Bose 等人），甚至在欧洲也赢得了尊敬。当殖民地最终实现独立时，这些人能够成为科学界的核心。克里希纳的模型已经被成功地应用于研究爱尔兰科学这个非常不同但同样复杂的案例（Whyte，1999）。

库马尔和卡皮尔·拉吉（Kapil Raj）的研究表明，西方科学史学者有必要更多地了解与他们互动的其他文化中的科学所发挥的作用。拉吉认为，当欧洲人渗透印度次大陆时，他们不得不利用当地的知识来了解对新来者来说完全陌生的环境。西方的知识分类模式必须通过由本土文化建立的、更适当的方法来补充。欧洲人往往不愿意承认他们依赖于当地专家提供建议。

这些复杂性部分源于西方科学与拥有不同价值观和世界观的文化对峙时产生的紧张关系。印度、中国和伊斯兰世界不仅确立了各自的文化，而且有自己的方法来寻求理解自然世界。当人们在殖民地努力推广西方科学时，原住民必须决定如何回应。一些现代化改造者欢迎科学，将其作为从内部改革社会的计划的一部分。他们翻译科学著作，出版书籍和杂志，主要受众是中产阶级。而传统主义者认为，现代科学的见解已经在他们自己的著作中有所体现。其他人则将西方科学中的唯物主义视为一种威胁，并试图抵制它的输入。在这个方面存在着显著的差异：印度和中国文化接受进化论没有什么困难，而伊斯兰世界面临的问题与基督教世界遇到过的问题类似（Elshakry，2014）。

即使是那些不受西方统治的国家，也必须应对全球大国所拥有的技术带来的挑战。在这方面，各国的反应也不尽相同。奥斯曼帝国长期以来一直是欧洲的对手，在 19 世纪仍占领着东欧部分地区，它有信心只取其自身所需，主要是军事技术。曾经受西方影响的日本，果断地进入现代科学技术的世界，并利用它们开创了自己的帝国。尽管 1945 年战败，但日本仍然致力于科学研究，并重新成为一个主导性的工业强国。随着西方在世界的影响力逐渐下降，许多其他国家正在效仿日本的做法。

结论：走全球科学史迈进

本章所讨论的主题确定了我们调查中出现的主题，表明科学史常常需要跳出欧洲和美国的范畴。我们知道，科学传统在非西方文化中也出现了，并在更广泛的科学事业的扩展中发挥了作用。我们还认识到，无论西方国家的发展有多么重要，许多科学领域都需要与世界其他地区进行交流，以获取所需的信息。与科学相关的技术反过来又被欧洲人用来探索世界，而且他们常常宣称对其他大陆的资源拥有主权。不管是好是坏，科学技术在西方暂时统治世界的过程中所扮演的角色都要求人们具备全球视野，而科学史学者们早已认识到了这一点。

与历史学的许多其他领域相比，对科学过去的发展及其影响的研究更有优势，可以影响整个历史进程中最重要的转变之一：向全球史或世界史迈进。历史学家不再关注单一国家（尤其是西方国家）的内部事件，而是开始认识到，将目光投向更广阔的领域，研究世界其他地区如何发展以及不同文化如何随着时间的推移相互影响，是更有利的做法。他们开始对就这些互动的更广泛意义提出问题，并寻找新的方法来回答这些问题。随着全球环境危机的加剧，随着西方主导地位日益受到挑战，很明显，需要用一个全球或世界范围的视角来理解过去、思考未来。要创造这种更广泛视角，科学和技术所发挥的作用是不可或缺的。

　　向全球史迈进受到了另一种发展的推动：时间性境域（temporal horiaon）扩大，带来了大卫·克里斯蒂安（David Christian）所说的"大历史"。就像世界史一样，这是一种努力，通过将近代史看作大爆炸以来宇宙进化的最后阶段，来创造一种视角，迫使我们超越局部的关注点来思考。克里斯蒂安的书作为一个世界史系列丛书的一本，获得了世界历史协会的奖项。研究几个世纪以来全球范围内的事件已经改变了历史教学，并有助于我们把对过去的理解与对未来的关注结合起来。许多用来描绘人类崛起并主宰全球环境的事件，我们对其了解都依赖于技术创新，并越来越依赖于科学发现。畅销书如伊恩·莫里斯（Ian Morris）的《西方将主宰多久》（*Why the West Rules—for Now*，2010）和尤瓦尔·赫拉利（Yuval Harari）的《人类简史：从动物到上帝》（*Sapiens: A Brief History of Humankind*，2011）展示了技术在西方崛起中的作用，并警告说，随着现代技术在全球范围内的普及，这些变化可能会改变力量的平衡。这些书籍利用科学史来推动更广泛的议程，并不总是与更专业的研究方法相一致。不过，它们确实表明，这一领域的观点有可能被用于广受关注的辩论中，科学史学者需要牢记这一点。

　　艾莉森·巴什福德（Alison Bashford）的《全球人口问题研

究》等书充分说明了该领域研究者参与这些行动的潜力，该书将科学、技术和医学领域的一系列主题与环保主义者日益关注的问题联系起来。通过揭示对人口增长、环境退化和自然资源枯竭的担忧的历史渊源，此类研究有助于我们正确看待现在关切的问题。历史学家们最初以"科学与帝国"为题对其中的许多问题进行了积极的研究，但现在这些问题已成为一场更为广泛的运动的核心，这场运动正在深化我们对过去和当前发展的理解。

第 23 章

科学与性别

在过去半个世纪甚至更长时间里，科学和性别的关系总是备
受争议。通常，科学被视为客观探索的理想方式，不受其从业者
阶级、政治和宗教信念、种族或者性别的影响。如前文所述，最
近几十年科学史、科学哲学和科学社会学领域内的许多进展让科
学作为价值中立的终极知识的形象越来越难以维持。而女性主义
学者对科学客观性的批评带来的争议最多。女性主义者指出了客
观的科学研究这一传统想象中存在许多问题。例如，20 世纪 60 和
70 年代出版的一些关键文章就指控科学从根本上说其实是男性的
活动，有一些甚至主张男性和女性与自然世界互动的方式存在根
本性差异。另一些人指出，从从业者角度看，科学历来是男性占
压倒性多数的活动。其他人矛头指向科学史学者，指控他们和科
学家一样忽视女性对科学探索做出的贡献。本章将会探讨女性主
义学者提出的一些重大问题，以及她们提出的关于科学活动根本
上的性别特质的观点。

伊夫琳·福克斯－凯勒（Evelyn Fox-Keller）和卡罗琳·麦
钱特等评论家提出，16、17 世纪所谓的科学革命让欧洲人与自然
世界的互动方式发生了转变（见第 2 章）。她们特别把科学革命与
男性自然观逐渐占据支配地位的过程联系在一起。概括地说，她

们声称在文艺复兴前自然哲学强调人类与周围自然世界和谐共处的重要性。当时人们主要将自然想象为"地球母亲"。然而，新科学兴起后，自然逐渐被视为人类开发的资源。自然哲学家越来越喜欢把自己的活动描述成暴露、洞悉一个被动的、女性化的自然的行为。女性在探索自然知识的活动中逐渐被边缘化。男性曾经（现在也同样）占自然哲学家和科学家的绝大多数。一些女性主义学者曾经表示女性对科学研究的贡献被系统地剔除出了科学史。她们认为通过重新发现被遗忘的女科学家的工作和生活来研究女性理解自然世界的独特视角非常重要。她们希望通过重新评估女性对科学的贡献、鼓励更多女性从事科学事业，让科学实践和科学与自然的关系发生决定性变革。

女性主义科学史学者认为，在科学革命后，女性的身体逐渐成为科学研究的客体。比如，历史学家托马斯·拉克尔（Thomas Laqueur）认为在科学革命期间，男性和女性身体本质上相似的观点转变成了男性和女性身体有根本不同的观点（Laqueur，1990）。男性的身体被视为正常的，而女性的身体则被视为病态的，也因此更需要医学和科学的干预。其他历史学家讨论了 18 世纪解剖学家如何将女性的颅骨描绘得比男性的更小（因此大脑也更小）。到了 19 世纪，医生和科学家越来越认为女性身体需要精细的医学控制。人们普遍认为男性身体被他们的思想安稳地控制着，而女性的思想则被她们的身体控制，特别是生殖器官。因此，女性被认为在精神和智力上天生逊于男性。类似的观点在 19 世纪后期被用来反对女性接受教育和参与政治活动。妇女解放的反对者（如欧洲白人种族优越论的支持者）可能会声称，科学证实了女性（就像非欧洲人一样）在体力和精神上都不适合接受大学教育，只能在家里劳作，必须表现得卑顺。

那么，科学是否历来带有性别歧视的色彩？一些女性主义学者认为，自现代早期以来，科学从根本上表现出了男性视角的自然观。他们声称科学在维系人类对自然世界的剥削关系中，扮演了重要（即便不是关键）角色。此外，科学和科学家还被指责系统地贬低其他鼓励人与自然之间相互滋养、友好共处的，本质上属于女性的观点。还有其他一些方面可以证明科学本质上存在性别歧视。科学一直都是男性占绝大多数的活动。之前那些世纪里，自然哲学和科学实践确实几乎全部都是男性专属的。极少数能参与科学研究的女性一般也都被排挤到科学边缘。这可以视为男性科学家系统性地歧视女性的证据。然而，这也可以用来证明科学从根本上说是男性思维的结果，所以几乎没有女性认为科学研究是吸引人的活动。看待这些问题有许多方法和角度，而本章中我们只能进行简单的概述。

掌控自然

一些女性主义科学史学者从完全不同于传统印象的角度看待16、17世纪的科学革命。传统上，科学革命被广泛认为是新启蒙时代的启明星。根据这个观点，新科学的兴起预示了实践经验将战胜权威。实验方法的出现和人类理性被系统地应用到理解自然法则上都被视为与亚里士多德经院哲学决裂的证据。从这个角度看，科学革命毋庸置疑是进步的，并且本质上是仁慈的。我们已经知道新一代科学史学者已经对科学无疑是进步的这一美好的传统观点产生了怀疑（见第 2 章）。科学史学者和科学哲学家现在并不确信存在一种独一无二的科学方法。如今，科学史学者更倾向把新科学的出现置于欧洲现代早期文化的特定语境中理解，而不是把它视为应用普遍人类理性的必然结果。此外，有些女性主义科学史学者也提出，科学革命从理论和实践上都是男性占压倒性优势、带有性别歧视的事业。

在 1980 年出版的一本关于现代科学兴起的重要著作中，卡罗琳·麦钱特提出，科学革命推翻了人与自然和谐相处的传统观念，支持生态开发，并且鼓励压迫女性（Merchant，1980）。她指出了女性和自然之间"长久的联系"，并且声称科学革命必须为新机械论世界观的出现负责，正是这一观念直接导致了对女性和自然的剥削。传统自然哲学观认为自然本质上是女性的。地球是哺育人类的母亲，为人类提供了所需和所求。主张地球是母亲的观点带有强力的道德约束，限制了人们对自然资源的利用。因为人类掠夺地球自然资源的行为在道德上无异于孩子攻击其母亲。从这个角度看，传统自然哲学鼓励人与自然和谐相处，而非试图开发自然。与自然母亲的想象相伴随的，还有把宇宙看作有机整体的观点。当时主流的宇宙观把宇宙当作活生生的躯体（图 23.1）。

麦钱特和伊夫琳·福克斯 – 凯勒等人都认为科学革命的主要结果之一就是它推翻了把宇宙比作有生命的女性这个传统比喻，并用宇宙是机器的比喻替代（Merchant，1980；Fox-Keller，1985）。前现代欧洲人认为宇宙有生命，但科学革命的煽动者认为最好把宇宙看作无生命的机械部件的集合。他们最喜欢用钟表来比喻自然的运行。古希腊哲学家柏拉图在他的《蒂迈欧篇》（*Timaeus*）中就曾明确地将宇宙描述成拥有女性灵魂的生命体。

图 23.1   世界的女性灵魂，插画出自罗伯特·弗卢德的《两个世界的形而上学历史，即大世界和小世界》(*Utriusque cosmi maioris scilicet et minoris metaphysica*，1617)

文艺复兴时期的新柏拉图主义者，如英国炼金术士罗伯特·弗卢德（Robert Fludd）等也同样将世界的灵魂描绘为女性。类似的形象鲜明地支持宇宙本身就是活体（女性）的观点。包括勒内·笛卡儿等新科学的支持者则持相反观点，他们用明确的机械论观点看待宇宙。自然是没有灵魂的机器，上帝赋予其运行的动力。笛卡儿认为连动物都没有灵魂。其他17世纪的自然哲学家，如英国人弗兰西斯·培根和爱尔兰裔英国人罗伯特·波义耳也与笛卡儿持相似观点。女性主义科学史学者想表明的是，机械比喻越来越占据主流导致欧洲人对人与自然关系的看法产生了巨大转变。自然不再是哺育人类的母亲，只是待开发的资源。

事实上，一些女性主义历史学家已经提出，越来越普遍的对新科学和自然之间关系的比喻应该是强奸。在科学革命煽动者还把自然看作女性的情况下，他们把这两者之间的关系描述为支配和渗透。弗兰西斯·培根把实验过程描述成"探究自然"，并提出"自然的子宫中仍有很多极有用处的秘密"。新科学的目的就是揭开自然的面纱，曝光她的所有秘密，洞察她的所有神秘之处（Merchant，1980）。福克斯－凯勒同样注意到培根在这种语境下使用的语言，以及培根把实验方法塑造成强迫女性化的自然屈服于男性力量和权威的行为（Fox-Keller，1985）。培根在其《新大西岛》中描绘的科学乌托邦"所罗门宫"没有给女性知识留下什么空间。自然哲学越来越被定义为本质上是男性的活动，女性在其中扮演边缘的角色，或者干脆出局。女性主义科学史学者认为科学的男性化趋势和机械论哲学的兴起，导致了女性经济地位逐渐边缘化，并通过公共机制攻击女性的文化地位，比如女巫审判。

从这个角度看，科学革命被视为与资本主义的兴起和工业化开端紧密联系的事件（见第 17 章）。现代科学被描绘为这样一种哲学，至少可以为广泛的环境破坏和系统地过度开发自然资源进行辩护。麦钱特认为把自然看作有机生命体、看作哺育生命的母亲的观点至少限制了过度利用环境的行为。她指出，罗马的普林尼等古代作家就明确地用地球母亲的比喻警示人们不要过度采矿或者砍伐森林，提出地震等就是地球母亲正在对人类掠夺她的宝物表示不快。过于热切地开采自然资源，进而破坏地球身体的神圣性的行为被视为贪婪、自私、欲望的表现。通过攻击传统的"宇宙是有机整体"的观点，并把宇宙描绘成无灵魂的机器，机械论支持了对自然的广泛破坏。培根等自然哲学家明确表示"知识就是力量"，自然哲学的目的就是让自然资源为人类经济利益所用。一般意义上的自然哲学——特别是机械论哲学——从上述意义而言可以被视为无止境的商业和工业扩张的哲学和意识形态的辩护词。

　　科学有时被视为男性权力的表现，有时被视为开发自然的工具和辩词，有关二者之间关系的辩论反映出 20 世纪下半叶女性主义和环保运动之间越来越强的联系。比如，卡罗琳·麦钱特就明确地尝试通过她的著作推动激进的生态女性主义发展。麦钱特和其他一些女性主义者认为她们对科学的描述，既是在努力将她们眼中现代科学的男性视角置于历史语境中，也是在尝试复兴完整的、女性主义的人与自然世界的关系。她们大部分关于现代自然哲学根本上是男性的、反女性的行为的言论都令人难以辩驳。17世纪自然哲学家的世界观毋庸置疑也绝对是以男性为导向的。然而，这是否使自然哲学成为现代早期阶段最具性别化的活动还有待商榷。女性主义者认为古代和中世纪作家的自然哲学更具有机体论和女性导向色彩，从表面上看这更令人难以接受。各个历史时期的思想家都多多少少表述过有机体或机械论自然观。并没有明确证据证明那些倾向有机体自然观的哲学家，如柏拉图，比那些支持机械论自然观的哲学家对女性更友好。

科学女英雄

一些女性主义科学史学者希望证明科学活动核心的男性本质，另一些则尝试展示过去的女性曾对科学知识做出了重要的、极具影响力的贡献。后一种研究通常具有双重目的。一方面，一些女性主义历史学家试图展示男性科学家（和科学史学家）系统地歧视女性，蔑视或者忽视女科学家的成就。另一方面，坦率地说，许多重新发现历史上女性对科学贡献的努力本质上是值得称道的。她们的目标就是赞颂女性的贡献，并且塑造女性楷模来激励女科学家（Alic，1986）。有些人还尝试通过研究过去的女科学家案例，探索女性和男性研究自然的方式的不同（Fox-Keller，1983）。她们希望通过这种研究证明女性参与科学可以改变科学知识的本质。至少，回顾女性对科学发展的贡献能帮助纠正人们的传统科学观念，即科学是伟大男性连续的发现和远见卓识的成果。它展示了我们身边还存在多少关于科学是什么、科学如何实践，以及谁来实践的不同观点（Abir-Am and Outram，1987）。

卡罗琳·麦钱特特别提到了现代早期的自然哲学家安妮·康韦（Anne Conway），用她的例子来论证女性探索自然世界的方式与主流的男性思维的不同（Merchant，1980）。安妮·康韦出生在一个富裕的、具有政治影响力的家庭（康韦的父亲曾任英国下议院议长），她和英国剑桥大学植物学家亨利·莫尔（Henry More，曾是安妮一个哥哥的家教）保持着频繁通信。在给莫尔的信中，她开始对笛卡儿的心物二元论进行哲学批判。她也和德国汉诺威的哲学家莱布尼茨保持通信，莱布尼茨后来成为激烈批判牛顿自然哲学的带头人之一。莱布尼茨可能是从安妮的书信中获得了"单子"（monad）这个术语，并且把它用在对二元论的哲学攻击中。后来，安妮·康韦成了一个贵格会教徒——贵格会运动是17 世纪英格兰的一次危险的独立运动（见第 15 章）。安妮英年早逝，她唯一完成的哲学著作《最古老和最现代哲学的原则》（*The Principles of the Most Ancient and Modern Philosophy*）是在她死后的 1690 年出版的。康韦的哲学敏锐性令许多人钦佩。莫尔表示他"几乎没有见过比康韦小姐更有天赋的人，不论男人还是女人"。女性主义学者经常引用她的柏拉图主义以及她对笛卡儿哲学二元论和唯物主义的反对，作为对现代早期知识界机械哲论学盛行趋势的一种鲜明的女性主义反对的象征。

　　和康韦类似，英国哲学家玛格丽特·卡文迪什（Margaret Cavendish）也反对唯物主义。玛格丽特的家庭在查理一世（Charles I）统治时期和英国内战期间一直是保王党人，玛格丽特本人也是王后的女官。保王党失败后，她和她的女主人一起逃到了巴黎。在巴黎，玛格丽特嫁给了威廉·卡文迪什，一个著名的保王党人和伟大的自然哲学家。逃亡法国期间和返回英国之后，玛格丽特发表了包括自然哲学在内的许多主题的文章，这对17 世纪的女性来说非常不寻常。1667 年，玛格丽特被许可参加英国皇家学会的会议，亲眼观看罗伯特·波义耳的实验。当然，英国皇家学会的会员席位仅面向男性，而且当时人们就女性（不论多有地位）能不能参加此会议这个问题进行了激烈讨论（见第 2 章）。在 1666 年出版的一本乌托邦主题的小册子《名叫燃灼世界的新世界》(*The Description of a New World Called the Blazing World*)中，玛格丽特描绘了一个理想化的、由女性（她本人）担任领导的科学学会，在这个学会中，自然知识都是通过拟人化的动物帮手得到的。在《实验哲学的思考》(*Observations upon experimental philosophy*，1666)和《自然哲学的基础》(*Grounds of Natural Philosophy*，1668)等作品中，玛格丽塔·卡文迪什提出了自觉性的自然观，与罗伯特·波义耳主张的实验在自然哲学中的重要作用有所不同。

　　19 世纪的女性中，因科学贡献而获得最高程度的溢美之词的无疑就是埃达·洛芙莱斯（Ada Lovelace）(Stein，1985)。她经常被誉为"世界上第一个电脑程序员"。埃达·洛芙莱斯是英国浪漫主义诗人拜伦（Byron）勋爵和妻子安妮·伊莎贝尔（Anne Isabella）的女儿。她的双亲在她出生后不久就分手了，自此她再没见过父亲。埃达接受了私人教育，家庭教师包括剑桥大学数学家威廉·弗伦德（William Frend）和奥古斯都·德·摩根（Augustus de Morgan）——伦敦大学第一位数学教授。她经常在哲学圈子里活动，结交了迈克尔·法拉第和查尔斯·巴贝奇等著名科学家。1843 年，她帮巴贝奇翻译了意大利工程师 L. F. 门内布拉关于巴贝奇分析机的文章，在其中埃达加入了自己的想法，包括为分析机编程使其能够将伯努利数制表的可行方法。正是基于此事，她被誉为第一位程序员或者是"世界电脑黑客第一人"。埃达生活在第一台电子计算机出现的一个多世纪之前，虽然这种称呼完全是时代错置，但是埃达绝对是证明女性在 19 世纪早期科学界发挥作用的典型例子（Toole，1992）。埃达有足够高的社会地位，可以轻松地进入哲学圈子。她有空闲时间和极高的兴致去了解自然哲学，她的观点和看法也显然得到了男性科学对话者的重视。作为女性，埃达没有接受系统科学教育，未获得加入科学学会的机会，也无法成为得到认可的科学贡献者。

直到 19 世纪末，一些女性才获得了接受大学科学教育的机会，但值得注意的是，直到 19 世纪中期，男性科学家中接受过相应科目的正规大学教育的也是极少数。在 19 世纪末高度专业化的物理界产生巨大影响的女性之一就是玛丽·居里。玛丽·居里出生在波兰，原名玛丽亚·斯克沃多夫斯卡。在巴黎索邦大学接受教育期间，她对法国物理学家亨利·贝克勒尔在铀盐样本中发现的一种神秘的新放射物产生了研究兴趣。玛丽和丈夫皮埃尔·居里一道成功分离了两种新的放射性物质——钋和镭。1903 年，居里夫妇因为他们的研究荣获诺贝尔奖。玛丽·居里是第一位得到诺贝尔奖的女性。丈夫皮埃尔去世后，玛丽·居里继续研究，成为她帮助建立的放射学领域的权威之一。她成了物理界真正的大人物，不仅持续为物理学做出重大贡献，还担任了自己实验室的主任，并且建立了科学和工业之间的联系（图 23.2）。但就算玛丽·居里的地位很高，她在成功之路上遇到的障碍还是远远多于男性科学家。比如，当她被怀疑与物理学家保罗·郎之万（Paul Langevin）有不正当的男女关系时，她的事业几乎毁于一旦（Curie，1938；Quinn，1995）。

罗莎琳德·富兰克林的例子经常被用来生动地展示女性科学家在想要让自己的工作得到承认时面对的困难和偏见（Maddox，2002）。罗莎琳德在剑桥大学纽纳姆学院学习自然科学，1941 年取

图 23.2　玛丽·居里在她本人的实验室工作（图片由马里兰大学帕克分校的美国物理联合会提供）

得学位。1945 年她取得物理化学专业博士学位，此后前往巴黎的国家中央化学实验室工作，并在此学习了尖端的 X 射线晶体衍射技术。20 世纪 50 年代初，罗莎琳德在伦敦的国王学院工作。她是第一个拍摄 DNA 的清晰 X 射线衍射图的人，这份衍射图为弗朗西斯·克里克和詹姆斯·沃森发现 DNA 分子双螺旋结构提供了重要帮助。罗莎琳德对发现 DNA 双螺旋结构所做的贡献一直都被她的男同事轻视，而且她发现男同事之间讨论工作的非正式聚会很少邀请她。在未经她许可的情况下，就有人让克里克和沃森观看了她先驱性的 DNA 分子 X 射线衍射图（见第 8 章）。1958 年，73 岁的罗莎琳德·富兰克林死于卵巢癌。4 年后，克里克、沃森以及罗莎琳德在国王学院的同事莫里斯·威尔金斯因 DNA 双螺旋结构的发现共同获得诺贝尔奖。詹姆斯·沃森在他的畅销书《双螺旋》（*The Double Helix*）中将罗莎琳德·富兰克林描述为一个失意的、碍事的女学究，极大地贬低了她的 DNA 照片对于澄清 DNA 双螺旋结构的作用（Watson，1968）。

富兰克林的例子很好地展示了女性在男性主宰的专业世界中遇到的重重困难。同为 X 射线晶体衍射学家的多萝西·克劳福特·霍奇金（Dorothy Crowfoot Hodgkin）的例子展示了女性科学家在男性主宰的科学界尝试发展独特的女性科学生涯的可行方法。多萝西·克劳福特在牛津大学学习化学，后来去剑桥与爱尔兰 X 射线晶体衍射学家、马克思主义者 J. D. 贝尔纳共事。和她的导师一样，多萝西也是一个社会主义者和和平主义者，积极地参与科学工作者联合会和剑桥科学家反战组织等团体。1937 年，她嫁给了托马斯·霍奇金——工人教育协会的一位讲授者。多萝西利用 X 射线衍射技术进行自己的科学研究，帮助揭开了具有医学价值的胰岛素、维生素 B_{12} 和青霉素等物质分子的结构。她工作的明确目标就是把科学知识用于人道主义事业。1964 年，多萝西因对晶体衍射的研究获得了诺贝尔化学奖。和她的社会主义理想一致，多萝西认为科学是合作性活动而不是个人活动。作为实验室主任，她鼓励开放性的氛围、鼓励大家分享想法而不是相互竞争。上述这些特征被视为女性独特的科学探索方式的表现（Hudson，1991）。

如我们所见，女性科学家的个人生涯被科学史学者用作许多不同方面的例子。她们被用来证明女性确实对科学探索做出了重要贡献；被用来展示女性的科学工作在多大程度上被边缘化和贬低；被用来说明女科学家如何实践了独特的女性科学工作。科学史学者也开始更广泛地回顾女性支持和维持科学活动的途径。18、19 世纪，男性科学家的妻子和姐妹经常作为帮手和助理发挥重要作用。法国化学家拉瓦锡的妻子就活跃地参加了他的实验研究，德裔英国天文学家威廉·赫舍尔也经常得到其妹卡罗琳·赫舍尔的帮助。简·马舍特和玛丽·萨默维尔等 19 世纪女性作为科学推广者发挥了重要作用，她们面向广泛的读者群写作科学书籍（Neeley，2001）。此外，女性也是 18、19 世纪科学受众的重要组成部分（见第 16 章）。她们还频繁地在类科学，如催眠术和颅相学等领域中扮演重要角色（Winter，1998）。这些日渐成为现如今科学史学者看待女性在科学中作用的方式。他们并不把女性硬塞到伟大男性做出的一系列伟大发现的传统画卷中，而是着眼于女性在科学文化中地位的变化。

定义身体

近些年来，历史学家开始关注过去科学如何被用来定义性别特性。女性主义历史学家经常声称不仅科学本身主要是（甚至本质上是）男性活动，而且过去科学对女性和女性身体的定义及描述也极具性别歧视色彩。从她们的视角来看，女性的身体在过去曾经被定义为比男性身体低等，且推测这种低等性将影响女性的精神能力和社会地位。女性的身体——特别是生殖器官——被认为让女性极易精神失常或者神经紊乱。女性被定义为在抽象推理能力上弱于男性（也因此不太可能成为好科学家）。19世纪，类似这种观点经常被用来反对女性接受教育。能量守恒定律等物理学新理论和达尔文的自然选择理论等生命科学新理论都被用来解释为什么女性不论是在精神上还是身体上都天生就比男性低等。和科学种族主义用科学去证明非欧洲人天生比欧洲人低等的方法一样，这些科学理论也被用来证明女性在社会上从属于男性。

历史学家、人类学家托马斯·拉克尔曾表示，主张男性和女性身体本质上不同的现代观点其实是非常晚近才出现的（Laqueur，1990）。从古希腊开始到近代早期，男性和女性的身体区别一直被定义为等级差异而非类别差异。女性的身体被简单地看作男性身体的不完美版本。女性的生殖器官被认为是颠倒的男性生殖器官。比如，卵巢被认为是睾丸的对应器官；子宫是颠倒的阴囊；阴道是颠倒的阴茎。古希腊哲学家亚里士多德认为男性和女性身体最首要的区别在于身体储存的热能。男性的身体比女性更热，而这导致男性的生殖器被推出至体外而女性的生殖器还在体内。到了大约16、17世纪，年轻女性因为突然休克导致生殖器官掉出体外从而变成男性的故事广为流传，自然哲学家和医学从业者也在表面上接纳了这个故事。然而 17 世纪以后，人们逐渐认为男性和女性的身体具有解剖学上的差异。性别的一性模式被两性模式取代。

科学史学者隆达·席宾格（Londa Schiebinger）认为，到了 18 世纪末，解剖学家开始接纳一个观点：男性和女性的身体差异不仅是生殖器官的位置和功能不同而已，这种不同是整个身体的不同。她引用一位 19 世纪早期评论家的话描述两性的身体："整个生命都呈现着女性或男性的特征"（Schiebinger，1989）。18 世纪中期，新一代解剖学家开始描绘人体细节图解——尤其是人的骨架，展示出女性和男性在解剖学各个层面都有差异。男性骨架的腿部被描画得比女性的更长，女性骨架则有着更宽更强壮的骨盆带以满足女性的妊娠功能。女性头骨体积占身体的比例一般被描述为小于男性，这标志着男性拥有更优越的智力功能。爱丁堡解剖学家约翰·巴克利（John Barclay）在他 1829 年出版的《人体骨骼解剖》（*Anatomy of the Bones of the Human Body*）一书中把男性的骨架与马的骨架相对比，强调男性的结构强度和健壮性。相较而言，他把女性骨架和鸵鸟骨架相对比，强调了大骨盆、优雅的颈部和相对较小的头骨（图 21.3、21.4）。

到了 19 世纪，女性越来越被塑造成因体格原因而非常容易患上神经紊乱或精神病。几位历史学家曾指出，男性身体被认为是正常的典范，而女性身体被认为是病态的，所以需要持续的医学和科学干预（Moscucci，1991）。女性被认为极易患上歇斯底里症，原因是她们的生殖器官扰乱大脑。事实上，歇斯底里一词就来源于古希腊语的"子宫"一词。爱丁堡教授托马斯·莱科克

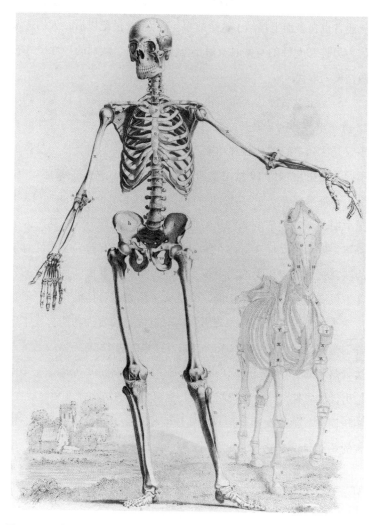

图 23.3　人类男性骨骼强健和阳刚的特征通过与马骨骼的对比体现出来，出自约翰·巴克利的《人体骨骼解剖》（1829）

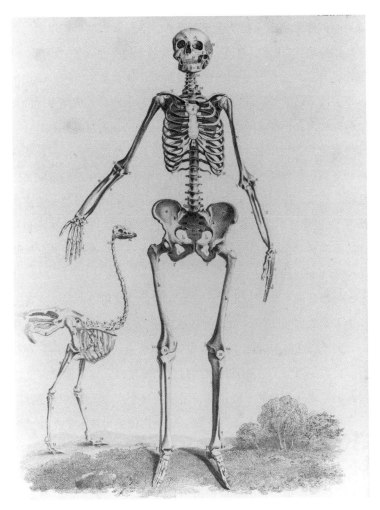

图 23.4　人类女性骨骼脆弱的阴柔特征通过与鸵鸟骨骼的对比凸显出来，出自约翰·巴克利的《人体骨骼解剖》（1829）

（Thomas Laycock）等 19 世纪女性神经疾病的专家认为，女性生殖器官的紊乱刺激大脑产生反射动作，导致她们精神不稳定。由于上述疾病，"优雅、真诚、奉献自我的女性"变成了"狡猾、好争论、自私的女性；她们的虔诚堕落成了伪善甚至恶行，她们再也不关注自己的外表或别人的感受"。维多利亚时代完美女性的形象被描绘为合乎科学的女性行为模式（Showalter，1987）。与这一理想形象的差别于是常常被视为女性患有神经疾病的证据。莱科克和亨利·莫兹利（Henry Maudsley）等 19 世纪中期的专家，以及让－马丁·沙尔科（Jean-Martin Charcot）和西格蒙德·弗洛伊德等 19 世纪后半期的专家，都标榜自己掌握了关于女性精神和身体的正确科学知识，这让他们能够控制女性患精神疾病的自然倾向（Masson，1986）。

每当新的科学理论出现，它们很快就会被用于解释女性智力和体力上的劣等性。19 世纪中期物理学的"能量守恒定律"就是一个例子。许多 19 世纪的医生和科学家普遍认为，人体内只有有限的精力，当为了一个目的使用过多的能量时人体可能没有足够的能量完成其他功能。能量守恒定律为这个广为人知的假设提供了全新的、有力的基本原理支持。这个定律突出展示了女性受教育的危险。如果女性受教育过多，她们体内有限的精力就会被大脑过度消耗，那么其他功能（比如生育功能）就没有多少可用能量了。能量守恒定律因此可以被用来证明允许女性接受大学教育将会导致她们不孕。能量守恒定律也证明了为什么大部分女性无法从大学教育中获取益处。这很简单，因为她们有限的精力都被用来维持自己的生殖器官，因此少有能量可以为智力活动服务。女性身体的物理特性似乎显示她们更适合居家生活而不是公众生活或者专业活动（Russett，1989）。

　　同样地，达尔文的自然选择进化论被用来证明女性在社会中的地位是由自然决定的，而不是任何社会的限制。根据这一观点，维多利亚时代的人认为典型的男性或女性的生理和心理特征仅仅是自然选择进化的结果。达尔文特别指出，男性和女性之间的差异很大程度上是性别选择的结果。男人互相竞争以获得接近最性感的女人的机会。结果，只有最强壮、最机智的人才能成功地繁殖。在这些情况下，选择女性仅仅是因为她们的性吸引力，而不是体力或智力等其他素质。达尔文的观点是，自然和性别选择的最终结果是"无论男性从事什么工作——无论是需要深刻的思考、理性或想象力，还是仅仅使用感官和双手——他都比女性更有成就"。像达尔文的朋友兼盟友赫胥黎这样的人也发展了类似的观点，关注男女特定社会角色的进化适应性（见第 6 章和第 18 章）。19 世纪末 20 世纪初，人类学家以类似的方式论述了在不同的文化中，男人和女人是如何适应特定的社会角色的（Richards，1989）。

　　女性主义科学史学者认为，这些例子展示了科学如何有力地支持了女性从属的社会地位。采取这种视角的科学可以被认为是加强了，甚至制造了对女性地位的社会歧视。上述例子经常被用来证明，厌恶女性的男性科学家允许他们对女性的偏见歪曲科学的客观性。根据这种观点，并不是科学本身，而是各个男性科学家散布了女性低等的陈腐观念。在科学种族主义的问题上，人们也提出了类似的主张。该论点坚持认为科学本质上是客观的，是被科学所处的文化背景所污染；此外，该论点还假设有"好的"和"坏的"科学实践方法，性别歧视的科学和种族主义的科学都明显是坏的科学。另一些人认为，科学本身就是有性别偏见的，所以科学提供对女性的认识从而加强男性对女性的歧视也并不奇怪。从这种角度看，世界上根本就没有所谓的好科学。然而，如果我们认为科学永远是特定文化环境的产物，那么科学经常反映出所处年代的特定文化价值观这件事也就不令我们惊奇了。

科学是性别歧视的吗？

最激进的女性主义科学观认为科学本身，或者至少是现在科学实践的方式本质上就是性别歧视的。这种观点经常以两种方式呈现。一些评论人士指出，无论是现在还是历史上，科学界的构成都存在严重的性别失衡。他们认为这标志着科学界制度性的性别歧视，并且阻止女性从事科学活动。持这种观点的评论家呼吁引进特殊方式来让科学对女性更有吸引力，它也为我们上文讨论过的一个潮流——重现女性历史上作为新发现和远见卓识的重要贡献者的角色——提供了动力。一些历史学家希望找到伟大的科学女性作为潜在女科学家的楷模。更多的激进女性主义科学批评家则认为，性别不平衡是一个深层次的问题。根据这种观点，女性在科学界里代表名额不足，因为科学是过于男性的、性别歧视的思考方式及与周围世界互动方式的产物。因此，性别不平衡远不是可校正的历史潮流：它已经渗透进科学的四肢百骸（Harding，1986）。

更广泛地说，这种论点建立在本章开头提到的一个观点上，即现代科学起源的自然观认为自然就像是等待被侵犯的女性身体。激进的女性主义批评家指出，现代早期把科学方法（特别是实验方法）比作渗透、强暴、侵犯自然的比喻广为流传，透露了过去和现在科学对世界的根本看法。她们认为这种比喻是科学世界观中不可或缺的部分，甚至处于科学探索的核心位置。此外，激进女性主义批评家也声称，科学的核心思想本质上是男性的。从这个角度看，女性不想成为科学家也不足为奇。要想成为科学家，女性必须像男性一样思考。

许多女性主义科学批判文章中都有一个核心观点，主张现代科学与自然保持着本质上是剥削性和破坏性的关系。这也是哈丁（Harding）所想，她认定科学一直持有"自然是分离的且需要控制的"观点。女性主义批评家提出这是极其典型的男性思考方式。男性历来认为自己是与自然相分离的，因此需要控制自然；而女性认为自己是自然的一部分，因此需要与自然和谐共处。科学批评家布雷恩·伊斯利（Brain Easlea）在他的《科学和性别压迫》（*Science and Sexual Oppression*）一书中提到，科学不仅与男性对女性的压迫难分难解，而且更与西方（男性）对非欧洲文化的压迫和对环境的破坏相互联系。伊斯利提出："如果将科学为改善全人类的生活所提供并将继续提供的潜力与压迫和破坏性的现实相比较，这种压迫和破坏性现实往往是 16 世纪之后科学的特征，那么毫无疑问，科学实践是极其非理性的。"（Easlea，1981）他认为科学进行补偿的唯一方式就是推翻作为科学基础的男性自然观以及社会关系观。

为了找到男性科学的可替代物，许多女性主义批评家提出可能存在本质上基于女性认知方式的科学。她们认为与其勉强认同男性视角的支配地位，女性不如发展自己独特的女性主义科学。这些批评家最激进的观点就是，女性主义者不仅仅要鼓励更多女性从事科学事业，还应该积极地尝试阻止女性与本质上厌女的集体发生联系。女性主义科学需要建立在促进与自然和谐相处的女性特征之上。根据这个观点，就像男性科学从根本上建立在男性思维方式上一样，女性主义科学将会从根本上建立在女性思维方式上。比如说，这种科学将是直觉的而不是理性的，是实际的而不是抽象的，是合作的而不是竞争的，是滋养的而不是剥削的。讽刺的是，一些女性主义科学批评家似乎认同维多利亚时代厌女的祖先的观点，认为男性和女性思维方式确实截然不同。事实上，她们经常表现出认同男性女性之间的差异。不同的是，这些女性主义批评家赞叹这些本质上的女性认知方式比男性的世界观更高级，而维多利亚时代的思想家则贬低女性认知方式。

然而，一些女性主义科学批评家已经转向后现代主义来寻求男性化科学问题的解决办法。唐娜·哈拉维（Donna Haraway）等女性主义者并没有尝试用与男性对立的、看似更包容的女性客观性来替代男性的科学客观性，他们建议大家接受一个事实：世界上有无限种与自然互动和理解自然的方法。唐娜认为所有这些认知方式都应该具有同等的有效性（Haraway，1991）。她提出的是一种交流对话的模式。她表示与其把世界看成是被动等待被描画和掌控的客体，科学家不如认为自然有自己的能动性，并且据此与自然互动。她还认为与其把传统的男性科学客观性观点看作"无所凭依的观点"，科学家和其他人都更应该认同且接纳所有知识都是"有情境"的。哈拉维声称："有情境的科学需要把知识的客体刻画成演员或主体，而不是荧幕、场地和资源，更不是一个以唯一的'客观知识'的能动性和创作身份来消除辩证关系的主人的奴隶。"（1991，188）她这句话的意思是，在尝试理解自然的过程中，后现代观点可以用来建议科学家把自己和自然世界放在平等地位上，而非高于自然或独立于自然之外。

结论

如我们所见，女性主义科学观点在多个层次上发展。一些女性主义科学历史学家提出科学在最初就被灌输了男性含义，甚至是彻底的厌女者含义。她们认为科学把自然看作女性的、被动的、可以主宰和控制的。另一些科学史学家尝试重现历史上女性对科学发展做的贡献。他们认为女性的科学贡献被不公正地忽视了，并且试图寻找与牛顿和爱因斯坦等男性科学英雄相抗衡的女性科学英雄。还有一些人尝试重现女性在科学中的其他角色，如观众、帮手或者推广者。一些女性主义历史学家已经成功展示了历史上特定科学理论和实践如何被用来支持女性在社会地位上应该从属于男性的主流观点。科学被用来证明女性的从属地位是自然天性而不是文化的结果。有些女性主义历史学家认为男性科学家精心扭曲事实证据来支持他们厌女的信念，也因此产出了"坏科学"。另一些人认为这种"曲解"是特定历史环境的产物，而不是精心设计的阴谋。

如同我们早先暗示的那样，有些女性主义科学观倾向于本质实在说。换句话说，他们理所当然地认为科学有"本质"——也就是整个历史中一直维持静态的最典型科学特征的不变核心。科学史学家、科学哲学家和科学社会学家越来越认同，最好把科学理解为经常相互竞争的活动、态度、观点、实践、理论和世界观的大杂烩，它处于持续不断的变化之中。也因此，大家也越来越难以接受科学本质上是男性的组织，或者男性女性的认知方式天生不同的观点。本文提到的女性主义科学观中并非所有观点都相互连贯。比如说，有些女性主义者认为科学本质上就是存在性别歧视活动，而另一些人则尝试展示女性对科学的贡献来为潜在的女科学家提供榜样，这两种人的观点就很难调和。毕竟，根据第一种观点，世界上根本不存在女性科学楷模。女性主义科学史学家在更公正、更细致地描绘科学活动及其社会关系方面发挥了重要作用。现在几乎没有科学史学家会否认过去科学曾经为维护社会不平等发挥了核心的、有害的作用。此外，从现在的角度看，科学组织也经常在制度上进行性别歧视，阻止、排斥女性平等地参与科学活动。女性主义者已经成功证明如果某个社会存在性别歧视，那么由于科学是一种文化活动，那个社会产出的科学将会反映出同样的性别歧视。

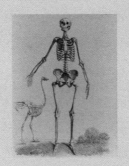

第 24 章

后 记

　　如果有人从头开始按顺序逐章阅读这本书的话，他们现在应该已经了解我们几乎不可能用简练的话对这本书进行总结。我们的目的并不是展现近现代科学的兴起，称它既是前后一致的方法论和世界观的胜利，并且清楚地决定了我们的思维和生活方式将导致的结果。相反，到"科学与战争"和"科学与性别"这两个话题结束时，我们已经揭示出，现代科学史学者正在探究科学的本质及其与社会的互动时面对的多种利益和影响。我们研究的第1部分展示了科学发展的多种方向，以及不同科学领域中出现的各种方法论和理论。科学方法并不是只有一种，因为核物理学家不会和进化论生物学家提出相同的问题，更别说会用同样的技术去寻找答案。同样，物理学家的理论框架也不会和生物学家的相互交叉，除非是通过一系列中间领域发生联系；这些中间领域，从生物化学到地理学，每一个都有其独特的问题和技术。

　　近现代科学的意识形态一致承诺，使用理性观点和客观证据判断各个相互矛盾的假设的对错。根据这一理解，如果科学知识应用于实践时能够发挥作用，其客观性就得到了保证。如果我们能准确预测自然的运行且有能力用技术控制大自然，我们肯定进一步接近了自然运行的真相。上述论点不足以支持"科学可以建立唯一的、统一的、永远正确的世界模型"的主张，但肯定包含了相关想法。客观检验的要求显然给科学家强加了限制，防止他们从虚无中提出理论，但客观检验不能保证只有一种模型能给出准确的预测。这可以用科学理论随时代而变化的事实来证明，后来的理论总是从与之前被人接纳的理论不同的基础上得到更好或更广泛的预测。历史证明，科学家思考自然如何运行的自由常常受到限制，这进而损害了他们承诺的客观性；有些限制十分明显，而有一些太过微妙，人们只能在事后察觉。

我们研究的第 2 部分探索了上述限制和影响，得出的信息是：科学只能在所处社会环境决定的框架中寻找客观证据。科学家参与军事 - 工业联合产业就鲜明地证明，科学家的研究方向在一定程度上被那些赞助研究的人左右。仍然存在纯粹的对知识感兴趣，但是科学研究应用的领域能给它提供充足资金时，科研的动力将带来远超纯粹科学研究的成果。在某些高科技领域，如果没有工业或政府愿意为其买单，这些科技绝对无法发展。然而，即便享有社会特权的科学家能够单纯出于兴趣自由地进行研究，他们的自然观也会被宗教、哲学和政治意识形态所影响，而他们的理论又出自这样的自然观。这些外部影响力量的广泛存在让几乎所有现代历史学家相信，确定什么是纯粹的、客观的、未受所有主观因素影响的科学研究是不可能的。那些成功理论的支持者也可能有着更宽泛的动机，不论是明显还是隐含。通过展示"好科学"（如那些纳入了正统知识体系的科学）也经常被科学家的宗教和政治观点所影响，我们知道不能把其他所有科学归入被价值观和思想扭曲的"坏科学"。

通过以性别主题结束本书，我们提出了对那些维护科学传统的客观形象的人来说最棘手的问题。有些学者认为，女性被逐渐排斥出科学是因为更苛刻的也是更男性化的自然观兴起，那些寻求互动和整体性的自然观因此被边缘化。假设事实真是这样，科学家就必须勇敢面对一个可能性：他们心中理所当然的、道德中立的观点，事实上反映了深埋在他们心里的几乎无法辨识和质疑的价值观。从这个角度看，关于种族和阶层的社会和政治价值观很可能影响了科学家过去发现的理论，而他们可能完全没有意识到。不能把达尔文学说和社会达尔文主义完全割裂开，一个归为有效的科学，另一个归为不可信的说辞，遗传学和优生学也是如此。这并不意味着自然选择理论和基因概念必须被当成理论家的虚构想法而被抛弃，但它反映出，在实践和实验室发挥作用的理论可能有着（后世看来）并不客观的来源。检验这些观点的手段也容易被人操控，使得造假在当年不那么容易被发现。如果这就是历史想要教给我们的课程，那么所有讨论现代的科学及其内涵的人都应该认真学习这堂课，不论是不是科学家。

大事年表

1540 年	意大利化学家万诺乔·比林古乔记录了冶金过程及火药等工业、军事用品的生产过程。
1543 年	波兰天文学家尼古拉·哥白尼出版《天体运行论》，论证宇宙的中心是太阳而不是地球，自此天文学界逐渐接受日心说。
1572 年	丹麦天文学家第谷·布拉赫观测到仙后座一颗明亮的恒星。
1597 年	格雷欣学院建立，教授天文学、几何学及药学。
1600 年	英国物理学家威廉·吉尔伯特出版《论磁》，这是第一部系统阐述磁学的著作。
1607 年	德国天文学家开普勒发表自己的研究成果，证明哥白尼和第谷的理论都不正确。
1615 年	意大利天文学家伽利略在《给克里斯蒂娜大公夫人的一封信》中坚称《圣经》并非天文学著作。
1628 年	英国皇家医生威廉·哈维在《心血运动论》中提出心脏像一个泵一样。
1632 年	伽利略出版《关于托勒密和哥白尼两大世界体系的对话》，在书中他通过望远镜观测结果为哥白尼的理论辩护，并为地球自转的观点提供了依据，也因此被罗马宗教裁判所传唤，遭到流放，且该书成为禁书。
1637 年	法国哲学家笛卡儿在《谈谈方法》中描绘了一个机械宇宙。
1660 年	英国化学家罗伯特·波义耳在《关于空气弹性及其物理力学的新实验》中提出空气由弹簧一样的微粒构成，但未能详细解释气泵中的现象；英国皇家学会成立。
1661 年	波义耳在《怀疑的化学家》中摒弃了亚里士多德等人的物质理论，提出物质的具体物理化学性质是由组成它的微粒的形状和

	排列方式决定的，并试图用机械论哲学解释化学现象。
1666 年	法国皇家科学院的成员举行第一次全体会议。
1667 年	英国哲学家玛格丽特·卡文迪什被许可参加英国皇家学会的会议，观看罗伯特·波义耳的实验；德国化学家约翰·贝歇尔在《地下物理学》中提出矿物由流质土、油状土和玻璃状土三种土构成；英国物理学家牛顿出版《自然哲学的数学原理》，这本书的扉页向世界宣告，牛顿已经发现了宇宙的秘密。
1691 年	英国博物学家约翰·雷出版《造物中展现的神的智慧》，支持"设计论"的观点。
17 世纪	解剖学家彼得鲁斯·坎珀比较了人和猿的身体结构，声称有色人种是人和猿的过渡阶段，并提出"面角"的概念。
17 世纪末	"先成论"成为主导。
1704 年	牛顿出版《光学》，阐述了他的颜色理论，并阐述了他对自然哲学未来发展的看法。这本书与《原理》一起奠定了他的学术地位。
1735 年	瑞典博物学家卡尔·冯·林奈出版《自然系统》，在书中，他尝试分门别类地将每一种动植物纳入一个合理的体系中，创立了沿用至今的生物命名体系——双名制命名法。
1746 年	苏格兰的大学在药学的研究中脱颖而出。
1749 年	法国博物学家布丰伯爵《自然史》的前三卷问世，这本书最终变成了对生物世界叙述最全面的著作。
18 世纪中叶	笛卡儿学派对天体演化论的探求活动为太阳系结构提出两种可能的解释。
1750 年	英国人托马斯·赖特发表《宇宙起源的新假说》，提出了具体的宇宙结构。在赖特的模型中，宇宙由两个同心球组成，星星夹在中间。
1755 年	德国哲学家伊曼努尔·康德发表《自然通史与天体论》，他在书中指出，银河只是分散在宇宙中的许多相似的"宇宙岛"之一。
1766 年	布丰在《自然史》名为"论动物的退化"的一章中，提出构成同一现代所谓的属的物种都源自单一祖先。
1767 年	英国化学家约瑟夫·普里斯特利出版《电学的历史与现状》，确立了其自然哲学家的地位。
1768—1771 年	约瑟夫·班克斯爵士作为博物学家陪同库克船长踏上南太平洋

	之旅，日后班克斯将推动英国海军配合探索世界、绘制世界版图的活动。
1768 年	英国画家约瑟夫·赖特绘制《气泵里的鸟实验》，体现出在 18 世纪化学研究的地位日益重要。
18 世纪 60 年代	月光社在伯明翰成立。
1774 年	普里斯特利出版《几种气体的实验和观察》，确立了其化学家的地位。他认为燃素说是自然秩序的核心。
1776 年	爱丁堡地区的大学设立自然哲学的教授职位。
18 世纪 70 年代	瑞典化学家卡尔·舍勒、英国化学家普里斯特利、法国化学家安托万－洛朗·拉瓦锡先后分离出氧气，最终拉瓦锡给出"氧气"的命名，并将其作为其新化学体系的基石。
1782 年	拉瓦锡和法国化学家居顿·德莫沃、克劳德－路易·贝托莱和安托万·富克鲁瓦一起出版了《化学命名法》，在书中描述了一种基于氧理论命名化学物质的新方法。
1788 年	林奈学会成立，以瑞典博物学家卡尔·林奈的名字命名。
1788—1795 年	苏格兰地质学家詹姆斯·赫顿提出"火成论"。
1793 年	英国化学家约翰·道尔顿发表《气象观测论文集》，确立了他的哲学家声誉，他同时在大量数据中寻找规律以构建自己的化学原子论。
1793 年	法国自然历史博物馆取代法国皇家植物园。
1799 年	英国皇家研究会成立。
18 世纪末	"水成论"（古代大海洋干涸，海洋中的化学物质以特定顺序沉淀出来）被广泛接受，德国地质学家亚伯拉罕·戈特洛布·维尔纳是支持该理论的代表人物；德国胚胎学家 C. F. 沃尔夫等"先成论"反对者公开倡导"活力论"；英国人杰里米·边沁等政治哲学家致力于建立一种基于联想主义心理学的改良主义社会体制。
18 世纪	疾病分类学成为医学的主要关注点，新的分类系统成为潮流；瑞士生物学家阿尔布雷希特·冯·哈勒发表《人体生理学纲要》，确定了人体中应激性（触碰时会收缩）和敏感性（通过神经将感觉传递到大脑）部位之间的区别。
19 世纪初	地球运动理论取代了海退说，解释了沉积岩如何抬升形成陆地；

	颅相学衍生出激进的社会主张；收藏并展览样本或科学产品的产业开始高度商业化；费城博物馆开办；科学组织机构开始形成。
1808 年	道尔顿计算出水中氧与氢的大概相对质量比。
1811 年	法国地质学家亚历山大·布龙尼亚在其发表的对巴黎盆地地层的协作研究报告中展示其成果。
1812 年	法国古生物学家乔治·居维叶发表《论地表的革命》，作为他的脊椎动物化石研究的导论。
1813 年	英国化学家汉弗莱·戴维成功分离出碘。
1818 年	瑞典化学家贝尔塞柳斯发表《试论关于化合量和电的化学作用的学说》，对电化学原子理论做全面论述。
1820 年	丹麦自然哲学家汉斯·克里斯蒂安·奥斯特发现了电与磁之间的关系。
1822 年	德国科学家和医学家联合会成立。
1823 年	英国地质学家威廉·巴克兰在《大洪水遗迹》中发表了支持全球性大洪水的最后一个重要理论。
1824 年	法国物理学家萨迪·卡诺在《关于火的动力的思考》中对理想的热机认真地做了分析，他将蒸汽机的工作原理解释为热质从发动机的一部分转移到另一部分；富兰克林学院成立，特别为工人阶级设计了通俗科学课程。
1825 年	法国人安德烈-马里·安培证明，一根螺旋状的载流导线能起到普通磁铁的作用。
1826 年	伦敦动物学会成立。
1828 年	德国博物学家卡尔·恩斯特·冯·贝尔展示主要生物种群中的个体如何经历独特的分化过程；德国化学家弗里德里希·维勒合成人工尿素，宣告了"活力论"的死亡。
19 世纪 20 年代	德国化学家尤斯图斯·冯·李比希在吉森大学的化学系首创了研究生培养体系。
1831 年	英国科学促进会在约克郡召开第一次会议。
1832 年	威廉·巴克兰在《大洪水遗迹》中提出"灾变论"；法拉第证明当磁棒在线圈中移动时，会产生电流；英国通过《解剖法》。
1833 年	英国科学史家惠威尔创造"科学家"一词。
1837 年	惠威尔发表《归纳科学史》，提出"科学家"一词；伦敦国王学

院的自然哲学教授查尔斯·惠斯通和威廉·福瑟吉尔·库克共同获得了英国第一个电磁电报装置的专利。

1839 年　法国工程师马克·塞甘在其论文《论铁路的影响》中大篇幅讨论了蒸汽机效率和提升效率的方法。

19 世纪 30 年代　英国地质学家查尔斯·莱尔对"均变论"做了充分阐述。

1840 年　伦敦化学学会成立。

1841 年　英国地质学家约翰·菲利普斯命名了生命史上三个伟大的时代：古生代、中生代和新生代。

1842 年　德国医生尤利乌斯·罗伯特·迈尔基于其在"爪哇号"上的观察，发表《关于无机界各种力的意见》，论证"下降力"、运动和热之间的关系；李比希在《动物化学》中概述了定量研究的目标。

1843 年　英国数学家埃达·洛芙莱斯翻译了意大利工程师 L. F. 门内布拉关于巴贝奇分析机的文章，并加入自己的想法，包括为分析机编程使其能够将伯努利数字制表的可行方法。由此，她被誉为第一位程序员或"世界电脑黑客第一人"。

1844 年　英国出版商罗伯特·钱伯斯出版《创造的自然史的痕迹》，希望向中产阶级宣传进步的进化理念。

1845 年　英国物理学家詹姆斯·焦耳完成"明轮实验"，证明在做功的过程中，热能转变成了动力；英国政府成立皇家化学学院。

1847 年　焦耳在圣安妮教会学校的演讲中公开论述"力的守恒"；唯物主义学派的运动兴起；德国植物学家马塞尔斯·雅各布·施莱登与动物学家特奥多尔·施旺发表了他们的"细胞理论"，提出细胞是所有活体组织的基本构成单位；德国物理学家赫尔曼·冯·亥姆霍兹发表《论力的守恒》。

1848 年　美国科学促进会成立。

19 世纪 40 年代　爱尔兰天文学家罗斯伯爵用 1.8 米口径的巨型反射望远镜进行观测，以分辨组成猎户座星云的星体，从而驳斥星云假说；威廉·福瑟吉尔·库克和其他几位发明家成立了电报公司。

19 世纪上半叶　法国物理学家皮埃尔－西蒙·拉普拉斯提出星云假说；美国作家罗伯特·钱伯斯匿名出版《创造的自然史的痕迹》。

1850 年　德国物理学家鲁道夫·克劳修斯发表《论热的动力和可由此得

出的热学理论的普遍规律》，提出卡诺和焦耳的理论是可以调和的；英国解剖学家罗伯特·诺克斯在《人种论》中称人种之间存在先天的智力和体质差异。

1851 年　　　　万国工业博览会召开，向英国民众及世界游客展示了超过 10 万件独立展品；英国政府成立皇家矿业学院。

1851—1855 年　英国自然哲学家威廉·汤姆森发表题为《论热的动力学理论》的一系列论文，为新的热科学——热力学搭好了基本框架。

1855 年　　　　德国胚胎学家罗伯特·雷马克证明：在生长早期，细胞是通过一个开始于细胞核的分裂过程形成的；英国哲学家赫伯特·斯宾塞在《心理学原理》中提出精神进化论。

1858 年　　　　鲁道夫·菲尔绍在《细胞病理学》中提出细胞理论的最终版本。

1859 年　　　　英国生物学家查尔斯·达尔文出版《物种起源》，关于进化原因的重大新理论横空出世。

19 世纪 50 年代　德国物理学家尤利乌斯·普吕克、英国物理学家威廉·罗伯特·格罗夫和英国业余科学家约翰·彼得·加西厄特等研究人员发现在放电管实验中，电流通过密封管中稀薄的气体时，会发出奇异的光。

1861 年　　　　法国神经学家保罗·布罗卡发现了如果某块区域受到外力击打的损伤，那么人会丧失语言能力。

1865 年　　　　克劳修斯提出"熵"的概念；奥地利生物学家格雷戈尔·孟德尔提出遗传定律，但直到 1900 年以前该定律都未得到重视；法国生理学家克洛德·贝尔纳出版《实验医学研究导论》，论述了实验在生物学中的作用。

1866 年　　　　德国达尔文主义者恩斯特·海克尔根据希腊语"oikos"创造了"生态学"（ecology）一词。

1868 年　　　　达尔文提出"泛生论"，认为亲代身体各部分都孕育着微小的粒子或"芽球"，遗传就是通过亲代将这些粒子传递给子代而完成的。

1869 年　　　　英国科学家弗朗西斯·高尔顿在《遗传的天才》中提出"优生学"计划。

1871 年　　　　达尔文出版《人类的起源》。

1873 年　　　　英国物理学家詹姆斯·克拉克·麦克斯韦在《电磁通论》中将

他对电磁现象的理论化发展到极致；斯宾塞在《社会学研究》中诠释一门独立的社会行动科学。

1874 年	爱尔兰物理学家廷德耳在贝尔法斯特演讲中宣称，科学寻求从自然主义角度解释包括思维在内的万事万物。
1875 年	英国科学家德雷珀写作《科学与宗教的斗争史》，尝试复兴启蒙计划；德国胚胎学家奥斯卡·赫特维希证明胚胎是从单一的受精卵发育而来，在受精的过程中单一的女性卵子从单一的男性精子细胞核中获得某种物质；J. W. 德雷珀出版《历史上科学与宗教的战争》，这是以科学对抗宗教的奠基之作。
1876 年	英国通过《反虐待动物法案》；英国生物学家托马斯·赫胥黎赴美巡回演讲。
1877 年	英国生理学家迈克尔·福斯特的《生理学教科书》在确立以实验室为基础的医学训练方面发挥了关键作用。
1879 年	美国地质调查局成立；德国心理学家威廉·冯特在莱比锡创建了一个实验室，致力于“生理心理学”研究。
19 世纪 70 年代	赫胥黎和他的学生开始在英国创立现代“生物学”；《自然》创刊。
1881 年	英国地球物理学家奥斯蒙德·费希尔在《地壳物理学》中通过证据表明，构成大陆岩石的物质比构成深海海床的要轻。
1884 年	英国物理学家威廉·汤姆森（开尔文勋爵）开办北美讲座。
1885 年	英国物理学家乔治·菲茨杰拉德提出其称为“旋涡海绵”的以太模型。
1888 年	德国物理学家海因里希·赫兹发现电磁波，有力地证实了麦克斯韦理论；法国医学家、化学家路易·巴斯德的实验极大推进了疾病的病菌理论，巴斯德研究所在巴黎成立；两名美国物理学家阿尔伯特·迈克尔逊和爱德华·莫雷发表了实验结果，表明他们没有探测到光速的偏差。
1889 年	美国地球物理学家克拉伦斯·达顿提出“地壳均衡说”。
19 世纪 80 年代	阴极射线实验成为物理学家实验研究的必备部分；英国物理学家约瑟夫·约翰·汤姆逊开始进行气体放电实验。
1894 年	英国生物学家威廉·贝特森出版《变异研究资料》，在其中他抨击了达尔文理论，并且坚称对许多物种的研究证明了新性状是通过突变而实现的。

1895 年	丹麦植物学家尤金纽斯·瓦尔明出版《植物生态学》；《美国社会学杂志》创刊。
1896 年	德国物理学家威廉·伦琴发现 X 射线；第一张实际用于诊断目的的 X 光片诞生。
1897 年	汤姆逊宣布，他最新的阴极射线实验表明，这些射线是由带负电的微小粒子组成的，并由此进一步得出，每个粒子的质量都是氢原子的千分之一，而氢原子在当时通常被认为是最小的物质单位。爱尔兰物理学家约瑟夫·拉莫尔和乔治·菲茨杰拉德认为汤姆逊发现的粒子是电子。
1898 年	波兰裔法国物理学家玛丽·居里和丈夫皮埃尔宣布发现放射性元素钋和镭。
19 世纪末	教育改革大幅扩大了科学界的规模，加深了其专业化程度；奥地利医生弗朗茨·安乐·梅斯梅尔的催眠术掀起热潮；拉马克学说（获得性状遗传学说）掀起热潮；神经生物学得到极大发展，证明了大脑正常运转对于心理功能的运行十分必要；以太论在诸多创造性的物理学理论中占据绝对的支配地位。
19 世纪	社会达尔文主义自达尔文生物进化论中衍生出来。
1900 年	法国物理学家保罗·维拉尔提出，γ 射线似乎可穿透一切物体；英国军械局建立爆炸物委员会；心理学开始获得区别于哲学的身份认同；英国社会人类学家弗雷泽经典著作《金枝》缩减版出版；德国博物学家恩斯特·海克尔出版《宇宙之谜》，阐述了人受自然法则支配的哲学。
20 世纪初	苏联地球科学家韦尔纳茨基创造了"生物圈"一词
1902 年	美国实业家安德鲁·卡耐基设立卡耐基基金会，该基金会支持了遗传学的研究。
1905 年	贝特森创造了"遗传学"一词；新西兰物理学家欧内斯特·卢瑟福提出，α 射线是氦的阳离子流；犹太裔物理学家爱因斯坦在《物理学年鉴》中发表论文《论动体的电动力学》；美国社会学学会成立。
1910—1915 年	经典遗传学兴起。
1911 年	卢瑟福根据自己的最新实验公布了他的原子模型，但是这个模型并不稳定；美国心理学家格兰维尔·斯坦利·霍尔在《青春

期》一书中将青少年的心理创伤解释为与人类心理进化相当的关键阶段。

1912 年	德国地质学家阿尔弗雷德·魏格纳提出大陆漂移的观点。
1913 年	丹麦物理学家尼尔斯·玻尔提出与卢瑟福模型非常相似的原子模型，但提出围绕中心核的电子只能以特定的量向外释放能量，且每一种量对应着独特的频率，解决了原子稳定性的问题；英国生态学会成立，这也是第一个生态学会；美国行为主义心理学开创人约翰·布罗德斯·华生发表《行为主义者心目中的心理学》，坚持认为整个意识的概念都应该被排除在心理学之外。
1915 年	爱因斯坦和其他科学家提出广义相对论。
1917 年	荷兰天文学家威廉·德西特提出不同于爱因斯坦宇宙模型的宇宙几何模型。
1919 年	英国天文学家阿瑟·爱丁顿利用日食验证爱因斯坦对引力场使光线弯曲的预测。
1920 年	美国遗传学家托马斯·亨特·摩尔根意识到基因突变为物种的遗传变异；奥地利精神病医生弗洛伊德创立精神分析学说。
1923 年	法国物理学家路易·德布罗意提出，在某些情况下，粒子（特别是电子）可能表现出波的特性；美国天文学家埃德温·哈勃使用当时世界上最大的望远镜找到了仙女座星云中的造父变星；英国天文学家阿瑟·爱丁顿在《相对论的数学理论》中提出，德西特模型可能有助于解决许多旋涡星云视向速度过大的问题。
1926 年	奥地利物理学家薛定谔推导出氢原子的波动方程，证明计算与玻尔的每一轨道能级相对应的驻波态是可能的。
1927 年	英国地质学家阿瑟·霍姆斯提出地壳中可能存在对流，热物质向地表溢出，冷物质下沉到内部；查尔斯·埃尔顿的《动物生态学》成为生态学领域的教科书，"生态位"这一术语被广泛使用；德国物理学家维尔纳·海森堡放弃了古典因果关系法则并建立了不确定性原理。
1928 年	德国物理学家瓦尔特·博特和赫博特·贝克尔发现当金属元素铍的样品被 α 粒子轰击时，会释放出一种电中性的放射物；苏联物理学家乔治·伽莫夫发表关于 α 粒子射线的量子力学解释；英国医学家亚历山大·弗莱明意外发现青霉素。

1929 年	哈勃进一步提出关于星系到地球的距离与其退移的速度之间关系的规律。他向美国国家科学院提交了一篇论文，在观测的基础上论证了视向速度和旋涡星云距离之间的明确线性关系，即哈勃定律。
20 世纪 20 年代	英国生物学家 J. 阿瑟·汤姆森的《进化福音书》成为畅销书，"创造进化"观点变得广为人知；独立星系理论赢得胜利。
1931 年	苏联历史学家鲍里斯·赫森在《牛顿原理的社会和经济根源》中明确阐释了"科学是经济和技术发展的衍生物"的观点。
1933 年	芝加哥举办世博会。
1934 年	美国 X 射线和镭保护咨询委员会建议出台限制条款帮助人们安全地暴露在射线中。
1935 年	英国政治家阿瑟·G. 坦斯利创造"生态系统"这个词；英国物理学家詹姆斯·查德威克因发现中子而获得诺贝尔奖；日本物理学家汤川秀树预测介子的存在，并用它解释核力的传递。
1937 年	美国发明家塞缪尔·莫尔斯在美国为自己的电报系统模型申请了专利。
1939 年	玻尔和其他科学家开始意识到从放射性原子的核裂变中获得大量能量的唯一方法就是引发"链式反应"；法国细菌学家勒内·杜博斯成功地从实验室培养的土壤微生物短杆菌中分离出短杆菌素。
20 世纪 30 年代	科学家发现病毒（本质上是裸基因）的结构是 90% 的蛋白质和 10% 的核酸；苏联生物学家 G. F. 高斯对原生动物做了实验，以检测"洛特卡 – 沃尔泰拉方程"，"二战"之后，他证实数学方法有效的研究成果对促进生态学壮大起到了至关重要的作用。
1940 年	德国科学家奥托·弗里施和鲁道夫·派尔斯完成临界质量的计算；英国物理学家研发了空腔磁控管。
1942 年	美国生态学家雷蒙德·林德曼发表了一篇颇具影响力的文章，分析了明尼苏达州赛达伯格湖生态系统中太阳能的转化流动。
1945 年	铀弹"小男孩"摧毁广岛，3 天后，钚弹"胖子"被扔到长崎。
1948 年	伽莫夫与拉尔夫·阿尔弗和美国物理学家汉斯·贝特一起，将大爆炸理论的修订版提交给了《物理学评论》；美国植物生理学家兼经济植物学教授本杰明·M. 达格尔从金色链霉菌中分离出

了金霉素，也称氯四环素，是第一种被发现的四环抗生素。

1949 年	美国生态学家奥尔多·利奥波德的遗作《沙乡年鉴》问世，该书记录了威斯康星州的狩猎管理者转变为在情感和审美上依恋荒野的环保主义者的过程。
20 世纪 40 年代	人们开始关注核酸；剑桥大学毕业生赫尔曼·邦迪、托马斯·戈尔德和弗雷德·霍伊尔首先提出了宇宙稳恒态理论。
1950 年	霍伊尔关于宇宙稳恒态理论的讲稿出版成书，即《宇宙的本质》；美国国家科学基金会成立。
1952 年	第一颗氢弹在太平洋的埃尼威托克环礁上引爆。
1953 年	美国生物学家詹姆斯·沃森和弗朗西斯·克里克发现 DNA（脱氧核糖核酸）双螺旋结构。
1957 年	苏联发射人造地球卫星。
20 世纪 50 年代	英国物理化学家罗莎琳德·富兰克林成为第一个拍摄脱氧核糖核酸（DNA）清晰 X 射线衍射图的人；美国地球物理学家哈雷·赫斯提出洋中脊是热岩从地球内部涌出的位置。
1961 年	美国科学家罗伯特·迪茨创造了"海底扩张"这一术语；英国射电天文学家马丁·赖尔公布了对银河外射电源研究的结果，研究表明辐射的能量范围更支持大爆炸理论，而不是稳恒态理论。
1962 年	美国海洋生物学家蕾切尔·卡逊发表《寂静的春天》，强调了使用杀虫剂对许多物种造成的伤害。
1963 年	英国海洋地质学家弗雷德·瓦因和德拉蒙德·马修斯发表了一篇论文，文章称如果新海底在洋中脊中不断产生，并向两边推移，就会制造出磁化条带；荷兰天文学家马尔滕·施密特研究一个类星体的光谱，结果显示它的光谱发生了高度的红移；法国历史学家、社会批评家米歇尔·福柯出版《临床医学的诞生》。
1964 年	美国物理学家默里·盖尔曼提出基本粒子是夸克。
1967 年	英国天体物理学家乔斯琳·贝尔发现脉冲星。
1968 年	美国物理学家约翰·惠勒创造出"黑洞"一词。
1972 年	英国工程师戈弗雷·豪恩斯菲尔德发明出电子计算机断层扫描术。
1973 年	英国物理学家斯蒂芬·霍金提出黑洞可能释放辐射的假设。

1977 年	美国医生雷蒙德·达马迪安和同事在 1977 年进行了第一次人体 MRI 扫描。
20 世纪 70 年代	超级大片《星球大战》大获成功。
1979 年	英国独立科学家詹姆斯·洛夫洛克提出"盖亚假说"。
1985 年	美国环境历史学家唐纳德·沃斯特开始一项研究,试图展现一幅关于环保主义思想和科学生态学起源的统一图景。
1987 年	法国社会学家布鲁诺·拉图尔把科学和技术纳入同一标签"科学技术"之下。
1988 年	霍金出版《时间简史》。
1990 年	美国国家航空航天局首次发射空间望远镜。

参考文献

第 1 章

Barnes, Barry, and Steven Shapin, eds. 1979. *Natural Order: Historical Studies of Scientific Culture*. Beverly Hills, CA, and London: Sage Publications.

Barnes, Barry, David Bloor, and John Henry. 1996. *Scientific Knowledge: A Sociological Analysis*. London: Athlone.

Bernal, J. D. 1954. *Science in History*. 3 vols. 3d ed., Cambridge, MA: MIT Press, 1969.

Brown, James Robert. 2001. *Who Rules in Science? An Opinionated Guide to the Wars*.Cambridge, MA: Harvard University Press.

Collins, Harry. 1985. *Changing Order: Replication and Induction in Scientific Practice*.London: Sage.

Foucault, Michel. 1970. *The Order of Things: The Archaeology of the Human Sciences*.New York: Pantheon.

Gillispie, Charles C. 1960 *The Edge of Objectivity: An Essay in the History of Scientific Ideas*. Princeton, NJ: Princeton University Press.

Gillispie, Charles C, ed. 1970 –80. *Dictionary of Scientific Biography*. 16 vols. New York: Scribners.

Golinski, Jan. 1998. *Making Natural Knowledge: Constructivism in the History of Science*. Cambridge: Cambridge University Press.

Gross, Paul R., and Norman Levitt. 1994. *Higher Superstition: The Academic Left and Its Quarrel with Science*. Baltimore: Johns Hopkins University Press.

Gutting, Gary. 1989. *Michel Foucault's Archaeology of Scientific Reason*. Cambridge: Cambridge University Press.

Hempel, Karl. 1966. *Philosophy of Natural Science*. Englewood Cliffs, NJ: Prentice Hall.

Kohler. Robert E. 1994. *Lords of the Fly: Drosophila Genetics and the Experimental Life*. Chicago: University of Chicago Press.

Koyré, Alexandre, 1965. *Newtonian Studies*. Chicago: University of Chicago Press.

Koyré, Alexandre. 1978. *Galileo Studies*. Atlantic Highlands, NJ: Humanities Press; Hassocks: Harvester.

Kuhn, Thomas S. 1962. *The Structure of Scientific Revolutions*. Chicago: University of Chicago Press.

Lakatos, Imre, and Alan Musgrave, eds. 1979. *Criticism and the Growth of Knowledge*. Cambridge: Cambridge University Press.

Latour, Bruno. 1987. *Science in Action: How to Follow Scientists and Engineers through Society*. Milton Keynes: Open University Press.

Lindberg, David C. 1992. *The Beginnings of Western Science: The European Scientific Tradition in its Philosophical, Religious and Institutional Contexts, 600 b.c. to a.d.1450*. Chicago: University of Chicago Press.

Merton, Robert K. 1973. *The Sociology of Science: Theoretical and Empirical Investigations*. Chicago: University of Chicago Press.

Needham, Joseph. 1969. *The Grand Titration: Science and Society in East and West*. London: Allen & Unwin.

Popper, Karl. 1959. *The Logic of Scientific Discovery*. London: Hutchinson.

Rudwick, Martin J. S. 1985. *The Great Devonian Controversy: The Shaping of Scientific Knowledge among Gentlemanly Specialists*. Chicago: University of Chicago Press.

Shapin, Steven. 1996. *The Scientific Revolution*. Chicago: University of Chicago Press.

Shapin, Steven, and Simon Schaffer. 1985. *Leviathan and the Air Pump: Hobbes,Boyle and the Experimental Life*. Princeton, NJ: Princeton University Press.

Waller, John. 2002. *Fabulous Science: Fact and Fiction in the History of Scientific Discovery*. Oxford: Oxford University Press.

Whitehead, A. N. 1926. *Science and the Modern World*. Cambridge: Cambridge University Press.

第 2 章

Bennett, J. A. 1986. "The Mechanics' Philosophy and the Mechanical Philosophy." *History of Science* 24:1–28.

Biagioli, Mario. 1993. *Galileo Courtier: The Practice of Science in the Culture of Absolutism*. Chicago: University of Chicago Press.

Burtt, Edwin. 1924. *The Metaphysical Foundations of Modern Physical Science*. New York: Humanities Press.

Butterfield, Herbert. 1949. *The Origins of Modern Science, 1300–1800*. London: G. Bell.

Cunningham, Andrew. 1991. "How the Principia Got Its Name; or, Taking Natural Philosophy Seriously." *History of Science* 29:377–92.

Dear, Peter. 1995. *Discipline and Experience: The Mathematical Way in the Scientific Revolution*. Chicago: University of Chicago Press.

Fauvel, John, Raymond Flood, Michael Shortland, and Robin Wilson, eds. 1988. *Let Newton Be!* Oxford: Oxford University Press.

Findlen, Paula. 1994. *Possessing Nature: Museums, Collecting, and Scientific Culture in Early Modern Italy*. London and Berkeley, University of California Press

Hall, Rupert. 1954. *The Scientific Revolution, 1500–1800*. London: Longmans, Green.

Hessen, Boris. [1931] 1971. "The Social and Economic Roots of Newton's 'Principia,' " In *Science at the Cross-Roads*, edited by N. I. Bukharin et al. Reprinted.,edited by Gary Werskey. London: Frank Cass, 149–212.

Iliffe, Rob. 1992. "In the Warehouse: Privacy, Property and Propriety in the Early Royal Society." *History of Science* 30:29–68.

Koyré, Alexandre. 1953. *From the Closed World to the Infinite Universe*. Baltimore: Johns Hopkins University Press.

Koyré, Alexandre. 1968. *Metaphysics and Measurement: Essays in Scientific*

Revolution. Cambridge, MA: Harvard University Press.

Kuhn, Thomas. 1966. *The Copernican Revolution*. Cambridge, MA: Harvard University Press.

Lindberg, David, and Robert Westman, eds. 1990. *Reappraisals of the Scientific Revolution*. Cambridge: Cambridge University Press.

Lloyd, Geoffrey E. R. 1970. *Early Greek Science*. London: Chatto & Windus.

Lloyd, Geoffrey E. R. 1973. *Greek Science after Aristotle*. London: Chatto & Windus.

Mayr, Otto. 1986. *Authority, Liberty and Automatic Machinery*. Baltimore: Johns Hopkins University Press.

Martin, Julian. 1992. *Francis Bacon, the State, and the Reform of Natural Philosophy*. Cambridge: Cambridge University Press.

Hunter, Michael, and Simon Schaffer, eds. 1989. *Robert Hooke: New Studies*. Woodbridge: Boydell.

Redondi, Pietro. 1987. *Galileo Heretic*. Princeton, NJ: Princeton University Press.

Shapin, Steven. 1994. *A Social History of Truth: Civility and Science in SeventeenthCentury England*. Chicago: University of Chicago Press.

Shapin, Steven. 1996. The Scientific Revolution. Chicago: University of Chicago Press.

Shapin, Steven, and Simon Schaffer. 1985. *Leviathan and the Air-Pump: Hobbes, Boyle and the Experimental Life*. Princeton, NJ: Princeton University Press.

Thoren, Victor. 1990. *Lord of Uraniborg: A Biography of Tycho Brahe*. Cambridge: Cambridge University Press.

Westfall, Richard. 1971. *The Construction of Modern Science: Mechanisms and Mechanics*. Cambridge: Cambridge University Press.

Westfall, Richard. 1980. *Never at Rest: A Biography of Isaac Newton*. Cambridge: Cambridge University Press.

Whiteside, D. Thomas, ed. 1969. *The Mathematical Papers of Isaac Newton*. Cambridge: Cambridge University Press.

Yates, Frances. 1964. *Giordano Bruno and the Hermetic Tradition*. London: Routledge.

第 3 章

Anderson, R., and C. Lawrence, eds. 1987. *Science, Medicine and Dissent*. London: Wellcome Trust.

Brock, William H. 1992. *The Fontana/Norton History of Chemistry*. London: Fontana; New York: Norton.

Butterfield, Herbert. 1949. *The Origins of Modern Science, 1300–1800*. London: G. Bell.

Debus, Alan G. 1977. *The Chemical Philosophy: Paracelsian Science and Medicine in the Sixteenth Century*. New York: Science History Publications.

Debus, Alan G. 1987. *Chemistry, Alchemy and the New Philosophy, 1550–1700*. London: Variorum.

Donovan, Arthur. 1996. *Antoine Lavoisier: Science, Administration and Revolution*. Cambridge: Cambridge University Press.

Fullmer, J. Z. 2000. *Young Humphry Davy: The Making of an Experimental Chemist*. Philadelphia: American Philosophical Society.

Golinski, Jan. 1992. *Science as Public Culture: Chemistry and Enlightenment in Britain, 1760–1820*. Cambridge: Cambridge University Press.

Guerlac, Henry. 1961. *Lavoisier, the Crucial Year*. Ithaca, NY: Cornell University Press.

Holmes, Frederick L. 1985. *Lavoisier and the Chemistry of Life*. Madison: University of Wisconsin Press.

Ihde, A. 1964. *The Development of Modern Chemistry*. New York: Harper & Row.

Kargon, Robert. 1966. *Atomism in England from Hariot to Newton*. Oxford: Oxford University Press.

Knight, David. 1978. *The Transcendental Part of Chemistry*. Folkestone: Dawson.

Knight, David. 1992. *Ideas in Chemistry*. New Brunswick NJ: Rutgers University Press.

Kuhn, Thomas S. 1977. "The Historical Structure of Scientific Discovery." In *The Essential Tension: Selected Studies in Scientific Tradition and Change*. Chicago: University of Chicago Press.

Pagel, Walter. 1982. *Johan Baptista van Helmont: Reformer of Science and Medicine*. Cambridge: Cambridge University Press.

Patterson, E. 1970. *John Dalton and the Atomic Theory*. New York: Doubleday.

Rocke, A. 1984. *Chemical Atomism in the Nineteenth Century*. Columbus: Ohio State University Press.

Schofield, Robert. 1963. *The Lunar Society of Birmingham*. Oxford: Oxford University Press.

Schofield, Robert. 1970. *Mechanism and Materialism: British Natural Philosophy in an Age of Reason*. Princeton, NJ: Princeton University Press.

Thackray, Arnold. 1970. *Atoms and Powers*. Oxford: Oxford University Press.

Thackray, Arnold. 1972. *John Dalton*. Cambridge, MA: Harvard University Press.

Uglow, J. 2002. *The Lunar Men*. London: Faber & Faber.

第 4 章

Cahan, David, ed. 1994. *Hermann von Helmholtz and the Foundations of NineteenthCentury Science*. Berkeley: University of California Press.

Caneva, Kenneth. 1993. *Robert Mayer and the Conservation of Energy*. Princeton, NJ: Princeton University Press.

Cardwell, Donald. 1971. *From Watt to Clausius: The Rise of Thermodynamics in the Early Industrial Age*. Ithaca, NY: Cornell University Press.

Cardwell, Donald. 1989. *James Joule: A Biography*. Manchester: Manchester University Press.

Carnot, Sadi. 1986. *Reflections on the Motive Power of Fire*. Translated and edited by Robert Fox. Manchester: Manchester University Press.

Elkana, Yehuda. 1974. *The Discovery of the Conservation of Energy*. London: Hutchinson.

Harman, Peter. 1982. *Energy, Force and Matter: The Conceptual Development of Nineteenth-Century Physics*. Cambridge: Cambridge University Press.

Harman, Peter, ed. 1985. *Wranglers and Physicists*. Manchester: Manchester University Press.

Harman, Peter. 1998. *The Natural Philosophy of James Clerk Maxwell*. Cambridge: Cambridge University Press.

Hunt, Bruce. 1991. *The Maxwellians*. Ithaca, NY: Cornell University Press.

Jungnickel, Christa, and Russell McCormmach. 1986. *The Intellectual Mastery of Nature: Theoretical Physics from Ohm to Einstein*. Vol. 1. Chicago: University of Chicago Press.

Kuhn, Thomas. 1977. "Energy Conservation as an Example of Simultaneous Discovery." In *The Essential Tension: Selected Studies in Scientific Tradition and Change*. Chicago: University of Chicago Press.

Morus, Iwan Rhys. 1998. *Frankenstein's Children: Electricity, Exhibition and Experiment in Early-Nineteenth-Century London*. Princeton, NJ: Princeton University Press.

Rabinbach, Anson. 1990. *The Human Motor*. Berkeley: University of California Press.

Sibum, Otto. 1995. "Reworking the Mechanical Value of Heat: Instruments of Precision and Gestures of Accuracy in Early Victorian England." *Studies in the History of Philosophy of Science* 26:73–106.

Smith, Crosbie. 1998. *The Science of Energy*. London: Athlone.

Smith, Crosbie, and M. Norton Wise. 1989. *Energy and Empire: A Biographical Study of Lord Kelvin*. Cambridge: Cambridge University Press.

Williams, L. Pearce. 1965. *Michael Faraday*. London: Chapman & Hall.

Wise, M. Norton (with the collaboration of Crosbie Smith). 1989–90. "Work and Waste: Political Economy and Natural Philosophy in Nineteenth-Century Britain." *History of Science* 27:263–301, 27:391–449, 28:221–61.

第 5 章

Burchfield, Joe D. 1974. *Lord Kelvin and the Age of the Earth*. New York: Science History Publications.

Dean, Dennis R. 1992. *James Hutton and the History of Geology*. Ithaca, NY: Cornell University Press.

Gillispie, Charles Coulson. 1951. *Genesis and Geology: A Study of the Relations of Scientific Thought, Natural Theology and Social Opinion in Great Britain, 1790–1850*. Reprint, New York: Harper, 1959.

Gould, Stephen Jay. 1987. *Time's Arrow, Time's Cycle: Myths and Metaphor in the Discovery of Geological Time*. Cambridge, MA: Harvard University Press.

Greene, John C. 1959. *The Death of Adam: Evolution and Its Impact on Western Thought*. Ames: Iowa State University Press.

Greene, Mott T. 1982. *Geology in the Nineteenth Century: Changing Views of a Changing World*. Ithaca, NY: Cornell University Press.

Hallam, Anthony. 1983. *Great Geological Controversies*. Oxford: Oxford University Press.

Hutton, James. 1795. *Theory of the Earth, with Proofs and Illustrations*. 2 vols. Reprint, Codicote, Herts: Weldon & Wesley 1960.

Laudan, Rachel. 1987. *From Mineralogy to Geology: The Foundation of a Science, 1650–1830*. Chicago: University of Chicago Press.

Lewis, Cherry. 2000. *The Dating Game: One Man's Search for the Age of the Earth*. Cambridge: Cambridge University Press.

Lyell, Charles. 1830–33. *Principles of Geology: Being an Attempt to Explain the Former Changes of the Earth's Surface by Reference to Causes now in Operation*. 3 vols. Introduction by Martin J. S. Rudwick. Reprint, Chicago: University of Chicago Press, 1990 –91.

Oldroyd, David. 1996. *Thinking about the Earth: A History of Geological Ideas*. London: Athlone.

Porter, Roy. 1977. *The Making of Geology: The Earth Sciences in Britain, 1660–1815*. Cambridge: Cambridge University Press.

Rappaport, Rhoda. 1997. *When Geologists Were Historians, 1665–1750*. Ithaca, NY: Cornell University Press.

Roger, Jacques. 1997. *Buffon: A Life in Natural History*. Translated by S. L. Bonnefoi. Ithaca, NY: Cornell University Press.

Rossi, Paolo. 1984. *The Dark Abyss of Time: The History of the Earth and the History of Nations from Hooke to Vico*. Chicago: University of Chicago Press.

Rudwick, Martin J. S. 1976. *The Meaning of Fossils: Episodes in the History of Paleontology*. New York: Science History Publications.

Rudwick, Martin J. S. 1985. *The Great Devonian Controversy: The Shaping of Scientific Knowledge among Gentlemanly Specialists*. Chicago: University of Chicago Press.

Schneer, Cecil J., ed. 1969. *Toward a History of Geology*. Cambridge, MA: MIT Press.

Secord, James A. 1986. *Controversy in Victorian Geology: The Cambrian-Silurian Debate*. Princeton, NJ: Princeton University Press.

Wilson, Leonard G. 1972. *Charles Lyell: The Years to 1841: The Revolution in Geology*. New Haven, CT: Yale University Press.

第 6 章

Appel, Toby A. 1987. *The Cuvier-Geoffroy Debate: French Biology in the Decades before Darwin*. Oxford: Oxford University Press.

Barzun, Jacques, 1958. *Darwin, Marx, Wagner: Critique of a Heritage*. 2d ed. Garden City, NY: Doubleday.

Bowler, Peter J. 1983a. *The Eclipse of Darwinism: Anti-Darwinian Evolution Theories in the Decades around 1900*. Baltimore: Johns Hopkins University Press.

Bowler, Peter J. 1983b. *Evolution: The History of an Idea*. 3d ed. Berkeley: University of California Press, 2003.

Bowler, Peter J. 1986. *Theories of Human Evolution: A Century of Debate, 1844–1944*. Baltimore: Johns Hopkins University Press; Oxford: Basil Blackwell.

Bowler, Peter J. 1988. T*he Non-Darwinian Revolution: Reinterpreting a Historical Myth*. Baltimore: Johns Hopkins University Press.

Bowler, Peter J. 1989. *The Mendelian Revolution: The Emergence of Hereditarian Concepts in Modern Science and Society*. London: Athlone; Baltimore: Johns Hopkins University Press.

Bowler, Peter J. 1990. *Charles Darwin: The Man and His Influence. Oxford: Basil Blackwell*. Reprint, Cambridge: Cambridge University Press, 1996.

Bowler, Peter J. 1996. *Life's Splendid Drama: Evolutionary Biology and the Reconstruction of Life's Ancestry, 1860–1940*. Chicago: University of Chicago Press.

Browne, Janet 1995. *Charles Darwin: Voyaging*. London: Jonathan Cape.

Burkhardt, Richard W., Jr. 1977. *The Spirit of System: Lamarck and Evolutionary Biology*. Cambridge, MA: Harvard University Press.

Darwin, Charles 1859. *On the Origin of Species by Means of Natural Selection; or, The Preservation of Favoured Races in the Struggle for Life*. Facsimile of the 1st ed., with introduction by Ernst Mayr. Reprint, Cambridge, MA: Harvard University Press, 1964.

Darwin, Charles. 1984 –. *The Correspondence of Charles Darwin*. Edited by Frederick Burkhardt and Sydney Smith. 12 vols. Cambridge: Cambridge University Press.

Darwin, Charles 1987. *Charles Darwin's Notebooks, 1836–1844*. Edited by Paul H. Barrett et al. Cambridge: Cambridge University Press.

Darwin, Charles, and Alfred Russel Wallace. 1958. *Evolution by Natural Selection*. Cambridge: Cambridge University Press.

De Beer, Gavin, 1963. *Charles Darwin: Evolution by Natural Selection*. London: Nelson.

Desmond, Adrian 1989. *The Politics of Evolution: Morphology, Medicine and Reform in Radical London*. Chicago: University of Chicago Press.

Desmond, Adrian 1994. *Huxley: The Devil's Disciple*. London: Michael Joseph.

Desmond, Adrian. 1997. *Huxley: Evolution's High Priest*. London: Michael Joseph.

Desmond, Adrian, and James R. Moore. 1991. *Darwin*. London: Michael Joseph.

Di Gregorio, Mario A. 1984. *T. H. Huxley's Place in Natural Science*. New Haven, CT: Yale University Press.

Eiseley, Loren. 1958. *Darwin's Century: Evolution and the Men Who Discovered It*. New York: Doubleday.

Ellegård, Alvar. 1958. *Darwin and the General Reader: The Reception of Darwin's Theory of Evolution in the British Periodical Press, 1859–1871*. Goteburg: Acta Universitatis Gothenburgensis. Reprint, Chicago: University of Chicago Press, 1990.

Farber, Paul Lawrence. 2000. *Finding Order in Nature: The Naturalist Tradition from Linnaeus to E. O. Wilson*. Baltimore: Johns Hopkins University Press.

Gayon, Jean. 1998. *Darwinism's Struggle for Survival: Heredity and the*

Hypothesis of Natural Selection. Cambridge: Cambridge University Press.

Ghiselin, Michael T. 1969. *The Triumph of the Darwinian Method*. Berkeley: University of California Press.

Gillispie, Charles C. 1951. *Genesis and Geology: A Study in the Relations of Scientific Thought, Natural Theology, and Social Opinion in Great Britain, 1790–1850*. Reprint, New York: Harper & Row, 1959.

Glass, Bentley, Owsei Temkin, and William Straus, Jr., eds. 1959. *Forerunners of Darwin: 1745–1859*. Baltimore: Johns Hopkins University Press.

Greene, John C. 1959. *The Death of Adam: Evolution and Its Impact on Western Thought*. Ames: Iowa State University Press.

Himmelfarb, Gertrude 1959. *Darwin and the Darwinian Revolution*. New York: Norton.

Hull, David L., ed. 1973. *Darwin and His Critics: The Reception of Darwin's Theory of Evolution by the Scientific Community*. Cambridge, MA: Harvard University Press.

Jordanova, Ludmilla 1984. *Lamarck*. Oxford: Oxford University Press.

Kohn, David, ed. 1985. *The Darwinian Heritage*. Princeton, NJ: Princeton University Press.

Kottler, Malcolm Jay 1985. "Charles Darwin and Alfred Russell Wallace: Two Decades of Debate over Natural Selection." In *The Darwinian Heritage*, edited by David Kohn. Princeton, NJ: Princeton University Press, 367– 432.

Lovejoy, Arthur O. 1936. *The Great Chain of Being: A Study in the History of an Idea*. Reprint, New York: Harper 1960.

Lurie, Edward 1960. *Louis Agassiz: A Life in Science*. Chicago: University of Chicago Press.

Mayr, Ernst 1982. *The Growth of Biological Thought: Diversity, Evolution and Inheritance*. Cambridge, MA: Harvard University Press.

Mayr, Ernst, and William B. Provine, eds. 1980. *The Evolutionary Synthesis: Perspectives on the Unification of Biology*. Cambridge, MA: Harvard University Press.

Provine, William B. 1971. *The Origins of Theoretical Population Genetics*. Chicago: University of Chicago Press.

Richards, Robert J. 1987. *Darwin and the Emergence of Evolutionary Theories of Mind and Behavior.* Chicago: University of Chicago Press.

Roger, Jacques 1997. *Buffon: A Life in Natural History.* Translated by Lucille Bonnefoi. Ithaca, NY: Cornell University Press.

Roger, Jacques 1998. *The Life Sciences in Eighteenth-Century French Thought.* Translated by Robert Ellich. Stanford, CA: Stanford University Press.

Rupke, Nicolaas A. 1993. *Richard Owen: Victorian Naturalist.* New Haven, CT: Yale University Press.

Ruse, Michael. 1979. *The Darwinian Revolution: Science Red in Tooth and Claw.* 2d ed. Chicago: University of Chicago Press, 1999.

Ruse, Michael. 1996. *Monad to Man: The Concept of Progress in Evolutionary Biology.* Cambridge, MA: Harvard University Press.

Secord, James A. 2000. *Victorian Sensation: The Extraordinary Publication, Reception and Secret Authorship of "Vestiges of the Natural History of Creation."* Chicago: University of Chicago Press.

Sulloway, Frank. 1979. *Freud: Biologist of the Mind.* London: Burnett Books.

Vorzimmer, Peter J. 1970. *Charles Darwin: The Years of Controversy: The "Origin of Species" and Its Critics, 1859–82.* Philadelphia: Temple University Press.

Young, Robert M. 1985. *Darwin's Metaphor: Nature's Place in Victorian Culture.* Cambridge: Cambridge University Press.

第 7 章

Ackerknecht, Erwin. 1953. *Rudolph Virchow: Doctor, Statesman, Anthropologist.* Madison: University of Wisconsin Press.

Albury, W. R. 1977. "Experiment and Explanation in the Physiology of Bichat and Magendie." *Studies in the History of Biology 1:47–131.*

Allen, Garland E. 1975. *Life Science in the Twentieth Century.* New York: Wiley.

Appel, Tobey A. 1987. *The Cuvier-Geoffroy Debate: French Biology in the Decades before Darwin.* Oxford: Oxford University Press.

Bernard, Claude. 1957. *An Introduction to the Study of Experimental Medicine.* New York: Dover.

Bowler, Peter J. 1996. *Life's Splendid Drama: Evolutionary Biology and the Reconstruction of Life's Ancestry, 1860–1940*. Chicago: University of Chicago Press.

Brock, William H. 1997. *Justus von Liebig: The Chemical Gatekeeper*. Cambridge: Cambridge University Press.

Brooke, John H. 1968. "Wöhler's Urea and Its Vital Force?—a Verdict from the Chemists." *Ambix* 15:84–113.

Caron, Joseph A. 1988. " 'Biology' in the Life Sciences: A Historiographical Contribution." *History of Science* 26:223–68.

Coleman, William. 1964. *Georges Cuvier, Zoologist*. Cambridge, MA: Harvard University Press.

Coleman, William. 1971. *Biology in the Nineteenth Century: Problems of Form, Function and Transformation*. New York: Willey.

Foucault, Michel. 1970. *The Order of Things*. New York: Pantheon Books.

French, Richard D. 1975. *Antivivisection and Medical Science in Victorian Society*. Princeton, NJ: Princeton University Press.

Geison, Gerald L. 1978. *Michael Foster and the Cambridge School of Physiology: The Scientific Enterprise in Late-Victorian Society*. Princeton, NJ: Princeton University Press.

Goodfield, G. J. 1975. *The Growth of Scientific Physiology: Physiological Method and the Mechanist-Vitalist Controversy, Illustrated by the Problems of Respiration and Animal Heat*. New York: Arno Press.

Hall, Thomas S. 1969. *History of General Physiology*. 2 vols. Chicago: University of Chicago Press.

Harrington, Anne 1996. *Re-enchanted Science: Holism in German Culture from Wilhelm II to Hitler*. Princeton, NJ: Princeton University Press.

Holmes, Frederick L. 1974. *Claude Bernard and Animal Chemistry: The Emergence of a Scientist*. Cambridge, MA: Harvard University Press.

Holmes, Frederick L. 1991. *Hans Krebs: The Formation of a Scientific Life, 1900–1933*. New York: Oxford University Press.

Holmes, Frederick L. 1993. *Hans Krebs: Architect of Intermediary Metabolism, 1933–1937*. New York: Oxford University Press.

Huxley, T. H. 1893. *Methods and Results*. Vol. 1 of Collected Essays. London:

Macmillan.

Kohler, Robert E. 1982. *From Medical Chemistry to Biochemistry: The Making of a Biomedical Discipline*. Cambridge: Cambridge University Press.

Lenoir, Timothy. 1982. *The Strategy of Life: Teleology and Mechanics in NineteenthCentury German Biology*. Dordrecht: D. Reidel.

Lesch, John E. 1984. *Science and Medicine in France: The Emergence of Experimental Physiology, 1790–1855*. Cambridge, MA: Harvard University Press

Liebig, J. von. 1964. *Animal Chemistry: or Organic Chemistry in Its Application to Physiology and Pathology*. New York: Arno.

Maienschein, Jane. 1991. *Transforming Traditions in American Biology, 1880–1915*. Baltimore: Johns Hopkins University Press.

Nordenskiöld, Eric. 1946. *The History of Biology*. New York: Tudor Publishing.

Nyhart, Lynn K. 1995. *Biology Takes Form: Animal Morphology in the German Universities, 1800–1900*. Chicago: University of Chicago Press.

Pauly, Philip J. 1987. *Controlling Life: Jacques Loeb and the Engineering Ideal in Biology*.New York: Oxford University Press.

Rainger, Ron, Keith R. Benson, and Jane Maienschein, eds. 1988. *The American Development of Biology*. Philadelphia: University of Pennsylvania Press.

Russell, E. S. 1916. *Form and Function: A Contribution to the History of Animal Morphology*. London: John Murray.

Rupke, Nicolaas A. 1993. *Richard Owen: Victorian Naturalist*. New Haven, CT: Yale University Press.

Sturdy, Steve. 1988. "Biology as Social Theory: John Scott Haldane and Physiological Regulation." *British Journal for the History of Science* 21:315–40.

第 8 章

Allen, Garland E. 1975. *Life Science in the Twentieth Century*. New York: Wiley.

Allen, Garland E. 1978. *Thomas Hunt Morgan: The Man and His Science*. Princeton, NJ: Princeton University Press.

Bateson, William. 1894. *Materials for the Study of Variation, Treated with*

Especial Regard to Discontinuity in the Origin of Species. London: Macmillan.

Bateson, William. 1902. *Mendel's Principles of Heredity: A Defence*. Cambridge: Cambridge University Press.

Bowler, Peter J. 1989. *The Mendelian Revolution: The Emergence of Hereditarian Concepts in Modern Science and Society*. London: Athlone; Baltimore: Johns Hopkins University Press.

Burian, R. M., J. Gayon, and D. Zallen. 1988. "The Singular Fate of Genetics in the History of French Biology." *Journal of the History of Biology* 21:357–402.

Callendar, L. A. 1988. "Gregor Mendel—an Opponent of Descent with Modification." *History of Science* 26:41–75.

Carlson, Elof A. 1966. *The Gene: A Critical History*. Philadelphia: Saunders.

Dunn, L. C. 1965. *A Short History of Genetics*. New York: McGraw Hill.

Echols, Harrison. 2001. *Operators and Promoters: The Story of Molecular Biology and Its Creators*. Berkeley: University of California Press.

Gayon, Jean, 1998. *Darwinism's Struggle for Survival: Heredity and the Hypothesis of Natural Selection*. Cambridge: Cambridge University Press.

Gould, Stephen Jay. 1977. *Ontogeny and Phylogeny*. Cambridge, MA: Harvard University Press.

Harwood, Jonathan. 1993. *Styles of Scientific Thought: The German Genetics Community, 1900–1933*. Chicago: University of Chicago Press.

Henig, Robin Marantz. 2000. *A Monk and Two Peas: The Story of Gregor Mendel and the Discovery of Genetics*. London: Weidenfeld & Nicolson.

Iltis, Hugo. 1932. *Life of Mendel*. Reprint, New York: Hafner, 1966.

Judson, H. F. 1979. *The Eighth Day of Creation: Makers of the Revolution in Biology*. London: Jonanthan Cape.

Keller, Evelyn Fox. 2000. *The Century of the Gene*. Cambridge, MA: Harvard University Press.

Kevles, Daniel J., and Leroy Hood, eds. 1992. *The Code of Codes: Scientific and Social Issues in the Human Genome Project*. Cambridge, MA: Harvard University Press.

Kohler, Robert E. 1994. *Lords of the Fly: "Drosophila" Genetics and the Experimental Life*. Chicago: University of Chicago Press.

Morgan, T. H., A. H. Sturtevant, H. J. Muller, and C. B. Bridges. 1915. *The Mechanism of Mendelian Inheritance.* New York: Henry Holt.

Olby, Robert C. 1974. *The Path to the Double Helix.* London: Macmillan.

Olby, Robert C. 1979. "Mendel No Mendelian?" *History of Science* 17:53–72.

Olby, Robert C. 1985. *The Origins of Mendelism.* Rev. ed. Chicago: University of Chicago Press.

Orel, Vitezslav. 1995. *Gregor Mendel: The First Geneticist.* Oxford: Oxford University Press.

Pinto-Correia, Clara. 1997. *The Ovary of Eve: Egg and Sperm and Preformation.* Chicago: University of Chicago Press,

Provine, William B. 1971. *The Origins of Theoretical Population Genetics.* Chicago: University of Chicago Press.

Roberts, H. F. 1929. *Plant Hybridization before Mendel.* Princeton, NJ: Princeton University Press.

Roe, Shirley A. 1981. *Matter, Life, and Generation: Eighteenth-Century Embryology and the Haller-Wolff Debate.* Cambridge: Cambridge University Press.

Roger, Jacques. 1998. *The Life Sciences in Eighteenth-Century French Thought.* Edited by K. R. Benson. Translated by Robert Ellrich. Stanford, CA: Stanford University Press.

Sapp, Jan. 1987. *Beyond the Gene: Cytoplasmic Inheritance and the Struggle for Authority in Genetics.* New York: Oxford University Press.

Stern, Kurt, and E. R. Sherwood. 1966. *The Origins of Genetics: A Mendel Sourcebook.* San Francisco: W. H. Freeman.

Sturtevant, A. H. 1965. *A History of Genetics.* New York: Harper & Row.

Watson, J. D. 1968. *The Double Helix.* New York: Athenaeum.

第 9 章

Anker, Peder. 2001. *Imperial Ecology: Environmental Order in the British Empire, 1895–1945.* Cambridge, MA: Harvard University Press.

Bocking, Stephen. 1997. *Ecologists and Environmental Politics: A History of Contemporary Ecology.* New Haven, CT: Yale University Press.

Bowler, Peter J. 1992. T*he Fontana/Norton History of the Environmental Sciences.*London: Fontana; New York: Norton. Norton ed. subsequently retitled *The Earth Encompassed.*

Bramwell, Anna. 1989. *Ecology in the Twentieth Century: A History.* New Haven, CT: Yale University Press.

Brockway, Lucille. 1979. *Science and Colonial Expansion: The Role of the British Royal Botanical Gardens.* New York: Academic Press.

Cittadino, Eugene. 1991. *Nature as the Laboratory: Darwinian Plant Ecology in the German Empire, 1880–1900.* Cambridge: Cambridge University Press.

Coleman, William. 1986. " 'Evolution into Ecology?' The Strategy of Warming's Ecological Plant Geography." *Journal of the History of Biology* 19:181–96.

Collins, James P. 1986. "Evolutionary Ecology and the Use of Natural Selection in Ecological Theory." *Journal of the History of Biology* 19:257–88.

Crowcroft, Peter. 1991. *Elton's Ecologists: A History of the Bureau of Animal Population.* Chicago: University of Chicago Press.

Kingsland, Sharon E. 1985. *Modeling Nature: Episodes in the History of Population Ecology.* Chicago: University of Chicago Press.

Lovelock, James. 1987. *Gaia: A New Look at Life on Earth.* New ed. Oxford: Oxford University Press.

Leopold, Aldo. 1966. *A Sand County Almanac: With Other Essays on Conservation from Round River.* Reprint, New York: Oxford University Press.

Marsh, George Perkins. 1965. *Man and Nature.* Edited by David Lowenthal. Reprint, Cambridge, MA: Harvard University Press.

Mackay, David. 1985. *In the Wake of Cook: Exploration, Science and Empire, 1780–1801.* London: Croom Helm.

McCormick, John. 1989. *The Global Environment Movement: Reclaiming Paradise.*Bloomington: Indiana University Press; London: Belhaven.

Merchant, Carolyn. 1980. *The Death of Nature: Women, Ecology and the Scientific Revolution.* London: Wildwood House.

Mitman, Greg. 1992. *The State of Nature: Ecology, Community, and American Social Thought, 1900–1950.* Chicago: University of Chicago Press.

Palladino, Paolo. 1991. "Defining Ecology: Ecological Theories, Mathematical

Models, and Applied Biology in the 1960s and 1970s." *Journal of the History of Biology* 24:223–43.

Sheal, John. 1976. *Nature in Trust: The History of Nature Conservancy in Britain.* Glasgow: Blackie.

Sheal, John. 1987. *Seventy-five Years in Ecology: The British Ecological Society.* Oxford: Blackwell.

Taylor, Peter J. 1988. "Technocratic Optimism, H. T. Odum, and the Partial Transformation of Ecological Metaphor after World War II." *Journal of the History of Biology* 21:213– 44.

Tobey, Ronald C. 1981. *Saving the Prairies: The Life Cycle of the Founding School of American Plant Ecology.* Berkeley: University of California Press.

Worster, Donald. 1985. *Nature's Economy: A History of Ecological Ideas.* Reprint, Cambridge: Cambridge University Press.

第 10 章

Glen, W., ed. 1994. *Mass Extinction Debates: How Science Works in a Crisis.* Stanford, CA: Stanford University Press.

Greene, Mott T. 1982. *Geology in the Nineteenth Century: Changing Views of a Changing World.* Ithaca, NY: Cornell University Press.

Frankel, Henry. 1978. "Arthur Holmes and Continental Drift." *British Journal for the History of Science* 11:130–50.

Frankel, Henry. 1979. "The Career of Continental Drift Theory: An Application of Imre Lakatos' Analysis of Scientific Growth to the Rise of Drift Theory." *Studies in the History and Philosophy of Science* 10:10 –66.

Frankel, Henry. 1985. "The Continental Drift Debate." In *Resolution of Scientific Controversies: Theoretical Perspectives on Closure*, edited by A. Caplan and H. T. Englehart. Cambridge: Cambridge University Press, 312 –73.

Glen, William. 1982. *The Road to Jaramillo: Critical Years of the Revolution in Earth Science.* Stanford, CA: Stanford University Press.

Hallam, Anthony. 1973. *A Revolution in the Earth Sciences.* Oxford: Oxford University Press.

Glen, William. 1983. *Great Geological Controversies*. Oxford: Oxford University Press.

Le Grand, Homer. 1988. *Drifting Continents and Shifting Theories*. Cambridge: Cambridge University Press.

Oreskes, Naomi. 1999. *The Rejection of Continental Drift: Theory and Method in American Earth Science*. New York: Oxford University Press.

Schwarzbach, Martin. 1989. *Alfred Wegener, the Father of Continental Drift*. Madison, WI: Science Tech.

Stewart, James A. 1990. *Drifting Continents and Colliding Paradigms: Perspectives on the Geoscience Revolution*. Bloomington: Indiana University Press.

Wegener, Alfred. 1966. *The Origin of Continents and Oceans*. Translated from the 4th rev. German ed. (1929) by John Biram. New York: Dover.

Wood, Robert Muir. 1985. *The Dark Side of the Earth*. London: Allen & Unwin.

第 11 章

Cassidy, David. 1992. *Uncertainty: The Life and Science of Werner Heisenberg*. New York: Freeman.

Darrigol, Oliver. 1992. *From C-Numbers to Q-Numbers: The Classical Analogy in the History of Quantum Theory*. London and Berkeley: University of California Press.

Earman, John, and Clark Glymour. 1980. "Relativity and Eclipse: The British Expeditions of 1919 and Their Predecessors." *Historical Studies in the Physical Sciences* 11:49–85.

Forman, Paul. 1971. "Weimar Culture, Causality, and Quantum Theory, 1918–1927: Adaptation by German Physicists and Mathematicians to a Hostile Intellectual Environment." *Historical Studies in the Physical Sciences* 3:1–115.

Galison, Peter. 1987. *How Experiments End*. Chicago: University of Chicago Press.

Galison, Peter, and Bruce Hevly, eds. 1992. *Big Science: The Growth of Large-*

Scale Research. Stanford, CA: Stanford University Press.

Heilbron, John, and Thomas Kuhn. 1969. "The Genesis of the Bohr Atom." *Historical Studies in the Physical Sciences* 1:211–90.

Jungnickel, Christa, and Russell McCormmach. 1986. *The Intellectual Mastery of Nature*. Vol. 2. Chicago: University of Chicago Press.

Keller, Alex. 1983. *The Infancy of Atomic Physics*. Oxford: Clarendon Press.

Kragh, Helge. 1990. *Dirac: A Scientific Biography*. Cambridge: Cambridge University Press.

Kuhn, Thomas S. 1978. *Black Body Theory and the Quantum Discontinuity, 1894–1912*. Oxford: Clarendon Press.

Nye, Mary Jo. 1996. *Before Big Science*. Cambridge, MA: Harvard University Press.

Pais, Abraham. 1982. *Subtle Is the Lord: The Science and the Life of Albert Einstein*. Oxford: Clarendon Press.

Pais, Abraham. 1991. *Niels Bohr's Times in Physics, Philosophy and Polity*. Oxford: Clarendon Press.

Pickering, Andrew. 1986. *Constructing Quarks*. Chicago: University of Chicago Press.

Segré, Emilio. 1980. *From X Rays to Quarks: Modern Physicists and Their Discoveries*. San Francisco: W. H. Freeman.

Wheaton, Bruce. 1983. *The Tiger and the Shark: The Empirical Roots of Wave-Particle Dualism*. Cambridge: Cambridge University Press.

Whitaker, Edmund. 1993. *History of the Theories of Aether and Electricity*. Vol. 2. London: Nelson.

第 12 章

Agar, Jon. 2001. *Turing and the Universal Machine: The Making of the Modern Computer*. London: Icon Books.

Agar, Jon. 2003. *The Government Machine: A Revolutionary History of the Computer*. Cambridge, MA: MIT Press.

Agar, Jon. 2006. "What Difference Did Computers Make," *Social Studies of*

Science 36: 869–907.

Aronova, Elena, Christine von Oertzen, and David Sepkoski, eds. 2017. "Data Histories." *Osiris* 32.

Beyer, Kurt W. 2009. *Grace Hopper and the Invention of the Information Age.* Cambridge, MA: MIT Press.

Campbell-Kelly, Martin. 1996. *Computer: A History of the Information Machine.* New York: Basic Books.

Ceruzzi, Paul. 2003. *A History of Modern Computing.* Cambridge, MA: MIT Press.

Dunlop, Tessa. 2015. *The Bletchley Girls.* London: Hodder & Stoughton.

Ensmenger, Nathan. 2010. *The Computer Boys Take Over: Computers, Programmers, and the Politics of Technical Expertise.* Cambridge, MA: MIT Press.

Galison, Peter. 1997. *Image and Logic.* Chicago: University of Chicago Press.

Haigh, Thomas, Mark Priestley, and Crispin Rope. 2016. *ENIAC in Action: Making and Remaking the Modern Computer.* Cambridge, MA: MIT Press.

Hicks, Marie. 2017. *Programmed Inequality: How Britain Discarded Women Technologists and Lost Its Edge in Computing.* Cambridge MA: MIT Press.

Hodges, Andrew. 1983. *Alan Turing: The Enigma of Intelligence.* London: Burnett Books.

Hughes, Jeff. 2003. *The Manhattan Project: Big Science and the Atom Bomb.* New York: Columbia University Press.

Lavington, Simon. 1980. *Early British Computers.* Manchester, UK: Manchester University Press.

Lubar, Steven. 1993. *InfoCulture.* Boston: Houghton Mifflin.

Morus, Iwan Rhys. 1998. *Frankenstein's Children: Electricity, Exhibition and Experiment in Early Nineteenth-Century London.* Princeton, NJ: Princeton University Press.

Schaffer, Simon. 1999. "Enlightened Automata." In *The Sciences in Enlightened Europe*, edited by William Clarke, Jan Golinski, and Simon Schaffer. Chicago: University of Chicago Press.

Smith, Christopher. 2015. *The Hidden History of Bletchley Park: A Social and*

Organisational History. London: Palgrave Macmillan.

Swade, Doron. 2000. *The Cogwheel Brain: Charles Babbage and the Quest to Build the First Computer*. London: Abacus.

Warwick, Andrew. 1997. "The Laboratory of Theory; or, What's Exact about the Exact Sciences," In M. Norton Wise, ed. *The Values of Precision*. Chicago: University of Chicago Press.

Warwick, Andrew. 2003. *Masters of Theory: Cambridge and the Rise of Mathematical Physics*. Chicago: University of Chicago Press.

第 13 章

Barnes, Barry. 1974. *Scientific Knowledge and Sociological Theory*. London: Routledge.

Berendzen, R., R. Hart, and D. Seeley. 1976. *Man Discovers the Galaxies*. New York: Science History Publications.

Collins, Harry. 1985. *Changing Order*. London: Sage.

Crowe, Michael J. 1994. *Modern Theories of the Universe: From Herschel to Hubble*. New York: Dover.

Hawking, Stephen. 1988. *A Brief History of Time*. London: Bantam.

Hoskin, Michael. 1964. *William Herschel and the Construction of the Heavens*. New York: Norton.

Jackson, M., 2000. *Spectrum of Belief: Joseph von Fraunhofer and the Craft of Precision Optics*. Cambridge, MA: Harvard University Press.

Jaki, Stanley. 1978. *Planets and Planetarians: A History of Theories of the Origins of Planetary Systems*. Edinburgh: Scottish Academic Press.

Kragh, H. 1996. *Cosmology and Controversy: The Historical Development of Two Theories of the Universe*. Princeton, NJ: Princeton University Press.

Kuhn, Thomas S. 1962. *The Structure of Scientific Revolutions*. Chicago: University of Chicago Press.

Kuhn, Thomas S. 1966. *The Copernican Revolution*. Chicago: University of Chicago Press.

Pais, Abraham. *Subtle Is the Hand: The Science and the Life of Albert Einstein*.

Oxford: Clarendon Press.

Smith, R. 1982. *The Expanding Universe: Astronomy's "Great Debate,"
1900–1931*. Cambridge: Cambridge University Press.

Smith, R. 1993. *The Space Telescope*. Cambridge: Cambridge University Press.

第 14 章

Boakes, R. 1984. *From Darwin to Behaviourism*. Cambridge: Cambridge
University Press.

Boring, Edwin G. 1950. *A History of Experimental Psychology*. 2d ed. New York:
Appleton-Century-Crofts.

Bowler, Peter J. 1989. *The Invention of Progress: The Victorians and the Past*.
Oxford: Basil Blackwell.

Burrow, J. W. 1966. *Evolution and Society: A Study in Victorian Social Theory*.
Cambridge: Cambridge University Press.

Cioffi, Frank, 1998. *Freud and the Question of Pseudoscience*. Chicago: Open
Court.

Cravens, Hamilton. 1978. *The Triumph of Evolution: American Scientists and the
Heredity-Environment Controversy, 1900–1941*. Philadelphia: University of
Pennsylvania Press.

Degler, Carl. 1991. *In Search of Human Nature: The Decline and Revival of
Darwinism in American Social Thought*. New York: Oxford University Press.

Gould, Stephen Jay. 1977. *Ontogeny and Phylogeny*. Cambridge, MA: Harvard
University Press.

Gould, Stephen Jay. 1981. *The Mismeasure of Man*. Cambridge, MA: Harvard
University Press.

Halévy, Elie. 1955. *The Growth of Philosophic Radicalism*. Boston: Beacon Press.

Foucault, Michel. 1970. *The Order of Things: The Archaeology of the Human
Sciences*. New York: Pantheon Books.

Kuklick, Helena. 1991. *The Savage Within: The Social History of British
Anthropology*. Cambridge: Cambridge University Press.

Pinker, Stephen. 1997. *How the Mind Works*. New York: Norton.

Porter, Theodore, and Dorothy Ross, eds., 2003. *The Cambridge History of Science*. Vol. 7, *The Modern Social Sciences*. Cambridge: Cambridge University Press.

Richards, Robert J. 1987. *Darwin and the Emergence of Evolutionary Theories of Mind and Behavior*. Chicago: University of Chicago Press.

Smith, Roger. 1997. *The Fontana/Norton History of the Human Sciences*. London: Fontana; New York: Norton.

Simpson, Christopher, ed. 1998. *Universities and Empire: Money and Politics in the Social Sciences during the Cold War*. New York: New Press.

Stocking, George W., Jr. 1968. Race, *Culture and Evolution*. New York: Free Press.

Stocking, George W., Jr. 1987. *Victorian Anthropology*. New York: Free Press.

Stocking, George W., Jr. 1996. *After Tylor: British Social Anthropology, 1888–1951*. London: Athlone.

Sulloway, Frank. 1979. *Freud, Biologist of the Mind: Beyond the Psychoanalytic Legend*. London: Burnett Books.

Webster, Richard. 1995. *Why Freud Was Wrong: Sin, Science and Psychoanalysis*. London: Harper Collins.

Young, Robert M. 1970. *Mind, Brain and Adaptation in the Nineteenth Century*. Oxford: Clarendon Press.

第 15 章

Alter, Peter. 1987. *The Reluctant Patron: Science and the State in Britain, 1850–1920*. Oxford and Hamburg: Berg; New York: St. Martin's Press.

Barton, Ruth. 1990. " 'An Influential Set of Chaps' : The X Club and Royal Society Politics, 1864 –85." *British Journal for the History of Science* 23:53–81.

Barton, Ruth. 1998. " 'Huxley, Lubbock, and Half a Dozen Others' : Professionals and Gentlemen in the Formation of the X Club, 1851–1864." *Isis* 89:410–44.

Ben-David, Joseph. 1971. *The Scientists' Role in Society*. Englewood Cliffs, NJ:

Prentice-Hall.

Berman, Morris. 1978. *Social Change and Scientific Organization: The Royal Institution, 1799–1844*. Ithaca, NY: Cornell University Press.

Biagioli, Mario. 1993. *Galileo Courtier: The Practice of Science in the Culture of Absolutism*. Chicago: University of Chicago Press.

Boas Hall, Marie. 1991. *Promoting Experimental Learning: Experiment and the Royal Society, 1660–1727*. Cambridge: Cambridge University Press.

Bruce, Robert V. 1988. *The Launching of Modern American Science, 1846–1876*. Ithaca, NY: Cornell University Press.

Cannon, Susan F. 1978. *Science in Culture: The Early Victorian Period*. New York: Science History Publications.

Cardwell, D. S. L. 1972. *The Organization of Science in England*. New ed. London: Heinemann.

Crossland, Maurice. 1992. *Science under Control: The French Academy of Sciences, 1795–1914*. Cambridge: Cambridge University Press.

Desmond, Adrian. 1994. *Huxley: The Devil's Disciple*. London: Michael Joseph.

Desmond, Adrian. 1997. *Huxley: Evolution's High Priest*. London: Michael Joseph.

Dupree, A. Hunter. 1957. *Science in the Federal Government: A History of Policies and Activities to 1940*. Cambridge, MA: Harvard University Press.

Feingold, Mordechai. 1984. *The Mathematicians' Apprenticeship: Science, Universities and Society in England, 1560–1640*. Cambridge: Cambridge University Press.

Hahn, Roger. 1971. *Anatomy of a Scientific Institution: The Paris Academy of Sciences, 1666–1803*. Berkeley: University of California Press.

Heilbron, John. 1979. *Electricity in the Seventeenth and Eighteenth Centuries: A Study of Early Modern Physics*. Berkeley: University of California Press.

Hunter, Michael. 1989. *Establishing the New Science: The Experience of the Early Royal Society*. Woodbridge, Suffolk: Boydell Press.

MacLeod, Roy. 2000. *The "Creed of Science" in Victorian England*. Aldershot: Variorum.

Makay, David. 1985. *In the Wake of Cook: Exploration, Science and Empire,*

1780–1801. London: Croom Helm.

Manning, Thomas G. 1967. *Government in Science: The United States Geological Survey, 1867–1894*. Lexington: University of Kentucky Press.

McClellan, James E., III. 1985. *Science Reorganized: Scientific Societies in the Eighteenth Century*. New York: Columbia University Press.

Middleton, W. E. Knowles. 1971. *The Experimenters: A Study of the Accademia del Cimento*. Baltimore: Johns Hopkins University Press.

Morell, Jack B., and Arnold Thackray. 1981. *Gentlemen of Science: The Early Years of the British Association for the Advancement of Science*. Oxford: Oxford University Press.

Oleson, Alexandra, and Sanborn C. Brown, eds. 1976. *The Pursuit of Knowledge in the Early American Republic: American Scientific and Learned Societies from Colonial Times to the Civil War*. Baltimore: Johns Hopkins University Press.

Ornstein, Martha. 1928. *The Role of Scientific Societies in the Seventeenth Century*. Chicago: University of Chicago Press.

Price, Derek J. De Solla. 1963. *Little Science, Big Science*. New York: Columbia University Press.

Pyenson, Lewis, and Susan Sheets-Pyenson. 1999. *Servants of Nature: A History of Scientific Institutions, Enterprises and Sensibilities*. London: Fontana; New York: Norton.

Reingold, Nathan. 1976. "Definitions and Speculations: The Professionalization of Science in America in the Nineteenth Century." In *The Pursuit of Knowledge in the Early American Republic: American Scientific and Learned Societies from Colonial Times to the Civil War*, edited by Alexandra Oleson and Sanborn C. Brown. Baltimore: Johns Hopkins University Press, 33–69.

Rossiter, Margaret W. 1982. *Women Scientists in America: Struggles and Strategies to 1940*. Baltimore: Johns Hopkins University Press.

Rudwick, M. J. S. 1985. *The Great Devonian Controversy: The Shaping of Scientific Knowledge among Gentlemanly Specialists*. Chicago: University of Chicago Press.

Rupke, Nicolaas, ed. 1988. Science, *Politics and the Public Good*. London:

Macmillan.

Shapin, Steven, and Simon Schaffer. 1985. *Leviathan and the Air-Pump: Hobbes, Boyle, and the Experimental Life*. Princeton, NJ: Princeton University Press.

第 16 章

Bowler, Peter J. 2001. *Reconciling Science and Religion: The Debate in Early-TwentiethCentury Britain*. Chicago: University of Chicago Press.

Brooke, John Hedley. 1991. *Science and Religion: Some Historical Perspectives*. Cambridge: Cambridge University Press.

Burnet, Thomas. [1691] 1965. *The Sacred Theory of the Earth*. Edited by Basil Willey. London: Centaur.

Cohen, I. Bernard, ed. 1990. *Puritanism and the Rise of Science: The Merton Thesis*. New Brunswick, NJ: Rutgers University Press.

De Santillana, Giorgio. 1958. *The Crime of Galileo*. London: Heinemann.

Durant, John. 1985. *Darwinism and Divinity: Essays on Evolution and Religious Belief*. Oxford: Blackwell.

Eddington, Arthur Stanley. 1928. *The Nature of the Physical World*. Cambridge: Cambridge University Press.

Ellegård, Alvar. 1958. *Darwin and the General Reader: The Reception of Darwin's Theory of Evolution in the British Periodical Press, 1859–1871*. Göteburg: Acta Universitatis Gothenburgensis. Reprint, Chicago: University of Chicago Press, 1990.

Gillespie, Neal C. 1979. *Charles Darwin and the Problem of Creation*. Chicago: University of Chicago Press.

Gillispie, Charles C. 1951. *Genesis and Geology: A Study in the Relations of Scientific Thought, Natural Theology, and Social Opinion in Great Britain, 1790–1850*. Reprint. New York: Harper & Row.

Gray, Asa. 1876. *Darwiniana: Essays and Reviews Pertaining to Darwinism*. New York: Appleton. Reprint edited by A. Hunter Dupree. Cambridge, MA: Harvard University Press, 1963.

Greene, John C. 1959. *The Death of Adam: Evolution and Its Impact on Western*

Thought. Ames: Iowa State University Press.

Harrison, Peter. 1998. *The Bible, Protestantism, and the Rise of Natural Science.* Cambridge: Cambridge University Press.

Jaki, Stanley. 1978. *The Road of Science and the Way to God.* Chicago: University of Chicago Press.

Larson, Edward J. 1998. *Summer for the Gods: The Scopes Trial and America's Continuing Debate over Science and Religion.* New York: Basic Books; Cambridge, MA: Harvard University Press.

Lindberg, David C., and Ronald L. Numbers, eds. 1986. *God and Nature: Historical Essays on the Encounter between Christianity and Science.* Berkeley: University of California Press.

Lindberg, David C., and Ronald L. Numbers, eds. 2003. *When Science and Christianity Meet.* Chicago: University of Chicago Press.

Livingstone, David N. 1987. *Darwin's Forgotten Defenders: The Encounter between Evangelical Theology and Evolutionary Thought.* Grand Rapids, MI: Eerdmans.

Merton, Robert K. 1938. *Science, Technology and Society in Seventeenth-Century England.* Bruges: St. Catharine Press. Reprint, New York: Harper, 1970.

Moore, James R. 1979. *The Post-Darwinian Controversies: A Study of the Protestant Struggle to Come to Terms with Darwinism in Great Britain and America, 1879–1900.* Cambridge: Cambridge University Press.

Noble, David F. 1997. *The Religion of Technology: The Divinity of Man and the Spirit of Invention.* New York: Knopf.

Numbers, Ronald L. 1992. *The Creationists.* New York: Knopf.

Numbers, Ronald L. 1998. *Darwinism Comes to America.* Cambridge, MA: Harvard University Press.

Numbers, Ronald L. 2003. *When Science and Christianity Meet.* Chicago: University of Chicago Press.

Oppenheim, Janet. 1985. *The Other World: Spiritualism and Psychical Research in Britain, 1850–1914.* Cambridge: Cambridge University Press.

Ospovat, Dov. 1981. *The Development of Darwin's Theory: Natural History, Natural Theology, and Natural Selection, 1838–59.* Cambridge: Cambridge

University Press.

Redondi, Pietro. 1988. *Galileo Heretic*. London: Allen Lane.

Turner, Frank Miller. 1974. *Between Science and Religion: The Reaction to Scientific Naturalism in Late Victorian England*. New Haven, CT: Yale University Press.

Webster, Charles. 1975. *The Great Instauration: Science, Medicine and Reform, 1626–1660*. London: Duckworth.

Westfall, Richard. 1958. *Science and Religion in Seventeenth-Century England*. New Haven, CT: Yale University Press.

第 17 章

Beauchamp, Ken, 1997. *Exhibiting Electricity*. London: Institution of Electrical Engineers.

Berman, Morris, 1978. *Social Change and Scientific Organization: The Royal Institution, 1799–1844*. London: Heinemann.

Bowler, Peter J. 2001. *Reconciling Science and Religion: The Debate in Early TwentiethCentury Britain*. Chicago: University of Chicago Press.

Cooter, Roger. 1984. *The Cultural Meaning of Popular Science: Phrenology and the Organization of Consent in Nineteenth-Century Britain*. Cambridge: Cambridge University Press. .

Desmond, Adrian. 1994. *Huxley: The Devil's Disciple*. London: Michael Joseph.

Eisenstein, Elizabeth. 1979. *The Printing Press as an Agent of Change: Communications and Cultural Transformations in Early Modern Europe*. Cambridge: Cambridge University Press.

Fayter, Paul. 1997. "Strange New Worlds of Space and Time: Late Victorian Science and Science Fiction." In *Victorian Science in Context*, edited by Bernard Lightman. Chicago: University of Chicago Press.

Golinski, Jan. 1992. *Science as Public Culture: Chemistry and Enlightenment in Britain, 1760–1820*. Cambridge: Cambridge University Press.

Hays, J. N. 1983. "The London Lecturing Empire, 1800–50." In *Metropolis and Province: Science in British Culture, 1780–1850*, edited by Ian Inkster and

Jack Morrell. London: Hutchison, 1983.

Heilbron, John. 1979. *Electricity in the Seventeenth and Eighteenth Centuries: A Study of Early Modern Physics.* Berkeley: University of California Press.

Johns, Adrian. 1998. *The Nature of the Book: Print and Knowledge in the Making.* Chicago: University of Chicago Press.

Marvin, Carolyn. 1988. *When Old Technologies Were New.* Oxford: Oxford University Press.

Morrell, Jack, and Arnold Thackray. 1981. *Gentlemen of Science: The Early Years of the British Association for the Advancement of Science.* Oxford: Oxford University Press.

Morton, Alan. 1993. *Public and Private Science: The King George III Collection.* Oxford: Oxford University Press.

Morus, Iwan Rhys. 1998. *Frankenstein's Children: Electricity, Exhibition and Experiment in Early Nineteenth-Century London.* Princeton, NJ: Princeton University Press.

Porter, Roy. 2000. *Enlightenment: Britain and the Creation of the Modern World.* London: Allen Lane.

Secord, James. 2000. *Victorian Sensation: The Extraordinary Publication, Reception, and Secret Authorship of Vestiges of the Natural History of Creation.* Chicago: University of Chicago Press.

Snow, C. P. 1959. *The Two Cultures and the Scientific Revolution.* Cambridge: Cambridge University Press.

Stewart, Larry. 1992. *The Rise of Public Science: Rhetoric, Technology, and Natural Philosophy in Newtonian Britain, 1660–1750.* Cambridge: Cambridge University Press.

Winter, Alison. 1998. *Mesmerized: Powers of Mind in Victorian Britain.* Chicago: University of Chicago Press.

第 18 章

Alder, Ken. 1997. *Engineering the Revolution: Arms and Enlightenment in France, 1763–1815.* Princeton, NJ: Princeton University Press.

Ashworth, Will. 1996. "Memory, Efficiency and Symbolic Analysis: Charles Babbage, John Herschel and the Industrial Mind." *Isis* 87:629–53.

Bernal, J. D. 1954. *Science in History*. London: Watts & Co.

Butterfield, Herbert. 1949. *The Origins of Modern Science, 1300–1800*. London: Bell.

Cardwell, Donald. 1957. *The Organisation of Science in England*. London: Heinemann.

Cardwell, Donald. 1971. *From Watt to Clausius: The Rise of Thermodynamics in the Early Industrial Age*. Ithaca, NY: Cornell University Press.

Headrick, Daniel. 1988. *The Tentacles of Progress: Technology Transfer in the Age of Imperialism, 1850–1840*. Oxford: Oxford University Press.

Hessen, Boris. [1931] 1971. "The Social and Economic Roots of Newton's 'Principia' " In *Science at the Cross Roads*, edited by N. I. Bukharin. London: Frank Cass.

Hughes, Thomas P. 1983. *Networks of Power: Electrification in Western Society, 1880–1930*. Baltimore: Johns Hopkins University Press.

Hunt, Bruce. 1991. *The Maxwellians. Ithaca NY: Cornell University Press*.

Koyré, Alexandre. 1968. *Metaphysics and Measurement*. Cambridge, MA: Harvard University Press.

Latour, Bruno. 1987. *Science in Action: How to Follow Scientists and Engineers through Society*. Milton Keynes: Open University Press.

Marvin, Carolyn. 1988. *When Old Technologies Were New: Thinking about Electric Communication in the Late Nineteenth Century*. Oxford: Oxford University Press.

Merton, Robert K. 1938. *Science, Technology and Society in Seventeenth-Century England*. Bruges: St. Catherine's Press.

Millard, Andre. 1990. *Edison and the Business of Innovation*. Baltimore: Johns Hopkins University Press.

Morus, Iwan Rhys. 1998. *Frankenstein's Children: Electricity, Exhibition and Experiment in Early Nineteenth-Century London*. Princeton, NJ: Princeton University Press.

Sarton, George. 1931. *The History of Science and the New Humanism*. New York:

Holt & Co.

Schaffer, Simon. 1994. "Babbage's Intelligence: Calculating Engines and the Factory System." *Critical Inquiry* 21:203–27.

Shapin, Steven. 1994. *A Social History of Truth: Civility and Science in SeventeenthCentury England*. Chicago: University of Chicago Press.

Smith, Crosbie. 1999. *The Science of Energy*. Chicago: University of Chicago Press.

Stewart, Larry. 1992. *The Rise of Public Science: Rhetoric, Technology and Natural Philosophy in Newtonian Britain, 1660–1750*. Cambridge: Cambridge University Press.

Webster, Charles. 1975. *The Great Instauration: Science, Medicine and Reform, 1626–1660*. London: Duckworth, 1975.

Zilsel, Edgar. 1942. "The Sociological Roots of Science." *American Journal of Sociology* 47:245–79.

第 19 章

Bannister, Robert C. 1979. *Social Darwinism: Science and Myth in Anglo-American Social Thought*. Philadelphia: Temple University Press.

Barkan, Elazar. 1992. *The Retreat of Scientific Racism: Changing Concepts of Race in Britain and the United States between the World Wars*. Cambridge: Cambridge University Press.

Bowler, Peter J. 1986. *Theories of Human Evolution: A Century of Debate, 1844–1944*. Baltimore: Johns Hopkins University Press; Oxford: Blackwell.

Bowler, Peter J. 1989. *The Invention of Progress: The Victorians and the Past*. Oxford: Blackwell.

Bowler, Peter J. 1993. *Biology and Social Thought*. Berkeley: Office for History of Science and Technology, University of California.

Caplan, Arthur O., ed. 1978. *The Sociobiology Debate*. New York: Harper & Row.

Cooter, Roger. 1984. *The Cultural Meaning of Popular Science: Phrenology and the Organization of Consent in Nineteenth-Century Britain*. Cambridge: Cambridge University Press.

Cravens, Hamilton. 1978. *The Triumph of Evolution: American Scientists and the Heredity-Environment Controversy, 1900–1941*. Philadelphia: University of Pennsylvania Press.

Crook, Paul. 1994. *Darwinism, War and History: The Debate over the Biology of War from the "Origin of Species" to the First World War*. Cambridge: Cambridge University Press.

Gasman, Daniel. 1971. *The Scientific Origins of National Socialism: Social Darwinism in Ernst Haeckel and the Monist League*. New York: American Elsevier.

Gould, Stephen Jay. 1977. *Ontogeny and Phylogeny*. Cambridge, MA: Harvard University Press.

Gould, Stephen Jay. 1981. *The Mismeasure of Man*. New York: Norton.

Greene, John C. 1959. *The Death of Adam: Evolution and Its Impact on Western Thought*. Ames: Iowa State University Press.

Haller, John S. 1975. *Outcasts from Evolution: Scientific Attitudes of Racial Inferiority, 1859–1900*. Urbana: University of Illinois Press.

Haller, Mark H. 1963. *Eugenics: Hereditarian Attitudes in American Thought*. New Brunswick, NJ: Rutgers University Press.

Hawkins, Mike. 1997. *Social Darwinism in European and American Thought, 1860–1945: Nature as Model and Nature as Threat*. Cambridge: Cambridge University Press.

Hofstadter, Richard. 1955. *Social Darwinism in American Thought*. Revised ed. Boston: Beacon Press.

Jones, Greta. 1980. *Social Darwinism in English Thought*. London: Harvester.

Joravsky, David. 1970. *The Lysenko Affair*. Cambridge, MA: Harvard University Press.

Kevles, Daniel. 1985. *In the Name of Eugenics: Genetics and the Uses of Human Heredity*. New York: Knopf.

Knox, Robert. 1862. *The Races of Man: A Philosophical Enquiry into the Influence of Race on the Destiny of Nations*. 2nd ed. London: Henry Renshaw.

Lewin, Roger. 1987. *Bones of Contention: Controversies in the Search for Human Origins*. New York: Simon & Schuster.

Mackenzie, Donald. 1982. *Statistics in Britain, 1865–1930: The Social Construction of Scientific Knowledge*. Edinburgh: Edinburgh University Press.

Magnello, Eileen. 1999. "The Non-Correlation of Biometry and Eugenics." *History of Science* 37: 79–106, 123–50.

Pearson, Karl. 1900. *The Grammar of Science*. 2nd ed. London: A. and C. Black.

Richards, Robert J. 1987. *Darwin and the Emergence of Evolutionary Theories of Mind and Behavior*. Chicago: University of Chicago Press.

Searle, G. R. 1976. *Eugenics and Politics in Britain, 1900–1914*. Leiden: Noordhoff International Publishing.

Secord, James A. 2000. *Victorian Sensation: The Extraordinary Publication, Reception and Secret Authorship of "Vestiges of the Natural History of Creation."* Chicago: University of Chicago Press.

Shapin, Steven. 1979. "Homo Phrenologicus: Anthropological Perspectives on a Historical Problem." In *Natural Order: Historical Studies of Scientific Culture*, edited by Barry Barnes and Steven Shapin. Beverly Hills, CA: Sage Publications, 41–79.

Smith, Roger. 1992. *Inhibition: History and Meaning in the Sciences of Mind and Brain*. London: Free Association Books.

Smith, Roger. 1997. *The Fontana/Norton History of the Human Sciences. London: Fontana*; New York: Norton.

Stanton, William. 1960. *The Leopard's Spots: Scientific Attitudes toward Race in America, 1815–1859*. Chicago: Phoenix Books.

Stepan, Nancy. 1982. *The Idea of Race in Science: Great Britain, 1800–1960*. London: Macmillan.

Sulloway, Frank. 1979. *Freud, Biologist of the Mind: Beyond the Psychoanalytic Legend*. London: Burnett Books.

Young, Robert M. 1970. *Mind, Brain and Adaptation in the Nineteenth Century*. Oxford: Clarendon Press.

Young, Robert M. 1985a. "Darwinism Is Social." In *The Darwinian Heritage*, edited by David Kohn. Princeton, NJ: Princeton University Press, 609–38.

Young, Robert M. 1985b. *Darwin's Metaphor: Nature's Place in Victorian Culture*. Cambridge: Cambridge University Press.

第 20 章

Brock, T. D. 1988. *Robert Koch: A Life in Medicine and Bacteriology.* Madison: University of Wisconsin Press.

Brock, William H. 1977. *Justus von Liebig: The Chemical Gatekeeper.* Cambridge: Cambridge University Press.

Burrows, E. H. 1986. *Pioneers and Early Years: A History of British Radiology.* Alderney: Colophon.

Bynum, William. 1994. *Science and the Practice of Medicine in the Nineteenth Century.* Cambridge: Cambridge University Press.

Bynum, William, and Roy Porter, eds. 1985. *William Hunter and the EighteenthCentury Medical World.* Cambridge: Cambridge University Press.

Caufield, C. 1989. *Multiple Exposures: Chronicles of the Radiation Age.* Harmondsworth: Penguin.

Foucault, Michel. 1979. *The Birth of the Clinic.* Harmondsworth: Penguin.

French, Roger D. 1975. *Antivivisection and Medical Science in Victorian Society.* Princeton, NJ: Princeton University Press.

Geison, Gerald L. 1995. T*he Private Science of Louis Pasteur.* Princeton, NJ: Princeton University Press.

Hall, T. S. 1975. *History of General Physiology.* 2 vols. Chicago: University of Chicago Press.

Holmes, F. L. 1974. *Claude Bernard and Animal Chemistry: The Emergence of a Scientist.* Cambridge, MA: Harvard University Press.

Jewson, N. 1976. "The Disappearance of the Sick Man from Medical Cosmology." *Sociology* 10:225–44.

Kevles, B. 1996. *Naked to the Bone: Medical Imaging in the Twentieth Century.* New Brunswick, NJ: Rutgers University Press.

Latour, Bruno. 1988. *The Pasteurization of France.* Cambridge, MA: Harvard University Press.

Lawrence, Christopher. 1985. "Incommunicable Knowledge." *Journal of Contemporary History* 20:503–20.

Lawrence, Christopher. 1994. M*edicine and the Making of Modern Britain, 1700–1920.* London: Routledge.

MacFarlane, G. 1984. *Alexander Fleming: The Man and the Myth*. London: Chatto & Windus.

Peterson, M. J. 1978. *The Medical Profession in Mid-Victorian London*. Berkeley: University of California Press.

Porter, Dorothy. 1999. *Health, Civilization and the State: A History of Public Health from Ancient to Modern Times*. London: Routledge.

Porter, Roy. 1997. *The Greatest Benefit to Mankind*. London: Harper Collins.

Porter, Roy, and D. Porter, eds. 1989. *Patient's Progress: Doctors and Doctoring in Eighteenth-Century England*. Cambridge: Cambridge University Press.

Shapin, S. 2000. "Descartes the Doctor: Rationalism and its Therapies." *British Journal for the History of Science* 33:131–54.

Spink, Wesley W. 1978. *Infectious Diseases: Prevention and Treatment in the Nineteenth and Twentieth Centuries*. Minneapolis: University of Minnesota Press.

Waddington, I. 1984. *The Medical Profession in the Industrial Revolution*. Dublin: Gill & Macmillan.

Weatherall, M. 1990. *In Search of a Cure: A History of the Pharmaceutical Industry*. Oxford: Oxford University Press.

Wilson, A. 1995. *The Making of Man-Midwifery*. London: UCL Press.

第 21 章

Alperowitz, Gar. 1996. *The Decision to Use the Atomic Bomb*. London: Fontana.

Beatty, John. 1991. "Genetics in the Atomic Age: The Atomic Bomb Casualty Commission, 1947–1956." In *The Expansion of American Biology*, edited by Keith R.

Benson, Jane Maienschein, and Ronald Rainger. *New Brunswick*, NJ: Rutgers University Press, 284–324.

Boyer, Paul. 1994. *By the Bomb's Early Light: American Thought and Culture at the Dawn of the Atomic Age*. New ed. Chapel Hill: University of North Carolina Press.

Brown, L. 1999. *A Radar History of World War II*. Philadelphia: Institute of

Physics.

Bud, Robert, and Phillip Gummett, eds. 1999. *Cold War, Hot Science: Applied Research in Britain's Defence Laboratories, 1945–1990*. Amsterdam: Harwood Academic Publishers.

Buderi, Robert. 1997. *The Invention That Changed the World: The Story of Radar from War to Peace*. Boston: Little, Brown.

Forman, Paul. 1987. "Behind Quantum Electronics: National Security as a Basis for Physical Research in the United States, 1940 –1960." *Historical Studies in the Physical and Biological Sciences* 18:149–229.

Frayn, Michael. 1998. *Copenhagen*. London: Methuen Drama.

Giovannitti, Len, and Fred Freud. 1965. *The Decision to Drop the Bomb*. New York: Coward-McCann.

Goodchild, Peter. 1980. *J. Robert Oppenheimer, "Shatterer of Worlds."* London: BBC.

Gowing, Margaret. 1965. *Britain and Atomic Energy, 1939–1945*. London: Methuen; New York: St. Martin's Press.

Haber, L. F. 1986. *The Poisonous Cloud: Chemical Warfare in the First World War*. Oxford: Clarendon Press.

Hackmann, Willem. 1984. *Seek and Strike: Sonar Anti-Submarine Warfare and the Royal Navy, 1914–1954*. London: HMSO.

Hartcup, Guy. 1988. *The War of Invention: Scientific Developments, 1914–1918*. London: Brassey's Defence Publishers.

Hartcup, Guy. 2000. *The Effects of Science on the Second World War*. London: Palgrave.

Hoch, Paul K. 1988. "The Crystallization of a Strategic Alliance: The American Physics Elite and the Military in the 1940s." In *Science, Technology and the Military*, edited by Everett Mendelsohn, Merritt Roe Smith, and Peter Weingart. Dordrecht: Kluwer, 1:87–116.

Hoddeson, Lillian, Paul W. Henrickson, Roger A. Meade, and Catherine Westfall. 1993. *Critical Assembly: A Technical History of Los Alamos during the Oppenheimer Years, 1943–1945*. Cambridge: Cambridge University Press.

Hogan, Michael J., ed. 1996. *Hiroshima in History and Memory*. Cambridge: Cambridge University Press.

Holloway, David. 1975. *Stalin and the Bomb: The Soviet Union and Atomic Energy, 1939–1956*. New Haven, CT: Yale University Press.

Hughes, Jeff. 2002. *Manhattan Project: Big Science and the Atom Bomb*. Cambridge: Icon Books.

Johnson, Brian. 1978. *The Secret War*. London: BBC.

Jones, R. V. 1978. *Most Secret War*. London: Hamish Hamilton.

Kevles, Daniel. 1995. *The Physicists: The History of a Scientific Community in America*. New ed. Cambridge, MA: Harvard University Press.

Mendelsohn, Everett, Merritt Roe Smith, and Peter Weingart, eds. 1988. *Science, Technology and the Military*. 2 vols. Dordrecht: Kluwer.

Neufeld, Michael J. 1995. *The Rocket and the Reich: Peenemünde and the Coming of the Ballistic Missile Era*. New York: Free Press.

Peyton, John. 2001. *Solly Zuckerman: A Scientist out of the Ordinary*. London: John Murray.

Powers, Thomas. 1993. *Heisenberg's War: The Secret History of the German Bomb*. London: Jonanthan Cape.

Price, Alfred. 1977. *Instruments of Darkness: The History of Electronic Warfare*. New ed. London: Macdonalds & Jane's.

Rose, Paul Lawrence. 1998. *Heisenberg and the Nazi Atomic Bomb Project: A Study in German Culture*. Berkeley: University of California Press.

Schweber, Sylvan S. 2000. *In the Shadow of the Bomb: Bethe, Oppenheimer, and the Moral Responsibility of the Scientist*. Princeton, NJ: Princeton University Press.

Swann, Brenda, and Francis Aprahamian, eds. 1999. *J. D. Bernal: A Life in Science and Politics*. London: Verso.

Walker, J. Samuel. 1996. "The Decision to Use the Bomb: A Historiographical Update." In *Hiroshima in History and Memory*, edited by Michael J. Hogan. Cambridge: Cambridge University Press, 11–37.

York, Herbert F. 1976. *The Advisers: Oppenheimer, Teller, and the Superbomb*. San Francisco: W. H. Freeman.

Zachary, G. Pascal. 1999. *Endless Frontier: Vannevar Bush, Engineer of the American Century*. Cambridge, MA: MIT Press.

Zuckerman, Solly. 1978. *From Apes to Warlords: The Autobiography*

(1904–1946). London: Hamish Hamilton.

Zuckerman, Solly. 1988. Monkeys, *Men and Missiles: An Autobiography, 1946–1988*. Reprint. New York: Norton.

第 22 章

Adas, Michael. 1989. *Machines as the Measure of Men: Science, Technology, and Ideologies of Western Dominance*. Ithaca, NY: Cornell University Press.

Anker, Peder. 2001. *Imperial Ecology: Environmental Order in the British Empire, 1875–1945*. Cambridge, MA: Harvard University Press.

Ballantine, Tony, ed. 2004. *Science, Empire and the European Exploration of the Pacific*. Aldershot, UK: Ashgate.

Basalla, George, 1967. "The Spread of Western Science." *Science* 156:611–22.

Bashford, Alison. 2014. *Global Population: History, Geopolitics, and Life on Earth*. New York: Columbia University Press, 2014.

Carter, Christopher. 2009. *Magnetic Fever: Global Imperialism and Empiricism in the Nineteenth Century*. Philadelphia: American Philosophical Society.

Christian, David. 2004. *Maps of Time: An Introduction to Big History*. Berkeley: University of California Press.

Cipolla, Carlo M. 1966. *Guns, Sails and Empires: Technological Innovation and the Early Phases of European Expansion, 1400–1700*. New York: Pantheon.

Cittadino, Eugene. 1990. *Nature as the Laboratory: Darwinian Plant Ecology in the German Empire, 1880–1900*. Cambridge: Cambridge University Press.

Cunningham, Andrew, and Bridie Andrews, eds. 1997. *Western Medicine as Contested Knowledge*. Manchester, UK: Manchester University Press.

Drayton, Richard H. 2000. *Nature's Government: Science, Imperial Britain and the "Improvement" of the World*. New Haven, CT: Yale University Press.

Edney, Matthew H. 1997. *Mapping an Empire: The Geographical Construction of British India, 1765–1843*. Chicago: University of Chicago Press.

Elshakry, Marwa. 2014. *Reading Darwin in Arabic, 1860–1950*. Chicago: University of Chicago Press.

Endersby, James. 2008. *Imperial Nature: Joseph Hooker and the Practicalities of*

Victorian Science. Chicago: University of Chicago Press.

Gordin, Michael D. 2015. *Scientific Babel: How Science Was Done before and after Global English*. Chicago: University of Chicago Press.

Harari, Yuval Noah. 2011. *Sapiens: A Brief History of Humankind*. London: Vintage.

Headrick, Daniel R. 1981. *The Tools of Empire: Technology and European Imperialism in the Nineteenth Century*. Oxford: Oxford University Press.

Jones, Max. 2003. *The Last Great Quest: Captain Scott's Antarctic Sacrifice*. Oxford: Oxford University Press.

Krishna, V. V. 1992. "The "Colonial Model" and the Emergence of National Science in India." In *Science and Empires: Historical Studies about Scientific Development and European Expansion*, edited by Patrick Petitjean, Catherine Jami, and Anne-Marie Moulin, 57–72. Dordrecht, Netherlands: Kluwer.

Kumar, Deepak. 1997. *Science and the Raj: 1857–1905*. Delhi: Oxford University Press.

Larson, Edward. 2011. *An Empire of Ice: Scott, Shackleton, and the Heroic Age of Antarctic Science*. New Haven, CT: Yale University Press.

Mackay, David. 1985. *In the Wake of Cook: Exploration, Science and Empire, 1700–1801*. London: Croom Helm.

MacLeod, Roy. 1997. "On Visiting the Moving Metropolis: Reflections on the Architecture of Imperial Science." In *Scientific Colonialism: A Cross-Cultural Comparison*, edited by Nathan Reingold and Marc Rothenburg, 217–49. Washington: Smithsonian Institution Press.

MacLeod, Roy, ed. 2000. *Nature and Empire: Science and the Colonial Enterprise*. Osiris, 2nd series, vol. 15.

MacLeod, Roy, and Milton James Lewis, eds. 1988. *Disease, Medicine and Empire: Perspectives on Western Medicine and the Experience of European Expansion*. London: Routledge.

Marsden, Ben, and Crosbie Smith. 2005. *Engineering Empires: Technology, Science and Culture, 1760–1911*. London: Palgrave Macmillan.

McClellan, James E. III. 1992. *Colonialism and Science: Saint Domingue in the Old Regime*. Baltimore: Johns Hopkins University Press.

Morris, Ian. 2010. *Why the West Rules—for Now: The Patterns of History, and What They Reveal about the Future.* New York: Farrar, Straus, and Giroux.

Palladino, Paulo, and Michael Worboys. 1993. "Science and Imperialism." *Isis* 84:91–102.

Petitjean, Patrick, Catherine Jami, and Anne-Marie Moulin, eds. 1992. *Science and Empires: Historical Studies about Scientific Development and European Expansion.* Boston Studies in the Philosophy of Science, vol. 136. Dordrecht, Netherlands: Kluwer.

Pyenson, Lewis. 1985. *Cultural Imperialism and Exact Sciences: German Expansion Overseas, 1900–1930.* New York: Peter Lang.

Pyenson, Lewis. 1989. *Empire of Reason: Exact Sciences in Indonesia, 1840–1940.* Leiden, Netherlands: Brill.

Pyenson, Lewis. 1993. *Civilizing Mission: Exact Sciences and French Overseas Expansion, 1830–1940.* Baltimore: Johns Hopkins University Press.

Raj, Kapil. 2007. *Relocating Modern Science: Circulation and the Construction of Knowledge in South Asia and Europe, 1650–1900.* London: Palgrave Macmillan.

Reingold, Nathan, and Marc Rothenburg, eds. 1997. *Scientific Colonialism: A Cross-Cultural Comparison.* Washington: Smithsonian Institution Press.

Schiebinger, Londa. 2004. *Plants and Empire: Colonial Bioprospecting in the Atlantic World.* Cambridge, MA: Harvard University Press.

Schiebinger, Londa, and Claudia Swan, eds. 2005. *Colonial Botany: Science, Commerce, and Politics in the Early Modern World.* Philadelphia: University of Pennsylvania Press.

Sivasumdaram, Sujit. 2005. *Nature and the Godly Empire: Science and Evangelical Mission in the Pacific, 1795–1850.* Cambridge: Cambridge University Press.

Sivasumdaram, Sujit. 2010. "Race, Empire, and Biology before Darwinism." In *Biology and Ideology from Descartes to Dawkins*, edited by Denis R. Alexander and Ronald Numbers, 115–38. Chicago: University of Chicago Press.

Stafford, Robert A. 1989. *Scientist of Empire: Sir Roderick Murchison, Scientific*

Exploration and Victorian Imperialism. Cambridge: Cambridge University Press.

Tilley Helen. 2011. *Africa as a Living Laboratory: Empire, Development, and the Problem of Scientific Knowledge, 1870–1950*. Chicago: University of Chicago Press.

Whyte, Nicholas. 1999. *Science and Colonialism in Ireland*. Cork, Ireland: Cork University Press.

Williams, Glyn. 2015. *Naturalists at Sea: Scientific Travelers from Dampier to Darwin*. New Haven, CT: Yale University Press.

Zeller, Susan. 1987. *Inventing Canada: Early Victorian Science and the Idea of a Transcontinental Nation*. Toronto: University of Toronto Press.

第 23 章

Abir-Am, Pnina, and Dorinda Outram, eds. 1987. *Uneasy Careers and Intimate Lives: Women in Science, 1787–1979*. New Brunswick, NJ: Rutgers University Press.

Alic, M. 1986. *Hypatia's Heritage: A History of Women in Science from Antiquity to the Late Nineteenth Century*. London: Virago.

Curie, E. 1938. *Madame Curie*. London: Heinemann.

Easlea, Brian. 1981. *Science and Sexual Oppression: Patriarchy's Confrontation with Women and Nature*. London: Weidenfeld & Nicolson.

Fox-Keller, E. 1983. *A Feeling for the Organism: The Life and Times of Barbara McClintock*. San Francisco: W. H. Freeman.

Fox-Keller, E. 1985. *Reflections on Gender and Science*. New Haven, CT: Yale University Press.

Haraway, Donna. 1991. *Simians, Cyborgs, and Women: The Reinvention of Nature*. London: Routledge.

Harding, S. 1986. *The Science Question in Feminism*. Ithaca, NY: Cornell University Press.

Harding, S. 1991. *Whose Science? Whose Knowledge?* Ithaca, NY: Cornell University Press.

Hudson, G. 1991. "Unfathering the Thinkable: Gender, Science and Pacifism in the 1930s." In *Science and Sensibility: Gender and Scientific Enquiry, 1780–1945*, edited by M. Benjamin. Oxford: Blackwell.

Laqueur, Thomas. 1990. *Making Sex: Body and Gender from the Greeks to Freud*. Cambridge, MA: Harvard University Press.

Maddox, Brenda. 2002. *Rosalind Franklin*. London: HarperCollins.

Masson, J. M. 1986. *A Dark Science: Women, Sexuality and Psychiatry in the Nineteenth Century*. New York: Farrar, Straus and Giroux.

Merchant, Carolyn. 1982. *The Death of Nature: Women, Ecology and the Scientific Revolution*. San Francisco: W. H. Freeman.

Moscucci, O. 1991. *The Science of Woman: Gynaecology and Gender in England, 1800–1929*. Oxford: Oxford University Press.

Neeley, K. A. 2001. *Mary Somerville*. Cambridge: Cambridge University Press.

Quinn, Susan. 1995. *Marie Curie: A Life*. New York: Simon & Schuster.

Richards, Evelleen. 1989. "Huxley and Women's Place in Science: The 'Woman Question' and the Control of Victorian Anthropology." In *History, Humanity and Evolution*, edited by James R. Moore. Cambridge: Cambridge University Press, 253–84.

Russett, Cynthia E. 1989. *Sexual Science: The Victorian Construction of Womanhood*. Cambridge, MA: Harvard University Press.

Schiebinger, L. 1989. *The Mind Has No Sex? Women in the Origins of Modern Science*. Cambridge, MA: Harvard University Press.

Showalter, Elaine. 1986. *The Female Malady: Women, Madness and English Culture, 1830–1980*. New York: Pantheon.

Stein, D. 1985. *Ada: A Life and a Legacy*. Cambridge, MA: Harvard University Press.

Toole, B. A. 1992. *Ada, Enchantress of Numbers*. San Francisco: Strawberry Press.

Watson, James D. 1968. *The Double Helix*. New York: Atheneum.

Winter, Alison. 1998. *Mesmerized: Powers of Mind in Victorian Britain*. Chicago: University of Chicago Press.